ZHIYE JINENG PEIXUN JIANDING JIAOCAI • FUZHUANG GONGYISHI

职业技能培训鉴定教材

# 服装工艺师

◀中级



## 编审委员会



## 本书编审人员


主　编　冯　麟　陶　钧

副主编　刘　东　袁赛南

编　者　陈　霞　李郁纯　黄　寒　王秀梅　曾碧玲　许启权

审　稿　周世康


中国劳动社会保障出版社

**图书在版编目(CIP)数据**

服装工艺师：中级/人力资源和社会保障部教材办公室组织编写. —北京：中国劳动社会保障出版社，2012

职业技能培训鉴定教材

ISBN 978-7-5045-9465-5

Ⅰ.①服… Ⅱ.①人… Ⅲ.①服装工艺-职业技能-鉴定-教材 Ⅳ.①TS941.6

中国版本图书馆 CIP 数据核字(2012)第 044114 号

**中国劳动社会保障出版社出版发行**

(北京市惠新东街 1 号 邮政编码：100029)

出 版 人：张梦欣

*

北京金明盛印刷有限公司印刷装订 新华书店经销

787 毫米×1092 毫米 16 开本 19 印张 413 千字

2012 年 3 月第 1 版 2012 年 3 月第 1 次印刷

**定价：38.00 元**

**读者服务部电话：010-64929211/64921644/84643933**

**发行部电话：010-64961894**

**出版社网址：http：//www.class.com.cn**

# 内容简介

本教材由人力资源和社会保障部教材办公室组织编写。教材以《国家职业标准·服装设计定制工》和《深圳市职业技能鉴定考核大纲·服装缝纫工》为依据，紧紧围绕"以企业需求为导向，以职业能力为核心"的编写理念，力求突出职业技能培训特色，满足职业技能培训与鉴定考核的需要。

在本书编写中，作者凭借在服装生产工艺方面多年的教学、科研以及对服装企业生产工艺指导培训的经验，围绕服装企业批量生产流程的实际运作特点，通过大量图片，运用简洁的语言和生动的案例阐述服装工艺生产技术要点，易学易懂，可操作性强，帮助读者快速掌握服装生产工艺技术要领、迅速适应成衣工业生产中与工艺技术相关岗位的要求。全书分为10个模块单元，主要内容包括：职业道德、法律法规与安全生产，服装面料与辅料，服装生产设备，裁剪工艺，服装生产技术管理，服装装饰工艺，服装后整理工艺，服装品质检验，服装结构设计，服装缝制生产工艺等。每一单元后安排了单元测试题及答案，书末提供了理论知识和操作技能考核模拟试卷样例，供读者巩固、检验学习效果时参考使用。

本教材可作为中级服装设计定制工（服装缝纫工、服装工艺师）职业技能培训与鉴定考核用书，也可供从事服装生产的相关人员参加在职培训、岗位培训使用。

# 前　言

科技日新月异，我国产业结构调整与企业技术升级不断加快，新职业和新岗位也不断涌现，能不能拥有一批掌握精湛技艺的高技能人才和一支训练有素、具有较高素质的职工队伍，已成为决定企业、行业乃至地区是否具有核心竞争力和自主创新能力的重要因素。一些地区、行业、企业根据工作现场、工作过程中职业活动对劳动者职业能力的需求，纷纷提升人才培养规格与培养标准，从过去单一社会化鉴定模式向自主培训鉴定、企业业绩评价、职业能力考核等多元评价模式转变，从过去以培养传统技术技能型人才为主向培养技术技能型、知识技能型和复合技能型人才转变，职业培训与鉴定考核领域进一步拓展。为了适应新形势，更好地满足各地培训、鉴定部门及各行业、企业开展培训鉴定工作的需要，我们根据地方、行业和企业实际，组织编写了一批具有地方、行业特色，满足企业需求，面向新职业、新岗位的职业技能培训鉴定教材。

新编写的教材具有以下主要特点：

**在编写原则上，突出以职业能力为核心。**教材编写贯穿"以企业需求为导向，以职业能力为核心"的理念，结合企业实际，反映岗位需求，突出新知识、新技术、新工艺、新方法，注重职业能力培养。凡是职业岗位工作中要求掌握的知识和技能，均作详细介绍。

**在使用功能上，注重服务于培训和鉴定。**根据职业发展的实际情况和培训需求，教材力求体现职业培训的规律，反映地方、行业和企业职业技能鉴定考核的基本要求，满足培训对象参加各级各类鉴定考试的需要。

**在编写模式上，采用分级模块化编写。**纵向上，教材按照职业资格等级单独成册，各等级合理衔接、步步提升，为技能人才培养搭建科学的阶梯型培训架构。横向上，教材按照职业功能分模块展开，安排足量、适用的内容，贴近生产实际，贴近培训对象需要，贴近市场需求。

**在内容安排上，增强教材的可读性。**为便于培训、鉴定部门在有限的时间内把最重要的知识和技能传授给培训对象，同时也便于培训对象迅速抓住重点，提高学习效率，在教材中精心设置了"培训目标"等栏目，以提示应该达到的目标，需要掌握的重点、难点、鉴定点和有关的扩展知识。另外，每个学习单元后安排了单元测试题，每个级别的教材都提供了理论知识和操作技能考核模拟试卷样例，方便培训对象及时巩固、检验学习效果，并对本职业鉴定考核形式有初步的了解。

本书在编写过程中得到香港服装学院、深圳市工艺服装职业技能鉴定所、惠州学院服装系、深圳市服装行业培训学校、深圳市欧纺服装研究院的大力支持和热情帮助，在此一并致以诚挚的谢意。

编写教材有相当的难度，是一项探索性工作。由于时间仓促，不足之处在所难免，恳切希望各使用单位和个人对教材提出宝贵意见，以便修订时加以完善。

人力资源和社会保障部教材办公室

# 目录

第 1 单元　职业道德、法律法规与安全生产/1—16

第一节　职业道德/2

一、职业道德的基本含义

二、职业道德的主要内容

三、职业道德的基本特性

四、职业道德与社会道德、法律的区别

五、职业道德与员工的发展

第二节　法律法规/6

一、法律的概念与特征

二、法律的作用

三、法律的分类

四、法律的效力

五、法律与其他规范性文件的区别

第三节　安全生产/10

一、安全生产的法规

二、岗位安全职责

三、服装企业员工安全操作规程

单元测试题/14

单元测试题答案/16

第 2 单元　服装面料与辅料/17—37

第一节　常见面料的性能/18

一、天然纤维织物的性能

二、化学纤维织物的性能

三、毛皮与皮革面料的性能

第二节　常见面料的鉴别及织物疵点分析/24

一、面料外观特征的识别

二、面料织造疵点及其分析

第三节　辅料的种类与用途/30

一、衬布
二、标志
三、其他辅料
单元测试题/36
单元测试题答案/37

第3单元　服装生产设备/38—71
第一节　裁剪设备/39
一、铺布设备
二、裁剪设备
三、定号辅助设备
第二节　粘衬设备/47
一、常见粘衬机的结构和特点
二、粘衬机的使用和保养
第三节　通用缝制设备/51
一、平缝机
二、车缝附件
第四节　熨烫设备/64
一、熨斗
二、夹机
三、人像整烫机
四、蒸汽烫床
五、其他辅助工具
单元测试题/69
单元测试题答案/71

第4单元　裁剪工艺/72—85
第一节　排料与铺布工艺/73
一、排料划样
二、铺布工艺
第二节　裁剪与粘衬工艺/78
一、裁剪工艺
二、粘衬工艺
单元测试题/83
单元测试题答案/84

**第 5 单元 服装生产技术管理/86—110**

第一节 服装生产技术管理概述/87

一、生产技术管理及其要素

二、服装生产技术管理

第二节 服装生产流程及技术文件/90

一、服装生产流程设计

二、服装生产技术文件

第三节 服装生产疵点排查/96

一、断线

二、跳线

三、缩皱

四、其他

单元测试题/107

单元测试题答案/109

**第 6 单元 服装装饰工艺/111—130**

第一节 线迹装饰的种类及应用/112

一、明线缝

二、绗缝

第二节 刺绣的种类及应用/116

一、刺绣针法

二、刺绣用材与工艺

第三节 特殊工艺的种类及应用/122

一、镶嵌滚工艺

二、抽褶工艺

三、其他装饰工艺

单元测试题/129

单元测试题答案/130

**第 7 单元 服装后整理工艺/131—160**

第一节 熨烫工艺/132

一、熨烫的原理和作用

二、熨烫的分类

三、熨烫参数的确定

四、各种面料的熨烫技巧

五、服装熨烫要求与技巧

第二节 包装工艺/140

一、包装的类型和功能
二、包装用料
三、包装步骤与设备
四、包装检验标准
单元测试题/158
单元测试题答案/160

第8单元　服装品质检验/161—187
第一节　服装质量管理概述/162
一、质量管理概述
二、服装质量检验方法
三、服装品质检验职能与工作流程
第二节　服装品质检验方法/166
一、服装疵点的界定
二、服装品质检验常见疵点
三、常见服装的尺寸量度
单元测试题/185
单元测试题答案/186

第9单元　服装结构设计/188—224
第一节　体型基础/189
一、正常体型与服装号型
二、特殊体型分类
第二节　服装结构设计/198
一、男装衬衫
二、牛仔裤
三、西裤
第三节　纸样工程/219
一、纸样工程概述
二、纸样工程实例
单元测试题/223
单元测试题答案/224

第10单元　服装缝制生产工艺/225—271
第一节　男装衬衫的缝制生产工艺/226
一、男装衬衫款式说明
二、男装衬衫缝制工艺流程

三、男装衬衫的检验
**第二节　牛仔裤的缝制生产工艺/239**
一、牛仔裤款式说明
二、牛仔裤缝制工艺流程
三、牛仔裤的检验
**第三节　男装西裤的缝制生产工艺/253**
一、男装西裤款式说明
二、男装西裤缝制生产工艺流程
三、男装西裤的检验
**单元测试题/270**
**单元测试题答案/271**

中级服装缝纫工理论知识考核模拟试卷样例（一）/272
中级服装缝纫工理论知识考核模拟试卷样例（一）答案/279
中级服装缝纫工理论知识考核模拟试卷样例（二）/280
中级服装缝纫工理论知识考核模拟试卷样例（二）答案/287
中级服装缝纫工操作技能考核模拟试卷样例/288
中级服装缝纫工操作技能考核模拟试卷样例答案/289
中级服装缝纫工操作技能考核模拟试卷样例评分标准/291

# 第1单元

# 职业道德、法律法规与安全生产


- 第一节　职业道德/2
- 第二节　法律法规/6
- 第三节　安全生产/10

# 第一节　职业道德

**培训目标**

- 了解职业道德的基本内涵
- 掌握职业道德的主要内容和基本特征
- 了解职业道德与社会道德、法律的区别
- 掌握遵守职业道德的重要性和必要性
- 掌握职业道德与员工、企业发展的关系

## 一、职业道德的基本含义

道德是调节个人与自我、他人、社会和自然界之间关系的行为规范总和，是通过各种教育和社会舆论使人们具有区分善恶、荣耻、正邪等能力，以指导或控制自身行为的一种标准，并依靠社会舆论、传统习惯、教育和内心信念来维持。

职业道德是某个特定职业实践活动中占主导地位的道德的具体体现，是从业人员在履行本职工作中所遵循的行为准则和行为规范的总和，同时又是从业人员对社会所应承担的道德责任和义务。职业道德是一种具体化、职业化、个性化的社会道德，具有行业性、广泛性、实用性、时代性的特点。

从事不同职业的人员在特定的职业活动中形成了特殊的职业关系、职业利益、职业活动范围和方式，社会对其职业行为提出了不同道德要求，由此形成了不同的职业道德规范。要成为一名合格的劳动者，首先必须遵守职业道德。



## 二、职业道德的主要内容

根据我国《公民道德建设实施纲要》，职业道德的主要内容是：爱岗敬业、诚实守信、办事公道、服务群众、奉献社会。

**1. 爱岗敬业**

爱岗敬业是社会公德中对人们工作态度的一种最普遍、最重要的要求。爱岗是热爱自己的本职工作，为做好本职工作尽心尽力；敬业是对待自身职业抱有恭敬严肃的态度，工作专心、负责任。爱岗敬业就是热爱自己的本职工作，以恭敬、严肃的态度对待自己的职业，对本职工作一丝不苟、尽心尽力、忠于职守，为实现职业的目标而奋斗努力。爱岗与敬业是相辅相成、相互支持的。

要达到爱岗敬业的职业道德要求，首先要树立“献身事业”的人生目标，把自己的才华、能力甚至生命都投入到事业中，以从事本职工作为乐。二要培养“干一行，爱一行”的工作精神。大多数用人单位都倾向于选择踏踏实实工作、有良好工作态度的职工。只有专心致志搞好工作，“钻一行”才能出成绩出效益。三要确定“站一天岗，尽十分力”的工作作风。无论在任何岗位，只要在岗一天就应当认真负责地工作一天。岗位、职业即使多次变动，勤恳尽职的工作态度都不应改变。一个人要做好自己的本职工作，没有爱岗敬业的职业精神是做不好的。现代社会人与人之间只是分工不同，职业无贵贱之分，这是职业道德所要倡导的首要规范。

**2. 诚实守信**

诚实守信就是我们常说的诚信，实事求是地为人做事，讲信用、守诺言。诚实守信不仅是做人的准则，也是对从业者的道德要求。诚实守信是为人之本，是从业之要。从业者在职业活动中应该严格按照每道工序的操作规程去做，做到诚实劳动、规范操作、文明生产，重质量、重服务、重信誉。

**3. 办事公道**

办事公道就是指从业人员在办理职业事务、处理各种业务问题时，要站在公道正派、客观公正、不偏不倚、公开公平的立场，对不同的对象按照同一标准和同一原则办事，不因职位高低、关系亲疏的差别而区别对待，一律以相互理解、尊重的公平之心同等对待每一个人，热情服务，照章办事。

**4. 服务群众**

服务群众是“为人民服务”思想在职业活动中的具体表现。服务群众不仅是对服务行业的要求，也是对各行各业的共同要求。每一位从业人员，作为群众的一员，既是别人服务的对象，又是为别人服务的主体。每个人有权利享受他人职业服务的同时，每个人也承担着为他人提供职业服务的职责。因此，每个从业人员在进行职业劳动时，应尽职尽责服务群众。

**5. 奉献社会**

奉献社会就是以自己的知识、才能履行对社会的职业义务，自觉努力地为社会多做贡献。这是职业道德的最高境界。一个人无论从事什么行业的工作，不论在什么岗位上工作，都可以做到奉献社会。在市场经济条件下，要做到奉献社会，就要正确处理好“义”与“利”的关系、社会效益与经济效益的关系、个人利益与单位利益的关系、个人利益与社会效益的关系，把奉献社会真正落到实处。



此外，职业道德还应包括承担责任。一个人能承担多大的责任，就能取得多大的成功。但是人们往往对于承认错误和担负责任怀有恐惧感。因为承认错误、担负责任往往会与接受惩罚相联系。不负责任的员工在出现问题时总是寻找各种理由和借口为自己开脱，把责任归罪于外界或他人。敷衍塞责，找借口为自己开脱，会让人觉得不但缺乏责任感，还不愿意承担责任。缺乏责任感难免会失职。没有谁能做得尽善尽美，但是，只有敢于承认错误和承担责任的人，才能堪为大用。

## 三、职业道德的基本特性

**1. 行业性**

职业道德是与从业人员的职业活动联系在一起的。各种职业的从业内容和从业方式、从业要求不尽相同，因此它所规范的是每一种行业的从业人员的职业行为，不具有普遍性，只适用于本行业，对不属于本行业的职业人员往往起不到调节和约束作用。例如，商业职业道德强调公平交易、诚实守信，医务人员职业道德强调救死扶伤、治病救人等，这些都体现了行业特点而非普遍适用性。

2. 继承性

任何一种职业道德都是在继承职业特有的道德传统和道德习惯的基础上发展起来的。由于职业具有不断发展和世代延续的特征，不仅其技术世代延续，其管理员工的方法、与服务对象打交道的方法，也有一定历史继承性。如“有教无类”“学而不厌，诲人不倦”，从古至今始终是教师的职业道德，与当前要求的教书育人、为人师表等职业道德规范是一脉相承的。

3. 多样性

每种职业都担负着一种特定的职业责任和义务。由于各种职业的责任和义务不同，从而形成各自特定的职业道德规范。有多少种职业，就有多少种职业道德，因此职业道德的表现形式多种多样，经商有“商德”，行医有“医德”，教师有“师德”，演艺有“艺德”等。随着经济社会的发展，新兴的行业越来越多，职业道德也将更加多样化。

4. 纪律性

各种职业道德是在长期的职业活动中总结、提炼出来的，一般采用规章、制度、公约、条例、守则、规程、须知等具体的形式表现，以此来教育、规范本行业从业人员，要求非常明确，既要求从业人员自觉遵守，又带有一定的强制性。例如，不能用公车办私事，不能随意发放办公文具，不能乱开购物发票，不能借办公事之机办私事，不能代同事打卡，必须执行操作规程和安全规定等。



5. 群体性

职业道德规范该行业的所有从业人员的职业行为，是对一个群体的道德约束。职业道德既包括个人的职业道德，又包括群体的职业道德，是个体性与群体性的统一。群体的职业道德不仅对该行业的每位从业人员的个人职业道德有影响，而且对社会风气有影响，个体的职业道德则是群体职业道德水平的具体表现。每位从业人员都要正确处理好个人与集体的关系，明白“一荣俱荣，一损俱损”的道理。

## 四、职业道德与社会道德、法律的区别

职业道德是企业根据自身的实际情况，以法律为准绳制定的职务行为准则。其核心就是企业员工忠实履行职务时的行为规范，注重职业行为的规范。

社会道德是社会中约定俗成、广泛公认的行为规范，是作为一个社会人的言行标准。例如一个人是否孝顺父母属于社会道德问题，企业无权予以干涉，如果不涉及违法，司法机关也不能采取任何措施。

职业道德与社会道德不相冲突，但是在企业内具备一定的约束力。

法律控制范围遍及全社会，职业道德的效力只限于企业内。某些违背职业道德的行为如果触犯刑律，则已属法律约束范围，会由司法机关惩处。例如职员向其所在企业的竞争对手提供本企业经营机密，就是违背了企业的行为规范，情节严重者企业有权辞退并起诉该职员。企业应明确哪些可以做、哪些不可以做，避免职员在履行职务过程中触犯法律。

## 五、职业道德与员工的发展

### 1. 员工职业能力的发展阶段

职业能力是员工在职业中发展起来，直接影响工作能否顺利完成和工作效率的工作表现。职业能力包括通用职业能力和专业职业能力。通用职业能力是指人们无论从事何种职业活动都具有的共有能力。专业职业能力是指人们从事某一特定职业所必须具备的特殊能力。

每一位员工在单位的晋升与发展都是建立在良好操作技能和出色工作业绩的基础上，每个成功都是一步一个脚印积累起来的，不能期望一步到位。通常员工在企业的发展包括以下几个阶段：

(1) 磨合期。每个人初到一家单位都要有一个学习阶段，从了解单位的历史到熟识其运作和人际交往的开展。

(2) 积累期。磨合期过后，当自己能够独立承担工作时，就进入了个人技能的积累阶段。只有掌握娴熟的技能，才能在工作岗位上有更好的发挥。

(3) 提升期。随着个人专业知识的丰富，技能不断的提高，再加上出色的工作业绩，自然而然就会获得职位的提升。同时，随着职位的提升，关注点越来越高，工作能力也进步越快。

(4) 飞跃期。随着职位的提升和视野的开阔，人的活动空间也越来越大，这时就到了个人可以寻求最合理的发展空间的阶段，此时自身价值能得到很好的实现和发展。



【案例】三年前，A、B 两位同班同学大学毕业后同在一家外贸公司的营业部做助理跟单的工作。A 个子矮小，皮肤黝黑，言语木讷，是一位来自农村的孩子。B 身材高大，外形俊朗，口若悬河。但是三年后的今天，A 升做营业部经理，B 却换了 4 家企业，仍在做普通跟单员。

【分析】A 虽然外在条件不如 B，但他工作努力、任劳任怨，三年如一日扎根工作岗位，并在工作中不断改善创新，深得老板的信任，在企业的发展壮大中被提升为营业部经理。而 B 总是抱着“谁给钱多就给谁干”的想法，3 年换了 4 家企业，在同一家企业中的工作积累沉淀少，所以一直都在做普通跟单员的工作；唯一不同的是，他的牢骚比以前更多了，认为企业都把员工看成赚钱的工具，不值得为企业卖命。

### 2. 职业道德与员工自身的发展

职业是人谋生的手段，从事一定职业是人的基本需求。而职业活动是人全面发展的最重要条件。

通过职业道德的规范能培养一个人的综合职业素质。素质是指人在先天禀赋的基础上，通过环境和教育的影响而形成和发展起来的相对稳定的内在基本品质。职业素质是指劳动者在一定生理和心理条件的基础上，通过教育、劳动实践和自我修养等途径形成和发展起来并在职业活动中发挥重要作用的内在品质。综合职业素质的构成包括：思想政治素质、职业道德素质、科学文化素质、专业技能素质、身体心理素质。

可见，职业道德是人格的一面镜子，是一个人事业成功的基本保证和重要条件。一个人的职业道德品质能反映其整体道德素质，提高职业道德水平是人格升华的最重要途径。

3. 职业道德与企业的发展

职业道德是增强企业凝聚力的手段。企业是具有社会性的经济组织，企业内部存在各种复杂的关系，这些关系既有相互协调的一面，也有矛盾冲突的一面，解决不好将会影响企业的凝聚力。这就要求企业所有员工都能从大局出发，光明磊落、相互谅解、相互宽容、相互信赖、同舟共济，而不能自私自利、意气用事、互相拆台。总之，要求职工必须具有较高的职业道德觉悟。

提高员工的职业道德和整体素质能树立良好的企业形象，增强企业的市场竞争力，提高企业的经济效益，实现企业阶段性的发展目标。

【案例】小陈大学毕业在某公司任职一年后，没有了初上岗时的干劲，与昔日老师聚会时说："如果公司重视我、给我很好的待遇，我会努力工作创造优异业绩。"

【分析】这是关于个人与企业合作的一个误区。企业凭什么重视你、给你很好的待遇？企业以自身经营目标为中心，而不是以员工个人为中心。企业有效益以后，员工才能跟着受益；而不是一个员工好了，企业跟着这位员工受益。虽然员工到企业是为了实现自己的目标，但这个目标必须服从公司的整体目标；如果目标有冲突，那么个人与企业互相依存的关系就不可能长期存在。所以个人如果想得到企业的重视，必须通过自己努力工作和出色的业绩来获得。



## 第二节　法律法规

**培训目标**

- 了解法律的概念与特征
- 了解法律的作用、分类与法律效力
- 了解法律与其他规范性文件的区别与联系

### 一、法律的概念与特征

法律是由国家制定或认可，由国家强制力保证实施，由其物质生活条件决定的反映统治阶级意志的规范体系，它通过规定人们相互之间的权利和义务关系，确认、维护和发展有利于统治阶级的社会关系和社会秩序。

法律的概念有广义和狭义之分，广义的法律，即整体或抽象意义的法律，是指国家制定、认可，并以国家强制力保障实施的行为规范的总称。狭义的法律，即特定或具体意义上的法律，专指全国人民代表大会及其常务委员会制定的法律。人们日常生活中所使用的"法律"一词，多数是从广义上来说的。

法律属于社会规范，但它又是一种特殊的社会规范，区别于道德规范、宗教规范等其他社会规范。主要特征有以下几点：

1. **法律是调整人们行为或社会关系的特殊社会规范**

人类社会的存在和发展离不开各种行为规范的作用。从这些规范调整的领域来看，大体可分为技术规范和社会规范。技术规范反映人与自然之间的关系，规定人们如何运用自然力，使用劳动工具或支配劳动对象。社会规范则是一系列调整人与人之间关系的行为准则的总和，包括道德规范、宗教规范、法律规范等。法律不是一般的社会行为规范，它具有高度规范性、概括性和可预测性等特点，使人们可以正确选择自己的行为方式。其他社会行为规范不具有这样严格的模式。

2. **法律是由国家制定或认可的社会规范**

法律是特定的国家机关依照法定程序制定出的规范性法律文件，是国家通过一定的方式对既存的行为规则予以认可并赋予其法律效力。法律作为人们行为的准则之一，其基本特点在于它是由国家制定或认可的，是体现国家意志的特殊社会规范。

3. **法律是由国家强制力保证实施的社会规范**

任何规范都具有一定的强制性，即借助一定的社会力量或自身手段予以实施。然而，法律具有不同于其他社会规范的特殊的强制性，即国家强制力。正因为法律是国家制定或认可的体现国家意志的社会规范，所以它依靠国家强制力作为后盾和最终手段以保证其在国家权力管辖范围内对一切人和事具有普遍约束力，任何违反或破坏法律的行为都将受到法律制裁。这是法律的本质特征。

4. **法律以设定人们的权利和义务为主要内容**

法律对人们行为的调整主要是通过权利、义务的设定和运行来实现的，因而法律的内容主要表现为权利和义务。法律规范规定了人们在一定情况下可以做什么（允许人们这样行为），应该做什么（要求人们必须这样行为）或不应该做什么（禁止人们这样行为），并且规定了各种行为相对应的法律后果，即违背了有关规定如何处理。



## 二、法律的作用

法律的作用是指法律对社会生活的影响，是法律的本质和特征的具体体现。法律通过规范人们的行为来实现对社会关系的调整，因此，法律的作用可以分为法律的规范作用和法律的社会作用。

1. **规范作用**

法律的规范作用主要是指法律作为调整人们行为的规范，而对人的行为产生影响及其方式和过程。一般来说，根据法律规范作用的对象不同，法律的规范作用大致可分为指引、评价和预测三种作用。指引作用主要是指法律作为一种行为规范，为人的行为提供一种规范性的引导、指示的作用。评价作用指法律具有判断、衡量人的行为合法或违法以及违法性质和程度的作用。与其他社会规范（如道德、宗教等）的评价作用相比，法律的评价标准更具有统一性、普遍性和稳定性。预测作用是指人们可以根据法律预先估计到人们相互间如何行为以及预测某种行为的后果。法律本身所具有的规范性和确定性决定了其可预测性。除此以外，法律通过其实施，对一般的人还具有教育、示范等作用。

2. 社会作用

法律的社会作用是指法律在实施过程中，通过规范人们的行为及相互关系而对各种社会关系的影响。按照国家的对内职能，法律的社会作用可以分为维护阶级统治的作用和执行社会公共事务的作用。法律直接维护阶级统治的作用主要体现在统治阶级运用法律维护其在政治、经济和思想等领域的统治地位，同时调整统治阶级成员内部和统治阶级与其同盟者之间的关系。法律执行社会公共事务的作用与维护阶级统治并无直接联系，是法律在维护人类社会基本生活条件，组织和管理社会化的生产、交换，确认和实施技术规范，进行社会公共管理方面的作用。法律这两方面的社会作用在不同的社会阶段和历史条件下有所偏重，而且两者在很多方面相互交织、相互作用，作为一个整体服务于法律的目标，体现法律的本质。

## 三、法律的分类

依据不同的标准，可以将法律分成若干不同的种类。

1. 国内法与国际法

根据法律创制和适用主体不同，可以分为国内法和国际法。国内法是由特定国家法律创制机关创制并适用于该国主权管辖范围内的法律。国内法的法律关系主体一般为公民、法人、社会组织和国家机关，国家只能在特定的法律关系中成为主体。国际法是由参与国际关系的主权国家通过协议制定或认可，适用于国家之间的法律。国际法的主体一般是国家，在一定条件下或一定范围内，类似国家的政治实体以及由一定国家参加和组成的国际组织也可以成为国际法的主体。



2. 根本法与普通法

根据法律的地位、效力、内容和制定程序的不同，可以分为根本法与普通法。在成文宪法制国家，根本法即宪法，它规定了国家基本的政治制度和社会制度、公民的基本权利和义务、国家机关的设置、职权等根本性问题，具有最高的法律地位和效力，其制定和修改必须经过特定的机关和特定的程序，是其他法律制定的依据。而普通法是指宪法以外的其他法律，它规定国家的某项制度或调整某一方面的社会关系，其法律地位和效力均低于根本法，其制定和修改只需经过一般的立法程序。

3. 一般法与特别法

根据法律适用范围的不同，可以分为一般法（普通法）与特别法。一般法是指在一国范围内，对一般的人和事都普遍适用的法律。特别法是指只适用于一国的特定地区、特定期间或只对特定的事、特定的人有效的法律，如戒严法、兵役法、特别行政区法、教师法等。一般情况下，法律适用遵循特别法优于一般法的原则。

4. 实体法与程序法

根据法律规定的具体内容的不同，可以分为实体法和程序法。实体法是主要规定和确认权利与义务的法律，如民法、刑法、行政法等。程序法是指为保障权利和义务的实现而规定的以程序为主的法律，如民事诉讼法、刑事诉讼法等。需要注意的是，严格地说，程序法并不等同于诉讼法，程序法还包括立法程序、行政程序等方面的立法。当然，这种划分并不是绝对的，它们之间也有一些交叉，实体法中可能涉及一些程序问题。

5. **成文法与不成文法**

根据法律的创制和表达形式的不同，可以分为成文法与不成文法。成文法是指由特定国家机关制定和公布，以成文形式表现的法律，故又称制定法。不成文法是指由国家认可的不具有成文形式的法律。不成文法主要指习惯法。随着法的发展，成文法日益增多，已成为法的主要部分，而不成文法则逐渐减少。

## 四、法律的效力

法律的效力是指法律在何时、何地、对何人发生作用，也即法律的时间效力、空间效力和对人的效力。

1. **时间效力**

法律的时间效力是指法律的生效和失效的时间，以及法律对其颁布实施以前的事件和行为有无溯及力。法律的生效通常有两种情况：一是从法律公布之日起立即开始生效施行；二是法律公布后并不立即生效，经过一定期限才开始生效。法律的失效，大体包括：新的法律施行后，原有同类的旧法律即自然失去效力；新的法律代替了原有的同样内容的法律，并在新法律中明文宣布原有法律失效；有的法律因为完成了其颁布的历史使命而自然失效；相应国家机关颁布专门的决议、命令，宣布废除某项法律、法规，从宣布废除之日，该法律法规失效。关于法律的溯及力，我国现行法律原则上采取不溯及既往的原则。



2. **空间效力**

法律的空间效力是指法律在哪些地域范围内发生效力。一般来说，在一个主权国家，法律无疑适用于主权管辖范围所及全部领域，即该主权国家的陆地、水域以及底土和上空。此外，还包括驻外使馆和在领域外的本国船舶或飞机（即延伸意义的领土）。但是，由于法律的内容和制定机关的不同，其效力也可能只局限于主权国家内的某些特定区域，比如特别行政区的法律。

3. **对人的效力**

法律对人的效力是指法律适用于什么样的人（包括法人）。法律对人的效力大致有以下几种原则：一是属人主义，凡是本国的人，不论其在国外还是国内，本国的法律对他都有约束力。而对在该国领域内的外国人则不适用。二是属地主义，即一国法律对所管辖的范围内一切人，不论是外国人还是本国人，都具有同样的法律效力。如果不在本国，即使是本国人也不受本国法律的约束。三是保护主义，即任何人只要侵害了本国的利益，不论该侵害者的国籍与所在地域，都要受到该被侵害国法律的追究。以属地主义为主，以属人主义、保护主义为补充，是近代以来许多国家采用的原则，我国也采用这一原则。

## 五、法律与其他规范性文件的区别

1. **法律与法规、规章的区别**

法律在广义上泛指一切规范性文件，狭义上仅指全国人大及其常委会制定的规范性文件。在与法规等一起适用时，法律是指狭义上的法律。

法规在法律体系中主要指行政法规、地方性法规、民族自治法规及经济特区法规等，是国务院、地方人大及其常委会、民族自治机关和经济特区人大制定的规范性文件。

规章是行政性法律规范文件，主要指国务院组成部门及直属机构，省、自治区、直辖市人民政府及省、自治区政府所在地的市和经国务院批准的较大的市和人民政府的职权范围内，为执行法律、法规，需要制定的事项或属于本行政区域的具体行政管理事项而制定的规范性文件。

法律、法规和规章的区别，主要在于制定机关的不同，另外其效力层次也有所不同。法律由全国人大及其常委会颁布，效力最高；法规是国务院颁布，效力其次；规章是国务院各部委颁布，效力居后；地方法规是地方人大颁布，地方规章是地方政府颁布，只对地方产生效力。

**2. 法律与道德的关系**

法律与道德相互间具有交叉与渗透作用，表现在：法律意识与道德观念具有同一属性而相互联系，法律规范与道德规范的调控范围有所重叠而相互包容。凡是法律所禁止和制裁的行为，也是道德所禁止和谴责的行为；凡是法律所要求和鼓励的行为，也是道德所培养和倡导的行为。反言之，许多道德观念也体现在法律中，许多道德问题也可以通过诉求法律来解决。

但是，法律与道德对人们的行为有着不同层次的要求。前者一般只能规定最起码的行为要求，后者则可以解决人们精神生活和社会行为中更高层次的问题。例如道德可以要求人们“大公无私”，而法律只能规定人们不许损公肥私。



## 第三节　安全生产

**培训目标**

- 了解安全生产的基本内容
- 掌握安全生产的法规
- 掌握岗位安全职责和所在岗位安全生产的操作规程

安全生产是指在社会生产活动中，通过人、机、物料、环境的和谐运作，使生产过程中潜在的各种事故风险和伤害因素始终处于有效控制状态，切实保护劳动者的人身安全和产品的质量安全。

安全生产包括劳动者的人身安全和产品的质量安全。劳动者的人身安全是为了使劳动过程在符合安全要求的物质条件和工作秩序下，防止人身伤亡、财产损失等生产事故，消除或控制危险有害因素，保障劳动者的安全健康和设备设施免受损坏、环境免受破坏的一切行为。产品的质量安全是针对产品的特点进行规范操作，减少对产品的损伤和变形处理，以达到符合订单要求的一系列标准技术操作行为。

安全生产是安全与生产的统一，安全促进生产，生产必须安全。搞好安全工作，改善劳动条件，可以调动职工的生产积极性；减少职工伤亡，可以减少劳动力的损失；减少财产损失，可以增加企业效益，促进生产的发展。而生产必须安全，则是因为安全是生产的前提条件，没有安全就无法生产。

## 一、安全生产的法规

我国历来高度重视安全生产，采取了一系列行之有效的措施，积极推动安全生产立法的完善和安全生产执法的加强。截至目前，我国已经制定了近三十部关于安全生产的专门法律、行政法规，其中既包括《中华人民共和国安全生产法》（以下简称《安全生产法》）《生产安全事故报告和调查处理条例》等适用于各类生产经营单位的综合性、基础性法律、行政法规，也包括适用于特定行业和领域安全生产的法律、行政法规。

《安全生产法》是规范我国安全生产工作的一部重要的专门法律，全面系统地规定了全国安全生产工作中各方面的关系及其职责，是各类生产经营单位及其从业人员实现安全生产所必须遵循的行为准则，是各级人民政府及其有关部门进行监督管理和行政执法的法律依据，是制裁各种安全生产违法犯罪行为的有力武器。

**1. 安全生产享有的权利**

《安全生产法》第 6 条对生产经营单位的从业人员在安全生产方面享有的权利和负有的义务作了明确规定，从业人员享有的安全生产保障权利主要包括：

（1）有关安全生产的知情权。包括获得安全生产教育和技能培训的权利，如实获知作业场所和工作岗位存在的危险因素、事故防范与应急措施的权利。

（2）有获得符合国家标准的劳动防护用品的权利。

（3）有对安全生产问题提出批评、建议的权利。从业人员有权对本单位安全生产管理工作存在问题提出建议、批评、检举、控告，生产单位不得因此作出对从业人员不利的处分。

（4）有对违章指挥的拒绝权。从业人员对管理者作出的可能危及安全的违章指挥，有权拒绝执行，并不得因此受到不利的处分。

（5）有采取紧急避险措施的权利。从业人员发现直接危及人身安全的紧急情况时，有权停止作业或者在采取紧急措施后撤离作业场所，并不得因此受到不利的处分。

（6）在发生生产安全事故后，有获得及时抢救和医疗救治并获得工伤保险赔付的权利等。

从业人员所在的生产经营单位有义务确保从业人员依法享有的获得安全生产保障权利。

**2. 安全生产应负的义务**

《安全生产法》第 49 条规定："从业人员在从业过程中，应当严格遵守本单位的安全生产规章制度和操作规程，服从管理，正确佩戴和使用劳动防护用品。"其他有关法律、法规的规定，从业人员必须严格依照规章制度和操作规程作业。生产经营单位有权实施安全管理，从业人员必须服从。依照法律规定，生产经营单位的从业人员不服从管理，违反安全生产规章制度和操作规程的，生产经营单位应给予批评教育，依照有关规章制度给予处分；造成重大事故，构成犯罪的，依照刑法有关规定追究刑事责任。从业人员在享有获得安全生产保障权利的同时，也负有以自己的行为保证安全生产的义务，主要包括：

（1）在作业过程中必须遵守本单位的安全生产规章制度和操作规程，服从管理，不得违章作业。

（2）接受安全生产教育和培训，掌握本职工作所需要的安全生产知识。

（3）发现事故隐患应当及时向本单位安全生产管理人员或主要负责人报告。

（4）正确使用和佩戴劳动防护用品。

只有每个从业人员都认真履行自己在安全生产方面的法定义务，生产经营单位的安全生产工作才有扎实的基础，才能落到实处。

## 二、岗位安全职责

从业人员既是安全生产的受益者，又是安全生产的责任者。按照“纵向到底，横向到边”的原则，从管理人员到操作人员都要明确和落实各级安全生产责任制，操作人员的安全生产责任制直接关系到安全事故和职业危害的有效预防。从业人员的岗位安全职责主要是：

1. 认真、自觉参加各种安全生产活动，学习安全生产法律法规，掌握安全操作技能，增强自我保护意识。



2. 严格遵守各项安全生产规章制度，不违章作业，并劝阻他人不违章作业。

3. 按照安全规程精心操作，按时、整洁、准确地做好各种运行记录，在操作中发现有违章操作、冒险作业等不安全行为和设备泄露、异常声响、气味等不安全状态，应采取相应的安全措施，并及时向上级报告。

4. 按时巡回检查，发现异常情况正确分析和判断，并及时处理。

5. 做好设备、工具、模具等维护保养工作，做到定置管理，保持作业场所整洁，搞好文明生产。

6. 正确使用、妥善保管各种个体劳动防护用品和器具。

7. 拒绝违章作业的指令，并且及时向上级安全生产监察部门举报。

## 三、服装企业员工安全操作规程

安全操作是人们长期实践经验的总结。它既反映人与物、设备的安全关系，指导人们的安全行为，也体现人与人之间的关系，是指导作业人员安全生产的重要规则和预防生产安全事故的最有利武器。以下是服装企业主要技术工种的安全操作规程：

**1. 裁剪工安全操作规程**

（1）裁剪前，要对设备的转动部分、电气部分、防护装置等进行全面检查，确保设备运转状态良好。如设备出现故障应及时通知维修人员，不得擅自拆卸修理。

（2）裁剪操作时，必须按规定穿戴好个人劳保用品（钢丝手套等），不允许赤膊光脚，严禁用手接触裁刀的刀刃部分或把手伸进在剪的物料中，以免发生工伤事故。

(3) 操作裁剪刀时，精神要集中，不允许边工作边与他人说笑，严防划伤、碰伤、砸伤和裁伤面料。

(4) 对设备不熟悉的人严禁单独操作。如需辅助操作需由师傅现场指点。

(5) 裁剪操作完毕，要切断电源，收拾好工具，将电剪放在指定位置，方可离开工作地点。

(6) 工作时要保持工作环境的整洁，平时要做好电剪的吹尘清洁和保养加油等工作。

2. 缝纫工安全操作规程

(1) 缝纫操作前，要严格检查防针罩、线担防护罩等安全防护装置是否处于正常状态。

(2) 换取梭芯、梭套和穿线时，双脚必须离开脚踏板。

(3) 工间要注意劳逸结合，上下午应各安排一次工间操。一般作业 1.5 小时后要起身做弯腰、转动肩颈、眺望远处和提肛等运动，以预防腰肌劳损、颈椎病和便秘、痔疮等职业病。

(4) 离座时，要关闭设备电源，不可让设备空机等待。

3. 粘衬工安全操作规程

(1) 操作工要按照设备要求操作，双手切勿靠近滚轮。

(2) 女性员工要盘起长发戴上工作帽，以免头发缠入输送带里面。

(3) 严禁操作人员擅自拆卸机器，如有问题要及时通知设备维修人员。

(4) 操作完毕离开机器时，要注意及时关掉机器，下班时切记关掉总电源。



4. 烫工安全操作规程

(1) 使用锅炉全蒸汽熨烫的企业注意每天要由机修部打开蒸汽总开关以后，烫工再开启烫台开关熨烫衣服。

(2) 熨烫时手要离开烫斗一定距离，小心蒸汽烫伤手。

(3) 不用烫斗时，要将其放在烫台的隔热板或石棉板上，注意不能直接放在有衣片的案板上，以免烧坏案板或引起火灾。

(4) 离开烫台时，要随时关掉烫台开关，及时拔掉电源插头。

(5) 要定期保养设备（烫斗或夹机），确保设备外观清洁。

(6) 设备出现故障时，要及时通知设备维修人员，不得擅自拆卸机器。

5. 锅炉技工安全操作规程

(1) 锅炉技术人员需有上岗证。

(2) 勿使用遇热易熔的塑胶管输送锅炉蒸汽。送汽管外层必须用隔棉、石纸包扎成保护膜，以防散热和蒸汽流失，或水滴弄湿服装而影响熨烫效果。

(3) 喉管与锅炉的距离不宜太远，以免散失较多的热量。

(4) 作业车间必须配有适量的电风扇、抽风机、空调等散热设施，以保持现场空气的流通，确保员工的健康安全。

(5) 使用锅炉输送蒸汽的企业必须有一套齐全的安全措施，以免锅炉烧开后，喉管因热胀冷缩的原因爆裂，而使蒸汽喷射出来酿成安全事故。

（6）关闭锅炉总机后，要打开每一部熨烫夹机下的水龙头开关，放出剩余的蒸汽和水滴，使喉管呈真空状，以免喉管生锈。

**6. 机修工安全操作规程**

（1）维修设备时，要先检查电源是否断开，严禁带电操作。特殊情况需要带电操作时，应请电工做安全监护，并使用绝缘工具和穿胶底鞋，以免发生伤亡事故。

（2）清洗机器零件时，要严禁打火吸烟和明火作业，严禁用汽油清洗零件或擦拭设备。用过的废油要倒入规定的容器内，严禁擅自倒入下水道。

（3）拆卸机器零件时要井然有序地摆放妥当，不可乱丢乱放，以免遗失或落地砸伤员工。

（4）维修时要注意自身及他人的安全，严防因挥动工具、零件脱落、碎屑飞溅而造成人身伤害。

（5）机器维修完成后，试机以前要检查设备各个部位的螺钉是否拧紧固，检查油量是否充足。同时先用手搬动手轮，确定安装无误后才能接通电源试机。

（6）工作场地要保持清洁，严禁油液、污水遍流，以免滑倒伤人。

**7. 打箱工安全操作规程**

（1）打箱时双手和身体要离开打箱设备以后再按启动按钮，待胶条打紧后再移动箱体，防止胶条打伤眼睛、手等部位。

（2）要按规定注意保养打箱设备。

（3）不得擅自拆卸设备。



## 单元测试题

**一、填空题**（请将正确的答案填在横线空白处）

1. 职业道德具有________、继承性、多样性、纪律性、群体性等基本特性。

2. ________是为人之本，是从业之要。

3. 要达到爱岗敬业的职业道德要求，要树立“献身事业”的人生目标，培养“________”的工作精神，确定“站一天岗，尽十分力”的工作作风。

4. 法律以设定人们的________为主要内容。

5. 社会规范是一系列调整人与人之间关系的行为准则的总和，包括道德规范、宗教规范和________等。

6. 根据我国《公民道德建设实施纲要》，职业道德的主要内容是：爱岗敬业、诚实守信、办事公道、________、奉献社会。

7. 法律的作用是指法律对社会生活的影响，是法律的本质和特征的具体体现。法律的作用可以分为法律的________和法律的社会作用。

8. 法律的规范作用大致可分为指引作用、________和预测作用。

9. 法律根据法律的地位、效力、内容和制定程序的不同，可以分为________与普通法。

10. 法律的效力是指法律在何时、何地、对何人发生作用，包括法律的时间效力、

________效力和对人的效力。

11. 成文法是指由特定国家机关制定和公布，以成文形式表现的法律，故又称为________。

12. 在成文宪法制国家，根本法即________法，它规定了国家基本的政治制度和社会制度、公民的基本权利和义务、国家机关的设置、职权等根本性问题，具有最高的法律地位和效力。

13. 严格地说，程序法还包括立法程序、________程序等方面的立法。

14. 不成文法是指由国家认可的不具有成文形式的法律，主要是指________法。

15. 法律对人的效力大致包括以下三种原则：属人主义、________、保护主义。

16. 特别行政区的法律属于法律的________效力。

17. 民事诉讼法和刑事诉讼法属于________法。

18. 不用烫斗时，要将其放在烫台的________上，注意不能直接放在有衣片的案板上，以免烧坏案板或引起火灾。

19. 一个人的职业道德品质能反映其整体道德素质，提高职业道德水平是________的最重要途径。

**二、单项选择题**（下列每题的选项中，只有1个是正确的，请将正确答案的代号填在横线空白处）

1. 员工在企业的发展包括的阶段有________。

A. 磨合期、积累期、发展期、晋升期

B. 磨合期、积累期、提升期、飞跃期

C. 见习期、积累期、提升期、飞跃期

D. 磨合期、稳定期、提升期、飞跃期

2. 法律是调整人们行为或社会关系的，由国家制定或认可，由国家强制力保证实施的特殊的________。

A. 道德规范　　B. 宗教规范　　C. 法律规范　　D. 社会规范

3. 实体法是主要规定和确认权利与义务的法律，包括________。

A. 民法、刑法、诉讼法等

B. 民事诉讼法、刑事诉讼法等

C. 民事诉讼法、刑事诉讼法、行政法等

D. 民法、刑法、行政法等

4. 特别法是指只适用于一国的特定地区、特定期间或只对特定的事、特定的人有效的法律，如________等。

A. 民法、刑法、行政法

B. 民事诉讼法、刑事诉讼法

C. 戒严法、兵役法、特别行政区法、教师法

D. 根本法、宪法、成文法

5. 法律本身所具有的规范性和确定性决定了它的________。

A. 指引性　　B. 预测性　　C. 评价性　　D. 稳定性

6. 法律是由国家制定或认可，由国家强制力保证实施的反映统治阶级意志的规范体系。法律有别于________。

A. 道德规范、宗教规范　　B. 宗教规范、社会规范

C. 行为规范、技术规范　　D. 职业规范、社会规范

7. 根据我国《公民道德建设实施纲要》，职业道德的主要内容是：爱岗敬业、诚实守信、办事公道、________、奉献社会。

A. 承担责任　　B. 服务群众　　C. 遵纪守法　　D. 宽容大度

**三、简答题**

1. 简述职业道德的主要内容。
2. 试述职业道德与社会道德的区别。
3. 试述法律的效力包含的内容。
4. 试述法律与法规、规章的区别。
5. 试述法律与道德的关系。
6. 简述安全生产应负的义务。
7. 试述烫工的安全操作规程。
8. 试述缝纫工的安全操作规程。

**四、论述题**

1. 结合自身的工作经验，阐述如何得到企业的认可和重视。
2. 请结合自身的工作经历，阐述应如何培养职业道德才能获得在企业的发展。



## 单元测试题答案

**一、填空题**

1. 行业性　2. 诚实守信　3. 干一行，爱一行　4. 权利和义务　5. 法律规范　6. 服务群众　7. 规范作用　8. 评价作用　9. 根本法　10. 空间　11. 制定法　12. 宪　13. 行政　14. 习惯　15. 属地主义　16. 空间　17. 程序　18. 隔热板或石棉板　19. 人格升华

**二、单项选择题**

1. B　2. D　3. D　4. C　5. B　6. A　7. B

**三、简答题**

答案略。

**四、论述题**

答案略。

# 第2单元

# 服装面料与辅料


- 第一节　常见面料的性能/18
- 第二节　常见面料的鉴别及织物疵点分析/24
- 第三节　辅料的种类与用途/30

# 第一节　常见面料的性能

培训目标

- 掌握天然纤维织物的服用性能
- 掌握化学纤维织物的服用性能
- 掌握毛皮、皮革面料的性能

## 一、天然纤维织物的性能

**1. 棉织物的性能**

（1）外观性能（见图 2—1）。棉纤维光泽较差，通常为乳白或暗黄色，漂白、荧光增白、丝光或轧光等后整理有助于提高棉织物的光泽度。棉织物的弹性和回弹性也较差，不挺括，易起皱，皱褶不易回复。免烫休闲服等棉织品就是对棉织物进行树脂整理来改善这一性能的。

（2）舒适性能。棉纤维是电的不良导体，不易产生静电。但在潮湿状态下有一定的导电性能。棉织物有较强的吸湿性及悬垂性，手感柔软，穿着舒适。由于棉纤维是热的不良导体，因而棉织物具有良好的保温性能。



（3）耐用性能与加工保养性能。有较好的强度和耐磨性，其湿强比干强大，且耐湿热性好，故耐水洗，也可干洗，不受静电和起球问题的干扰。缩水较严重，加工时应进行预缩处理。耐碱不耐酸，如人体汗液中的酸性物质会使纤维发黄脆损，因此穿着后应及时用碱性洗涤剂进行清洗。耐热性好，熨烫时喷湿更易烫平整。易受霉菌等微生物的侵害，易发霉引起色变，保养时应注意防潮。

**2. 麻织物的性能**

（1）外观性能（见图 2—2）。麻纤维色泽灰暗，象牙色、棕黄色、灰色等本色麻布或浅色较多，鲜艳颜色较少。纤维之间存在色差，形成的织物颜色不均匀，色差明显，

图 2—1　纯棉织物

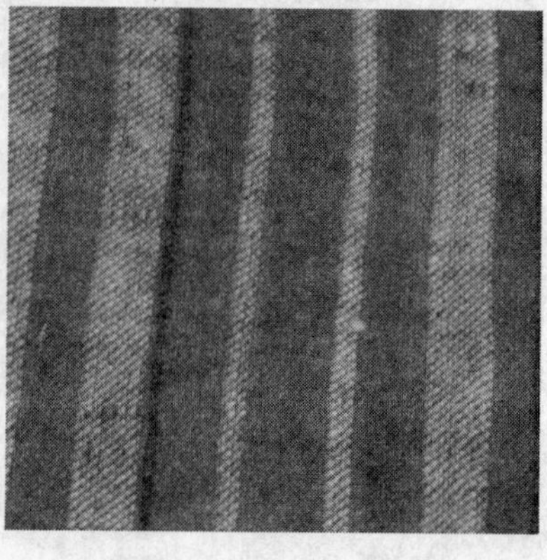

图 2—2　纯麻织物

且不易被漂白染色。其缺点是纹理粗细不匀，弹性差，制品易起皱，皱褶不易消失，因此用于高级西装和外套的麻织物都要经过防皱整理。

(2) 舒适性能。手感挺爽，较棉织物粗糙硬挺，可改性获得柔软平滑的效果。吸湿性好，放湿快，导热性好，不易产生静电和起球的问题。出汗后不贴身，尤其适合作夏季面料。

(3) 耐用性与加工保养性能。强度高（是棉的两倍），制品结实耐用，湿强大于干强。耐水洗，耐海水腐蚀，抗霉和防蛀性能较好，染色性差。耐热性好，熨烫温度可达200℃。耐碱不耐酸，耐酸碱性均比棉强。

**3. 羊毛织物的性能**

(1) 外观性能（见图 2—3)。羊毛织物外观光泽自然，颜色莹润，手感柔糯，触感舒适，未经处理的羊毛织物有刺痒感。易起球，但弹性、悬垂性好，制品有身骨，不易起皱，通过湿热定型易于成型，适于西服、套装等制品。

(2) 舒适性能。天然纤维中吸湿性最好，穿着舒适，且吸湿后不显潮湿，但吸湿后抗皱能力和保型能力变差，因此高档毛织物应防止雨水淋湿，以维持原有外观。羊毛卷曲蓬松，热导率低，受静电干扰问题少，保暖性好，是理想的冬季衣料。

(3) 耐用性与保养性能。耐酸不耐碱，对氧化剂比较敏感，不能用碱性洗涤剂，不能用含氯漂白剂和漂白洗衣粉洗涤，应用中性洗涤剂，以轻柔的方式进行温水清洗。高级羊毛织物应干洗，以免毡缩和外观尺寸变形。耐热性不如棉织物，应喷水湿烫或垫湿布熨烫，熨烫温度为 160～180℃。耐磨性较好，可作地毯。不耐日晒，应晾于阴凉通风处。羊毛织物易发霉易虫蛀，保存前应洗净、熨平晾干，并放入樟脑丸防虫蛀。高级呢绒服装勿叠压。



**4. 蚕丝织物的性能**

(1) 外观性能（见图 2—4)。蚕丝织物触感柔软舒适，光泽柔和明亮，手感爽滑，高雅华贵，悬垂性非常好。厚度和风格特征各异，有的薄如蝉翼，有的厚如毛呢，有的挺爽，有的柔软。精炼后的蚕丝织物相互摩擦会产生独有的丝鸣声。柞蚕丝织物色泽和手感不及桑蚕丝织物，色黄暗淡，手感柔而不爽，略带涩滞。沾水易形成水渍，熨烫时应避免喷水。

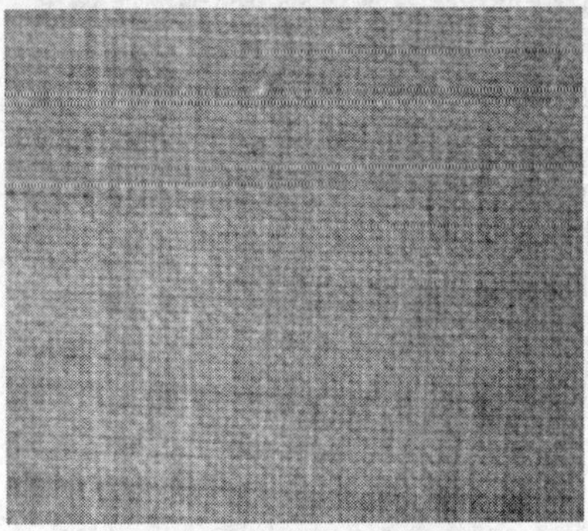

图 2—3　纯羊毛织物

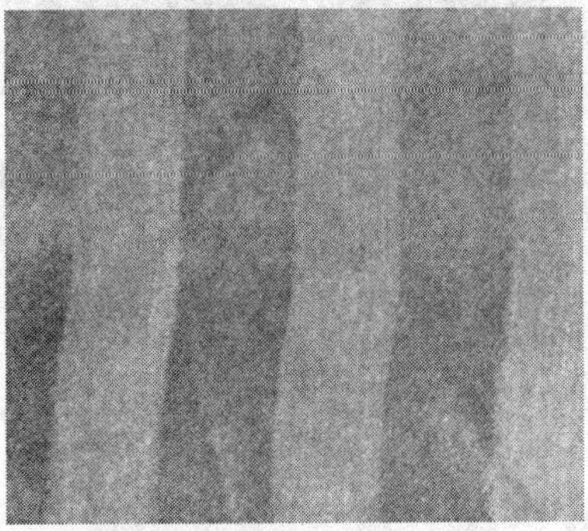

图 2—4　蚕丝织物

（2）舒适性能。吸湿性大，吸分散水迅速，织物夏季凉爽，冬季温暖。蚕丝是多孔物质，是热的不良导体，可以保温，宜作冬季服装，如锦缎、软缎、金丝绒等。

（3）耐用性与保养加工性能。不耐盐水侵蚀，汗液中的盐分会使蚕丝强度降低，故夏天蚕丝服装要勤洗勤换。洗涤时避免碱性和含氯洗涤剂，因为碱会损伤蚕丝。氯漂时会泛黄。耐弱酸和弱碱，经醋酸处理后会更柔软，手感松软润滑，光泽变好。洗涤时加入少量白醋可改善外观和手感。耐光性差，过多的阳光照射会使纤维发黄变脆，洗涤后应阴干。熨烫温度为160～180℃，最好用蒸汽垫布熨烫，以防烫黄和水渍出现。易被虫蛀和发霉，白色蚕丝织物存放时间过长会泛黄。

## 二、化学纤维织物的性能

### 1. 粘胶纤维织物的性能

（1）外观性能（见图2—5）。光亮美观，有丝般的外观和优良的悬垂感，但不如蚕丝光泽柔和。消光的粘胶短纤维制品有棉、毛的外观，常用于仿棉和仿毛制品，但穿着比棉织品光滑、舒服。粘胶纤维制品柔软不挺，悬垂性好，适合作裙装。缺点是织物弹性及回弹力差，起皱严重且不易回复。

（2）舒适性能。触感平滑柔软，有天然纤维的舒适性。吸湿透气性好。导热性好，穿着凉爽舒适，可用于湿热环境。织物不易起静电和起毛起球。

（3）耐用性与保养加工性能。色牢度差，耐磨性、耐用性较差，缩水严重，织物加工前应进行预缩处理。耐碱不耐酸，耐碱性不如棉，不能进行丝光和碱缩。熨烫温度小于棉，为120～160℃。高温高湿下易发霉变质，弹性也较差，易折皱，且不易恢复，保养时应注意。



### 2. 醋酯纤维织物的性能

（1）外观性能（见图2—6）。手感平滑柔软，悬垂性好。二醋纤维制品有丝般的光滑和身骨，可制成柔软的缎类或挺爽的塔夫绸类。三醋纤维制品有较好的弹性和回复性，弹性大于二醋纤维和纤维素纤维，用于经编织物，风格类似于锦纶织物。

图2—5　粘胶织物

图2—6　醋酯织物

（2）舒适性能。二醋纤维制品重量较轻，吸湿性、舒适性较纤维素纤维差，三醋纤维织物易产生静电，但不易起毛球。

（3）耐用性和加工保养性能。二醋纤维制品强度比粘胶纤维制品差，湿强低，但湿强下降的幅度没有粘胶纤维制品大，耐磨性、耐用性较差。三醋纤维织物较二醋纤维织物结实耐用。二醋纤维织物耐弱化学试剂，但耐酸碱性不如纤维素纤维。三醋纤维织物不易缩水变形，可以水洗，但水温不宜过高。二醋纤维织物耐热性较差，很难进行热定型加工，三醋纤维织物耐热性比二醋纤维织物高，可以热定型加工形成褶裥外观，熨烫温度在 110～130℃。

**3. 涤纶织物的性能**

（1）外观性能（见图 2—7）。涤纶有高弹性和回复性，面料挺括，不易起皱，保型性好，有“免烫”的美誉。在加工使用过程中能保持原来形状，通过热定型可以形成持久的褶裥。通过不同的加工可仿丝、棉、毛等纤维的手感与外观。

（2）舒适性能。吸湿性差，不易染色，需特殊的染料、染色方法或设备。由于吸湿性差、导热性差，故穿着闷热，有不透气感，易产生静电，易吸灰，易起毛、起球。

（3）耐用性与加工保养性能。强度高，延伸性、耐磨性好，产品结实耐用。其制品可机洗，缩水小并易洗快干，洗可穿性好，洗涤时应用温水，中温烘干，烘干温度过高会使织物产生不易去除的折皱。经碱液处理后，表面易被腐蚀，纤维变细，质量减轻，手感变好，光泽优雅，并有真丝效果。但不耐浓碱长时间高温处理。容易吸油，由于吸湿性低，清除污点有困难。耐热性比一般化学纤维高，熨烫温度为 140～150℃。耐光性仅次于腈纶，可以用于四季服装、室外工装、窗帘制品。

**4. 锦纶织物的性能**

（1）外观性能（见图 2—8）。锦纶弹性好、回复性好，织物不易起皱。单纤维刚度小，与涤纶相比保型性差，外观不够挺括，很小的拉伸力就能使织物变形走样。



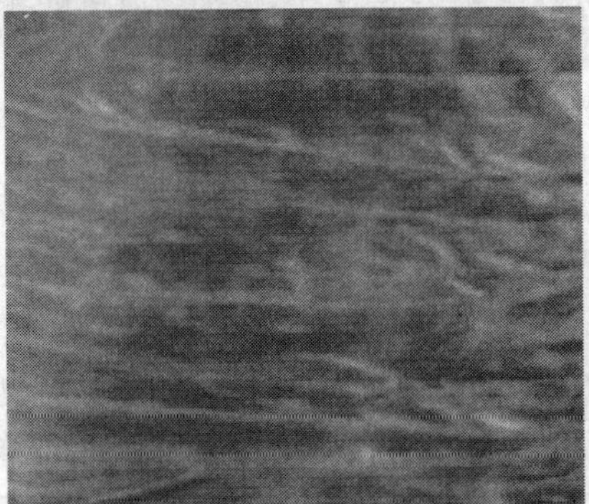

图 2—7　涤纶织物

图 2—8　锦纶织物

（2）舒适性能。吸湿性和通透性差，在干燥环境下易起静电，导热性差，穿着较为闷热，可利用芯吸作用来改善其吸湿性能。重量小于涤纶，穿着轻便，适于作登山服、宇航服、降落伞等，也适于制作防水服、防风服、风雨衣和工业用布。

（3）耐用性和加工保养性能。锦纶最突出的特性是耐磨性好（棉的 10 倍，羊毛的 20 倍），强度高，常用来制作袜子、手套、针织运动服等耐磨产品。可以机洗，易洗快干，洗涤水温不宜过高，高温下易变黄，烘干温度过高会产生收缩和永久性折皱。耐热性、耐光性都不好，熨烫温度应控制在140℃以下。耐碱不耐酸，对氧化剂敏感，尤其是含氯氧化剂。对有机萘敏感，存放时不宜放卫生球。

5. 腈纶织物的性能

（1）外观性能（见图2—9）。腈纶外观呈白色，柔软、蓬松、酷似羊毛，有“合成羊毛”之称。与羊毛织物相比，具有质轻、价廉、染色鲜艳、耐晒、不霉不蛀、洗可穿等优点，缺点是无论是混纺还是纯纺都易起毛、起球。

（2）舒适性能。吸湿性不够好，但润湿性比羊毛织物好。导热性低、纤维蓬松、保暖性好，而且密度小，相同保暖性比羊毛织物轻。易起静电，易吸灰。

（3）耐用性与加工保养性能。强度不如涤纶等合成纤维织物，耐磨性和耐疲劳性是合成纤维织物中较差的一种，但耐光性和耐气候性在服装用纤维中最佳，除了用于服装外，还适宜作帐篷、窗帘等制品。

6. 氨纶织物的性能

（1）外观性能（见图2—10）。手感平滑，可染成各种色彩，质地柔软轻盈。

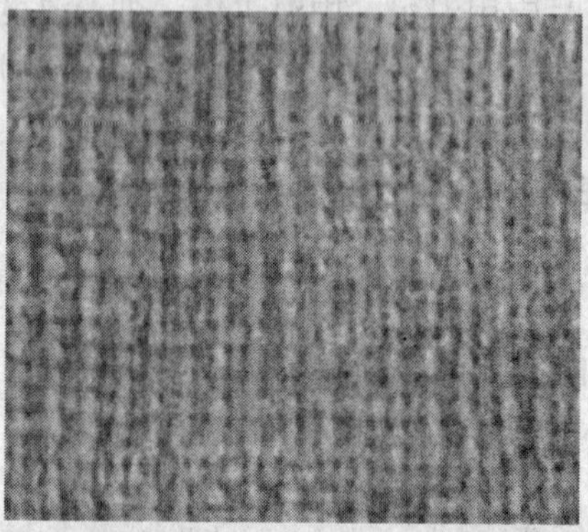

图2—9　腈纶织物

图2—10　氨纶织物



（2）舒适性能。吸湿性小，强度低于一般纤维，有优良的延伸性和弹性，在织物中含量很少就可极大改善织物延伸性和弹性，使服装具有良好的尺寸稳定性和弹性，紧贴身体又能伸缩自如、便于活动，舒适合身。

（3）耐用性与加工保养性能。耐酸碱性、耐汗、耐洗性、耐磨性均较好。有良好的耐气候性和耐化学药品性，在寒冷、风雪、日晒下不失弹性。能抗霉，抗虫蛀和绝大多数化学物质、洗涤剂，但氯化物和强碱会造成纤维损伤。可用洗衣机洗，水温不宜过高。耐热性差，宜低温快速熨烫，熨烫温度为90～110℃。

7. 丙纶织物的性能

（1）外观性能。弹性好，回复性好，产品挺括不易起皱，尺寸稳定，保型性好。有蜡状手感和光泽，染色困难，要用原液染色或改性后染色。

（2）舒适性能。丙纶纤维密度小，比水还轻，是服装用纤维中最轻的。吸湿性差，易起静电和毛球。不吸湿不透气，穿着时感觉闷热。但将丙纶制成超细纤维后，有较强的芯吸作用，可以通过纤维中的毛细管道排出水汽，达到透湿的目的，舒适性佳，丙纶超细纤维制成内衣或尿不湿等产品，不仅能传递水分，同时也能保持皮肤干燥。

(3) 耐用性与加工保养性能。丙纶织物强度高、弹性好，结实耐用。但耐热性差，易收缩，熨烫温度不宜超过100℃，最好垫湿布或用蒸汽熨烫。对紫外线敏感，耐光性和耐气候性差，在水和氧气的作用下易老化，纤维在使用、加工过程中易失去光泽，强度、延伸度下降，以致纤维发黄变脆，因此丙纶通常要进行防老化处理。丙纶织物的化学稳定性好，酸碱对其无影响，能耐多数化学试剂，可作渔网、工作服、包装袋等。

**8. 维纶织物的性能**

(1) 外观性能。维纶洁白如雪，柔软似棉，常用做天然棉花的代用品，人称“合成棉花”。弹性不如涤纶、锦纶等合成纤维，织物易起皱。染色性不如棉和粘胶纤维，颜色大多不鲜艳。

(2) 舒适性能。吸湿性好，是较理想的内衣原料。热导率低、故质量较轻，保暖性好。

(3) 耐用性与加工保养性能。强度较高，弹性较棉花略好，耐磨性是棉的5倍，较棉制品结实耐用。耐干热性较好，接近涤纶。耐湿热性较差，洗涤时水温不宜过高，熨烫时不宜喷水和垫湿布，熨烫温度为120～140℃。耐化学药品性强，耐日光性好，耐腐蚀性好，不蛀不霉，长期海水浸蚀、日晒、土埋对它影响不大，常用于产业纺织品。

## 三、毛皮与皮革面料的性能

**1. 天然毛皮的性能**

(1) 外观性能。色彩丰富、光泽艳丽。栖息水中的兽皮毛绒细密、柔软、光洁，栖息山中的野生动物毛皮色彩优美、毛厚板壮，混养家畜的毛皮含杂质较多，毛显粗糙。

(2) 舒适性能。皮板有良好的吸湿性、透水性。毛被有极好的保暖性和防风性能。

(3) 物理性能。毛皮有良好的耐磨性，可以长期使用而不损坏。毛皮的抗张强度能满足服装的要求。毛被滑爽柔软，具有抗搓性，坚牢度很好，可长期穿着不脱落，并能抵抗外力的拉扯。皮板有良好的弹性和一定的延伸性、稳定性，柔韧挺括，便于缝制，有较好的接缝强度，并有抗皱性、可塑性，湿状态下牵拉成一定形状，用钉子固定，干燥后即可保持这种状态不变。

**2. 皮革的性能**

(1) 猪皮革。粒面凹凸不平，毛孔粗大而深，粒面粗糙。由于纤维组织紧密，丰满性、弹性较差。强度与牛皮革相近，作为鞋面较耐折，不易断裂，作为鞋底较耐磨。

(2) 牛皮革。各个部位皮质差异大，背脊部皮厚而均匀，皮质最好。毛孔组织紧密，分布均匀，粒面平整，坚实致密，透气性、吸湿排湿性能好。黄牛皮粒面细致、皮层厚，强度高，丰满性和弹性较好；耐磨、耐折，美观耐用。水牛皮表面粗糙，纤维粗松，强度低于黄牛皮。用于制鞋的主要是黄牛皮。

(3) 羊皮革。可分为山羊皮和绵羊皮两种。山羊皮皮身较薄，皮面略粗，毛孔呈扇圆形，斜伸入革内，粒纹向上凸，成品革粒面紧实，有高度光泽。绵羊皮表面较薄，粒面层较厚，甚至超过网状层，成革后表面细致平滑、手感柔软，穿着美观舒适，透气性能好，吸湿、排湿性好，延伸性好；坚牢度、耐用性比山羊皮差。

**3. 人造革、合成革的性能**

（1）人造革性能

1）聚氯乙烯人造革。弹性好，有一定的力学强度和耐磨性。耐热、耐寒、耐油、耐酸碱、耐污，易洗，不燃烧、不吸水、不脱色。厚薄均匀，张幅大，裁剪缝纫工艺简便。柔顺性差，手感不好。透气性和透湿性较差，制成的服装鞋帽舒适性较差。

2）聚酰胺人造革。外观手感好，强度高，柔软性较差，缺乏真皮感，不如橡胶有弹性，透气、透热、透湿性均优于聚氯乙烯人造革。

（2）合成革。性能优于人造革，外观与性能接近天然皮革。质地均匀，外表美观。裁剪、缝纫工艺简便，适用性广。抗水性好。耐酸碱、有机溶剂及霉菌的性能好。卫生性能差，其制品穿戴不舒适，坚牢度低，不耐用，易老化。

## 第二节　常见面料的鉴别及织物疵点分析

**培训目标**

→ 能够鉴别面料的经纬向
→ 能够鉴别面料的正反面
→ 能够鉴别面料的倒顺向
→ 能够鉴别面料织造的疵点



### 一、面料外观特征的识别

在服装生产的排料和裁剪前，必须对面料的外观特征进行识别。面料的外观特征识别主要包括面料的经纬向、正反面、倒顺向的识别。因为面料正反面和不同倒顺方向的色泽深浅、光泽明暗、图案清晰度、织纹效果以及经纬向的强力、伸长和悬垂等都有一定的差异，直接关系到服装的使用、款式风格及穿着效果等方面的问题。特别是有图案花纹或绒毛的面料更要找出其倒顺向，以免造成难以挽回的差错。

**1. 面料经纬向的识别**

面料经纬向对服装的造型、质量有直接影响。面料经纬向不同，织物的伸长、缩率不同，而且牢度和色彩也会有差别。织物经纬向判别可以使用以下其中一种方法，也可以同时结合多种方式进行鉴别。

（1）观布边。依据布边识别经纬向是最基本的方法。平行于布边并与匹长同方向的为经向，与布边垂直且与幅宽同方向的为纬向。

（2）观延伸性。没有布边的小块样品用手拉，易延伸的方向为纬向，经向基本不延伸。

（3）观原料。不同原料交织的织物的经纬向通常都有约定俗成的制法。棉/毛、棉/麻交织物通常以棉纱为经向，毛/丝、毛/丝/棉交织物则以丝或棉为经向，丝/人造丝、丝/绢丝交织物是以丝为经向。

(4) 观密度。一般来说，密度高的为经向，密度低的为纬向。也有少数织物例外，如纬缎织物、纬起绒织物等突出纬面效应的织物，纬密会高于经密。

(5) 观纱线。对于有单纱又有股线的织物，一般股线方向为经向，单纱方向为纬向。

(6) 观筘路。从织物表面看，有明显筘路条纹的方向为经向。

此外，特殊织物的经纬向通常都有较明显的特征：

● 毛巾织物——毛圈纱的方向为经向。

● 沙罗织物——以绞经方向为经向。

● 条子织物——以条纹的方向为经向，纬向条纹的较少。

● 格子织物——格型略长的一方为经向。

**2. 面料正反面的鉴别**

鉴别面料正反面的方法很多，一般可以从以下几个方面进行：

(1) 根据面料的组织结构鉴别

1) 平纹织物。没有经过印花、染色、拉绒、轧光、烧光等处理的平纹织物，可以不用区分正反面，也可将结头、杂质少的一面作为正面。

2) 斜纹织物。可依斜纹织物的纹路判别。如哔叽、双面卡、防雨布等全纱织物的斜纹通常是从右上到左下呈“Z”形，即左斜的一面为正面；斜纹布、华达呢及纱卡等全线/半线织物的斜纹从左上到右下呈“S”形，即右斜的一面为正面。双层折合的毛织品或化纤品，折在里面的一面是正面。

3) 缎纹织物。正反面较明显。表面平整、光滑、紧密、亮丽的一面是正面，稀松、暗淡、毛糙、光泽差的一面为反面。

4) 其他织物。通常正面花纹较清晰、完整、立体感强、纱线浮长比较短，表面平整光洁，反面则较为粗糙、浮长长且花纹有时较模糊。

(2) 根据面料的花纹鉴别。织物花纹除了组织起花之外，还有各种印花花纹、轧花花纹、烂花花纹、剪花花纹等，根据面料花纹正反面的差别，能帮助识别织物的正反面。

1) 印花花纹。正反面明显。染料大多是从织物正面渗透至织物反面，因此正面花纹图案清晰、色彩鲜艳、层次清楚，而反面花纹比较暗淡、模糊，较厚的织物反面甚至不显花或花纹断断续续。

2) 轧花花纹。由布面的凹凸形成，正反不太明显，一般将图案完整、凸起的一面为正面，同时可结合面料印花或染色的正反面效果一起识别。

3) 烂花花纹。形成的织物是透明的图案，因此正反面差异不大，但仔细观察，烂花花纹边缘的正面往往比反面轮廓清晰。同时，烂花常与印花结合应用，可通过印花图案分辨色彩清晰的一面为正面。

4) 剪花花纹。正反面比较明显，图案清晰、完整、浮线短的一面为正面。图案模糊、浮长长且留有纱线毛头的一面为反面。

(3) 根据布面状况鉴别。织物一般均经过检验、修织补、后整理等工序才成为面料成品，在检验、修织补过程中，往往织物正面修剪得比较干净，把断头、纱尾等异杂物处理到织物的反面，而在后整理的过程中又往往对织物正面的毛羽进行烧毛或轧光处理，因而织物表面比较光洁，这可以帮助我们识别织物的正反面。

1）一般织物。布面光洁、毛羽少、棉结杂质少的一面为正面。另外，后整理拉幅的针眼下凹的一面为正面。

2）起绒织物。平绒、灯芯绒、丝绒、长毛绒等织物，起绒的一面为正面，以突出织物绒毛的柔软、顺滑，莹润的光泽和舒适感。而反面不起绒，都比较粗糙、色泽较差，有的还涂有固着绒毛的物质。

3）拉毛织物。有单面拉毛和双面拉毛，单面拉毛以拉有绒毛的一面为正面，双面拉毛以绒毛短、密、齐的一面为正面。但也有例外，如做服装里料的拉毛织物会选用没有绒毛或绒毛少的一面为正面，以便穿脱时减小摩擦力。

（4）根据其他特征鉴别

1）边字。观察布边的边字，字母清晰、浮长短、字母排列正确的一面为正面，反面字母模糊且字母方向是反向。

2）卷筒。双幅面料对折在里的一面为正面，单幅面料卷在外的一面为正面。

3）贴头。一般布匹布头上都盖有印章和贴有贴头纸，内销产品的印章和贴头纸大都在织物的反面，外销产品的印章和贴头纸大都在织物的正面。

一般花纹完整、光洁明亮、色彩鲜艳、纹路清晰、平整挺直、绒毛耸立的一面为正面。当然，设计者可以根据设计需要斟酌取舍面料的正反面，只要不影响穿着性能即可。如有的将全棉缎纹当反面，将毛糙、没有光泽、纹路模糊的一面经砂洗整理后作为服装的正面，既柔软又厚实，风格既朴素原始，穿脱又滑溜（缎面为里，摩擦力小），接触皮肤的一面甚为舒服。但是如果显露在外的一面浮长过长，容易拉毛钩断，影响生产和穿着舒适度则不合适。



**3. 面料倒顺向的鉴别**

不是所有面料都有倒顺向，但有倒顺向的面料，如果裁剪时不注意，制成服装后外观就会受到影响，并且拼接成服装后的差异比面料明显，这会大大影响服装的美观性。

（1）印花布类。为了便于服装制作，面料设计时通常不作定向设计。有明显方向性的图案排版则不能随意颠倒，以免影响服装的外观。

（2）格子布类。有对称格子和不对称格子两种。对称格子面料的倒顺向对花纹没有影响，可随意排料，只要按要求将条、格对准即可。不对称格子面料则要注意整件服装的统一性，不能随意颠倒排料，以免影响格子的连续性和一致性。

（3）绒毛类织物。绒毛类织物表面都有一层较厚的绒毛，在织制和后整理过程中使绒毛产生倒顺。在光线下，由于反光角度不同，会产生深浅不一的色光。因此，要特别注意绒毛类织物的倒顺。一般反光强、色光浅、手摸光滑的方向为顺毛，反光弱、色光深，手摸较粗糙、有涩感的方向为倒毛。裁片取向通常以倒向居多，色泽较为浓郁深沉、崭新润泽。

## 二、面料织造疵点及其分析

织物在其形成及染整加工过程中会形成各种疵点。疵点不仅降低了织物的质量，而且对面料的利用率、成衣质量及穿着牢度等影响都很大。导致织物在不同工序中形成疵点主要有四个方面的原因，即纱线或坯布、机械、工艺（操作）。

**1. 机织物常见织造疵点及分析**

（1）脱纬。纱线卷绕松，投梭力大，制梭作用差，致使纬管上的纱线崩脱下来，造成同一梭口内织入三根或三根以上的纬纱，如图 2—11 所示。

（2）落综档。吊综皮带损坏，如图 2—12 所示，图中 A 显示综框停留在下的效果，B 显示综框停留在上的效果。

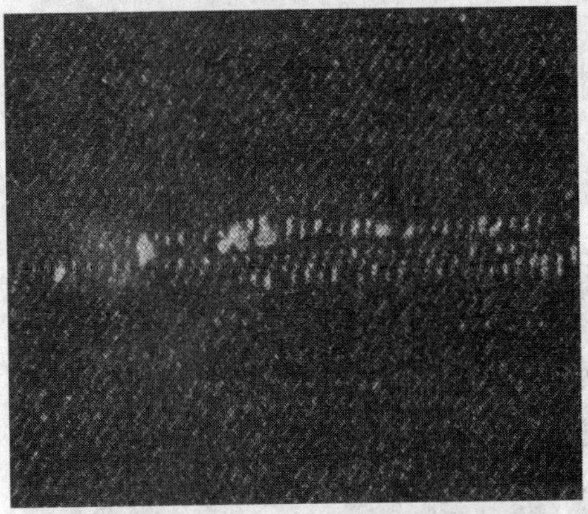

图 2—11　脱纬

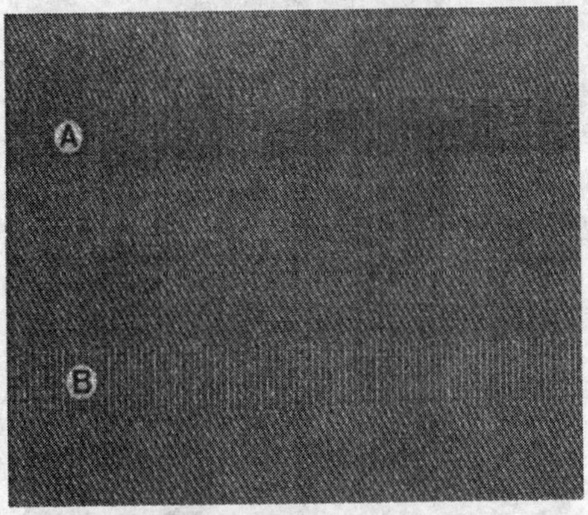


图 2—12　落综档



（3）砍纬。不同粗细的纬纱织在一起，如图 2—13 所示。

（4）断纬。纬纱在筒子内纠缠、卷入或折断，如图 2—14 所示。

图 2—13　砍纬

图 2—14　断纬

（5）综框穿错。经纱在穿过综框时有错误，如图 2—15 所示。

（6）粗纱。纱线突然变粗形成的织疵，可能因为纺纱时混入飞花或回丝造成，如图 2—16 所示。

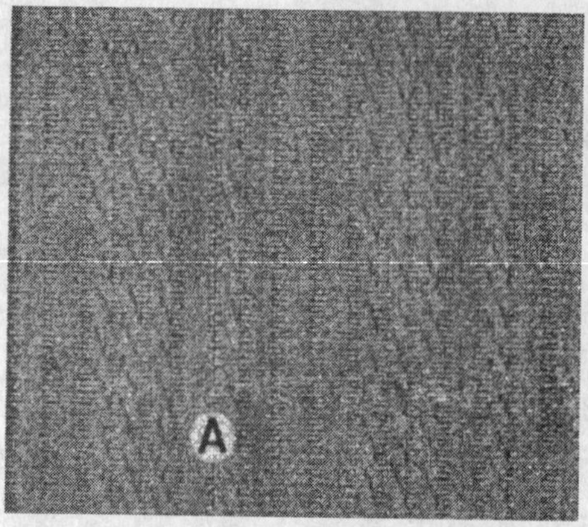

图 2—15　综框穿错

图 2—16　粗纱

（7）纱结。经纱大量断头，导致布面出现明显的纱线结头，如大小结、脱结、错结等，如图 2—17 所示。

（8）断经。经纱断头后没及时关车，致使布面出现断经现象，如图 2—18 所示。

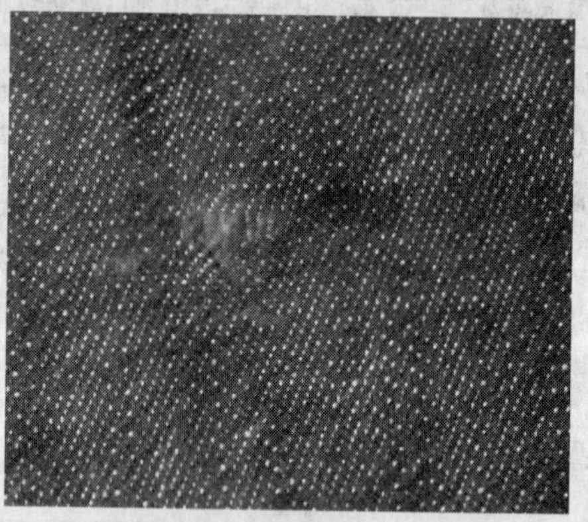

图 2—17　纱结

图 2—18　断经

（9）杂物织入。废物片断或飞花缠入经纱线内，并被织入面料中，如图 2—19 所示。

（10）污渍。织布时沾到机油，或其他染料污染造成，如图 2—20 所示。

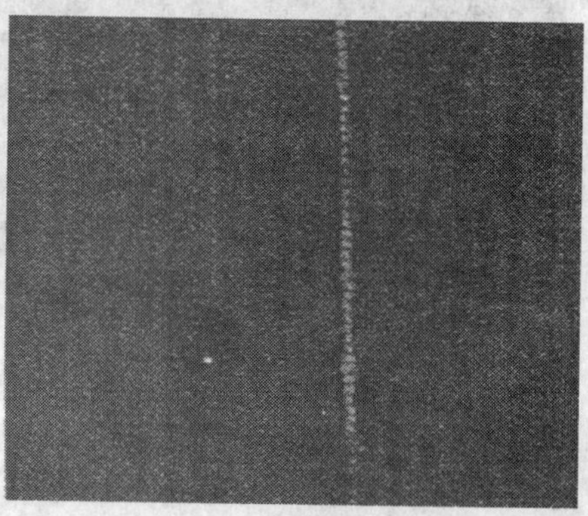

图 2—19　杂物织入

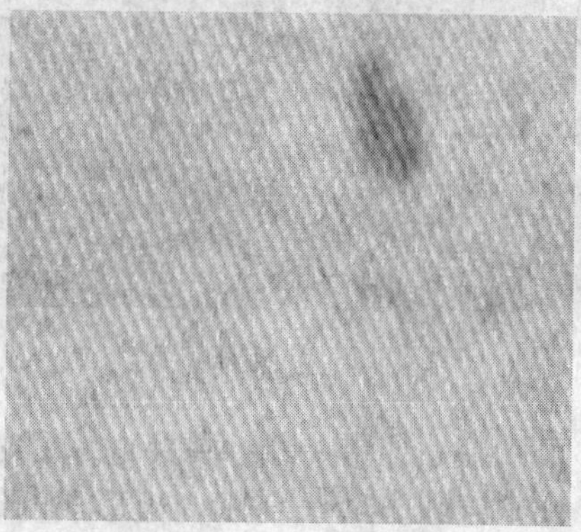

图 2—20　污渍

2. 针织物常见织造疵点分析

(1) 漏针。织针在垫纱时针舌未开启或形成闭口针，纱线不能喂入针钩而形成漏针，如图 2—21 所示。

(2) 破洞。成圈过程中，纱线被成圈机件割断或扎破，如图 2—22 所示。

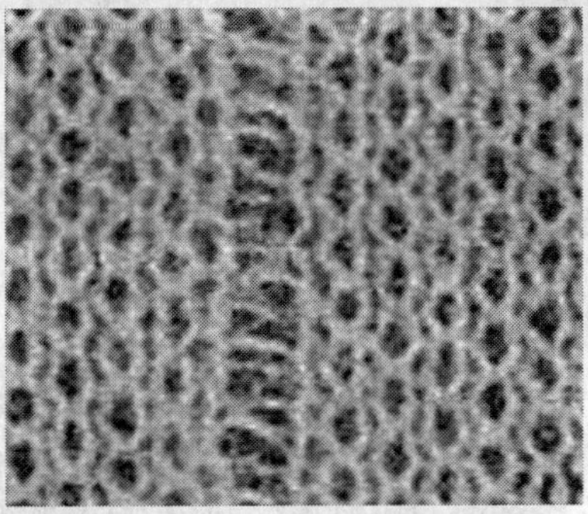

图 2—21 漏针

图 2—22 破洞

(3) 花针。退圈时，针钩内的纱圈没有完全退下，与下次垫入的新纱线同时成圈而成“集圈”，称为花针，如图 2—23 所示。花针有散花针（不在一个线圈纵行上）和长花针之分。

(4) 横档。横档即织物中的条纹或带状条纹，是由于织物中纱线密度不一或纱线的张力、颜色、光泽、缩率不一所致，横向的带状条纹只在纬编织物中出现，如图 2—24 所示。



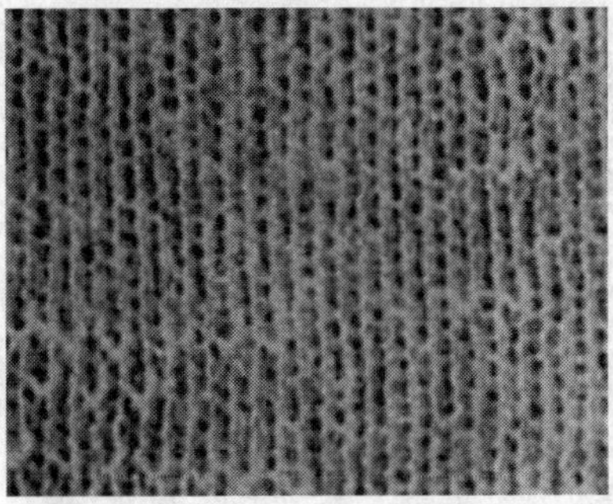

图 2—23 花针

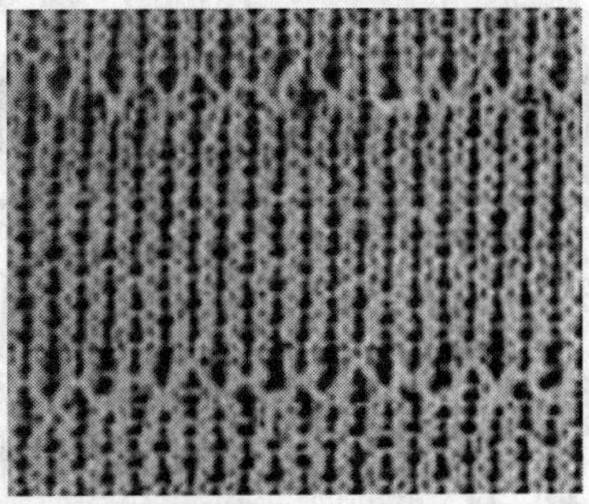

图 2—24 横档

(5) 横断纱。棉毛、罗纹等双面针织物，编织时其中一路发生断纱，如图 2—25 所示。

(6) 横条。由于弯纱量不均匀而影响线圈大小，造成线圈横列稀密不一而产生横条，如图 2—26 所示。

(7) 直条花。由于某一纵行特别紧或松而形成的针迹或线条称为直条花。这可能是由于针槽里的针过紧所致，如图 2—27 所示。

(8) 绒纱露面。绒纱在织物正面形成芝麻点状露出，如图 2—28 所示。

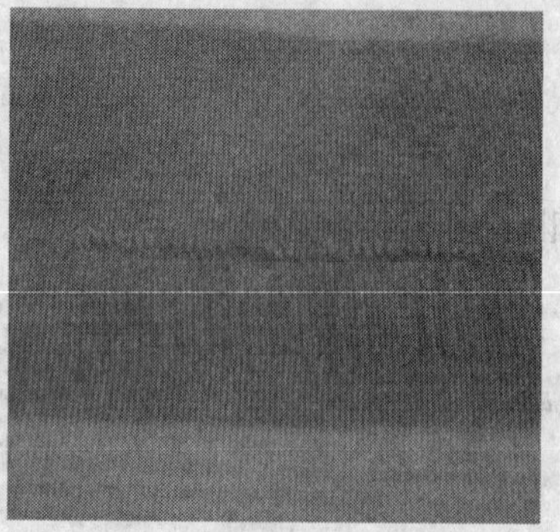

图 2—25　横断纱

图 2—26　横条

图 2—27　直条花

图 2—28　绒纱露面



## 第三节　辅料的种类与用途

培训目标

- 掌握衬布的定义、作用、分类和应用
- 掌握商标和标志的定义、特征和作用
- 掌握拉链、肩垫的定义、分类和应用

### 一、衬布

衬布是以机织物、针织物或非织造布为基布，用于服装、鞋帽等内层，起补强、挺括、造型、保形等功能的专用服装辅料，在服装上起骨架作用。

1. 衬布的作用

（1）赋予服装美好的曲线和形体。

（2）增强服装挺括性和弹性，增强立体感。

(3) 改善服装悬垂性和面料的手感，增强服装的舒适性。

(4) 作填料，增强服装的厚实感、丰满感和保温性。

(5) 增强服装的稳定性和保型性，使服装穿着洗涤后保持原来的造型。

(6) 对服装局部有加固补强作用。

(7) 加衬后的衣片拿取方便，定型效果好；衬边作为缝合指引线清晰明显，有助于缝合加工，提高生产效率和产品质量。

**2. 衬布的分类**

衬布按不同的织造工艺，分为织衬与非织衬两大类；按不同的基布种类，分为梭织衬、针织衬和非织衬；按不同的使用部位，分为大身衬（主胸衬）、半胸衬、挺肩衬、弹袖衬（袖窿衬）、领衬、腰衬、摆边嵌条衬、口袋衬、鞋帽衬等；按不同的原材料，分为棉麻衬、马尾衬、黑炭衬、树脂衬等；按不同的用途，分为主衬、补强衬、嵌条衬、双面定位衬等；按不同的应用方式，分为粘合衬和非粘合衬。其中粘合衬的表面含有胶粒或粉屑，通过热压的形式才能将衬粘在面料的底部。非粘合衬则需用机车缝合或手针固定在服装的某一部位上。在各种衬布中，粘合衬的使用范围最广。衬布按不同的织物质量，分为超薄型和轻薄型，具体见表 2—1。

**表 2—1　　按织物质量分类**

| 类别 | 织物质量（$g/m^2$） | 类别 | 织物质量（$g/m^2$） |
|---|---|---|---|
| 超薄型 | 150 及以下 | 中厚型 | 180～230 |
| 轻薄型 | 150～180 | 超厚型 | 230 以上 |



(1) 黑炭衬。是用生物纤维（牦牛毛、山羊毛、人发等）或毛混纺纱为纬纱、棉或混纺纱为经纱加工成基布，再经树脂整理加工而成。确切地说，应称为毛衬或毛混纺树脂衬，如图 2—29 所示。

1) 分类

①按基布经纬组织分为全毛型与普通型。

②按织物织造方式分为经编与机织物，机织物又分为平纹与破斜纹。

2) 应用。黑炭衬有良好的弹性，悬垂性明显，尺寸稳定性佳，能体现立体感和软度，使服装具有挺括、丰满的效果。适用于大衣、高档西服、毛料上衣、套装、礼服、职业装及军官制服等服装的前身、肩部、胸部、驳头、袖头等部位，起造型和补强作用。

(2) 马尾衬。是用马尾作纬纱，棉或涤棉混纺纱作经纱织成基布，再经定型和树脂加工而成，如图 2—30 所示。早期马尾衬在制造时，是将马尾鬃用手工一根根喂入，非常费时，幅宽受马尾长度限制，且没有经过定型和树脂整理。后来开发了马尾包芯纱，用棉纱包覆马尾鬃并一根根连接起来。用马尾包芯纱作纬纱制作的包芯马尾衬，幅宽不受限制，可用现代织机制造，大大提高了织衬的效率和衬的利用率。马尾衬刚性强、弹性优，质地轻薄，是专用的胸衬，主要用于各类高档西服及大衣的胸部和肩部制作。

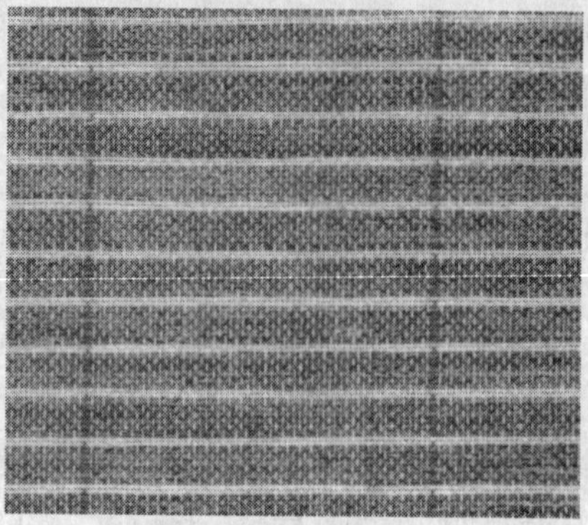

图 2—29　黑炭衬

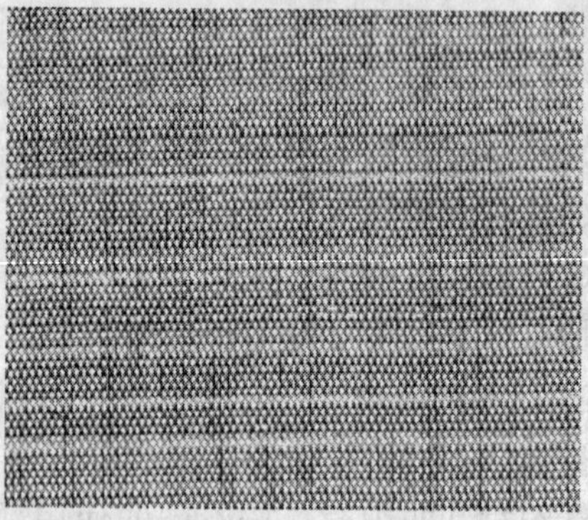

图 2—30　马尾衬

普通马尾衬主要用在上衣的局部位置，如男西服的盖肩衬和女装的胸衬。马尾工艺衬是将马尾衬织成提花或染成各种颜色（需要白马尾），一般用于手袋、箱包、高级沙发靠背等装饰用布，制作高级服装配件。

（3）树脂衬

1）分类

①按不同的基布纤维规格，分为纯棉类、混纺类、纯化纤类树脂衬。

②按不同的加工特点，分为本白类、半漂类、漂白类、什色类树脂衬。

③按不同的使用部位和作用，分为衬衫类（领、袖、门襟）、腰带类、硬领类（西服用）树脂衬。



2）树脂衬的性能与选用（见图 2—31）

①纯棉树脂衬。纯棉树脂衬缩水率小，尺寸稳定性好，手感中软。薄软型树脂衬主要用于薄型柔软的毛、丝、混纺及针织料的衣领、上衣前身以及大衣（全夹里）等。中厚硬度树脂衬主要用于厚料大衣和学生服的前身、衣领等。另外还用于裤腰、腰带等用衬。

图 2—31　树脂衬

②涤棉混纺树脂衬。涤棉混纺树脂衬弹性好，手感变化范围大，广泛用于生产各类服装。薄型柔软棉涤混纺树脂衬主要用于女装、童装等夏令服装；中厚型硬质涤棉树脂衬主要用于西服、雨衣、风衣、大衣的前身、衣领、口袋、袖口以及夹克服、工作服、帽檐等。特硬手感涤棉混纺树脂衬用于生产各种腰衬。

③纯涤纶树脂衬。这种衬布除具备一般树脂衬布特点外，还有极优的弹性和爽滑的手感，广泛用于 T 恤、西服、风衣、大衣等，是一种档次较高的树脂衬布。

（4）粘合衬。是通过涂层技术装备，将热熔胶涂敷在梭织、针织或非织基布上形成的粘合性服装辅料，如图 2—32 所示。粘合衬以粘代缝的方式简化了服装加工工艺，提高了缝制工效。目前，粘合衬的应用已成为服装工业现代化的一个重要标志。

1）分类

①按不同的热熔胶类别，分为聚酰胺（PA）粘合衬、聚乙烯（PE）粘合衬、聚酯（PES）粘合衬、乙烯醋酸乙烯（EVA）粘合衬、聚氯乙烯（PEC）粘合衬。

②按热熔胶的分布情况，分为无规则撒粉状、有规律断线状、裂纹复合膜状、网状粘合衬。

2）应用

①服装粘合衬用于前身、胸下摆、嵌条、领、袋盖等衬里。

②皮革粘合衬用于皮革、裘皮、人造革等衬里。

③鞋帽粘合衬与鞋料制成复合材料作鞋帮、中间垫和后跟垫，还可用于便帽帽檐。

④装饰用粘合衬与装饰布复合制成墙板装饰品和地毯布，也可制成商标标签。

（5）非织衬。就是采用非织造布为基布，进行粘合涂层加工或树脂整理等特殊加工工艺处理而成的衬布，如图 2—33 所示。

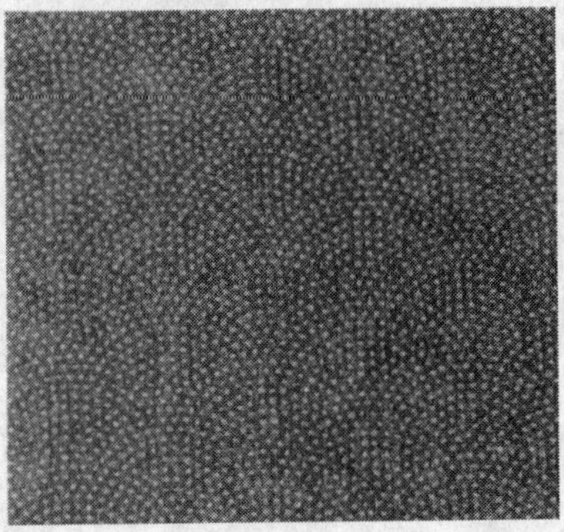

图 2—32　粘合衬

图 2—33　非织衬



非织衬的特点是：质量轻，裁剪后切口不脱散，透气性、保暖性、保型性好，洗涤后不回缩，回弹性优良，对方向性的要求较低，价格低廉。

### 3. 衬布的质量要求

衬布的质量包括内在质量和外观质量两方面。内在质量是指各项物理性能和服用性能指标，例如纬纱密度、断裂强力、手感、弹性、水洗尺寸变化、吸氯泛黄、游离甲醛含量、色牢度、缩率、透气性、褶皱回复性等。外观质量指衬布的局部性疵点和散布性疵点。另外，衬布还应具备良好的可操作性，即裁剪、缝纫以及后整理等生产工艺的难易程度。

## 二、标志

标志是用一种特殊的文字或图案组成的大众传播符号，是消费者与供应商相互交流和传递信息的视觉语言，比文字表达思想与传递信息更快速、更明了。

### 1. 标志的内容

一般情况下，服装产品标志包括：主商标、成分标志、护理标志、规格标志、原产地（国）标志、合格证标志、条形码标志、环保标志。标志具有明显的识别性、象征性、审美性。

**2. 标志的作用**

（1）为企业生产提供依据。

（2）指导消费者选择和保养服装。

（3）广告宣传作用。

（4）区分和识别作用。

（5）质量监督作用。

**3. 标志的分类与特点**

（1）主商标。是用以区别一个企业出售的产品或服务与其竞争对手出售的同类产品或服务的标志。它既是一种知识产权、一种脑力劳动成果，又是工业产权的一部分，是企业的一种无形财产。服装商标就是服装的牌子，是服装生产、经销企业专用在本企业服装上的标记。

根据不同的制作方法分类及其特点如下：

1）印刷布标/吊牌。又分为纺织品类和纸质吊牌类，其特点是：应用最广泛，各种原料均可采用印刷法印制标识；印刷方法多样；表现力丰富；制作周期短；防伪能力差。

2）编织布标。用 41.7～62.5tex 涤纶丝制作，按图案要求，用专用设备编织而成。其特点是：美观高档，有立体感；表现力不够丰富，特别是色彩不如印刷法；适应性差；生产周期长；生产环境要求高。



3）模切铁标。是用金属板材，按图案开出模具，经冷压形成。常用在牛仔系列服装上。其特点是：生产速度较慢，适用于单一品种大批量生产；材料选择性差，局限性较大；表现力不太丰富，一般多采用文字和简单的图案、颜色。

4）革制皮标。是以原皮或合成革为原料，用特质的模具，经高温浇烫形成图案，或是用印刷的方法将图案印刷在皮牌上，主要用在牛仔系列服装上。

（2）成分标志。用于表示服装面料所用纤维的种类及比例，是服装企业销售单位、消费者选购服装档次及价格的主要依据，通常按纤维含量的多少排列，例如 T/C65/35 表示面料中涤纶 65%、棉纤维 35%。

（3）护理标志。又称洗涤标志，是指导消费者根据服装原料进行正确洗涤、熨烫、干燥、保管方法的微型说明书。

（4）规格标志。表示服装的尺寸，一般用号型表示。根据不同的成衣类别，规格标志表示的内容也不同。如衬衣用领围表示，裤子用裤长和腰围表示，大衣用身长表示等。

（5）原产地（国）标志。表明服装产地，通常标在标志的末端，便于消费者识别服装来源。出口服装必须注明产地。

（6）合格证标志。是企业对上市服装检验合格后，由检验人员加盖合格章，表示服装经检验合格，通常印在吊牌上。

（7）条形码标志。利用条码数字表示商品的产地、名称、价格、款式、颜色、生产日期及其他信息，并能用读码扫描设备将其内容读出来。目前，世界上有三种条形码系列，我国采用的是同欧盟相同的EAN码。服装采用的条码大多印制在吊牌或不干胶标识上。

(8) 环保标志。表示两层含义：第一，原料虽然经过特殊处理，但原料中有害物质的含量低于对人体造成危害的标准。例如日本厚生省对服装中的游离甲醛含量有明确的规定，外衣不大于1 000 mg/kg，中衣不大于300 mg/kg，内衣不大于75 mg/kg。欧美国家也有类似的限量标准。第二，原料由天然材料制成，不含对人体有害的物质。

## 三、其他辅料

### 1. 拉链

拉链是由两条能互为啮齿的柔性牙链带及其可重复拉开、合的拉头等部件组成的连接件。

(1) 拉链的结构组成。拉链由拉链牙、拉链头、拉链尾、拉链滑头、拉链手柄/吊牌、拉链基布、边绳组成，如图2—34所示。

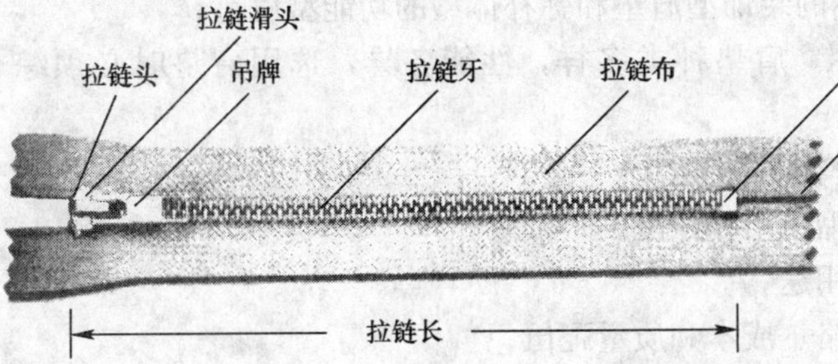


图2—34　拉链的结构件与组成部分



(2) 拉链的分类

1) 按不同的使用材料，分为尼龙牙拉链、金属牙拉链、聚酯注塑牙拉链三大类。其中尼龙牙拉链的应用最广泛。

2) 按拉链的外形，分为单闭尾式、双闭尾式和开尾式三种拉链。

(3) 拉链的应用（见图2—35）

(4) 拉链的选用原则

1) 拉链的承受力需与服装使用部位的承受力相当。

2) 拉链牙的材质需与服装面料的厚薄质量相当。

3) 拉链的款式需与服装的款式相匹配。

4) 拉链的色泽质地需与服装的颜色和装饰性相符。

5) 拉链的外观效果应达到服装设计的要求。

### 2. 肩垫

肩垫是用于修饰或弥补人体肩形的一种服装辅料。凡是外穿的服装都可以装上肩垫。

(1) 类型。根据不同的穿着者可分为女用肩垫和男用肩垫，它们在大小和厚薄上有

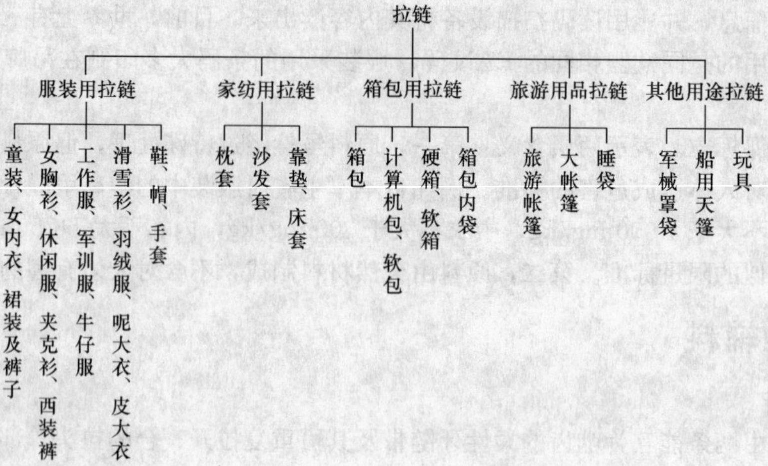


图 2—35　拉链的应用

所差别。根据不同的材料可分为棉及棉絮垫、泡沫塑料垫、化纤针刺垫。根据不同的功用性可分为装饰作用的装饰型肩垫和弥补体型的功能型肩垫。

（2）肩垫的选用。肩垫种类多样，性能各异，选用肩垫时必须综合考虑各方面因素。

1）要与服装面料性能相适应。

2）要与服装造型风格相匹配。

3）能适应服装用途。

4）要与服装价格、成本和质量配伍。



## 单元测试题

**一、填空题**（请将正确的答案填在横线空白处）

1. 衬布按不同的基布种类，可以分为________、________、________三大类。

2. 拉链按使用材料分为三大类：________、________、________。

3. 服装是由色彩、________、________“三要素”构成的。

4. 天然纤维可分为植物纤维、________和矿物纤维。

5. 天然纤维中，吸湿性最好的是________。

6. 纽扣、拉链、钩环、尼龙搭扣及绳带等统称为服装的________。

7. 经鞣制后的动物毛皮称为________。

8. 天然纤维中弹性最差的是________。

**二、单项选择题**（下列每题的选项中，只有 1 个是正确的，请将正确答案的代号填在横线空白处）

1. 下列纤维中属于再生纤维的是________。

A. 涤纶　　B. 天丝纤维　　C. 羊毛　　D. 腈纶

2. 含湿后纤维强力远远小于干态强力的是________。

A. 麻　B. 涤纶　C. 棉　D. 粘胶

3. 下列毛皮中属于杂毛皮的是________。

A. 水獭皮　B. 狐皮　C. 绵羊皮　D. 兔皮

4. 硬挺、伸长小、刚性大，贴身穿此类服装时皮肤有刺痒感的是________。

A. 麻纤维　B. 涤纶纤维　C. 毛纤维　D. 腈纶纤维

5. 主要原料为木浆料，基本性能与棉、麻纤维相似的是________。

A. 涤纶纤维　B. 大豆纤维　C. 腈纶纤维　D. 粘胶纤维

6. 蓬松性、保暖性好，集合体的压缩弹性很高，但多次拉伸后的变形恢复能力较差的是________。

A. 毛纤维　B. 腈纶纤维　C. 粘胶纤维　D. 锦纶纤维

7. 质地松软，透气性、延伸性、弹性较好，适宜做内衣料的是________。

A. 机织物　B. 非织造布　C. 梭织物　D. 针织物

8. 下列织物具有较好保型性的织物是________。

A. 棉织物　B. 麻织物　C. 涤纶织物　D. 粘胶织物

9. 能使服装保暖耐穿并获得良好保型性的服装辅料是________。

A. 垫料　B. 衬料　C. 里料　D. 絮料

10. 棉纤维织物________。

A. 耐酸不耐碱　B. 耐碱不耐酸　C. 耐酸耐碱　D. 不耐酸不耐碱

**三、简答题**

1. 服装里料的主要作用是什么？
2. 选用服装里料时应考虑哪些因素？
3. 棉织物有何特点？为什么适合作服装材料？
4. 试述服装衬料的作用？
5. 选用服装衬料时应考虑哪些因素？



## 单元测试题答案

**一、填空题**

1. 梭织衬　针织衬　非织衬　2. 尼龙牙拉链　金属牙拉链　聚酯注塑牙拉链　3. 款式造型　面料质地　4. 动物纤维　5. 羊毛　6. 辅料　7. 皮革　8. 麻

**二、单项选择题**

1. B　2. D　3. D　4. A　5. D　6. B　7. D　8. C　9. B　10. B

**三、简答题**

答案略。

# 第3单元

# 服装生产设备

□ 第一节　裁剪设备/39
□ 第二节　粘衬设备/47
□ 第三节　通用缝制设备/51
□ 第四节　熨烫设备/64

# 第一节 裁剪设备

培训目标

→ 掌握铺布设备的分类与作用
→ 掌握各种裁剪设备的结构特点与应用
→ 掌握定号辅助设备的特点与应用

## 一、铺布设备

铺布，就是按照生产排料图所确定的长度，将匹状面料铺成平面的工作，铺布层数由面料的特性和成衣款式所确定。常用铺布设备包括铺布机、断布剪和裁床。

1. 裁床

裁床是铺布和裁剪的工作台，由台面、边框、基座组成。气浮式裁床的台面配备气嘴和鼓风机，能提供强劲的气垫作用，方便沉重布料在床上移动，如图 3—1 所示。单节裁床长度为 1 200 mm，可根据面料幅宽及品种的需要任意加长或缩短，宽度为 1 830～3 330 mm 等，高度为 800～900 m，可根据操作者身高调节。此外，针床是台面布有可以自由升降的对位针的裁床，专门用于需要对格铺布的格子或条子面料，如图 3—2 和图 3—3 所示。此外，也可以使用红外线对格裁床进行格条面料的铺布，如图 3—4 所示。

图 3—1 气浮式裁床

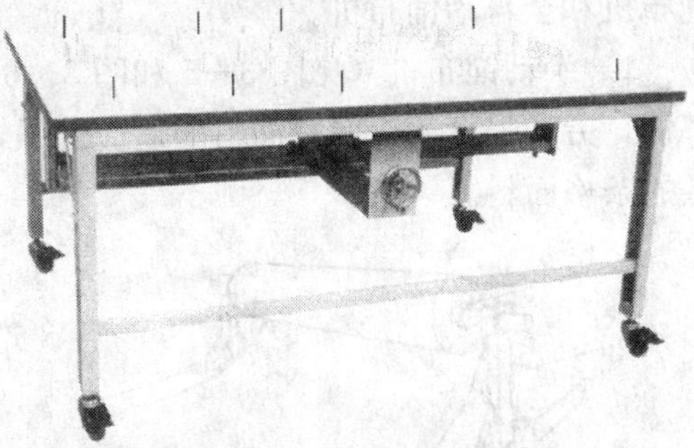

图 3—2 针床

2. 铺布机

(1) 按照安装方式分类。铺布机按照设备的安装方式，分为固定式和活动式两种。

1) 固定式铺布机。图 3—5 所示为固定在裁床上的铺布机，面料摆在固定的支架上，依靠人手拉铺面料，其组成架构简单，是最原始的铺布设备。

2) 活动式铺布机。在固定式铺布机的基础上改良而成，可以沿着裁床两旁轨道来回拖动布匹进行铺布的设备

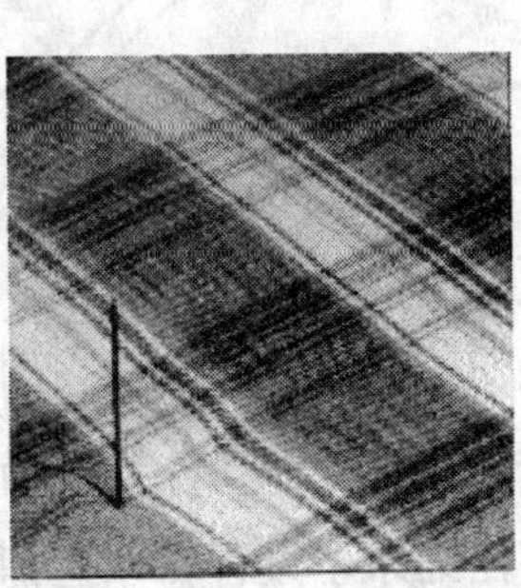

图 3—3 针床上的对位针

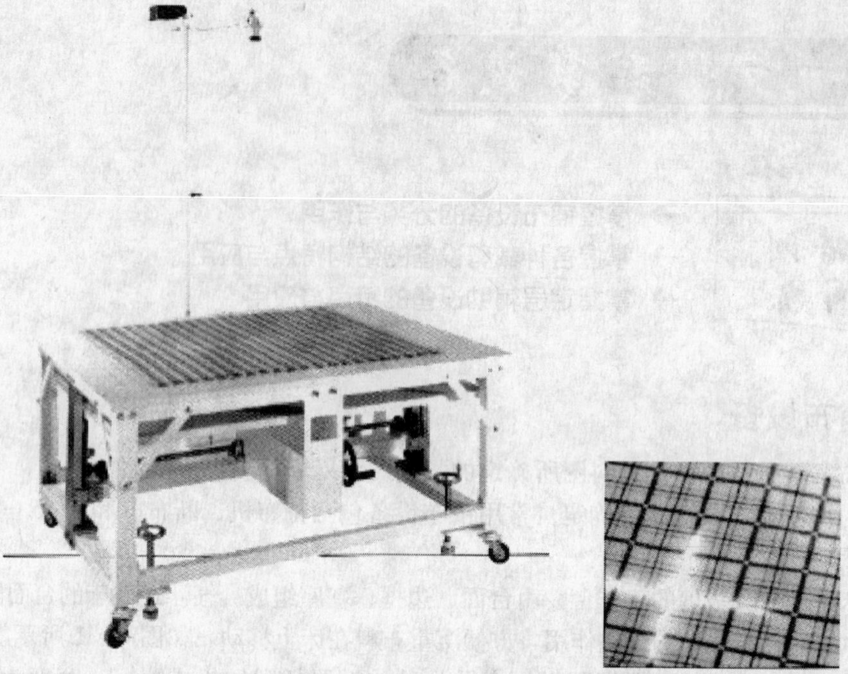

图 3—4 红外线对格裁床

（见图 3—6），能降低工人劳动强度。

单元 3

（2）按照铺布方式分类。按照不同的铺布方式，铺布机可分为手动铺布机、半自动铺布机和全自动铺布机。

1）手动铺布机（见图 3—5 和图 3—6）。需靠人力完成整个铺布过程。人工铺布效率低，劳动强度大，但对面料的适应性强，能铺拉各种类型的面料，特别是需要对格对条的条格面料。

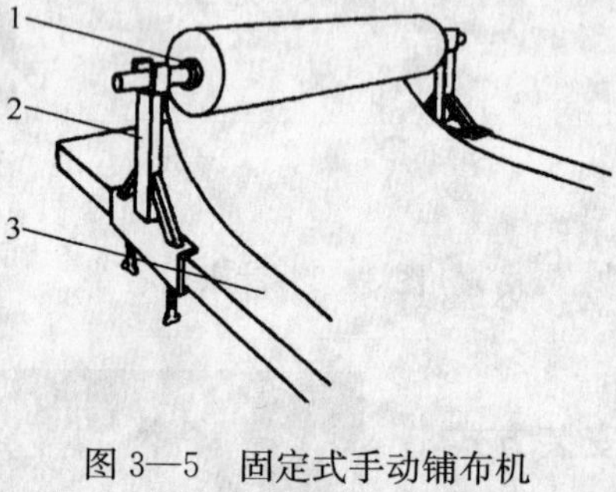


图 3—5 固定式手动铺布机

1—布料 2—支架 3—台面

图 3—6 活动式手动铺布机

2）半自动铺布机（见图 3—7）。依靠动力源沿轨道移动，人工铺料时，配有灵活实用的载布架、端部裁刀等辅助装置，能减轻工人劳动强度，提高效率。但仍需操作员监控铺布全过程，以达到布面平服、头尾齐和一边齐的效果。

3）全自动铺布机（见图 3—8）。计算机控制铺布，设备结构复杂，分为梭织、针织自动铺布机。设备具有自动松布、送布、智能裁断、铺布方式控制、自动翻转、静音裁切、张力调节等功能，能自动记录层数，自动进行面料布边对齐，操作人员只要将所需资料（如铺布长度、铺布层数、铺布张力等）输入系统，铺布全程自动化，单人即可操作。设备可随面料的宽度及张力作有效的展布调整，使铺布不产生皱折现象；可作单向及往返铺布；无布时会自动停机并自动驶回原点，停顿使用 5 分钟后会自动关机。

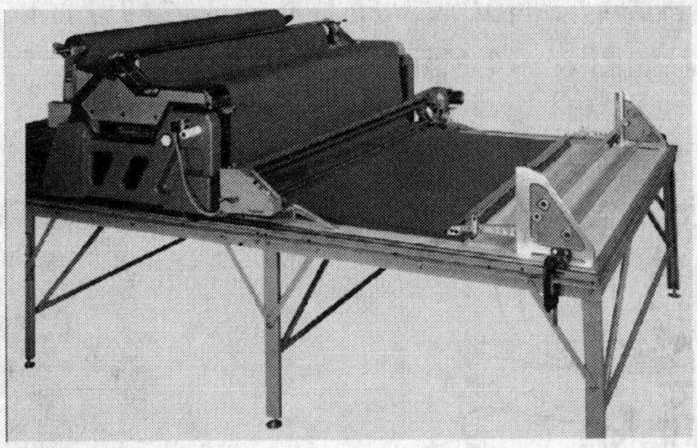

图 3—7　半自动铺布机

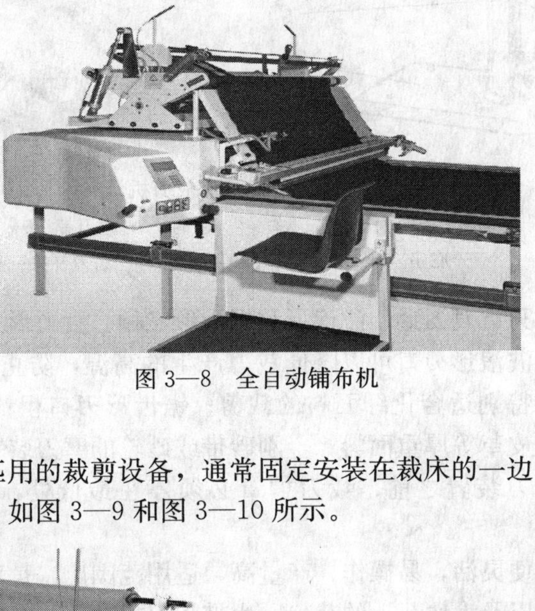

图 3—8　全自动铺布机



### 3. 断布机

断布机是切断布匹用的裁剪设备，通常固定安装在裁床的一边。分为手动式断布机和智能触屏式断布机，如图 3—9 和图 3—10 所示。

图 3—9　手动式断布机

图 3—10　智能触屏式断布机

## 二、裁剪设备

裁剪是利用裁剪设备，将铺好的布层按照排料图要求裁切出裁片的工作。按照所使用刀具的形态，裁剪常用设备有直刀式裁剪机、圆刀式裁剪机、带状剪、冲床。

### 1. 直刀式裁剪机

直刀式裁剪机简称直剪，是直立式刀片上下高速运动进行裁割的裁剪机，裁刀速度为 1 800～3 600 r/min，如图 3—11 所示。

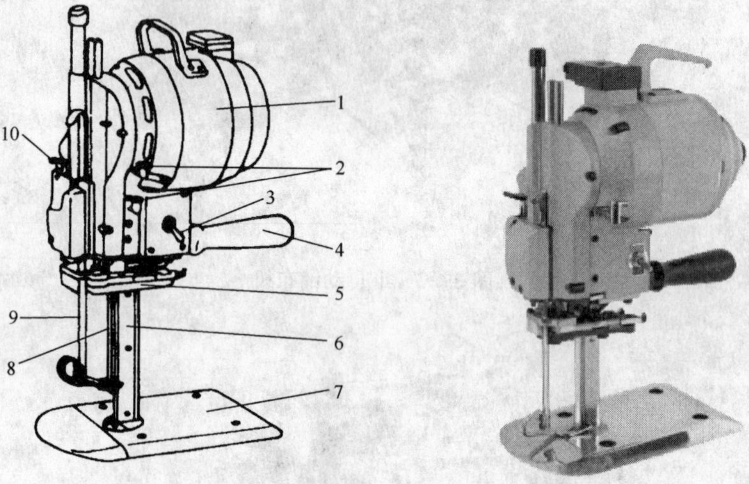


图 3—11　直刀式裁剪机

1—电动机　2—油孔　3—开关　4—手柄　5—磨刀带　6—刀槽　7—底座　8—刀刃　9—裁刀导杆　10—磨刀开关



直刀式裁剪机刀刃有直刀形、波浪形和锯齿形三种。直刀形刃口应用最广泛，适用于常用面料的裁剪；波浪形刃口可以降低裁刀产生的高温，防止纤维熔融和面料粘连，降低裁剪工作难度，特别适合化纤面料的裁剪；锯齿形刃口粗糙或尖锐，适用于牛仔布、灯芯绒、帆布、皮革等厚重面料。金刚砂带或砂轮的磨刀装置可以配合不同刀刃的磨刀需要。在启动磨刀装置之前，裁刀护罩必须停在最低处，故裁剪过程中间不能磨刀。

直刀式裁剪机轻便灵活，易操作，产量高，适用范围广，是裁剪车间最常用的裁剪工具，适合各种面料以及大块裁片的裁剪，为带状刀或冲床的裁剪做前期准备，也能切割弯位和角位。但裁割精确度不高，裁切的布边不整齐，裁割布层受刀片长度限制，且需要娴熟的技术操作员。

### 2. 圆刀式裁剪机

圆刀式裁剪机简称圆剪，是刀片以圆心为轴单向高速转动的裁剪机，如图 3—12 所示。其结构组成与直刀式裁剪机相似。刀片呈圆形与正多边形（如六角形、八角形等，能增加可使用范围，减少与面料的摩擦），刀刃有平直形、波浪形和锯齿形三种。

圆剪操作轻便，初学者上手快，裁速快，裁切的布边整齐干净。刀片直径为 6～25 cm，可裁高度受刀片直径限制。一般用于直线面料的裁剪，不能裁割转角和弧形的

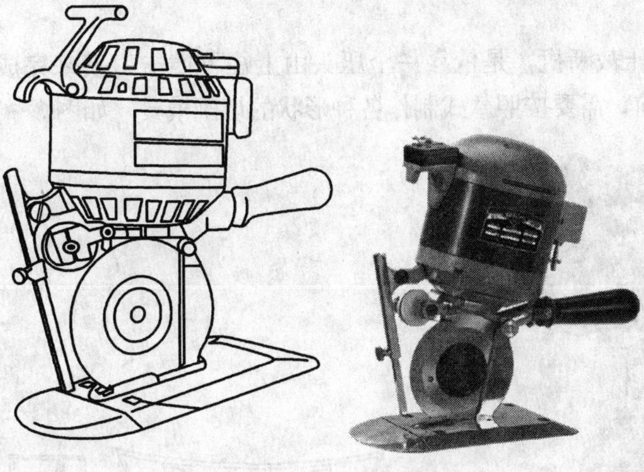

图 3—12　圆刀式裁剪机

裁片，也不能从面料中间开始裁切。适合层数低的直线形衣片的裁剪。

小型圆刀式裁剪机灵活轻便，适宜单件衣片的裁剪，如图 3—13 所示。

**3. 带状刀裁剪机**

带状刀裁剪机通常固定在裁床上，是刀刃呈单向环状循环运动的裁剪设备，如图 3—14 所示。带状刀裁床的基本结构包括：工作台面、带状刀、刀护罩、磨刀装置、电动机开关。裁剪时，由操作人员将铺好的衣片推送靠近运动着的带状裁刀进行裁割，故能裁切复杂形状的裁片。带状刀裁剪机刀刃窄，带刀单向运动不会拉扯裁片变形，切割精确，适宜切割弧线型的小裁片，如领片、袋盖等。因刀片刚度和强度较差，容易变形，不宜裁剪厚重和粗糙的面料，且裁切高度受限制，适用于裁剪轻薄料和针织料。另外，带状刀裁剪机只能从面料的边缘开始裁切，裁切有转角的裁片需要额外增加分割次数，从而增加面料的损耗。

图 3—13　小型圆刀式裁剪机

图 3—14　带状刀裁剪机

4. 冲床

冲床也称为油压裁断机，是依靠一个压头由上往下撞击刀模来完成面料的裁切，如图 3—15 所示。裁剪前，需要按照款式制作各种形状的切割模具，如图 3—16 所示。

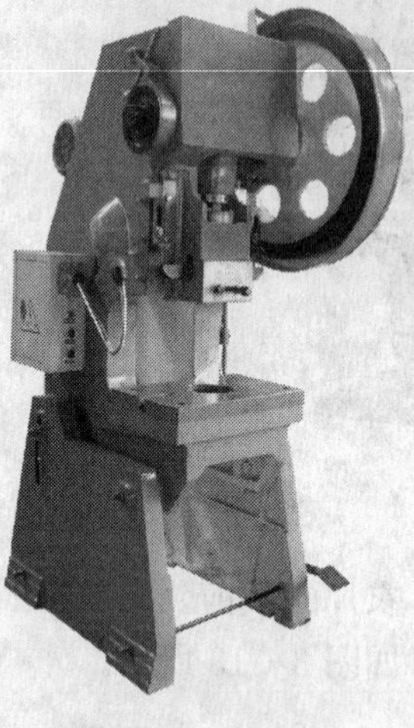

图 3—15　冲床

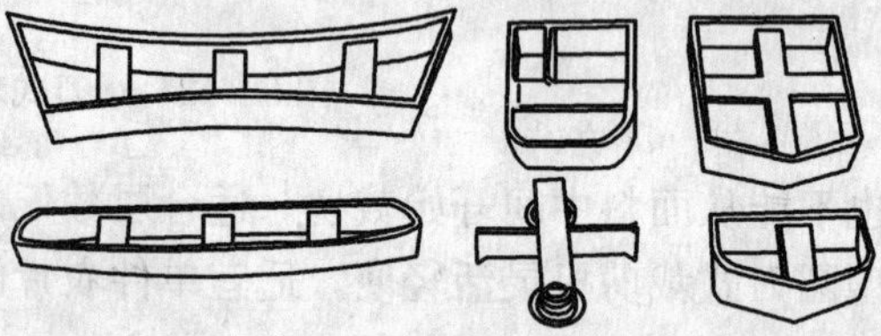

图 3—16　切割模具

冲床能从面料的中间开始裁切，裁切精确，产量高，但是冲压前需要对面料进行预分割粗裁，再用冲床作精确裁切，因此会增加面料的损耗和工作量。另外，裁切的高度受刀模厚度限制。刀模制作费用较高，灵活度低，形状和尺寸不能随意改变，每次转款时都要花时间预定新的刀模。冲床适用于精度要求高、款式固定、生产量较大的小裁片，如贴袋、衬衫上下级领、袋盖及冲开袋口等，广泛用于切割皮革、塑胶等。



5. 自动裁剪系统

自动裁剪系统，也称自动裁床，通过计算机 CAD 制作出切割图形，对图形进行排料后，输入自动裁床，由自动裁床对面料进行裁割，自动完成打版、排料、铺布与裁剪的全过程，如图 3—17 所示。它能根据面料的不同特点设定不同的裁剪方案，制定出最佳排料组合，提供裁剪成本分析资料，计算铺布和裁剪时间，准确预算订单用料。先进的裁刀设计，可以确保第一层到最后一层面料都能得到完全相同的裁剪质量。

系统上配备的真空吸气装置，对于腈纶棉、蓬松棉等松软厚层的面料，真空吸气后变得很薄很硬，裁刀完全能自如地裁剪衣片，一次剪切数量大大提高，方便省时。但不宜裁剪不透气的面料，如尼龙绸，剪切这类面料时面料层之间会滑动。

裁剪房、版房、原料仓均能及时将数据输入系统，避免了误裁、漏裁、多裁和人为失误等问题，提高了裁片质量和工作效率。10 m/min 的裁剪速度，以及零间隙的高效高质量裁剪，能节省面料。高效自动化流程能节省劳动力，减少对熟练工的依赖程度。利用计算机进行自动裁剪，精确度高，能降低工人的劳动强度。但占地面积、耗电量、耗气量均较大，生产费用高，故自动裁剪系统适宜大规模的服装厂使用。

（1）自动裁床的种类

1）中高层自动裁床。中高层自动裁床主要用于大规模缝制行业，如图 3—17 所示。

图 3—17　中高层自动裁床

中高层自动裁床的床面可以连续滚动，可以完成连续性的面料裁割，适合针织面料、梭织面料、复合面料、工业合成面料、涂层面料、牛仔面料、人造皮革面料等使用较多的行业，在制帽、航空饰件、家具、汽车装饰、箱包手袋、游艇、帐篷伞具、工业纤维预制件等行业也广受认可。

由于中高层裁床裁割较高层的面料时会产生上下片裁片误差的情况，因此选择具有刀智能补偿功能的裁床，可以有效减少上下裁片的误差。辅料的高度、面料的特性、裁割路线的设置、裁割图形的复杂程度都是影响裁割速度的因素。例如转速在 5 000 r/min 以上才能对硬质裁片，如牛仔料产生持续的冲击裁剪力。另外，在刀具高速上下往复的过程中，刀盘将受到各种合力的冲击，过于单薄的刀盘设计对于裁头的使用寿命、裁割效果会有较大的影响。在裁剪复合面料、化纤面料、涂层面料、工业纤维面料时，使用切割点的特别冷却方式和清理工业纤维面料的碎屑方式可达到非常好的效果。



2）低层自动裁床。低层自动裁床的工作原理和中高层自动裁床基本相同，但低层自动裁床所裁割的面料堆积层数相对较低，通常通过刀具本身的刚度来确保裁片的上下一致性，如图 3—18 所示。女士内衣业比较适合使用裁切高度在 5 cm 的自动裁床，男士西服业也不宜添置裁切高度太高的设备。

3）定台式单层自动裁床。定台式单层自动裁床主要依靠鬃毛砖直刀技术或电动圆刀软质毡垫技术进行裁剪，精度高，产量低，如图 3—19 所示。它主要用于定制西服、小批量高档时装、小规模手袋生产、打样制作、各类礼服、飞艇、降落伞、船帆以及工业纤维预浸材料等方面的裁剪。

（2）自动裁剪系统的优势

1）提高裁剪质量。自动裁剪设备可以避免手工裁剪造成的误裁，精确度高，对裁片的加工工艺有所提升。能防止因传统方法裁剪所造成的上下层裁片尺寸有误差的现象，避免人工操作对裁片的磨损、弄污以及裁片边缘参差不齐的小毛病。

2）节约面料，降低成本。计算机排料对面料的节省量必然高于人工排料，能最大限度利用面料，减少浪费。

3）提升管理效益。在小批量、短周期、高精度的生产订单中，自动裁剪系统在资料参阅等方面尤为便捷，为企业应付快速生产提供了有效帮助。利用自动裁剪系统能有

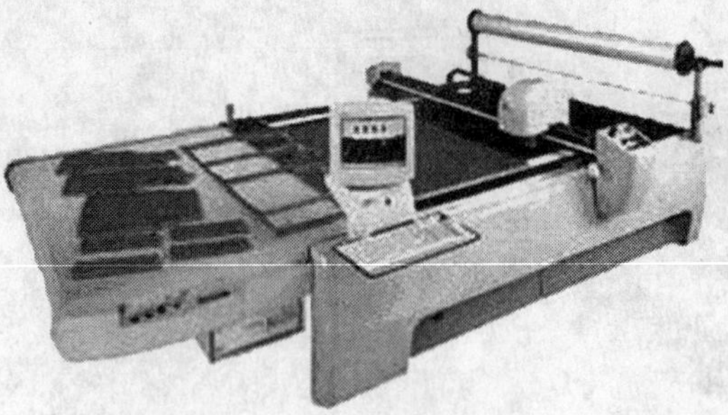

图 3—18　低层自动裁床

图 3—19　定台式单层自动裁床

效对资源进行统筹分配，有效减少裁剪房和缝制车间的矛盾冲突，改进裁剪环节，保证缝制环节的供给和其他各部门的正常运作，提高企业的综合效率。

4）提升企业形象。先进装备的高科技设备，高效率的资源运作，为企业的发展增加了竞争的筹码。使用自动裁剪系统，车间从繁杂的景象变成井井有条的流水线管理，改善了工作环境，提升了企业形象。

5）数据管理。计算机自动存放资料，方便查找、修改和使用原始资料。管理层能用数据资料管控企业各个工段的工作效率。

## 三、定号辅助设备



为了快捷准确地缝制服装，会在裁片上做一些缝合对位用的记号。作记号的辅助设备包括钻孔器、电热切痕器、有线布锥等。

### 1. 钻孔器

钻孔器就是能在面料裁片上钻出眼孔，并留下一个完整记号来指引缝制的设备仪器。普通钻孔器最基本的构成包括水平仪、钻针和电动机等，如图 3—20 所示。普通钻孔器用于钻取针织面料或结构松散的面料时，眼孔会因为面料纱线的回缩而快速消失，此时应采用具有恒温控制器的钻孔器。恒温钻孔器关闭恒温控制器则可作为普通钻孔器使用，如图 3—21 所示。钻孔器易携带，易操作，效率高，但准确度不高，钻针的粗细和温度选用不当时容易损坏面料。

### 2. 电热切痕器

电热切痕器（见图 3—22），是利用电力加热刀片在裁片边缘烧切出笔直切口的仪器。其基本结构包括：底座板、刀片、量规、手柄、恒温控制器。电热切痕器容易操作，记号不易消失，可以根据不同的面料进行温度和切口深浅的调校。其底部没有滚轮，不容易推动，适合用于天然纤维面料和针织面料，不适用于低熔点的面料。

### 3. 有线布锥

有线布锥是在裁片的指定位置留下一根缝线作为记号的仪器，如图 3—23 所示。其基本结构包括：底座板、缝针、荧光线、手柄和竖立棒。有线布锥操作简便，能在裁片上留下一个准确的记号，但是操作费时，在布层上作记号以后，需要掀起每一层裁片再剪断荧光线，线段容易脱落而使记号消失，而且每次操作都要穿一次线。有线布锥在裁片上作记号后，缝制完毕要清除衣片表面外露的线头记号。

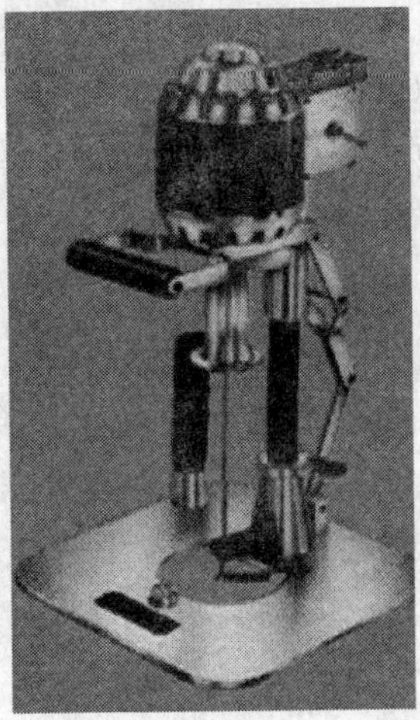

图 3—20　普通钻孔器

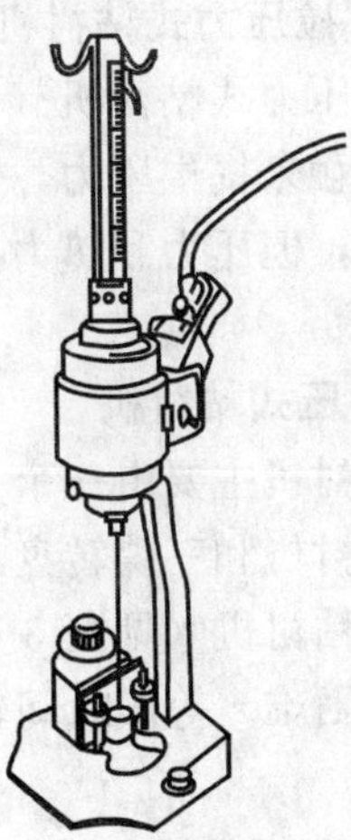

图 3—21　恒温钻孔器

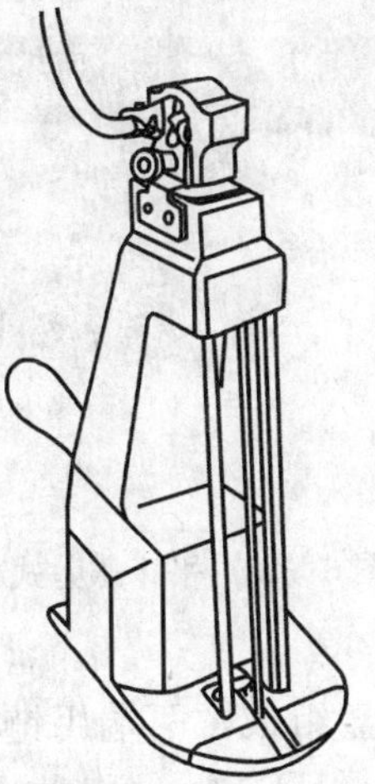

图 3—22　电热切痕器

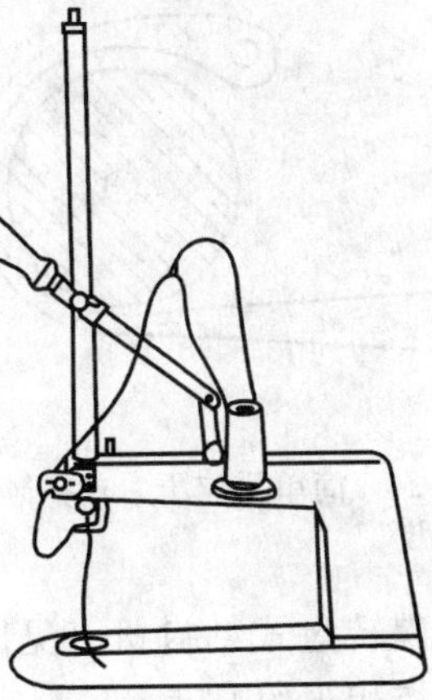

图 3—23　有线布锥



## 第二节　粘衬设备

**培训目标**

→ 了解各种粘衬机械的结构、特点与使用方法
→ 掌握粘衬机的使用方法和保养要点

### 一、常见粘衬机的结构和特点

粘衬机是完成衬布和服装面料黏合过程的专用设备。常见的粘衬机有以下几种：

**1. 简单罗拉压力式粘衬机**

简单罗拉压力式粘衬机（见图 3—24）是由能提供热能的滚筒和输送带组成，借着两者的紧密接触来提供压力，使粘胶渗透到纱线周围的缝隙中。粘衬操作具有连续性，机械价格低廉，但压力和热力都较低，温度调节不易控制，黏合效果不够紧密，只能粘小型裁片。

**2. 平板油压式粘衬机**

平板式粘衬机主要由一个下平床和一个可以开合的上平床组成，分为单碟粘衬机、双碟转盘式粘衬机和三碟转盘式粘衬机。

（1）单碟粘衬机（见图 3—25）。其操作简单，低投入就可以达到黏合效果，但是温度调控比较困难，等候时间较长，只能粘小型裁片。

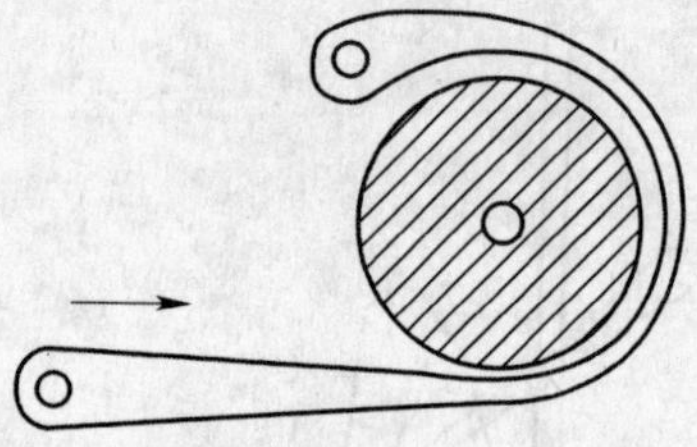

图 3—24　简单罗拉压力式粘衬机

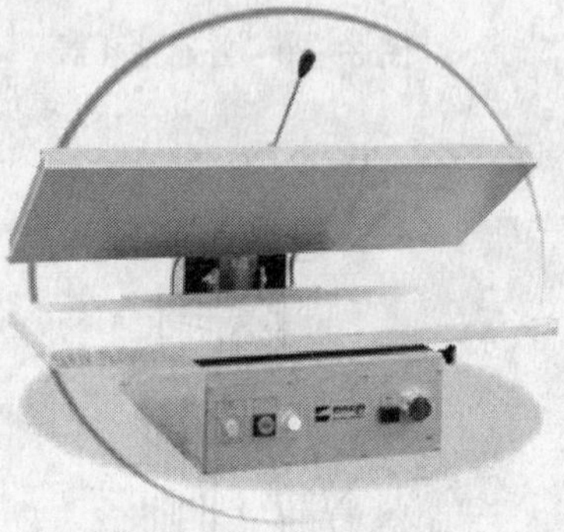

图 3—25　平床压力式粘衬机



（2）双碟转盘式粘衬机（见图 3—26）。由两个碟盘组成，两端用链条相互连接，该设备能保持相当的温度，具有一定的压力，两个碟盘循环转动，可交替使用，操作者无须长时间等候，但操作平面较小，只适合小型裁片。

（3）三碟转盘式粘衬机（见图 3—27）。由三个碟盘组成，可以循环转动、交替使用，减少等待时间，提高生产效率。但只适合小型裁片。

**3. 连续式自动粘衬机**

连续式自动粘衬机（见图 3—28）裁片输入口与输出口分别在机械的两边，黏合位置供应热能，油压系统提供压力，冷却位置有冷风供应，内部构造如图 3—29 所示。该机温度容易控制，压力高，可以粘合大块的裁片。每次粘衬前都要先进行预粘测试，以防面料热缩；每片铺好的衬料都要用点粘法做预定位，才能放入输送带粘衬，以防输送带的推送导致裁片移位。在粘衬过程中，要注意输送带不能接触任何硬质物体，以防刮花或刻损输送带。

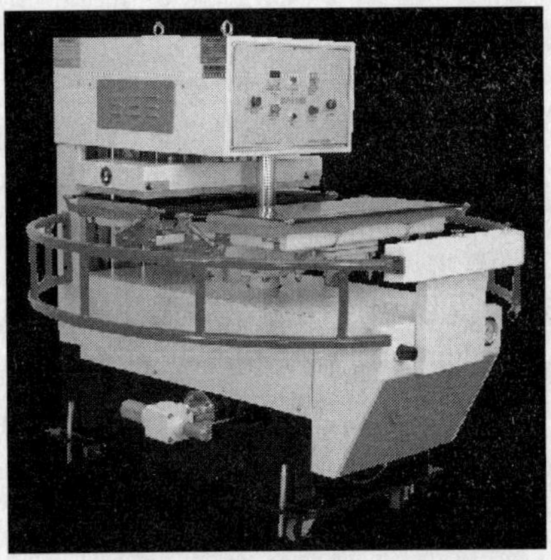

图 3—26　双碟转盘式粘衬机

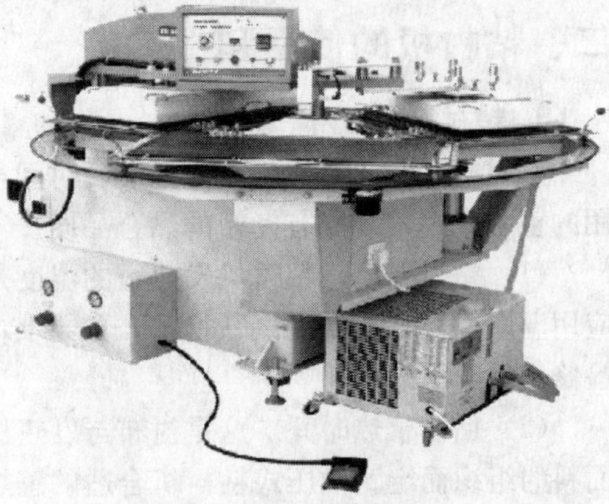

图 3—27　三碟转盘式粘衬机

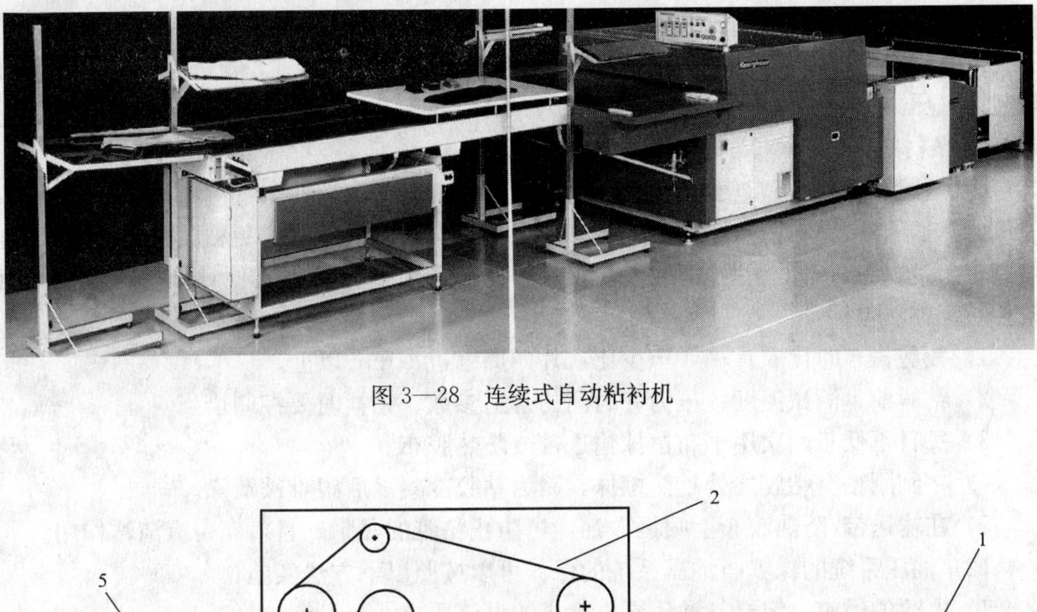

图 3—28　连续式自动粘衬机

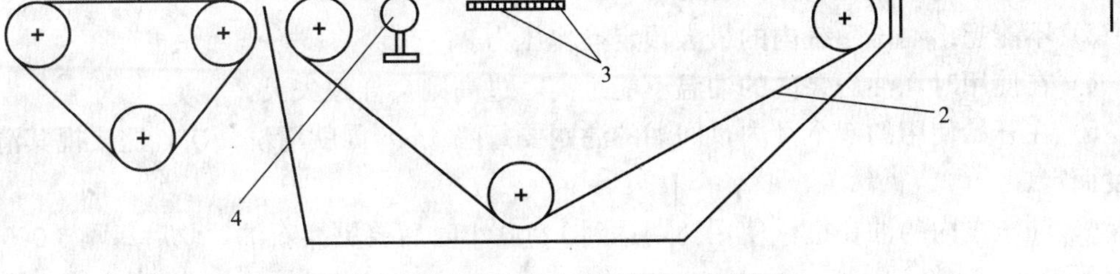


图 3—29　连续式自动粘衬机内部构造

1—铺料台　2—输送带　3—加热板　4—加压轴　5—冷却台

## 二、粘衬机的使用和保养

### 1. 粘衬机的使用

粘衬机操作的基本要点是温度、时间与压力的控制。只有了解如何确保相关元素作用的正常发挥，才能有良好的黏合品质。

（1）粘衬温度。粘衬机发热板的温度是由电力发热线提供和控制的，每天使用前都应用温度探测器或温度试纸检测，如果实际温度与设定温度相差 10℃以上，就要进行检修。

（2）粘衬感热时间。这是衬布与发热板接触的时间，应视衬布粘胶的化学成分以及面料的组织而定。油压式粘衬机合适的感热时间是测定机头的夹持时间与原来设定的时间相比较，连续式粘衬机是用计时器测定输送带的速度以确定感热时间，如发现异常则需维修。

（3）粘衬压力。粘衬压力是指面料和衬布在单位面积内所承受的压力。油压式粘衬机由油压系统供应和控制压力，连续式粘衬机是靠弹簧或气动压缩空气控制压力滚筒施压。没有标准的仪器或方式测量，每次粘衬前最好能作小样测试，检查粘衬后有没有出现起泡（压力太小）或渗胶（压力太大）的现象。

### 2. 粘衬机的保养

为保证粘衬机的正常使用，应定期作检查和维修保养。

（1）输送带/粘衬防热胶布的清洁。使用粘衬机时，关键是避免粘胶粘在输送带/防热胶布上，以免衬布的粘胶黏附在输送带/防热胶布上后再黏附其他纤维污物或弄污面料。防范方法包括：



1）裁剪衬布时比衣片小。至少比衣片四周缩进 1 mm 以上。

2）粘衬前，测试温度、压力和时间的合适参数。粘衬时要控制恰当。

3）每日不低于两次用干布擦抹输送带或防热胶布。

4）在刚刚粘有粘胶之处趁热擦抹，因为粘胶冷凝以后很难被清除。

5）在输送带/防热胶布上喷洒矽油，可防止粘胶的黏附，且对布带有清洁作用。

（2）油压系统的保养。油压系统的保养可以按照以下方法实施：

1）电源的供应一定要与油压泵电动机的电流要求一致。

2）油压泵的滚轴转动方向要准确。

3）不能超出油压系统内的最大预定操作压力。

4）在使用时，油压泵内的油温不能过高，过高则会导致失灵。

5）在开始使用的 6 个月内，回油的滤网要每隔 4～6 周就清洗一次，这要视其清洁程度而定。

6）油压泵内的油在机械使用初期达到 1 000 小时后要更换新油，此后每隔 3 000 小时就要更换一次新油。

7）要经常通过油缸上的窗口观察压力油是否保持在正常水平线之上，以确保油压泵能正常使用。

（3）气动系统的保养。连续式粘衬机的压力滚筒大多是采用气动系统来控制操作的，其压力系统能否正常起作用与压缩气的供应是否稳定有关。气动系统的保养方法有：

1）为了避免气泵超负荷工作，通常要比机器本身所需的气压能量大20%～30%。

2）引导气输入机内的气管要顺斜安装，最好使用铜质或电镀喉管。

3）气喉的末端要安装化水器及泄气阀。

4）在气喉与机器的连接位置要装上过滤器，避免污物进入机械内。

5）要经常检查与清洁气动系统内的开关磁铁，以保证其功能正常。

## 第三节　通用缝制设备

**培训目标**
- 掌握平缝机的应用与调校
- 掌握车缝附件的类别、结构和应用

### 一、平缝机

平缝机简称平车，是缝纫设备中最基本的机种，也是服装生产中应用最广、使用最多的设备，在服装生产中承担着拼、合、绱、纳、卷边、卷接、包缝等缝制工序。平缝机操作简便，缝制的线迹均匀美观、平整牢固，可以随意加装各种车缝附件，以提高生产效率和产品质量。平缝机分为普通平缝机（见图3—30）和电脑平缝机（见图3—31)。电脑平缝机是在普通平缝机的基础上加装了微电脑控制装置，增设了自动剪线、始末端自动倒针和自动停针功能，有效提高了生产效能。

图3—30　普通平缝机

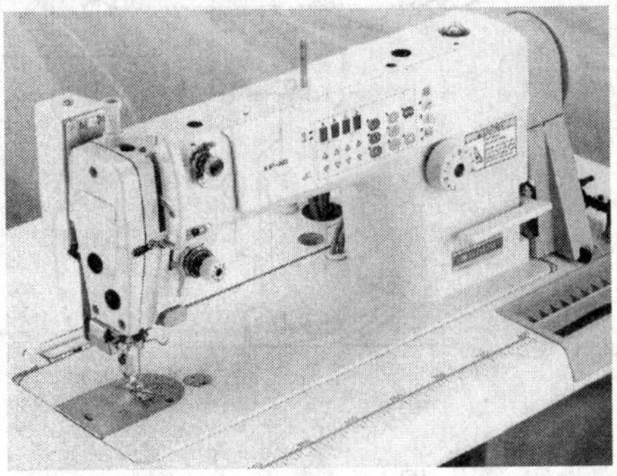

图3—31　电脑平缝机

平缝机是以点压式送布方式将面料推送向前缝合，穿刺机件即机针，钩线机件即梭床，送布机件包括送布牙和压脚，其截面如图3—32所示，缝合后的线迹外观效果如图3—33所示。

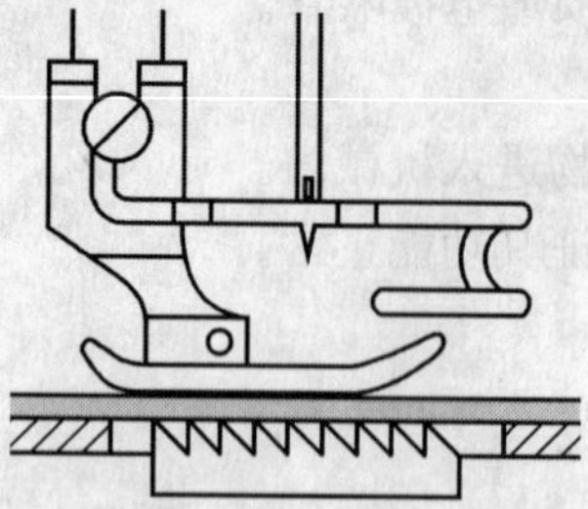
图 3—32　送布机件截面图

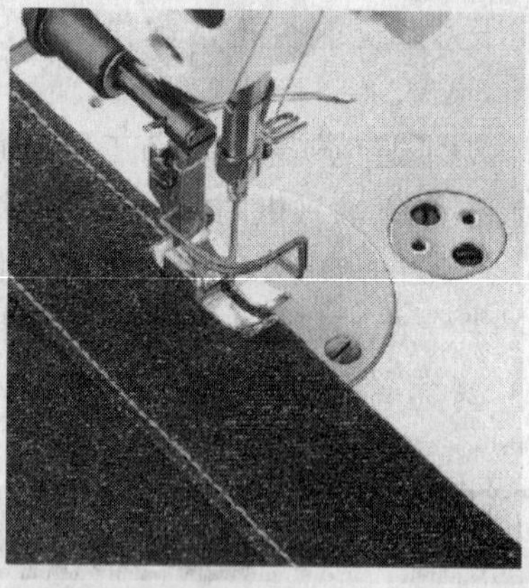
图 3—33　平缝线迹外观效果

1. **穿刺机件的应用与调整**

（1）机针的正确安装。转动手轮，使针柱上升到最高位置。旋松机针紧固螺钉，将机针按照长坑朝向左边、凹位向右边的方向装入针柱内，并尽量插入针柱顶端，然后拧紧机针紧固螺钉。最后检查机针是否正对针板孔中央，如图 3—34 所示。

（2）机针高低位置的调整。机针正确的高度是形成线迹的前提条件。机针高低位置的调校是通过调整针柱来完成的。首先转动手轮，使针柱下降到最低位置，接着旋松针柱连杆上的紧固螺钉，使针柱可以上下移动，调整位置正确以后拧紧螺钉，如图 3—35 所示。



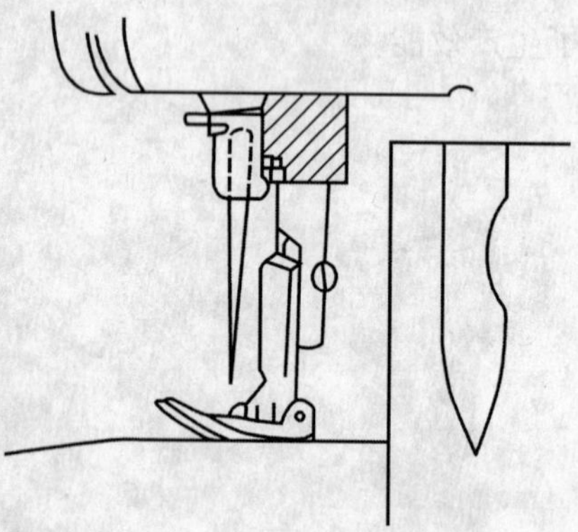
图 3—34　机针的安装

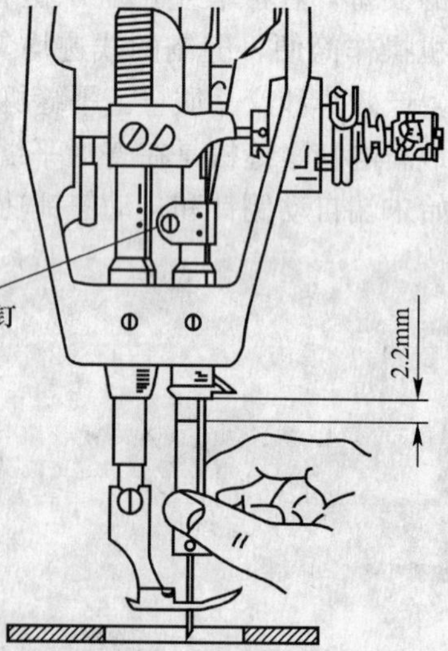

图 3—35　机针高低位置的调整

判定针柱的位置是否符合标准有两种方式：

1）如果针柱上有标志性的刻度线，可以通过观察刻度线来确定针柱的正确位置。如图 3—36 所示，将针柱上第二低的刻度线与针柱套筒的下边缘平齐即可。然后重新拧紧针柱连杆上的紧固螺钉。

2）如果针柱上没有刻度线，则可以推倒机头，通过观看机针刺入梭床的情况来判断。如图 3—37 所示，移动针柱使机针针眼的水平中线位与线芯轮的边缘平齐即可，然后重新拧紧针柱连杆上的紧固螺钉。

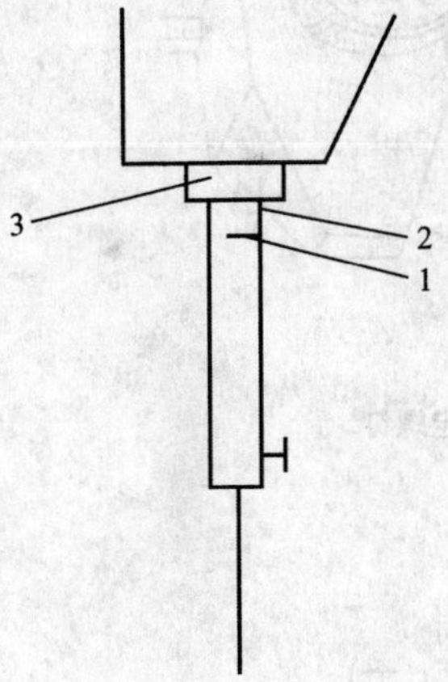


图 3—36　针柱调整

1—针柱　2—刻度线　3—针柱套筒

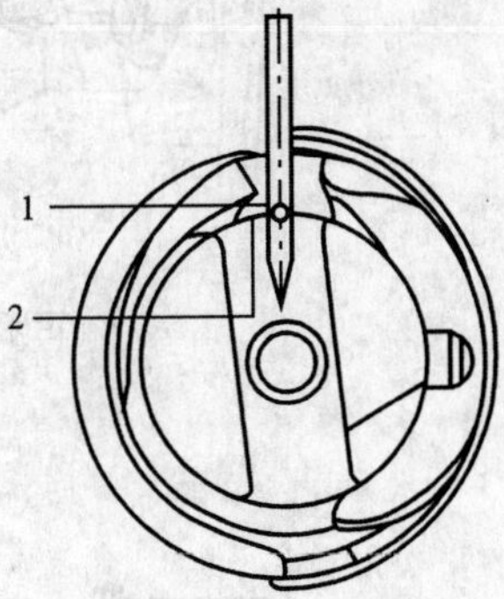


图 3—37　机针与线芯轮的位置配合

1—机针针眼　2—线芯轮

（3）机针的选用。机针的粗细是以针号表示，号数越小针越细，号数越大针越粗。缝纫的面料和缝纫线决定机针的号数。一般较厚的面料选用较粗的机针，较薄的面料选用较细的机针。机针号数及其选用范围见表 3—1。



**表 3—1　　机针号数及其选用范围**

| 用　途 | 针号（欧/日） |
|---|---|
| 丝质衫、针织衣 | 60～65/8～9 |
| 女装裙、衬衫、上衣 | 70～90/10～14 |
| 裙、轻便运动衣 | 80～100/12～16 |
| 男装和女装恤衫（衬衫） | 90～110/14～18 |
| 工作服、实用衣服、牛仔服 | 100～140/16～22 |
| 重型外套 | 110～140/18～22 |

## 2. 钩线机件的应用与调整

（1）梭床的拆装。如图 3—38 所示，首先将机头翻倒在后面的支撑柱上，接着转动手轮，将针柱上升到最高位置，拆下机针和针板，取下线梭。然后旋开定床钩螺钉，卸下定床钩。最后依次旋松梭床的 3 个固定螺钉，就可以卸下梭床。安装则是把拆卸的顺序倒过来操作即可。

（2）旋梭与机针运动位置的配合。转动手轮，当机针从最低位置回升 2.2 mm 时，旋梭的梭尖正好处在机针的中心线上。同时，梭尖应高于针孔上缘 1.5～2.0 mm，梭尖侧平面与机针凹位之间的间隙为 0.05～0.1 mm。然后拧紧螺钉，最后检查旋梭位置，如图 3—39 所示。

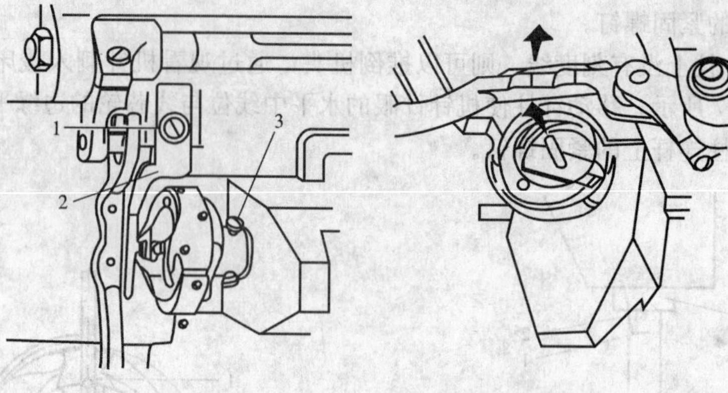


图 3—38　梭床的拆装

1—定床钩螺钉　2—定床钩　3—固定螺钉

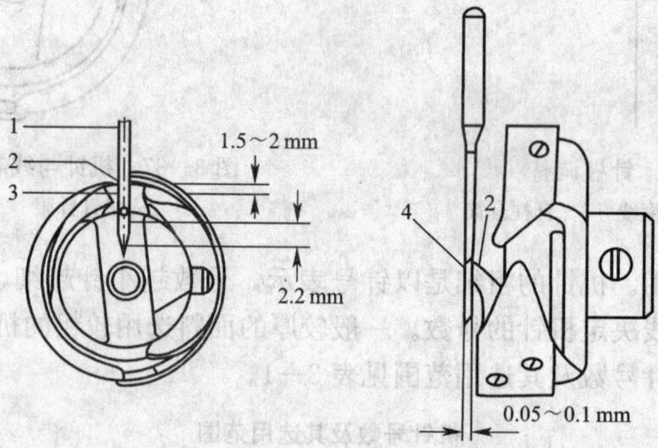


图 3—39　旋梭和机针位置配合

1—机针的中心线　2—梭尖　3—针孔　4—机针凹位



（3）梭床定床钩的调整。旋松定床钩上的紧固螺钉，移动定床钩，使定床钩凸头侧立面与梭床凹口侧面的间隙为 0.5～0.7 mm，再旋紧螺钉，如图 3—40 所示。一般情况下，应尽量使定床钩偏外些，可以为线环脱离梭床创造有利的条件。

**3. 送布机构的调整**

（1）压脚压力的调整。一般情况下，压脚压力根据面料的厚薄来调整。通常面料厚时，可将调压螺钉顺时针（从上向下看）旋转，以加大压力，面料薄则相反。压脚压力的调节操作是：首先松开机头顶部调节螺钉上的锁紧螺母，若要压力大些，旋入调节螺钉即可，反之将其旋出则压力减少，如图 3—41 所示。调节好压力后应旋紧锁紧螺母，以防高速缝纫时调节螺钉松动导致压力改变。

（2）送布牙高度的调整。送布牙的抬牙高度是根据所缝制面料的厚薄来决定的。一般情况下，送布牙齿尖达到最高时，应该高出针板平面 0.8 mm。缝合厚料时可提高些，但不超过 1 mm；缝料薄时可低些，但至少高出 0.5 mm。调节时，转动手轮，使机针升到最高位，此时送布牙也处于最高位，然后将机头扳倒，拧松抬牙曲柄的紧固螺钉，将抬牙曲柄抬高或压低，使送布牙齿尖露出针板平面的高度符合要求，最后旋紧螺

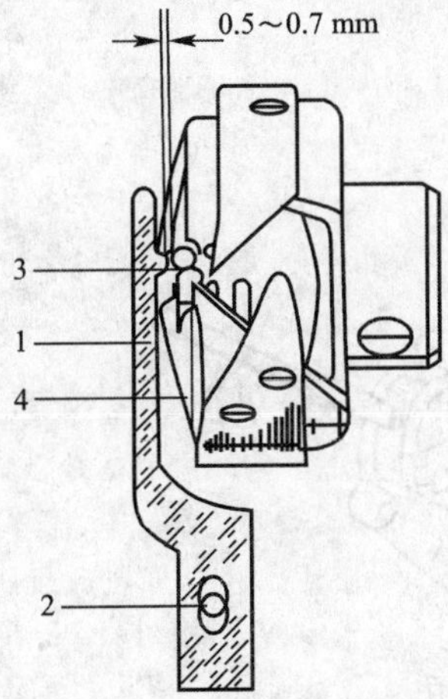


图 3—40　梭床定床钩的调整

1—定床钩　2—紧固螺钉

3—定床钩凸头　4—梭床

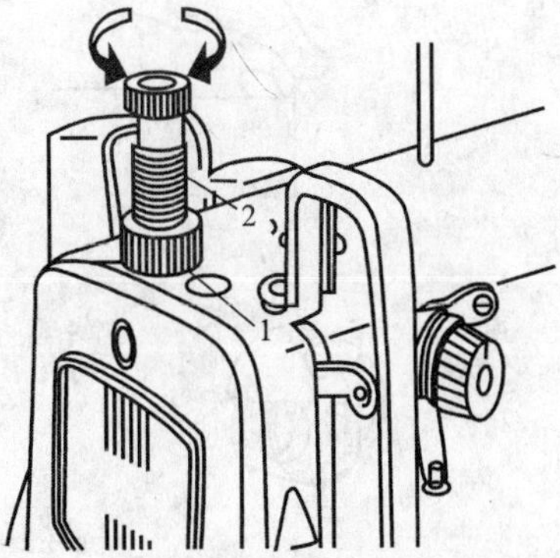


图 3—41　压脚压力的调整

1—锁紧螺母　2—机头顶部调节螺钉

钉，放下机头，如图 3—42 所示。另外，送布牙有粗细之分，缝纫厚料一般选用粗送布牙，缝纫薄料选用摩擦力较小的细送布牙，不易对面料造成损伤。

（3）送布牙与机针运动的调整。正常情况下，当机针尖端下降至针板平面时，送布牙牙尖也下降至针板平面。不处于此状态时需要进行调整，过程如下：先转动手轮，将机针的针尖下降至针板平面，打开机头横臂后盖板，如图 3—43 所示，拧松送布凸轮上的紧固螺钉，按住送布凸轮，轻微转动手轮，使主轴油孔的上端与送布凸轮基准缺口的下端处在同一水平线上，最后拧紧送布凸轮紧固螺钉。

图 3—42　送布牙高度的调整

1—抬牙曲柄　2—紧固螺钉

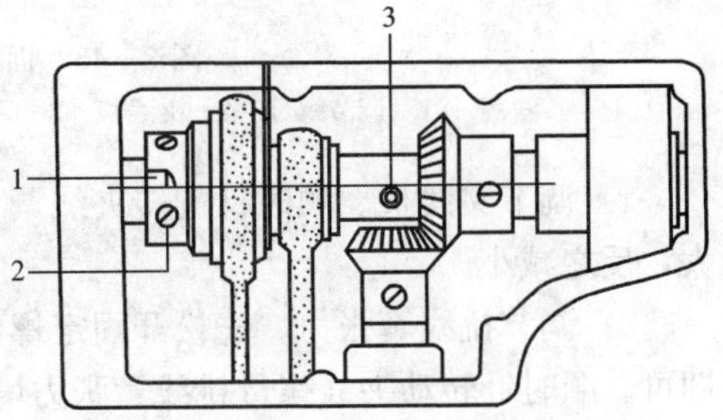


图 3—43　送布牙与机针运动的调整

1—送布凸轮　2—紧固螺钉　3—主轴油孔

**4. 缝纫线张力的调节**

（1）底线张力的调节。底线张力的测试：用手捏住线梭上预留的线头，线梭靠自身质量刚好维持平衡。当手轻微抖动时，线梭慢慢下滑一段距离后自动停止，此时说明底线张力合适。如果抖不动或不抖也下滑，则说明底线张力太紧或太松，此时可用小旋具旋转线梭梭皮上的调整螺钉，改变梭皮对底线的夹持力度（顺时针调紧，逆时针调松），如图 3—44 所示。

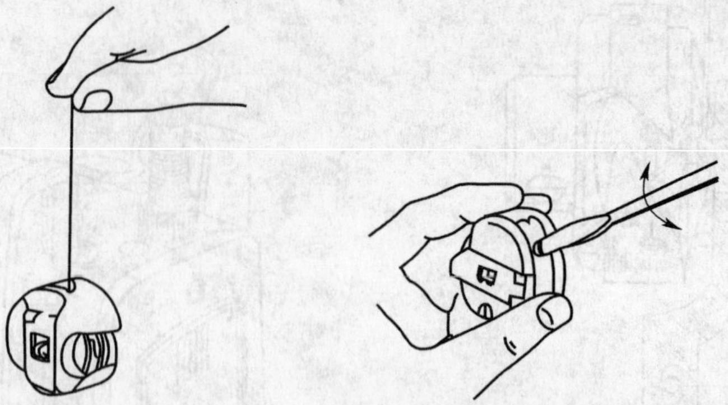

图 3—44　底线张力的调节

（2）面线张力的调整。面线张力的调整包括两部分的调节，如图 3—45 所示。

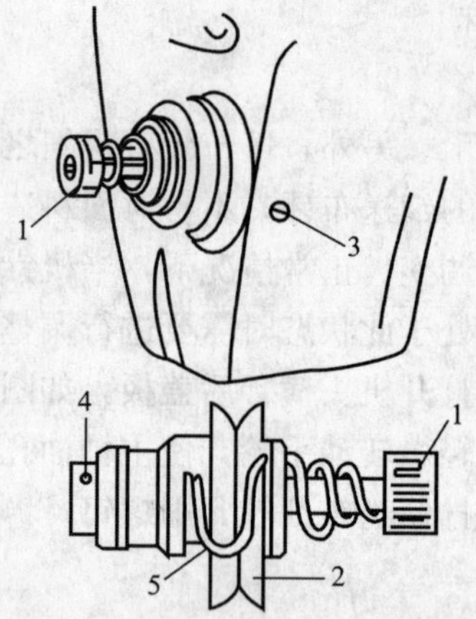


图 3—45　面线张力调节器的调整

1—调节螺母　2—夹线板　3—固定螺钉　4—螺钉　5—夹线螺母挑线簧

1）调节夹线板。顺时针旋转夹线调节螺母，夹线板对面线压力增大，面线张力增大，反之减小。

2）调节挑线簧张力。先松开固定螺钉，取出夹线器，再旋松螺钉，旋转夹线螺母即可。顺时针转动夹线螺母挑线簧张力增大，反之减小。调好后重新装好。

## 二、车缝附件

车缝附件是附加在缝纫设备上，辅助缝纫的附加装置总称，通常是根据每一款成衣和工艺要求而设计制作出来的筒形卷状钢板，是缝纫机上的一个额外装置，易装易卸。应用车缝附件可以简化生产工序，减少对员工的培训时间，提高产量和产品质量。

车缝附件按照不同的功能，可分为傍位附件、定位附件和功能性附件三类。

### 1. 傍位附件

傍位附件是帮助操作人员准确而快速地确定车缝位置或判断缝边间距的缝纫导向

器，能引导指示车缝位置，主要用于平行线的缝制以及点位的确认，例如钉纽位。傍位附件通常安装在缝纫机的台面、车床或压脚杆上。

（1）T形傍位器。T形傍位器外形如“T”字，如图3—46所示，字母平头用以导向面料，字母竖脚为傍位臂，傍位臂上的长坑用于固定在车台上，并可以调整傍位与车缝面料的间距。T形傍位器适合导向厚重面料的缝合。

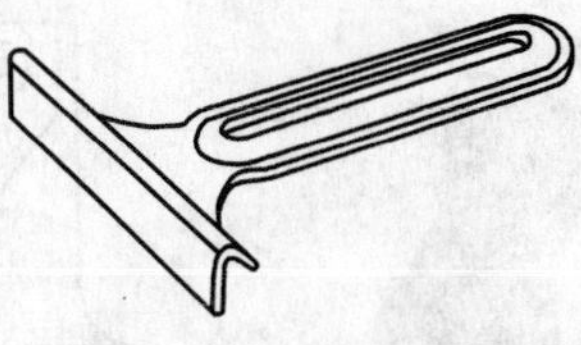

图3—46　T形傍位器

（2）具有傍位作用的压脚

1）傍位压脚。如图3—47所示，其导向板的末端水平横插在压脚柄部，可以上下摆动和左右移动以配合不同位置不同宽度的车缝需要，因此也称为“关刀压脚”，适合用于需要在面料上缉缝多道宽阔线迹的部位。

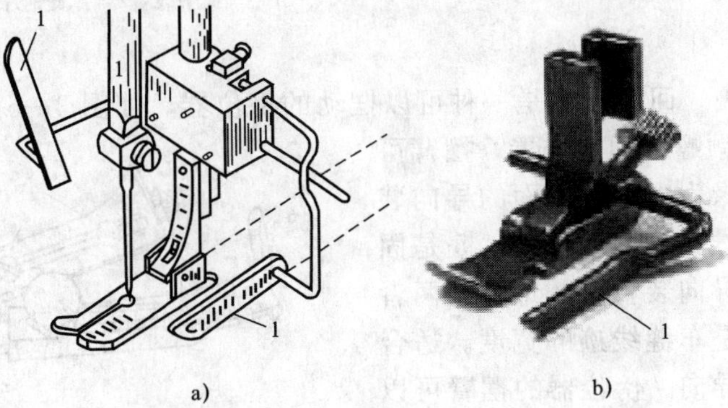


图3—47　工业傍位压脚

1—导向板



2）高低压脚。压脚左右脚趾一长一短，如图3—48所示。按实际构造，分为左高低压脚、右高低压脚和左右组合高低压脚，适宜缝合有高低差异的部位。有弹簧的长脚趾压在薄的部位，短脚趾压在厚的部位，长脚趾边缘与机针中线的距离就是缉线的宽度（1.6～9.5 mm），长脚趾突出的竖立面作为导向装置贴着面料的折边缝合。

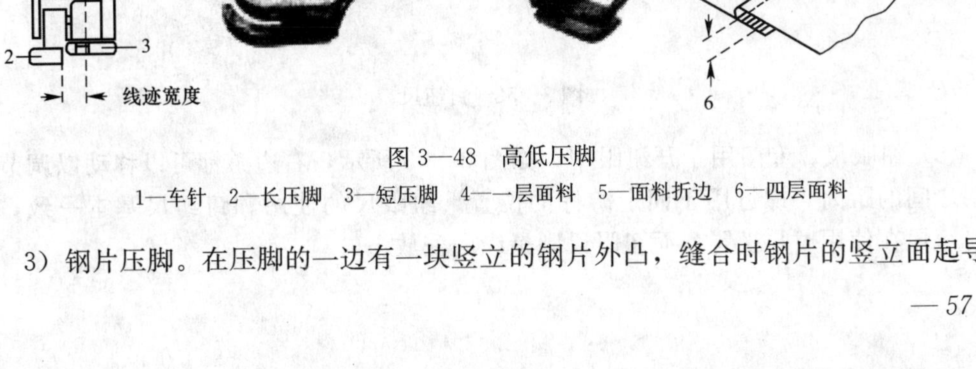


图3—48　高低压脚

1—车针　2—长压脚　3—短压脚　4—一层面料　5—面料折边　6—四层面料

3）钢片压脚。在压脚的一边有一块竖立的钢片外凸，缝合时钢片的竖立面起导向作用，钢片与机针中线的距离就是缉线的宽度（1.6～9.5 mm），如图 3—49 所示。图 3—50 是钢片压脚在缉缝衣领边线时的应用。

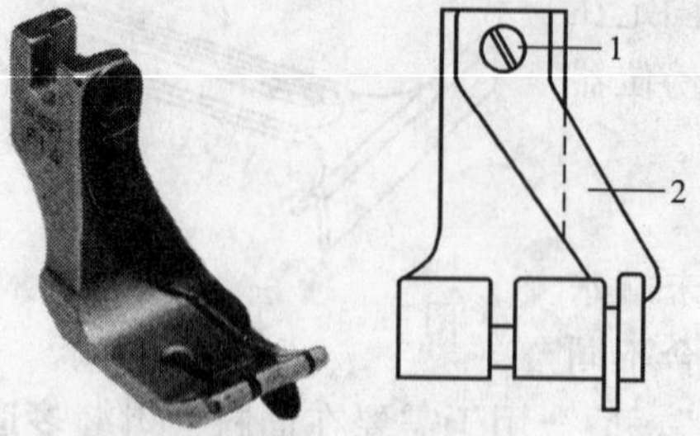

图 3—49　钢片压脚

1—螺钉　2—弹簧钢片

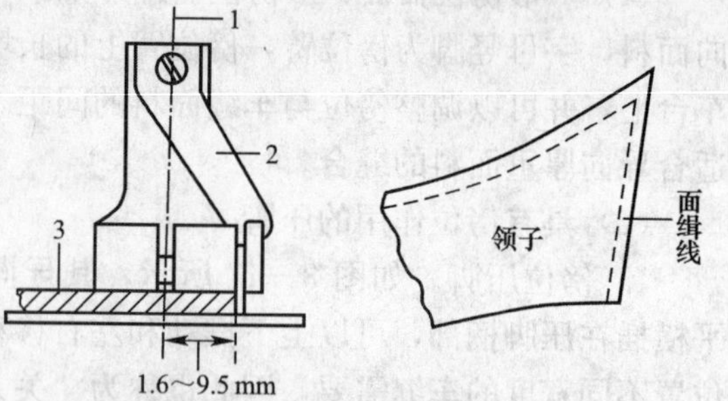

图 3—50　钢片压脚的应用

1—车针中线　2—弹簧钢片　3—领子

（3）回转定规。回转定规是一种可以摆动的傍位器，如图 3—51 所示，其中傍位固定槽通过两颗螺钉固定位置，摆臂可绕枢轴转动，边缘为一个竖立面的导向装置，能作为缝合线迹宽度的依据，5 是固定和调校摆臂与导向装置量的螺钉，两者重叠量的调校就是车缝线迹的宽度。适合厚重面料的缝合导向。傍位器的摆臂可以打开移离操作区间，要使用时将摆臂向固定位扣合即可。



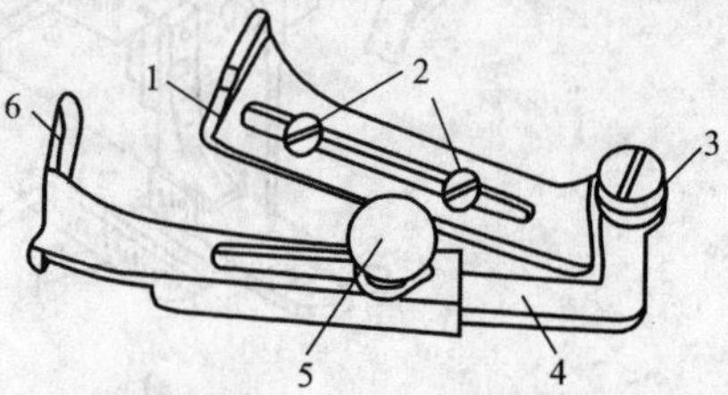

图 3—51　回转定规

1—傍位固定槽　2，5—固定螺钉　3—枢轴

4—摆臂　6—导向装置

（4）钉纽尺。钉纽尺是专门用于钉纽扣的傍位器，如图 3—52 所示，右边是游标，可左右移动以调节两纽扣之间的距离。游标上有固定螺钉，可固定游标位置。

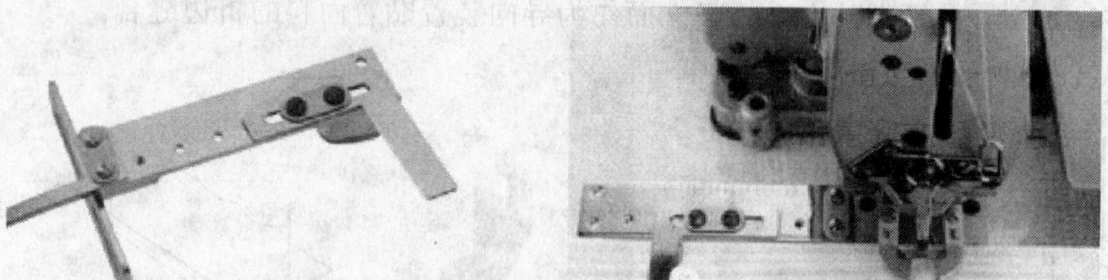
图 3—52　钉纽尺

（5）纽眼尺。专门用于开纽眼用，如图 3—53 所示，右边游标可以移动以调节两纽眼之间的距离。螺钉用于固定游标的位置。纽眼尺的使用和钉纽尺基本一致，只是钉纽尺在使用时是横置，而纽眼尺则是纵向安放。

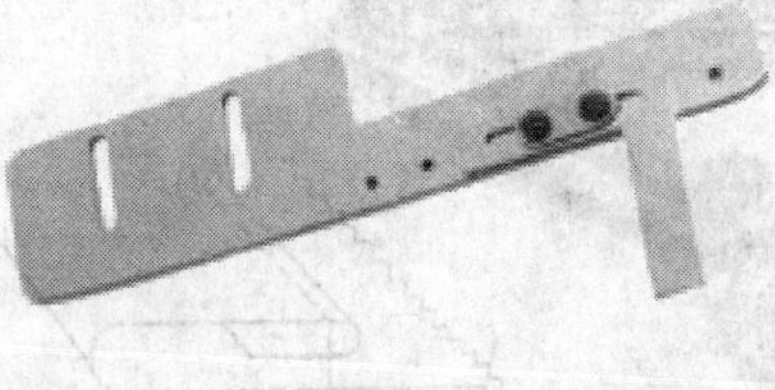

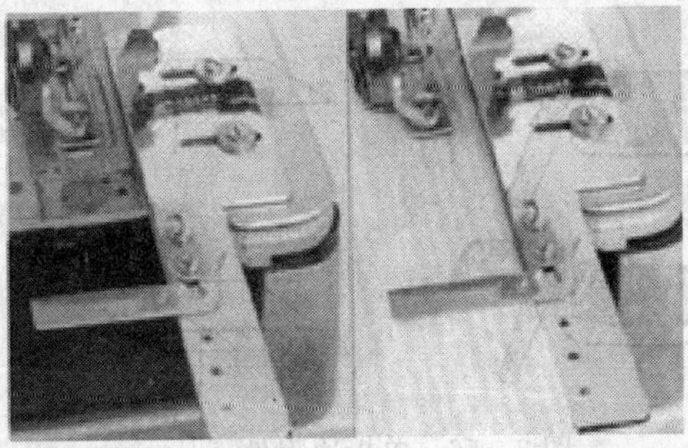

图 3—53　纽眼尺

（6）磁石傍位。如图 3—54 所示，傍位附件内含磁铁，通过磁力吸附在车台面上，是使用最为方便的傍位附件。但也正因为此，它固定的力度不足，只适合在一些轻薄面料上使用。

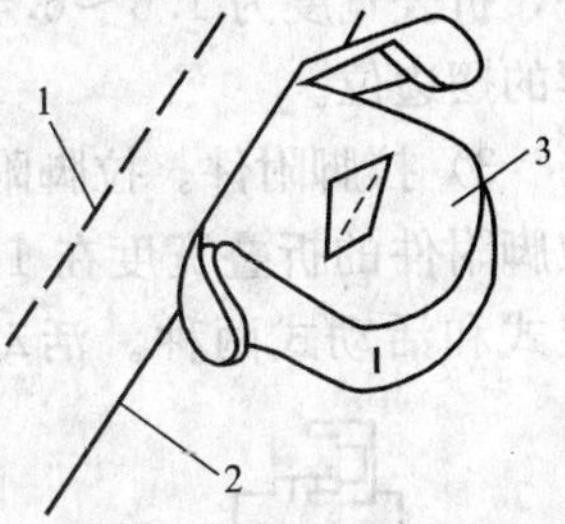


图 3—54　磁石傍位

1—线迹　2—面料边　3—磁石傍位

（7）模型板。如图 3—55 所示，由两块可以开合的金属片组成，在两片金属片上均有与裁片形状一致、位置相同的坑道。模型板的应用需要配备特别的针、压脚、针板和送布牙。操作时用模型板夹住裁片，压脚和针在坑道内走动，完成缝制。模型板多用于高品质的服装生产。

图 3—55　模型板

## 2. 定位附件

在缝纫过程中，定位附件能够移动、折叠和弯曲面料。一般安装在车台、压脚杆或车床上。

（1）卷边类附件。专门用于面料边缘位的折叠车缝。

1）折边附件。这类附件能将裁片边缘向上或向下翻折，分为单折边附件（见图 3—56）和双折边附件（见图 3—57）两种类型。使用单折边附件以前，面料边沿位必须先作锁边包缝处理。

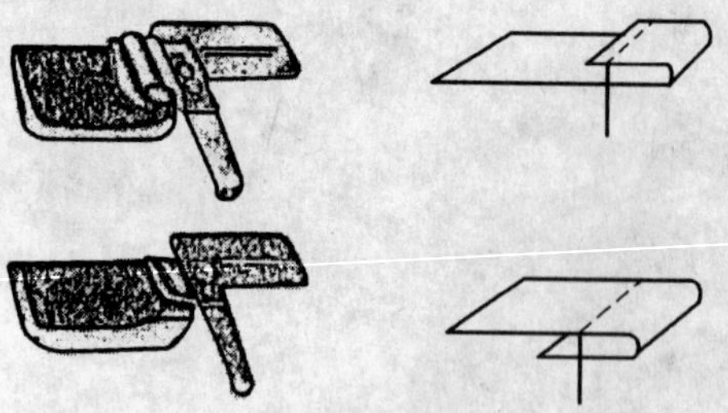

图 3—56　单折边附件

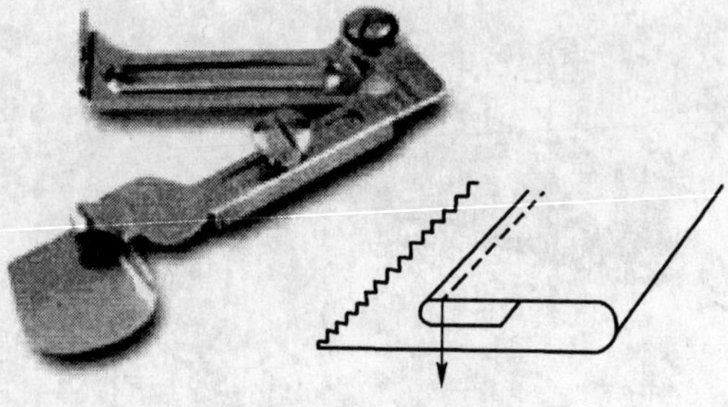

图 3—57　双折边附件

2）卷边压脚（见图 3—58）。这是一款专门用于面料边缘卷折两次的微型双折边附件，折叠宽度为 1.6～6.4 mm，适用于薄纱类服装，如褶裙、圆台裙、礼服裙、婚纱等的摆边位。

3）拉脚附件。拉脚附件与卷边压脚形成的缝型效果一致，差别在于折叠的宽度，拉脚附件的折叠宽度在 1 cm 以上，适用于中薄型面料的边缘折叠。拉脚附件分为固定式和活动式两种。活动式拉脚附件如图 3—59 所示。



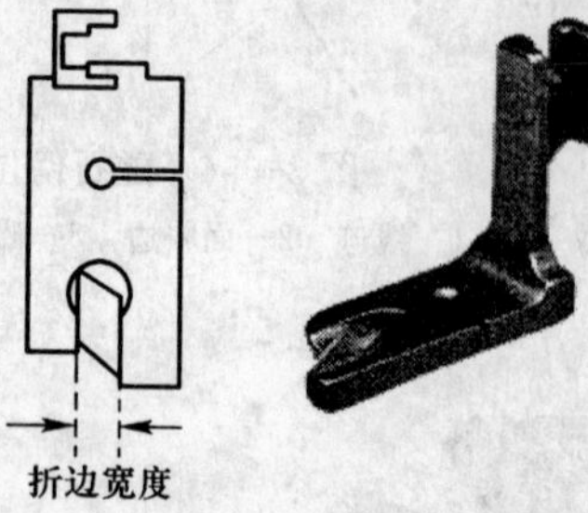


图 3—58　卷边压脚

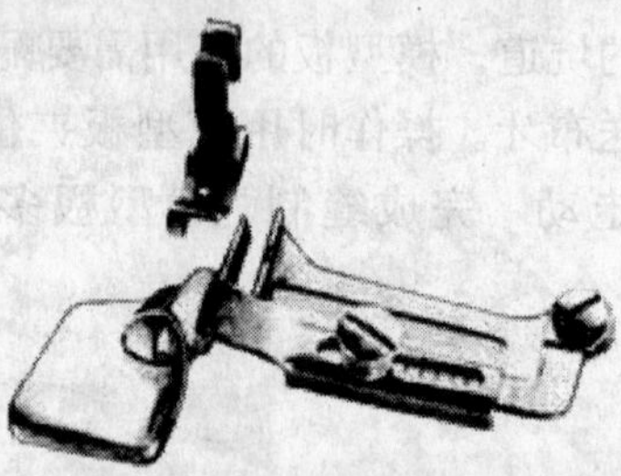

图 3—59　活动拉脚附件

4）开合卷边附件。如图 3—60 所示，与前面卷边压脚和拉脚附件一样，开合卷边附件也是用于将面料边缘折叠，但它折叠的宽度在 2 cm 以上，适用于中厚类型面料。附件中卷筒部分可以扳起，不用时无须拆卸，需要使用时往下掰正即可。

图 3—60　开合卷边附件

5）衬衫圆脚卷边附件。如图 3—61 所示，这是一款特意为圆脚衬衫的下摆缝制而设计的附件，能使圆脚衬衫的下摆制作效果更加圆顺平服。

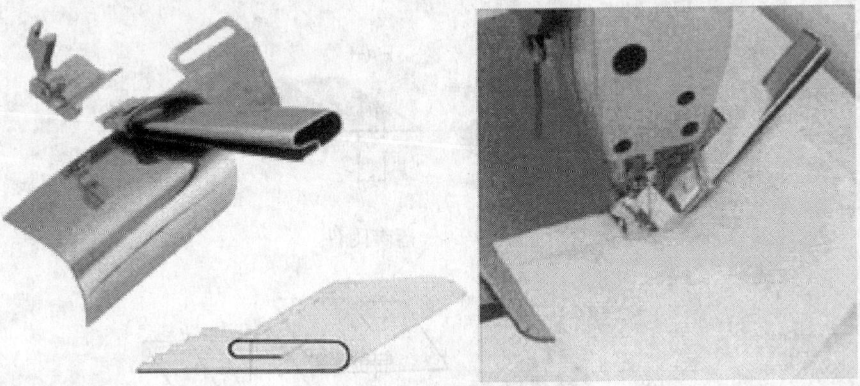

图 3—61　衬衫圆脚卷边附件

（2）包边类附件。这类附件主要用于捆条包覆面料边缘的缝合，如图 3—62 所示。

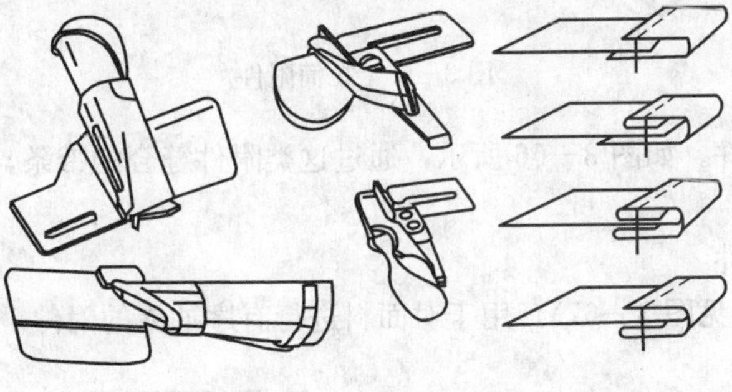

图 3—62　包边类附件



（3）接缝类附件

1）翻缝附件（见图 3—63）。主要用于面料裁片的折叠拼接，例如男装衬衫的担干、肩缝、牛仔裤的后中等。

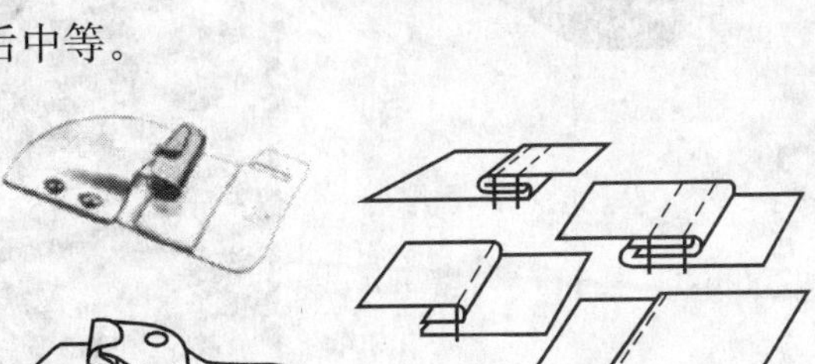

图 3—63　翻缝附件

2）落带附件（见图 3—64）。这种附件通常用于需要在面料中间绢缝多根装饰带条的运动服、休闲服、童装等。

3）拉筒附件（见图 3—65）。这是专门用于衬衫明筒制作的附件，根据缝型的不同叠合形式有不同的结构类型。

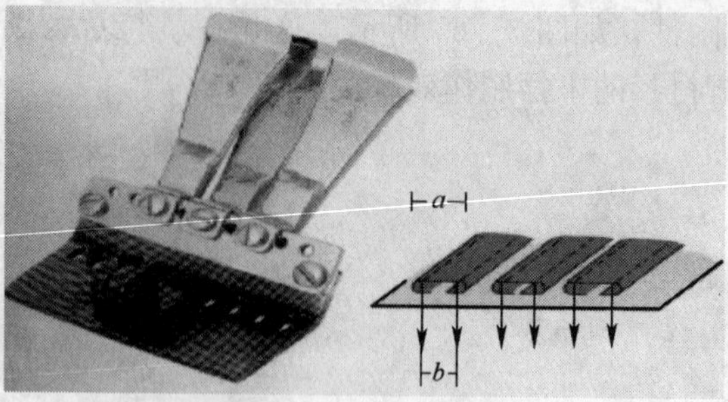


图 3—64　落带附件

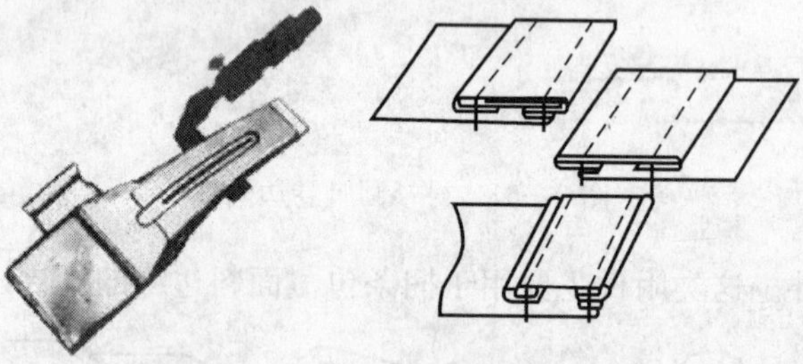

图 3—65　拉筒附件

（4）暗线类附件。如图 3—66 所示，通过这类附件缝合的带条，完成后的正面看不见缝纫线迹。



（5）缩褶类附件

1）缩褶附件（见图 3—67）。用于对面料进行有序抽褶的附件。

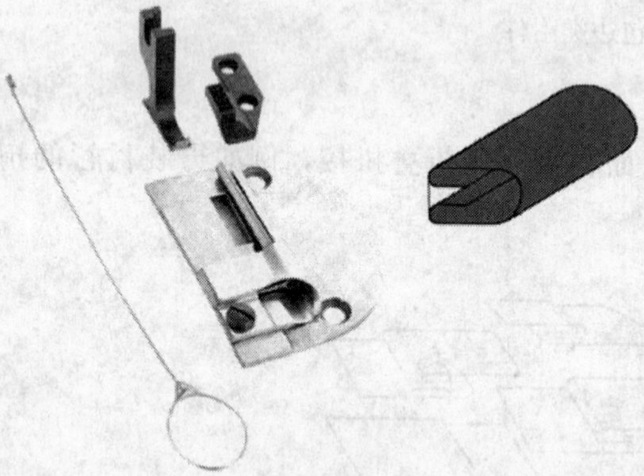

图 3—66　暗线类附件

图 3—67　缩褶附件

2）缩皱压脚（见图 3—68）。这种压脚只有一个宽面的脚趾，压脚从针坑中心分为前厚后薄（1～2 倍的差异），由于后半部分压脚的空隙使面料无法被正常按压推送，面料在压脚的后半部分聚集堆拨成抽缩的效果。缩皱的分量可以通过调校缝线的张力大小和针距的疏密来实现。

图 3—68 缩皱压脚

3. **功能性附件**

功能性附件种类繁多，每种附件都有其针对性和各自独特的作用，主要功能是减少操作者的辅助作业时间，减轻作业人员的劳动强度。

（1）输送附件。输送附件是帮助物料顺畅输送、确保缝合达到预期效果的一种辅助性工具。图 3—69 是用于辅助面料输送的滚轮输送附件，图 3—70 是专门用于捆条的输送附件。

图 3—69 滚轮输送附件

图 3—70 捆条输送附件

（2）割线压脚。该压脚柄部有一个割线装置，缝线从压脚后方向上提拉时，就会被夹在弹簧的缝隙中，同时会被弹簧上方的刀片切断，如图 3—71 所示。另外，弹簧夹持缝线可避免下次起缝时缝线从针眼孔中抽离而影响下道工序作业。

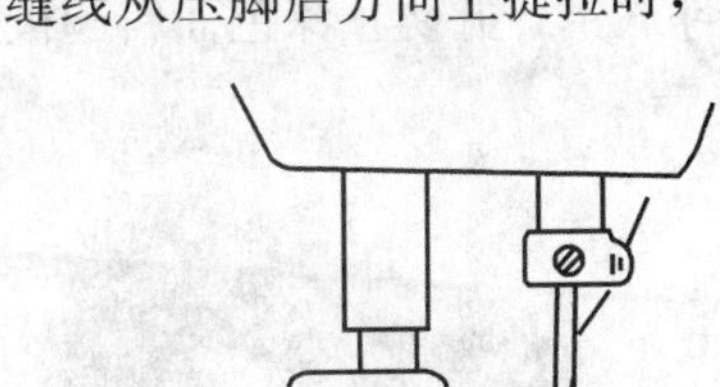


图 3—71 割线压脚

1—弹簧 2—刀片

（3）捆条切割装置。这是一种专门用于将长条形的带条或裤袢带自动切断的闸刀装置。

（4）静电消除装置。这是一组车缝预备附件，其作用是在缝纫前把面料上附着的静电消除掉，使布层之间不会相互粘连，有利于缝制。

# 第四节 熨烫设备

培训目标

→ 熟识各种熨烫设备的类型、特点与应用

## 一、熨斗

熨斗种类繁多，功能大同小异。常见的熨斗有家用调温熨斗、移动式吊瓶蒸汽熨斗、固定式锅炉蒸汽熨斗，如图 3—72、图 3—73、图 3—74 所示。功率为 300 W、500 W 的电熨斗常用于衣服零部件的中烫。700 W 以上的电熨斗用于毛呢织物的归拔塑型或成品的整烫。

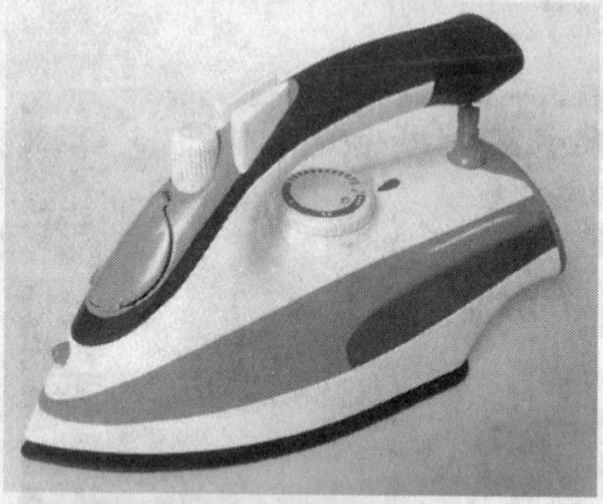

图 3—72 家用调温熨斗

图 3—73 移动式吊瓶蒸汽熨斗

在熨斗底套上熨斗鞋（见图 3—75），可以防止胶质面料或衬料胶质熔化并黏在面料和熨斗底部，并防止深色面料起极光等熨烫弊病的产生。

图 3—74 固定式锅炉蒸汽熨斗

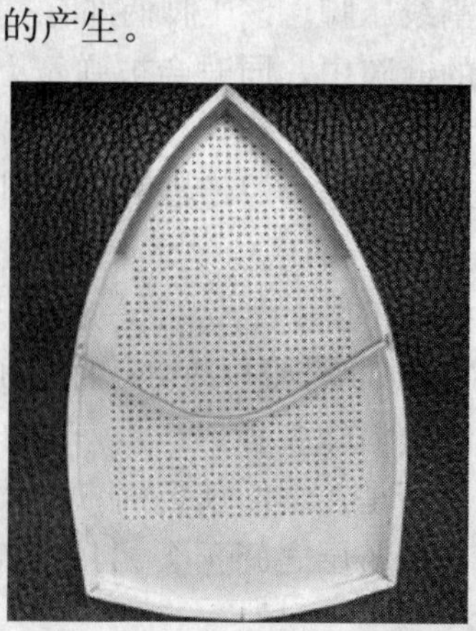

图 3—75 熨斗鞋

## 二、夹机

夹机是一种含有上下模型垫的蒸汽熨烫机，对衣物进行喷蒸汽、定时加压和抽湿处理，有预缩、定型的作用，能克服熨斗烫坏织物、受热不均及织物极光的毛病，达到理想的塑形效果，还能提高生产效率，减轻工人的劳动强度。

夹机配备的常用型垫有通用型垫、前后身型垫、肩缝型垫、衣袖型垫、裤筒型垫、侧缝型垫、胸部型垫、腰部型垫、衣领型垫等。根据型垫的外形，夹机可以分为两种类型：

**1. 凹凸状夹机**

上下软垫呈凹凸状相吻合，如图 3—76 所示。弧形（如腰、胸、领等）部位通过夹机熨烫可以更贴伏更挺括，纽扣、拉链等突起的硬物不会被压破损毁。型垫可以按照客户或款式要求进行更换，适用于西服、西裤、裙子、羊毛衫等高档服装弧形部位的熨烫（如领窝、前胸、后腰背、肩膀、后臀、袖头等）。

**2. 平板式夹机**

上下软垫呈平板状相吻合，如图 3—77 所示。多用于面料的压褶、粘衬等平面熨烫。

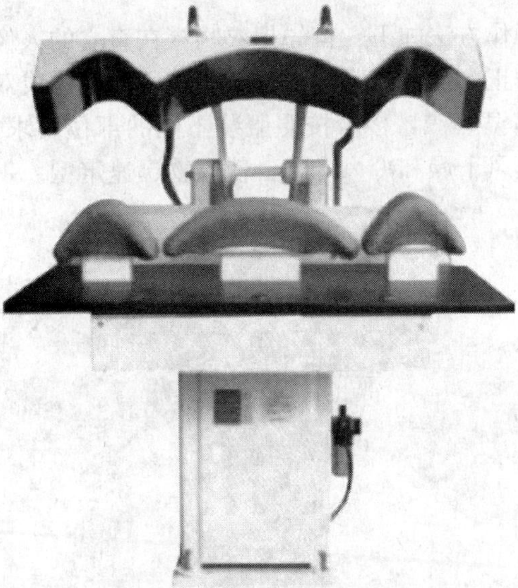

图 3—76　凹凸状夹机（领窝与袖口）

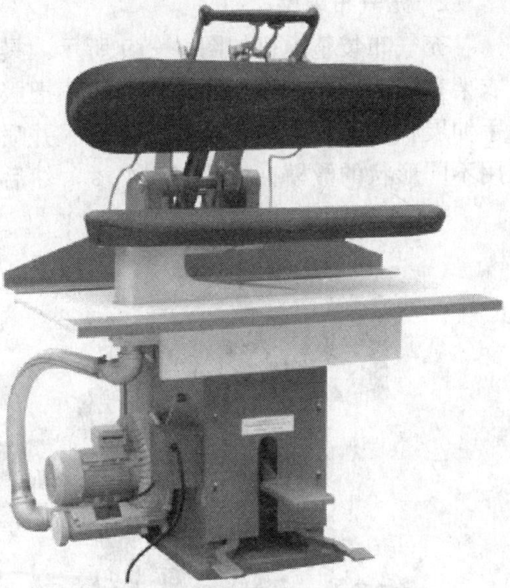

图 3—77　平板式夹机（通用型）

单元 3

使用夹机的操作程序主要分为以下几个步骤：

（1）将衣物平铺于底模垫上；

（2）合起上模垫，喷蒸汽初压 3 s；

（3）升起上模垫，平整衣物，消除褶痕；

（4）合起上模垫，再喷蒸汽热压 10 s；

（5）抽湿卸压，冷却定型后开启上模垫，取走衣物。

## 三、人像整烫机

人像整烫机按不同的外形可分为硬面人台整烫机、充气布袋整烫机和夹板吹裤整烫机，其操作原理与步骤是：

（1）衣物套上人像模型，扣合纽扣；

（2）封口并喷蒸汽膨胀衣物，然后用毛刷扫平衣物表面的皱痕；

（3）喷热风吹干湿气与水分；

（4）喷冷风定型与冷却。

人像整烫机优点是快速，无须配备各种形状烫模夹机；高温蒸汽能渗透到衣物每个角落，不会因烫工疏忽而漏熨。缺点是平挺度欠佳，无法熨烫缝道、省道等部位，需配吸风烫台或万能型整熨夹机加以补烫整理，只适用于含有大量褶裥的薄纱料裙装、毛衫针织外套、呢绒大衣、西服等。厂房设备及管道工程投资成本相当大，只适用于品质高、款式单一、批量大、有实力的服装企业，不适宜款式复杂、多品种、小批量的服装企业。

**1. 硬面人台整烫机**

硬面人台整烫机是将服装套入一个类似人像形状的蒸汽模型上，通过大量热蒸汽焗烫定型的一种蒸汽烫机，能较好地保持衣料手感和成衣外形，如图 3—78 所示。

**2. 充气布袋整烫机**

充气布袋整烫机如图 3—79 所示，具体操作方法如下：首先把衣物穿在直立的人像衣架布袋上，扣好纽扣及用机身压棒把服装的正中位置压紧，再把左右袖用夹子撑成双手伸展状，采用内涨式充气鼓胀衣服并喷射高温蒸汽，接着按照服装不同的部位要求，用不同形状的烫模夹板分工序夹烫，然后吹热风干燥和冷风冷却，使衣物迅速定型。

图 3—78　硬面人台整烫机

图 3—79　充气布袋整烫机

3. **夹板吹裤整烫机**

夹板吹裤整烫机如图 3—80 所示。操作时，先用夹子封住上下出风口，然后吹热风鼓胀服装并同时喷射蒸汽焗烫定型。吹裤装置分为单工位、旋转式二工位和回转式三工位三种，裤脚夹可以改变方向和垂直移动，裤腰、裤长和张力均可调节，熨烫弹力裤也无需事先扩张。此外，裤腰前襟有固定装置，并有自动烫裤袋装置，操作简便，保型效果佳。

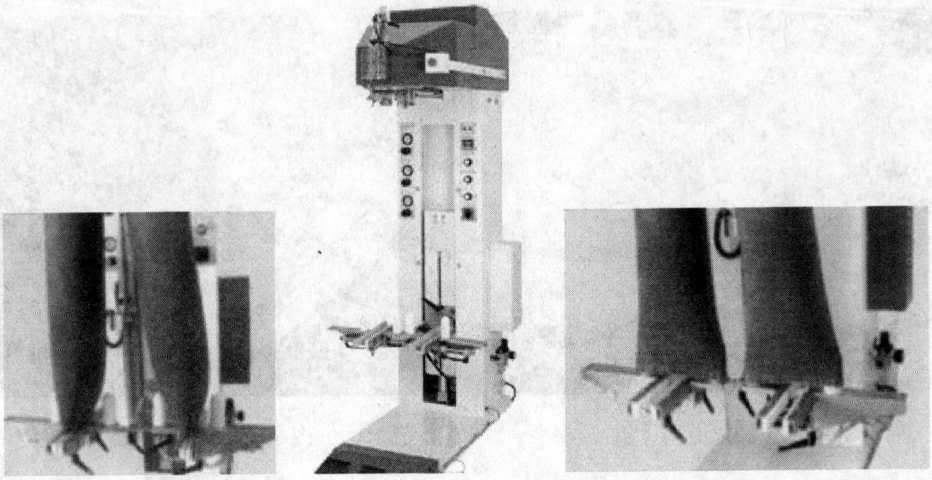

图 3—80　夹板吹裤整烫机



## 四、蒸汽烫床

蒸汽烫床是一种能喷蒸汽和抽湿的平板式台面，分为平面抽湿烫台、单臂抽湿烫台、双臂抽湿烫台，如图 3—81、图 3—82 所示。

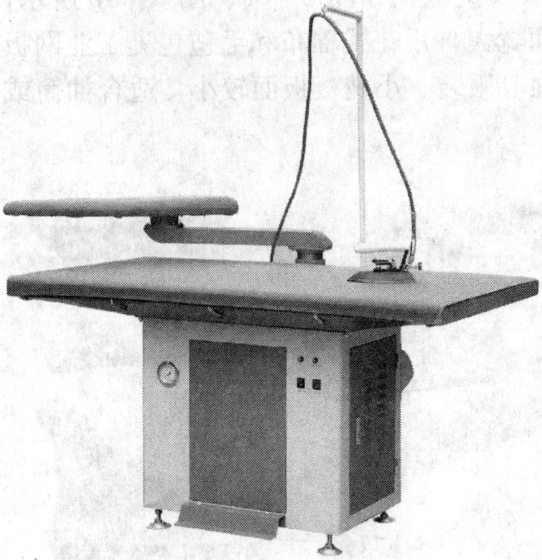

图 3—81　单臂蒸汽烫床

图 3—82　双臂蒸汽烫床

电热式台面能使衣料受热均匀，台面通常用一层隔离杂质的铜网和反射热量的石纸、两层厚针棉烫毡或法兰绒（见图 3—83）、一层耐高温烫布（见图 3—84）或光滑的斜纹防火棉布包裹不锈钢网架，既防止热量直接散至底板，又能避免熨烫温度太高而出现自燃的现象。台面配有熨斗架、烫臂等辅助设施。常见的烫臂有裤筒臂和袖筒臂等，可调节角度，方便衣领、袖口、裤筒等部位的整烫，适用于各种服装的整烫定型。

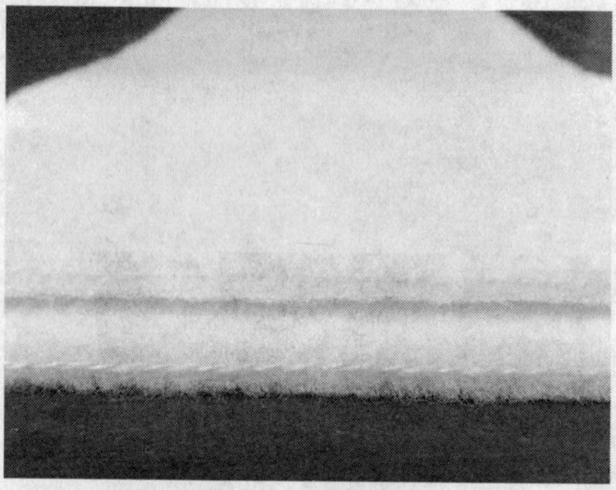

图 3—83　烫机专用烫毡

图 3—84　耐高温烫布

## 五、其他辅助工具



### 1. 烫布

烫布通常用薄而软的去浆白棉布、组织比较疏松的薄纱布或网布制成，如图 3—85 所示。熨烫时将烫布覆盖在衣料上，可以避免衣料被弄脏、烫焦或起极光。

### 2. 烫板

烫板又称为“烫臂”，分为工业用烫板和家庭烫板，如图 3—86、图 3—87 所示，是熨烫小部件衣物的主要辅助设施。大烫板板面宽大，用花式棉布和毛毡包裹工业网板而成，T 形脚，可熨烫摆裙、筒裤、外套、T 恤等服装。小烫板板面较小，适合袖筒或袋口等细小部位的熨烫。

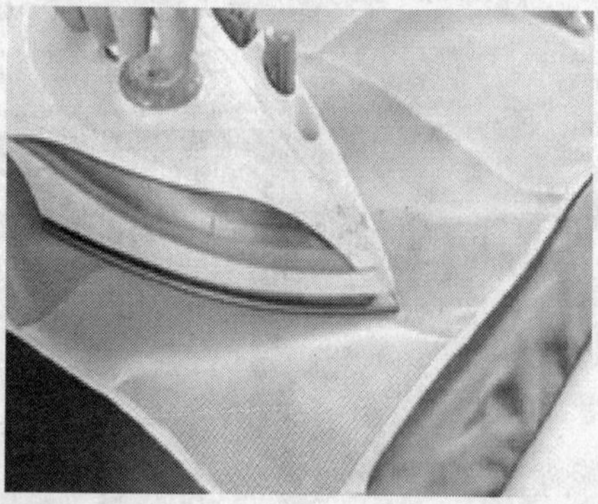

图 3—85　烫布

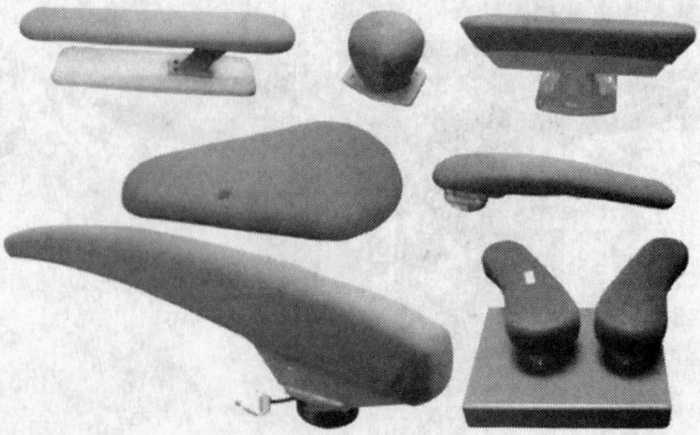

图 3—86　工业用各种烫板

3. 烫枕

烫枕俗称“烫包”或“馒头”，是用粗白棉布包裹木屑制成的一种弧形软垫，有方形、圆形、椭圆形等，如图 3—88 所示，主要用于胸、臀、肩等弧形部位的熨烫，使各部位能达到浑圆丰满的立体效果。

4. 针面烫板

针面烫板简称“针板”，由许多长为半英寸的细小钢针密集形成一个平面，如图 3—89 所示，用于熨烫一些起绒织物。熨烫时，将面料的绒面向下，藏在针之间的空隙中，熨烫起绒织物的底面，以保持起绒织物表面的光泽，防止面料出现“倒毛”或失去光泽。

图 3—87 烫板

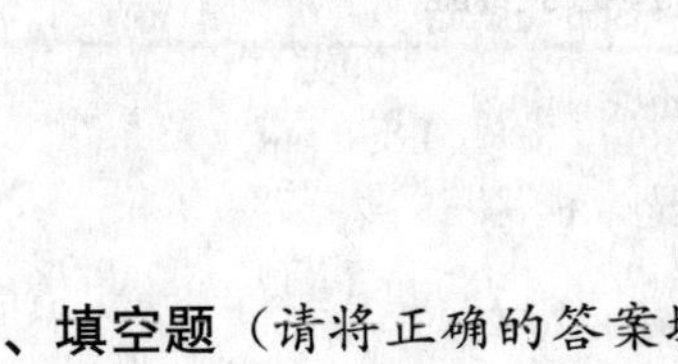

图 3—88 烫枕

图 3—89 针板



## 单元测试题

**一、填空题**（请将正确的答案填在横线空白处）

1. 专门用于需要对格铺拉格子面料的裁床称为________。
2. 在裁片上作记号的辅助设备主要有________、电热切痕器和有线布锥等。
3. 断布机是用于切断布匹用的裁剪设备，分为手动断布机和________断布机。
4. 格子或条子面料进行拉布时，为了便于对格拉布，可选用针床或________裁床。

5. 裁剪是利用裁剪设备将铺好的布层按照排料图要求裁切出裁片的工作。按照所使用刀具的形态，裁剪常用设备有直刀式裁剪机、圆刀式裁剪机、带状刀裁剪机和________。

6. 缝纫附件按照不同的功能，可分为傍位附件、定位附件和________附件三大类。

7. 夹机是一种含有上下模型垫的蒸汽熨烫机，主要分为平板式夹机和________夹机两种。

8. 人像整烫机按照不同的设备外形，可以分为硬面人台整烫机、________和人像夹板机等。

9. 人像整烫机无法熨烫________部位，适用于含有大量褶裥的轻薄料成衣、毛衫针织衫或含有反襟衣领和袖头隆起的外套。

10. 蒸汽烫床是一种能喷蒸汽和抽湿的平板式台面，台面配有________和烫臂等辅助设施。

11. 蒸汽烫床主要分为________抽湿烫台、单臂抽湿烫台、双臂抽湿烫台。

**二、单项选择题**（下列每题的选项中，只有1个是正确的，请将正确答案的代号填在横线空白处）

1. 必须佩戴钢丝手套操作裁剪面料工作的是________。

A. 剪刀裁剪　　B. 圆刀式裁剪机裁剪

C. 带状刀裁剪　　D. 冲床裁剪

2. ________制作的记号在完成缝制后需要清除。

A. 普通钻孔器　　B. 恒温钻孔器

C. 电热切痕器　　D. 有线布锥

3. 简单罗拉压力式粘衬机是由________来提供压力。

A. 输送带　　B. 输送带与滚筒相接触

C. 滚筒　　D. 输送板

4. 连续式自动粘衬机是由________提供压力。

A. 输送带　　B. 滚筒

C. 油压系统　　D. 液压系统

5. 粘衬机操作的基本要点是控制________。

A. 温度、压力和抽湿　　B. 温度、时间与压力

C. 温度、时间与抽湿　　D. 压力、时间与抽湿

**三、简答题**

1. 介绍说明铺布机的种类。

2. 试述防止衬布粘胶弄污输送带的有效方法。

3. 简述使用夹机熨烫服装的操作程序。

**四、论述题**

1. 详细说明各种裁剪设备的结构、性能、应用和特点。

2. 说明如何使用粘衬机及其保养内容。

## 单元测试题答案

**一、填空题**

1. 针床　2. 钻孔器　3. 智能触屏式　4. 红外线对格　5. 冲床　6. 功能性　7. 凹凸状　8. 充气布袋整烫机　9. 缝道、褶裥等细节　10. 熨斗架　11. 平面

**二、单项选择题**

1. C　2. D　3. B　4. C　5. B

**三、简答题**

答案略。

**四、论述题**

答案略。

# 第4单元

## 裁剪工艺


□ 第一节 排料与铺布工艺/73
□ 第二节 裁剪与粘衬工艺/78

# 第一节 排料与铺布工艺

培训目标
- 能进行排料
- 能进行铺布

## 一、排料划样

### 1. 排料的准备

裁剪方案确定以后，首先要进行排料。排料俗称画唛架。它是依据纸样规格进行精密编排，以最大的密度或最短的长度将所有纸样排在排料纸或面料上，形成一张作为裁剪依据的排料图。

排料准备工作包括：

（1）掌握有关排料的基础资料，如面料的幅宽尺寸、生产任务单的床数、每床需套排的件数和相应的规格、每件服装的衣片数量等。

（2）领取并检查样板。排料人员在领取样板时，应填写有关领用手续表，以便样板的保存。服装衣片的样板作为生产中的表样，必须准确无误。因此排料员在正式排料前，应对所领取的样板进行严格复核，并将复核结果记录在相应的表格中。如对样板有疑问，应及时找有关人员解决，以保证最终排料图的正确。

（3）核对任务单和用料

1）领取或绘制排料缩图。以此图为依据，制定各档规格的用料定额，排料做到手中有图，心中有数。

2）核对生产任务通知单。根据通知单核对所裁品种的款式、号型、原料花型及规格搭配、花色搭配、条格搭配，同时裁剪数量及裁片名称应与通知单吻合。

3）核对用料以及仔细识别布料的正反面及表面特征。

4）了解服装款式要求和材料缩水性能。

### 2. 排料的要求

首先要考虑服装制作的要求。包括：

（1）注意面料的正反面与衣片的对称性。大多数服装的面料是分正反面的，而服装制作通常是将面料的正面作为服装的表面。同时，服装上许多衣片均具有对称性，如上衣的左右衣袖、裤子的前片和后片等，都是左右对称的。因此排料时要注意既保证面料的正反一致，又要保证衣片的对称，如图 4—1a 所示，避免出现“一顺”的现象，如图 4—1b 所示。

（2）分清面料的经向和纬向。许多面料如机织布、针织布，其经、纬纱向的性能有所不同。通常，沿经向拉伸变形小，而沿纬向拉伸变形较大。不同服装款式在排版时根据设计要求有用直料、横料及斜料之分。因此，在服装样板上，各衣片一定要注明布纹

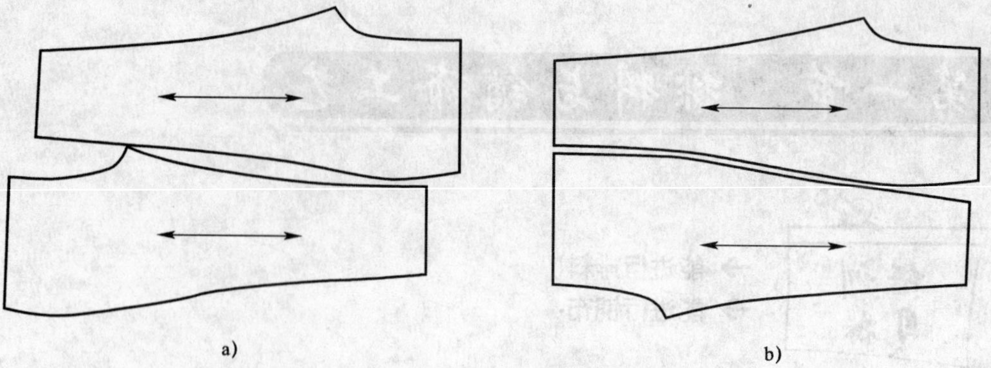


图 4—1　衣片的对称性

a）正、反各排一次（正确）　b）样板排成“一顺儿”（错误）

方向，使排料人员有明确的技术依据。

（3）掌握面料的表面状态。面料沿经向从上至下或从下至上，沿纬向从左至右或从右至左，其表面状态都会有不同的特征和规律。

1）条格面料。有些条格面料的颜色搭配或条格变化具有方向性，这样的面料通常称为“顺风条”面料或“阴阳格”面料。

2）毛绒面料（表面起毛起绒）。沿经纱方向排列的毛绒具有方向性，即所谓的“倒顺毛”，当从不同角度来看这类面料时，其色泽和光亮程度不同，而且不同的方向手感也不一样。



3）图案面料。有些图案面料有方向性，如花草树木、建筑物、动物等。排版时如果放错纸样，就会导致衣片上的图案头脚倒置。

（4）注意面料色差的影响。由于印染过程中的技术问题，有些服装往往存在色差问题。例如，有的面料左右两边的色泽不同，有的面料前后色泽不同。前者称为边色差，后者称为段色差。有边色差的面料，排料时应将前身或后身组合的部件靠同一边排列，前身的零部件尽可能靠近前片大身排列。有段色差的面料，排料时应将前身或后身组合的部件尽可能排在同一纬向上，同件衣服的各衣片排列时前后间隔距离不应太大，距离越大色差就会越严重。

（5）考虑设计的要求。排料时除了按照服装制作工艺要求外，还要保证服装造型设计的要求。尤其是条格面料的排料，如果设计的服装款式对面料条格有一定的要求，则排料的样板不能随意放置，而应保证排出的衣片符合设计的要求。如条格面料的口袋与前身、左右领尖、衣片间的衔接在排料时均需考虑“对条格”，以保证衣片接缝后达到设计的要求。在服装工业生产中裁剪是成批多层进行的，要达到对格的目的，需要排料、铺布、裁剪三道工序相互配合，共同完成。为了尽量减少上下层衣片间条格图案的误差，排料时除了根据设计要求把各样板放在相应的部位外，还要留出裁剪量，使裁剪时的实际裁片比样板大一些，以便在缝制时能够保证对格对条的要求。

（6）尽量节省面料。排料的主要目的之一就是节约面料，降低成本。服装的成本，很大程度上在于面料的用量多少。而决定面料用量多少的关键又是排料方法。同一套样板，由于排放的方式不同，所占面积的大小就会不同，也就是用料多寡不同。排料的目的之一，就是要找出一种用料最省的样板排放方式。

3. **排料的原则**

（1）先大后小。排料时，先将较大的衣片排好，然后再把较小的样板在大样板的间隙中进行排列。

（2）紧密套排。样板形状各不相同，其边线有直的、有斜的、有弯的、有凹凸的等。排料时，应根据它们的形状采取直相对直、弯弧相交、凹凸互套的形式，尽量减少样板之间的空隙，充分利用面料。

（3）缺口合并。有的样板具有凹状缺口，但缺口内又不能插入其他部件时，可将两片样板缺口合并，使两衣片之间的空隙加大，以便再排入其他小片样板。

（4）大小搭配。在裁剪方案中经常出现大小规格服装组合，应将大小不同规格的纸样搭配排料，可以取长补短，有效地提高面料的使用率。

（5）化整为零。就是根据紧密排料的需要，将一些次要的、可以拼接的部件（如前衣片的门襟贴边、领子的领底、过肩里等）尽可能剪开，分别排料，在缝纫时再拼接起来。

（6）调剂平衡。调剂平衡在服装业被称为“借”，就是在不影响服装成品尺寸的前提下，将某个裁片的围度尺寸增加或缩小，再在另一片相关结构的裁片上删减或补足尺寸。如在一个门幅中，铺排后衣片和小袖片时，门幅因不够宽而排不下，这时就可以适当地缩小后衣片或小袖片的围度尺寸，这称为“借”。但“借”来的尺寸，需要增加在前衣片或大袖围度中，这称为“还”，这样可以充分利用面料的幅宽，减少用料。

4. **排料图的绘制**

排料图绘制的方法主要有四种：直接画排法、缩样排版法、漏花印排法和计算机排版法。

（1）直接画排法。将纸样排列在布面上，用蜡笔或画粉沿纸样边画下来，纸样移走后，在面料上留下清晰的纸样线条。画在空白纸上的排版过程也是一样，只不过间接地先将纸样画在空白纸上。其优点是操作方便，不需要特别的辅助设备，多次重复操作即可完成排料图的复制工作。缺点是人工操作多，功效低，耗时。

（2）缩样排版法。将实际生产中的纸样缩小成比例图样，如1∶4或1∶5，然后再用缩样进行排版。纸样缩小由纸样缩图系统完成。纸样缩图系统由两部分组成：缩放器和影印箱。

（3）漏花印排法。将一片样板在一张同宽的厚纸上排放，画出排料样板的形状，然后按照纸样轮廓线扎出细密的小孔，再将漏板放在整床布料的表层，沿着孔洞扫粉以显示纸样的形状，漏板移走后，在面料上出现样板排列的形状，即可按其线条直接裁剪。优点是速度快，效率高，可重复使用，可用于大批量的服装。缺点是线条不够清晰。

（4）计算机排版法。将衣片样板形状输入计算机内，由操作人员利用计算机进行排料。衣片样板形状通过数字化仪（见图4—2）直接输入计算机。也可将服装各号型尺寸输入计算机内，直接绘制基型样板，经推板得到系列样板后再排料。利用计算机制版排料速度快、效率高，得出的排料图可由计算机绘图仪（见图4—3）自动绘成1∶1的裁剪图，也可与服装CAM（计算机辅助生产系统）联机使用，进行自动裁剪。若将以前各生产任务的排料图按比例缩小，存储于计算机中作为资料保存，对以后的生产会有一定的参考价值。目前国内许多服装企业都采用计算机自动排料系统，如图4—4所示。

图 4—2　服装数字化仪

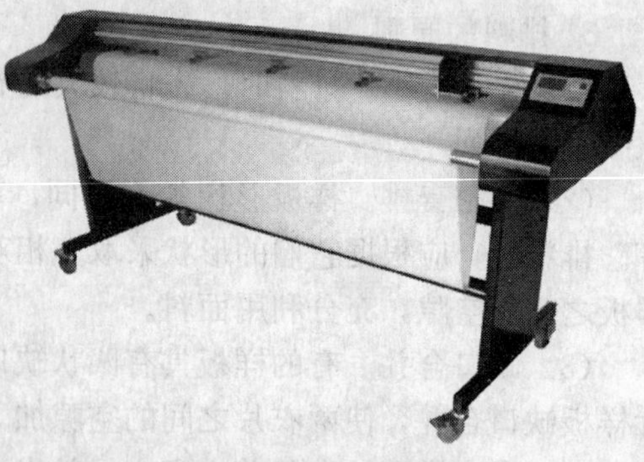

图 4—3　计算机绘图仪

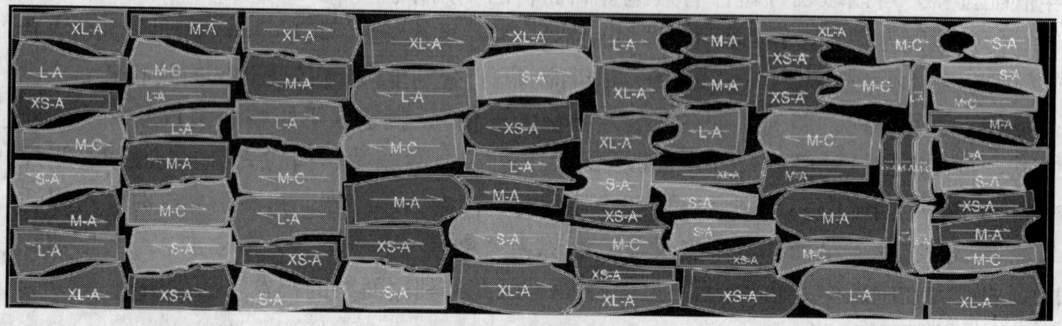

图 4—4　计算机排版



计算机排版的优点是：计算机自动进行工艺计算，如计算纸样数量、面料利用率等；纸样精度高，能自动推挡，包括面料的门幅、布边留量、排料图上各个尺码的搭配组合、面料上条子和格子图案的配对；能确保纸样完整性，纸样与纸样的四周不会有重叠现象；排料图利用率高，存储方便、简单。但开始使用计算机排版时需要一定的投资，操作人员素质要求较高，需要经过专业培训。

## 二、铺布工艺

铺布工艺也称为铺布或铺料，是按生产排料图确定的长度并根据裁剪方案及面料的特点要求确定铺布层数后，将匹状面料一层层铺放在裁床上的工作，以方便画样和开裁。铺布层数由面料的特性、成衣款式和生产数量确定。

铺布时，还要注意以下要求：

**1. 铺布的工艺要求**

（1）“四齐一准”。铺布要做到“四齐”，即起手齐、齐口齐、接头齐、落手齐。“一准”是正反面要准确。起手齐：在铺第一层衣料时，起手位要用直角尺在衣料横头垂直对齐。齐口齐：两边的布边一边要对齐。接头齐：为了减少铺布零头，在保持裁片完整的前提下，可采用匹与匹之间、层与层之间接头连续铺布，接头要做好标记对齐。落手齐：铺布到需要长度的一端叫“落手”，和起手位一样都要归正经纬丝绺。

（2）用力要匀，减少张力。铺布时起手要齐，用力要匀，不仅要保持布面平整、布边对齐，还要尽量减少对面料施加拉力，防止面料拉伸变形。对于拉伸性大的面料，铺布后须放置一段时间，让面料充分回复后再裁剪。

(3) 保证面料的方向性。许多面料具有方向性，如灯芯绒、格绒等，对于这类面料，除了在排料时要注意方向性，铺布时也要注意方向性。铺布时，应使每层面料的绒毛倒向和图案走向都保持同一方向。

(4) 格条对准。由于条格面料铺布时要求对格对条，所以条格面料的铺放难度大，效率较低，面料的利用率降低，成本较高。目前，服装企业较常采用扎格针的方法，以保证上下层面料格条对准。铺布时，需在最底层有排料图的面料上找到工艺特别要求的部位扎上格针，以后每铺一层，都在该层相应部位找到与下层面料相同的条或格，并扎在格针上，以保证这些部位的条格上下层对齐，使每层面料的各衣片均能对上格条。现在也有许多厂家采用红外线技术来对格对条。

(5) 铺布长度和层数要准确。铺布长度比划样图板短，则无法裁剪；比图板长，则超过公差规定，会严重浪费衣料。层数少，则易出误差；层数多，则裁剪重复，造成浪费。铺布的长度以排料划样图板为依据，再适当增加加放量作为铺布误差损耗。

(6) 铺布要平。每层衣料都要铺平，如有折痕或皱折，应在投产前烫平、整理好。每层料要持平，但不能拉伸，以防出现过松或过紧现象。在铺丝纺等比较光滑的衣料时，为了防止铺层移动，影响铺布平整，每铺一层都应将铺料用夹子夹牢或垫纸防滑。

**2. 铺布的方法**

铺布的方法分为断料铺布法和连续铺布法两大类。

(1) 断料铺布法。断料铺布法分为：单面单向铺布法、断料对合铺布法和阶梯剪叠法。

1) 单面单向铺布法。这种铺布方法是将各层面料的正面朝一个方向铺放，包括单面向上法和单面向下法，如图 4—5 所示。特点是：面料沿着一个方向展开，正面全朝上或反面全朝上，每层面料之间剪开，工作效率较低。单面铺布法适用于具有方向性的面料，如起毛起绒织物，这样能保证面料方向的一致性。需要对条格的面料，也必须采用单面单向铺布法，以易于对条对格。

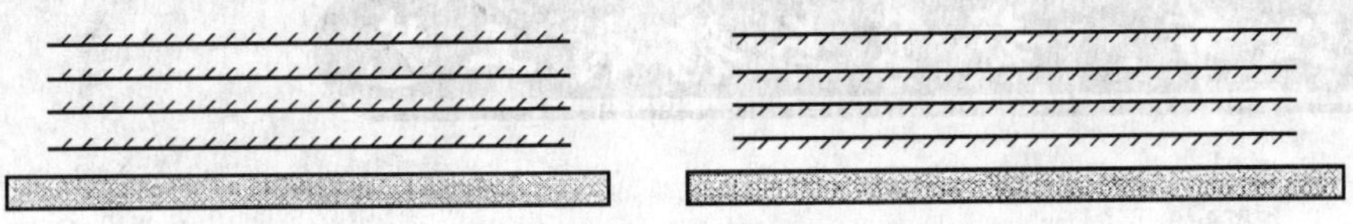

a)　　b)

图 4—5　单面单向铺布法

a) 单面向上法　b) 单面向下法

2) 断料对合铺布法。面料对合铺到要求的长度时剪断，将面料旋转 180°再铺放，铺好后的面料正面相对呈合掌状，而且上下层面料的图案或绒毛方向呈一致性，如图 4—6 所示。对称性衣片排料时只需排一次，且衣片的图案或绒毛方向能保持一致。此法适合灯芯绒等有方向性的起绒面料或有单向图案的印花、绣花面料。

3) 阶梯剪叠法。当生产任务中某种规格的衣片数量少，或经过单面铺布、往返折叠铺布后某规格面料只剩较少的数量，可采用阶梯剪叠法铺布，将这些数量很少的服装衣片与其他规格的服装衣片合并裁剪，如图 4—7 所示。

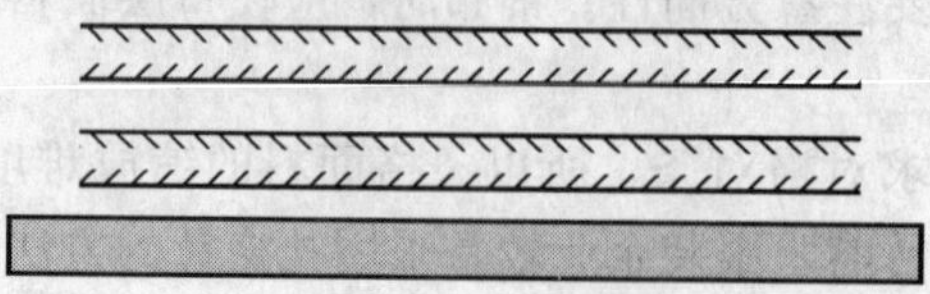

图 4—6　断料对合铺布法

图 4—7　阶梯剪叠法

（2）连续铺布法。连续铺布法又称为“之”字形铺布法，在铺布过程中没有裁断面料，分为双面双向法和阶梯折叠法两种。

1）双面双向法。这种铺布法是将面料一正一反交替展开，各层料子正面相对。其特点是：铺布时每层面料之间的折叠处不必剪开，省工时，效率高，但与单面铺布法相比，较费料。双面双向铺布法可用于不分正反面或没有方向性的面料，如素色平纹织物、里料等，不适用于有方向性的面料，如图 4—8a 所示。

2）阶梯折叠法。阶梯折叠法是阶梯剪叠法和往返折叠法的综合运用，如图 4—8b 所示。该法适用于没有方向性的面料。



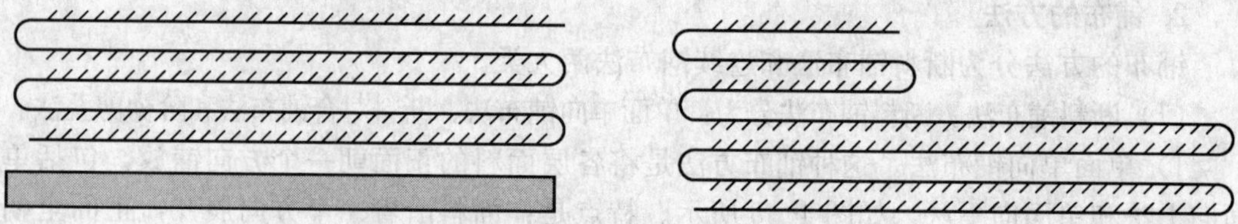

a)　　　b)

图 4—8　连续铺布法

a）双面双向法　b）阶梯折叠法

# 第二节　裁剪与粘衬工艺

**培训目标**

- 掌握裁剪设备工艺技术与要求
- 清楚各种裁剪方式
- 掌握粘衬的方法与技巧
- 懂得粘衬疵病的预防措施

## 一、裁剪工艺

### 1. 裁剪前的准备

（1）面料的检验。裁剪的任务是根据裁剪工艺单上所列的服装数量进行裁剪，裁片数量必须与工艺单一致。开裁前要认真检查将要裁的面料，确保面料符合服装生产任务书的要求。面料裁剪前一定要检查的项目主要有：

- 面料的货号和成分（如100%棉）。
- 面料的组织结构（如平纹、斜纹等）和经纬密度。
- 面料的幅宽（如114 cm/144 cm）。
- 面料的颜色和图案。
- 每一种颜色或图案的面料匹数。
- 每匹面料的长度。

（2）排料图的检查。主要核对面料的规格与排料图纸的宽度是否一致，排料图上的标记是否齐全，排料图上的订单资料是否与生产制造单一致等。

（3）裁剪工具的检查。主要检查裁剪设备的刀口、电源等是否处于正常状态。

**2. 裁剪工艺技术与要求**

（1）保证裁剪精度。裁剪是服装制作的基础，是服装加工的关键工序。裁剪工序中最主要的工艺技术指标是裁剪精度。裁剪精度主要包含三个方面：

1）剪出的衣片与样板之间的误差。应先裁较小衣片后裁较大衣片。如果先裁大片再裁小片，就不容易把控面料，会给裁剪带来困难，造成裁剪不准。裁剪到拐弯处，应从两个方向分别进刀而不应直接拐角，这样才能保证拐角处的精确度。

2）各层衣片之间的误差。裁剪时，用手压扶面料的力量要柔和且垂直，用力不能过大或过小，以免使面料产生形变，更不能向四周用力，否则会造成各层面料间错位，使上下层衣片的尺寸产生偏差。故应始终保持裁刀与面料层平面垂直，以保证上下层衣片的一致性。

3）剪口、钉眼等位置的准确度。剪口及钉眼的作用是确定需缝合衣片之间的配合关系，或用于衣片之间的对位。按裁剪图打准剪口及钉眼等位置，如果剪口位置打不准确，就会造成缝制困难，影响缝制效果，进而影响生产进度。剪口大小为2～3 cm，不能过大或过小。如果剪口过大，超出衣片的净印线，缝制后将出现裂痕，造成残次品；剪口过小，缝制时找不到记号，则失去剪口的作用。

（2）控制裁刀的温度。裁刀的温度与裁剪质量有直接的关系。由于机械裁剪使用的是高速电剪，而且是多层面料一起裁剪，裁刀与面料之间因剧烈摩擦产生大量热量使裁刀温度很高，对于在高温下会变形或熔融的面料来说，所裁的衣片边际会出现变色、发焦、粘连等现象，严重影响裁剪质量。因此，裁剪时应控制裁刀温度。对于耐热性差、熔点低或要求较高的服装面料，应使用速度较低的裁剪设备，同时适当减少铺布层数，或者间断地进行操作，使裁刀上的热量能够散发，不致温度升得过高。

**3. 裁剪方式**

裁剪方式分为机械式裁剪和非机械式裁剪两种。企业每次批量裁剪前，均应根据服装产品的特点和裁剪要求，选择适当的裁剪方式和设备进行裁剪加工，从而提高裁剪的质量及效率。

（1）机械式裁剪。由裁刀将面料层切割成衣片的裁剪方式，分为手工裁剪、手推电剪式裁剪、冲床裁剪和自动系统裁剪四种类型。

1）手工裁剪。是通过人手用剪刀进行单片裁剪的方式，只适用于样板裁剪或洋裁店的裁剪。

2）手推电剪式裁剪。是由人工控制设备的裁剪方向和剪切速度，推送裁刀按衣片轮廓剪切的方式，常用设备有直刀式裁剪机、圆刀式裁剪机和带状刀裁剪机等。这种裁剪方式可裁剪高层裁片，适用于中小型企业的批量生产裁剪，但裁剪工需要有一定的裁剪技术和安全意识。

3）冲床裁剪。是依靠一个含有刀片压头从上往下撞击的冲剪方式，适用于款式固定、批量生产中的小裁片裁剪。

4）自动系统裁剪。是利用计算机控制自动直剪刀进行自动裁剪的技术，裁剪精确度高，能降低工人的劳动强度。

（2）非机械式裁剪。通过裁刀以外的其他工具将布层切割成衣片的裁剪方式，分为激光式裁剪和喷水式裁剪。

1）激光式裁剪。是利用激光熔融或炭化服装材料而切割的裁剪方式，如图 4—9 所示。由于采用点光高温切割，具有速度快、剪切精度高等优点，但是裁剪厚度小，费用较高，通常只适用于皮质面料上的雕花、切割、钻孔等。

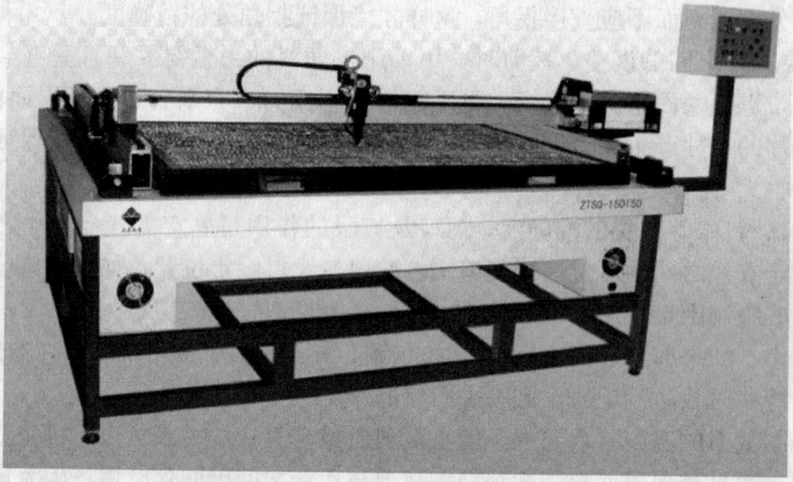


图 4—9 激光式裁剪

2）喷水式裁剪。是利用高速喷射出的水流将布层切割成衣片的一种新兴的裁剪技术。其优点是：第一，裁剪方式机动灵活，切割曲线更加流畅，不容易出现“起角”等现象，裁剪精度高。第二，裁剪时不会产生高热，加工过程无须停顿冷却，而且最多可裁剪高达 38 mm 的布层，生产速度比激光裁剪快。第三，衣片边缘不会出现热熔情况，对面料损伤很小，特别适合粘胶纤维面料的切割。第四，无粉尘污染问题。机械裁剪会扬起很多纤维粉尘，而喷水裁剪的水流可吸附并带走粉尘，能保持良好的工作环境，有利于工人健康。喷水式裁剪的缺点是：第一，裁剪后的裁片边缘会产生雾化现象而变潮湿，需烘干处理，裁片容易缩皱。第二，水流难以回收过滤，水资源无法重复使用。第三，设备投资及维修费用较高。



单元 4

## 二、粘衬工艺

粘衬就是利用热力、压力一定时间内，将分布在衬布上的粘胶热熔后流入纱线，经冷却后凝固并将衬布和面料粘成一片的热压过程。温度、时间、压力和冷却是粘衬的四大基本要素。

粘合衬是服装加工生产中最常用的一种辅料。粘衬机是完成衬布和服装面料黏合过程的专用设备。

### 1. 粘衬方式

根据热力供应的方向和面料黏合效果的需要，衬布和面料的叠放方式主要有以下几种：

（1）正向粘衬。当热力由下往上传递时，通常将面料正面朝下放在下层，衬布摆在上层，粘胶面扣倒在面料底层，如图 4—10 所示。

（2）反向粘衬。当热力由上往下传递时，将面料正面朝上放在上面，衬布摆在下面，粘胶面与面料底层接触，如图 4—11 所示。

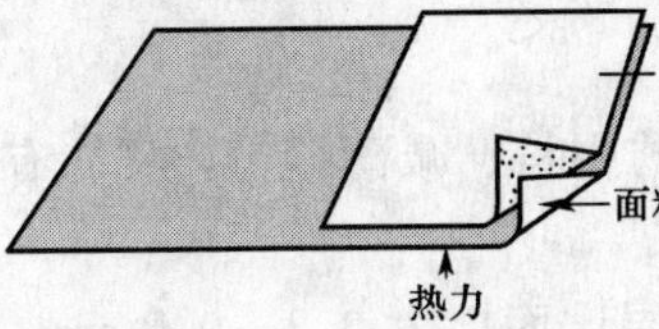


图 4—10　正向粘衬

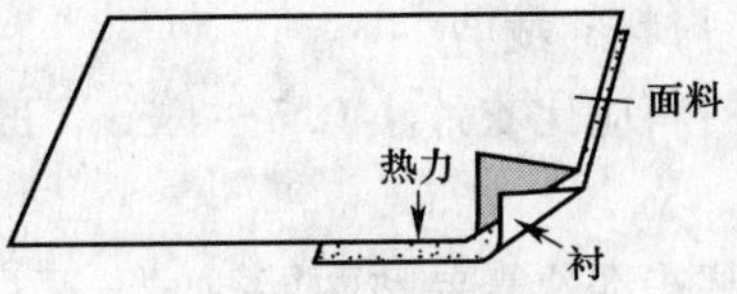


图 4—11　反向粘衬



（3）夹层式粘衬。当热力双向供应时，将两层面料的底层夹着两层粘合衬放置，衬布的粘胶面与面料底层接触，如图 4—12 所示。此法可以同时粘压对称性的裁片，如袋盖、袖口等。

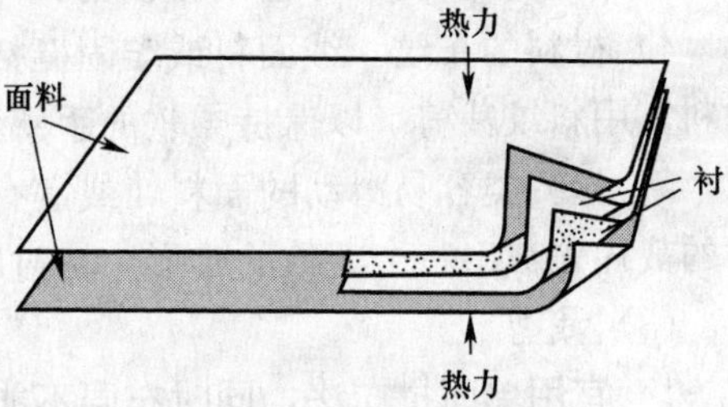


图 4—12　夹层式粘衬

（4）二次粘衬。二次粘衬就是在同一块面料上分两次粘上两层衬布的方法，如图 4—13 和图 4—14 所示。适用于需要加硬的袖级、立领等部位。

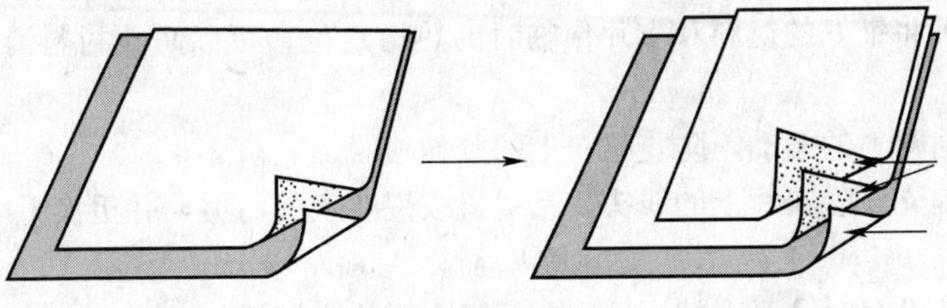

图 4—13　正向二次粘衬

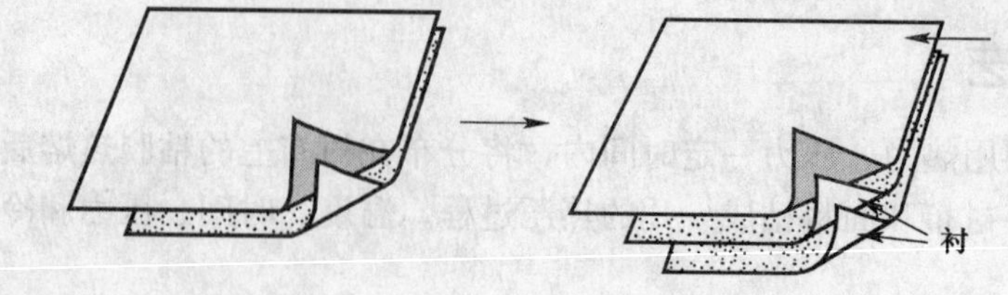


图 4—14　反向二次粘衬

**2. 粘衬方法与注意事项**

（1）粘衬前的测试。企业在正式批量粘衬以前，必须先对粘衬工艺进行小样测试，检测小样粘衬后的指标是否能达到订单的要求，具体测试要求如下：

1）粘衬的温度、压力、时间应合适。

2）粘衬后的剥离强度，即衬料与面料之间的黏附力应足够。

3）粘衬后面料的亮度、色泽、手感无明显的改变。

4）粘衬后的面料表面无起泡、渗胶等现象。

5）粘衬以后面料的热缩、水缩率应达标。

（2）衬料的裁剪

1）衬料应比衣片小 0.5～1 cm，既能节省衬的用料、减薄缝份，又能有效防止胶浆外溢。

2）某些部位需要粘两层衬时，两层衬料的底层比面层大 0.3～0.5 cm，可以减薄边缘的厚度。



3）需要粘衬的衣片应稍微预留大一些，以防粘衬后出现热缩、水缩的现象。

4）衬料的布纹。绒面料或牢固挺括部位的衬料应选直纱裁剪，薄软面料或衣领的衬料宜用斜纹裁剪，以保持柔软的手感和理想的弹性回复性能。

5）丝绸类容易滑动的面料，或富有弹性、容易变形的针织弹性料，可以将需要粘衬的裁片先裁出一个大致的雏形，粘衬以后再进行精确裁剪，可以防止裁片变形。

（3）裁剪

1）宜用单面拉布法，同时布层不能太高，以防裁刀升温而熔融衬边。

2）选用水波形的裁刀能减少刀刃与衬料的摩擦，防止产生高热而熔粘衬料。

（4）粘衬前的准备

1）粘衬前先将裁片展平放置一段时间，以防粘衬时裁片卷曲不平整。

2）粘衬前将铺好的衬料和衣片作临时的热熔定位，可以防止衬料滑动，使衣片的热缩均匀。

3）减少对衬料的搬动，防止衬布上的胶粒松脱。

4）粘衬前先清理衣片上的线头、粘衬机或熨斗底的污垢，并更换干净的熨布等。

（5）粘衬

1）用熨斗粘衬时，每次粘压后应错开半个熨斗印压烫 5～10 s。

2）铺层隔纸进行粘压，可以防止胶浆粘到熨斗底部。

3）粘衬时尽量不喷蒸汽，以免热力被蒸发的水汽带走而影响胶粒的热熔温度。

4）凹凸部位需要粘衬时，在弧型熨板上粘衬能获得浑圆的外形效果。

5）将衬布摆放在热源的方向或较热的一面，可以防止面料受热过度而出现焦黄、渗胶等现象。

（6）粘衬后

1）要等待衬料冷却、热熔胶凝固以后才能移走，以防衣片变形。

2）粘衬完毕，再在裁片上作袋位、省位等记号。

**3. 各种织物的粘衬技巧**

（1）薄而软的面料，宜将衬粘在襟贴、领里等隐蔽处。

（2）合成纤维织物宜选用可以低温粘压的衬布，粘衬时可以适当加湿，以便软化纤维后更好地黏附定型。

（3）棉毛织物通常会选用可以高温粘压的衬料，粘衬前要先抽湿，或先将衣片放在粘衬机上空行一次，以便烘干衣片和运输带，也可以在输送带上采用交替法摆放衣片。避免阴雨天粘衬，以免过多的水汽带走热量而影响衬料的黏附。

（4）绒面织物宜用低温低压粘衬，同时要将面料铺在针板上粘衬。

**4. 粘衬疵病及预防措施**

（1）粘合边缘呈现粘痕。纤薄的面料粘衬后与未粘衬的部位出现明显的印痕、色差和手感差异。

预防措施：应选用热缩稳定的衬，低压，整片粘合/粘里层。粘面层时衬边剪小口，并留 1.5 cm 衬边不粘牢。

（2）卷曲。由于衬布与面料的质地、缩率不相符造成。

预防措施：应先单独熨烫面料一次，以便面料先作热缩处理。粘衬时应低温、加压、延时。

（3）起泡。应检查衬的质量、热熔胶的胶量、面料的特性以及热熔胶的特性。

预防措施：选用适宜的衬布。粘衬时应铺平衬布和衣片，清除衣片、衬布、熨斗底和烫床上的所有杂物。

（4）渗胶。由于高温高压、胶粒过大、胶量过多所致。

预防措施：选择胶量适中、可以高温粘压的粘合衬。粘衬时适当降低压力和温度。

（5）粘压不牢。由于胶粒太小、胶量过少，或由于粘衬的温度、压力不当所致（高温粘压使渗胶流失、低温粘压使胶料未熔化），也有可能是衬布的使用年限过期或压熨设备出现故障所致。

预防措施：选择胶量适中的衬布，选用合适的温度、压力、时间等粘合条件，不用过期的衬布，存储衬布时避免受潮或日照。



## 单元测试题

**一、填空题**（请将正确的答案填在横线空白处）

1. 对面料如何使用，用料多少进行有计划的工艺操作，称为________。

2. 排料图的绘制方法有：________、________、________、________。

3. 铺布方法有________、________、________、________、________。

4. 裁剪方式分机械裁剪和________，其中机械裁剪又分为________、手推电剪式裁剪、冲压裁剪、________。

5. 粘衬的四大基本要素包括温度、时间、压力和________。

**二、单项选择题**（下列每题的选项中，只有1个是正确的，请将正确答案的代号填在横线空白处）

1. 以下________属于裁剪工具。

A. 熨斗　　B. 熨床

C. 直刀式裁剪机　　D. 平车

2. 在排料时要注意面料倒顺方向的织物是________。

A. 灯芯绒　　B. 棉布

C. 丝绸　　D. 毛涤织物

3. 对于耐热性差、熔点低或要求较高的服装面料，裁剪时应考虑________。

A. 增加铺布层数　　B. 降低裁剪温度

C. 选择高速裁剪设备　　D. 快速操作裁剪设备

4. 面料对合铺到要求的长度时剪断后，将面料旋转180°铺放的铺布法称为________。

A. 单面铺布法　　B. 往返折叠铺布法

C. 断料对合法　　D. 阶梯剪叠法

5. 在铺布过程中没有裁断面料的铺布方法是________。

A. 连续铺布法　　B. 阶梯剪叠法

C. 单向断料法　　D. 断料对合法

单元 4

**三、简答题**

1. 服装排料的原则是什么？

2. 铺布工艺有哪些要求？

3. 试述常见的各种铺布方式。

4. 裁剪操作有哪些技术要求？

5. 喷水式裁剪有哪些优势？

**四、论述题**

试述粘衬的方法和技巧。

## 单元测试题答案

**一、填空题**

1. 排料　2. 直接画排法　缩样排版法　计算机排版法　漏花印排法　3. 单面单向铺布法　断料对合法　双面双向法　阶梯折叠法　阶梯剪叠法　4. 非机械裁剪　手工裁剪　自动系统裁剪　5. 冷却

**二、单项选择题**

1. C　　2. A　　3. B　　4. C　　5. A

**三、简答题**

答案略。

**四、论述题**

答案略。

# 第5单元

# 服装生产技术管理


- 第一节　服装生产技术管理概述/87
- 第二节　服装生产流程及技术文件/90
- 第三节　服装生产疵点排查/96

# 第一节　服装生产技术管理概述

**培训目标**

→ 了解服装生产技术管理及其要素
→ 掌握服装生产技术管理的概念
→ 了解服装生产技术管理的发展趋势

## 一、生产技术管理及其要素

生产技术管理是产品生产过程的管理，根据企业的生产类型，进行生产过程的计划、组织、控制和协调，使企业各生产要素和生产过程的不同阶段、环节和工序在时间、空间上平衡衔接，紧密配合，组成一个协调的生产系统，以达到在行程上、时间上和耗费上的最优组合，为实现企业的经营计划和经营目标创造有利的条件和提供可靠的物质基础。

生产管理系统的功能由生产系统的构成要素及其组合关系决定。生产系统构成要素很多，就其性质和作用来分，可分为硬性要素和软性要素两类，如图 5—1 所示。



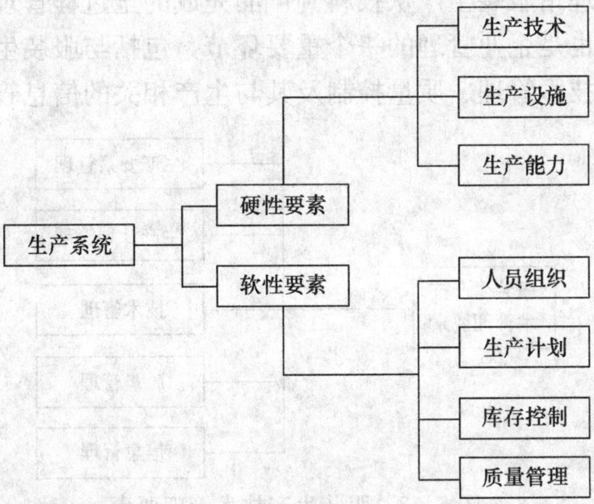


图 5—1　生产管理系统构成要素

### 1. 生产管理系统的硬性要素

生产管理系统的硬性要素指构成生产系统物质形式的硬件及其组合关系，主要包括生产技术、生产设施、生产能力、企业内外协作关系等。硬性要素是以生产工艺和生产设备为核心的。为建立企业的生产系统，配置硬件一般需要较大的投资，且一旦建立并形成一定的组合关系后，要改变或进行调整是比较困难的，这是硬性要素的一个重要特点。

（1）生产技术。指工艺过程的特点、工艺技术水平和生产设备的技术性能等。它通过生产设备的构成及技术性能反映生产系统的工艺特征和技术水平。

（2）生产设施。指生产设备、生产装置的构成及规模、设施的布局和布置。

（3）生产能力。它是反映生产系统功能的重要指标，是由生产设备的技术性能、种类和数量的组合关系所决定的。

**2. 生产管理系统的软性要素**

生产管理系统的软性要素指在一定结构要素的框架结构基础上，起支撑和控制系统运行作用的要素，大部分以软件形式出现，主要包括人员组织、生产计划、库存控制和质量管理等要素。由于软性要素比较复杂，特别是受人的因素影响比较大，同样一套制度和方法，由于贯彻实施上掌握得不一样，产生的效果会有很大差别。

（1）人员组织。人是支持和控制系统运行的主要力量和决定性因素，这一要素包含人员的素质和特点、人事管理制度和组织机构等内容。

（2）生产计划。正确的计划是科学组织生产系统有效运行的依据。生产计划包含计划的类型、计划编制方法和计划实施的监控方式等内容。

（3）库存控制。正确控制库存是保证生产系统正常运行和提高经济效益的有效手段。库存控制包含库存系统类型、库存控制方式等内容。

（4）质量管理。保证产品质量是生产系统运行有效性的保证。质量管理要素包含质量检验、质量控制和建立质量管理体系等内容。

## 二、服装生产技术管理

服装生产技术管理指服装生产从投料到产品完成的全过程管理，是企业经营活动的一个重要组成部分，也是企业管理的一个重要环节，包括与服装生产有关的生产要素管理、生产计划管理、技术管理、质量控制及其与生产相关的信息管理，如图 5—2 所示。



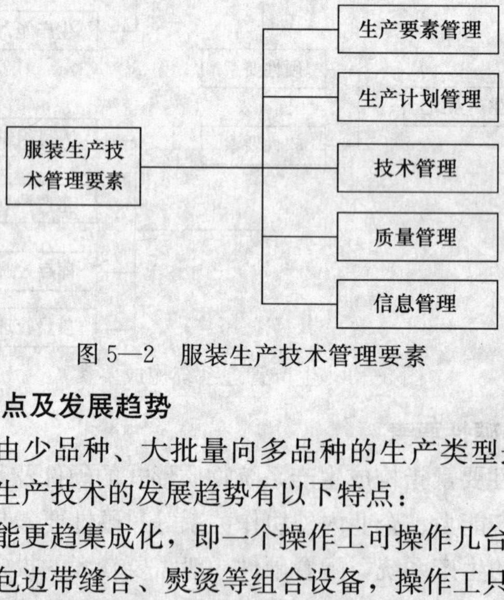


图 5—2　服装生产技术管理要素

**1. 服装生产技术特点及发展趋势**

服装业的发展趋势由少品种、大批量向多品种的生产类型过渡。为降低劳动力成本，提高生产率，服装生产技术的发展趋势有以下特点：

（1）专用设备的功能更趋集成化，即一个操作工可操作几台设备。目前，德国已出现钉扣、锁眼、缝领、包边带缝合、熨烫等组合设备，操作工只要在一台送料装置上放上裁好的衣片，组合机就能自动完成送料、定位、缝制、折叠等动作。

（2）计算机控制技术进一步向纵深发展。服装设计将采用三维立体设计，能把服装效果图转换成样板图，还可模仿面料的质地、织法、悬垂度，实现计算机二维模拟表演等，使设计的服装在屏幕上显示出完美逼真的形象，效果更加直观。不少国家正加快研制机器人，开发无人操作的服装生产系统。

（3）特种服装的门类越来越多。世界服装业将掀起研究特种服装技术的高潮，给日常生活带来更大的方便。具有防水、防火、防污、防腐蚀等性能的特种服装品种不断增多，人们的各种需求得到了满足。

（4）服装的设计研究趋于个性化。服装的整体设计更加注意人体全身的对称与和谐，不仅考虑穿衣者的上衣与裤子的协调，还考虑其他服饰（如鞋、帽、裙、衬衣、领带、携带的小包等）是否与之相配，甚至连其发型、脸型、体型、皮肤、头发颜色等也在考虑范围之内，以设计和生产出更加美观、合体的整套服装。

（5）时装款式更趋向于个性化。现代社会人们对服饰都有各自的要求，因此服装在款式、用料、色彩、配件等方面都要体现出个性化的特点。服装厂商提供的服装必须具有品种多、批量小、质量高等特点才能与之相适应。

（6）先进的粘合技术不断发展。国际服装发展总趋势是向多门类和宽领域发展。各类混纺布、针织布、无纺布以及一次性使用的纸质服装和粘合衬里的出现，必将给服装生产工艺带来重大改革。专家预言人类将采用先进的粘合技术，生产出“无缝西装”与“粘合衬衫”等，给时装以崭新的面貌。

**2. 服装生产方式及其特点**

（1）成衣化。工业化标准生产方式。我国的成衣化服装通常以 GB/T 1335—1997《服装号型》为基准，结合款式工艺特征，由流水线作业工人分工序、分批量完成服装制作。成衣化服装生产的特点如下：

- 能利用专业科学知识。
- 可有效地利用人、物、机器设备（确定工艺标准和生产管理技术）。
- 寻求完善的机械化和自动化（以计算机应用为主，推行自动化、机械化）。
- 能进行工业化连续生产。
- 质量好且价格适合。

（2）半成衣化。以工业化标准生产为基础，由客户对某些部位提出特殊要求，结合工业化生产的方法，投入工厂生产线进行生产。

（3）量身定做。以个人形体为准，量体裁衣单件制作。由于是按客户的体型和尺码单独缝制，所以穿着比较合体，定做服装具有以下特点：

- 凭裁缝师傅的经验和灵感制作。
- 主要用手工进行缝纫、熨烫。
- 厂房、设备、人员规模不大，但操作员需一专多能。
- 质量好，但价格高。

通常将前两种方式生产的服装称为“成衣”。成衣一般按规定的款式和统一的服装号型来缝制。这类服装由于是大批量生产，因此也促进了服装在零售、制造和供销方面的现代化，且生产成本远比定制服装低，消费者在市场上也可以买到物美价廉的服装。但成衣生产也受很多因素的影响，如服装款式受潮流、季节的变化、经济的兴衰等因素的影响。

**3. 服装生产技术管理发展历程和趋势**

服装生产技术管理即生产力的合理组织，就是如何将生产中各种要素有效地结合在一起，形成有机整体，在企业内外条件制约下，以最小的投入取得最大的产出。

服装生产技术管理内容包括：服装生产技术管理、质量管理、服装生产过程组织与管理、物料管理、产品制造和成本管理等。它们之间互相影响、互相制约。从整体看，服装生产管理的任务就是运用计划、组织、控制的职能，把投入生产过程的各种生产要素有效地进行组合，形成一个有机的服装生产管理体系。

服装生产技术管理是随着服装生产的发展和技术进步而逐步形成的，服装生产随着机械化、自动化等先进技术在成衣工业中的应用，成衣产业的生产方式正由传统的劳动密集型向技术密集型转化，未来的成衣生产企业将运用自动化技术、现代管理技术、信息技术、系统工程技术使各生产要素有机地结合起来，形成新的成衣生产系统。

面对激烈的市场竞争，服装产品的生命周期越来越短，更新越来越快，生产由少品种、大批量向多品种的生产类型过渡，产品上市时间缩短，质量日益提高，售后服务日趋完善，这对现代服装生产管理提出了新的要求。

传统的服装企业生产管理的组织机构是金字塔形的多级管理，一般都是直线型职能制的形式，它们和过去的市场需求的相对稳定性相适应。为了适应当今多品种、小批量生产的特点，生产管理组织机构应具有较大的灵活性，对市场的变化要有较强的适应性，因此出现了新的动态生产组织机构模式：一是柔性多变动态组织机构。该组织机构灵活性大、适应性强，将各部门人员组织起来，开展很多工作的并行工程，从而缩短了产品的开发周期。二是虚拟组织结构。它所追求的主要目标在于突破企业的有形界限，弱化具体机构形式，达到全方位的借用外力，以提高企业对市场的反应速度和满足用户的能力。



服装生产技术管理呈现更加灵活的特点，如生产组织机构的动态化、产品设计智能化、生产计划精确化、生产制造柔性化和生产过程最优化。

随着现代管理科学的发展，计算机辅助生产管理技术和互联网技术得到广泛应用，现代化的管理手段如自动化、数字化的计量与检测手段，现代通信工具、工业摄像遥控技术装备和设施等的利用，将从根本上改变我国的服装生产管理方法和手段，逐步赶上发达国家的先进管理水平。

# 第二节　服装生产流程及技术文件

**培训目标**

- 了解服装生产流程的设计方法
- 能够读懂服装生产技术文件

## 一、服装生产流程设计

服装生产流程是指服装生产过程中所必需的环节。由于服装生产过程中所采用的设备、工艺、生产组织形式及生产路线，都可以由各种不同的方式来组成，所以服装生产流程不是固定不变的。如何提高生产效率，关键在于对现有服装生产流程加以分析及检查，找出其不合理之处，采取一定的措施，通过不断分析、比较进行改进。

服装生产流程设计是以服装产品为对象，运用流程图符号来描述产品在服装生产过程中各个工序上的流动状况，目的是了解产品从原料开始到成品形成的整个生产过程。它记录了服装生产从原材料到制造成品的全部过程，指出部件间的相互关系和装配顺序。通过流程图可以了解生产系统由哪些生产环节、多少工序组成，经过怎样的加工顺序，以便从全局出发来进一步分析、改进。

**1. 服装生产流程图的常用符号**

在服装厂的各项生产活动中，常用图示记号来表示一些常用的文字语言，达到简洁明了地传递工序信息的目的。常用的生产流程图符号见表 5—1。

**表 5—1　　生产流程图常用符号**

| 常用符号 | 使用说明 |
|---|---|
| ○ | 表示缝制工序和通用设备，如使用平缝机生产 |
| ◎ | 表示辅助工序和设备，如缝纫中的熨烫、手工作业等 |
| △ | 表示生产工艺流程完成 |
| ▽ | 表示进入工艺流程的材料 |
| □ | 表示对产品的检验和验收 |
| ● | 表示特种工序和专用设备，如包缝、锁眼、钉扣等 |



**2. 服装生产流程图的绘制方法**

(1) 加工条件图示方法。加工条件（一道工序）图示方法如图 5—3 所示。

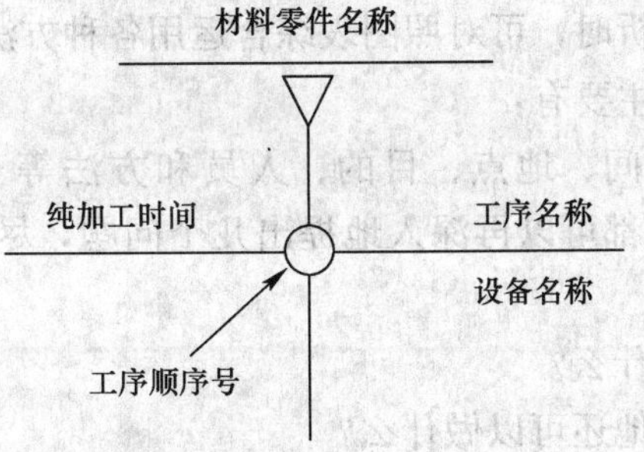


图 5—3　加工条件图示

工艺流程图的绘制举例如图 5—4 所示。

(2) 服装生产流程图的绘制规则。服装生产流程是用工序流程图来表示的，它是从服装部件到组装成成品的整个生产工序流程，一目了然地表述了作业顺序及相互间的关系及使用的机器设备或工具、加工时间等。

（3）编写工序编号。工序分析图编制完成后，应按各构成部件的内容，在工序记号的右边（或中间）编写作业分类编号。

（4）填写工序加工时间。根据基准表或经过时间研究得到的各工序加工时间值，在工序记号的左下角填写加工时间数值，时间单位为秒，用“s”表示。

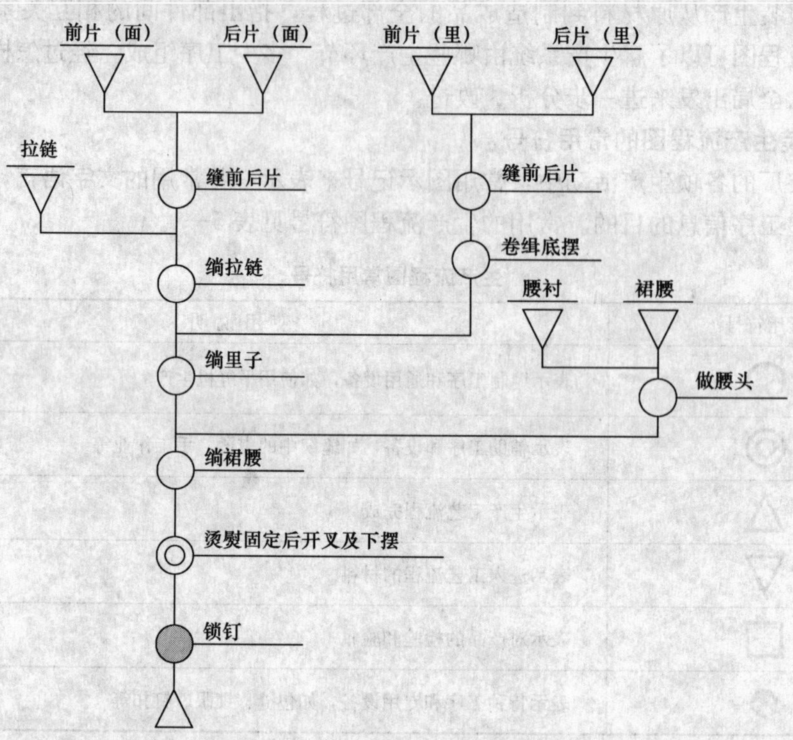


图 5—4　西装短裙工艺流程图示例

### 3. 工序流程图分析

对工序流程图进行分析时，可对照图表综合运用各种方法进行研究，提出问题，寻求改进措施。其分析方法主要有：

（1）设问技术。从时间、地点、目的、人员和方法等五个方面提出问题，又称“5W1H”技术，每个方面都可以再深入地提出几个问题，尽量把可能考虑到的方面全部考虑到。具体如下：

1）目的（what）：做什么？
其他还可以做什么？
应当做些什么？——使工作目的进一步明确。

2）地点（where）：在哪里做？
还可以在哪里做？
应当在哪里做？——选择最合适的工作场所（部门）。

3）时间（when）：什么时间？
可能在什么时间做？

应当在什么时间做？——选择最适当的时机。

4）人员（who）：谁来做？

其他什么人还可以做？

应当由谁来做？——确定最理想的作业者。

5）原因（why）：为什么做？

为什么在那里做？

为什么在这时做？

为什么由他（她）来做？——分析最真实的原因。

6）方法（How）：如何去做？

还有别的什么方法？

应当如何做？——确定最好的工作方法。

按照上述的顺序提问和思考，有助于防止遗漏。上述 5 个方面的问题一旦有了答案，方法研究的成果就有了进展。

（2）工作改进技巧。采用上述的设问技术对工序流程图进行分析时，还可以从“取消”“重排”“合并”“简化”四个方面考虑改进措施，这种方法简称“工作改进四种技巧”。使用这四种技巧，可使工序编排合理，降低生产成本，提高工时效率。

## 二、服装生产技术文件

### 1. 服装生产工艺文件设计



工艺文件是企业试制的样品得到客户确认以后，为了组织批量生产，统一作业规范，维持正常的生产秩序，专门为完成某一客户合约而规定的生产工艺要求。生产工艺文件是为组织工艺流程而设计，是指导服装生产的技术依据，是生产企业按质、按量、准时履约的依据，也是企业内部的统一操作方法。

工艺文件的内容包括：

（1）适用范围。

（2）款式描述。包括款式造型和品种类型、面料种类、特殊部位说明等。

（3）款式图及测量方法。要求款式图绘制清晰准确，易于看懂。测量可采取备注和图示方法说明。

（4）规格尺寸表。在进行规格说明时，通常工艺规格按客户的订单要求进行设定，同时生产工艺文件要说明各部位的小规格，这样便于保证符合服装成品尺寸的要求。

（5）数量搭配。规定总件数，何种颜色多少件，同时交代号型比例搭配。

（6）样品交货期。

（7）面辅料卡与辅料配用。规定该产品的面辅料使用情况、部位及大小，同时列出辅料使用说明及衬的使用参数。

（8）制作工艺与要求。主要是制作裁剪方面的技术规定和缝制方面的规定、整烫部门的技术规定。可简要说明款式的工艺要求或采用工艺分解图方式，更直观地表述款式工艺。

（9）质量要求。在工艺规定范围内规定公差及质量标准。

（10）包装要求。详细说明包装袋的尺寸、包装前的箱体说明。

（11）工艺文件封面设计。要附有效果图并写明款式名称、调度单号、货号、控制状态、编写部门、工艺员、审核签发、制板员、设计员、文件份数、抄送部门等内容，以便在企业各部门、车间运行时避免出差错。

**2. 生产制造通知单**

生产制造通知单又称生产任务书，是服装企业计划部门根据内、外销订货合同制定下达给生产部门的。生产通知单的格式由各服装企业自己拟定，内容一般包括服装名称、数量、款式代号、规格及各规格数量、原料名称及使用、包装办法和交货日期等。生产制造通知单式样实例见表5—2。

**表5—2　　　　生产制造通知单**

内外销合约　　　　　　　　　　　　　编号

| 合约 | | | 对象 | | | 交货期　月　日 | | | | 生产　组 | | 辅料 |
|---|---|---|---|---|---|---|---|---|---|---|---|---|
| 品号 | | | 品名 | | | | | | | | | |
| 面料 | 里料 | 辅料 | 规格及搭配 | | | | | | | | | |
| | | | | | | | | | | | | |
| | | | | | | | | | | | | |
| | | | | | | | | | | | | |
| | | | | | | | | | | | | |
| | | | | | | | | | | | | |
| | | | | | | | | | | | | |
| | | | | | | | | | | | | 包装要求 |
| | | | | | | | | | | | | 商标 |
| | | | | | | | | | | | | 吊牌 |
| | | | | | | | | | | | | |
| | | | | | | | | | | | | 织带 |
| | | | | | | | | | | | | 塑袋 |
| | | | | | | | | | | | | 纸盒 |
| | | | | | | | | | | | | 纸箱 |

3. **工艺单**

工艺单是技术部门制定并用于指导生产的技术文件之一，主要内容包括服装各部位的具体规格和加工质量要求。表 5—3 是衫衬加工工艺单式样，将衬衫分成衣领、大身、熨烫包装三大类，并在这些类别中分别标明了各部位的尺寸及要求。

**表 5—3** **衫衬加工工艺单**

| | | | | | | | | | | |
|---|---|---|---|---|---|---|---|---|---|---|
| 成品检验规格 | 规格 | 1 | 2 | 3 | 4 | 衣领部位 | 翻领式样 | | 翻领止口缉线 | |
| | 领大 | | | | | | 底领式样 | | 底领止口缉线 | |
| | 肩宽 | | | | | | 衬布 | | 衣领成品式样 | |
| | 衣长 | | | | | | 规格 | | | |
| | 袖窿 | | | | | | 商标 | | | |
| | 袖长 | | | | | 袖头部位 | 袖头大 | | 袖头式样 | |
| | 袖口大 | | | | | | 袖头宽 | | | |
| | 袖衩长 | | | | | | 袖缝做法 | | | |
| | 袋距肩 | | | | | 扣眼部位 | 门襟扣眼距离 | | 门襟扣眼进出 | |
| | 袋长 | | | | | | 门襟扣眼大小 | | 袖口纽进出 | |
| | 袋宽 | | | | | | 门襟扣眼数 | | | |
| 成衣部位 | 门襟式样 | | 口袋缉线 | | | 整烫包装 | 整烫折叠示意图 | | 成品包装示意图 | |
| | 门襟缉线 | | 门襟宽 | | | | | | | |
| | 里襟宽 | | 袖克夫 | | | | | | | |
| | 覆式 | | 袖衩式样 | | | | | | | |
| | 商标 | | | | | | | | | |
| | 下摆式样 | | | | | | | | | |
| | 下摆贴边 | | | | | | | | | |
| | 口袋式样 | | | | | | | | | |

4. **工艺卡**

工艺卡是指导具体工序的生产内容、质量标准和工时产量定额的技术文件，用于生产流水线中，应发给具体操作人员。工艺卡的内容包括：每道工序详细的操作说明，用图示标明主要部位的要求以及所用设备工具、加工技术要求、工时定额等。表 5—4 是男衬衫钉袋工艺卡实例。

表 5—4　　　　　　　　　　　　　　　　**衬衫钉袋工艺卡**

<table>
<tr><td>工序序号</td><td>23</td><td>款 号</td><td>KE320</td><td>设备/附件</td><td>平缝机/高低压脚</td></tr>
<tr><td>工序名称</td><td>钉袋</td><td>定额时间</td><td>32.4 s</td><td>线迹密度</td><td>5 针/cm</td></tr>
<tr><td>款式描述</td><td>合体长袖男装衬衫</td><td>缝 份</td><td>1 cm</td><td>目标产量</td><td>850 件/天</td></tr>
<tr><td colspan="3" rowspan="2">工艺操作：<br>1. 按照钻眼确定袋口位置，订袋时要将贴袋盖住钻眼<br>2. 缉线时先用三角形线迹封袋口，三角形线迹的长度按袋口贴边为准，封口线迹宽为 0.5 cm，袋边缉线宽 0.1 cm</td><td>缝型<br>剖面图</td><td colspan="2">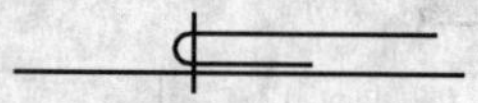</td></tr>
<tr><td colspan="3" rowspan="2">图示：<br>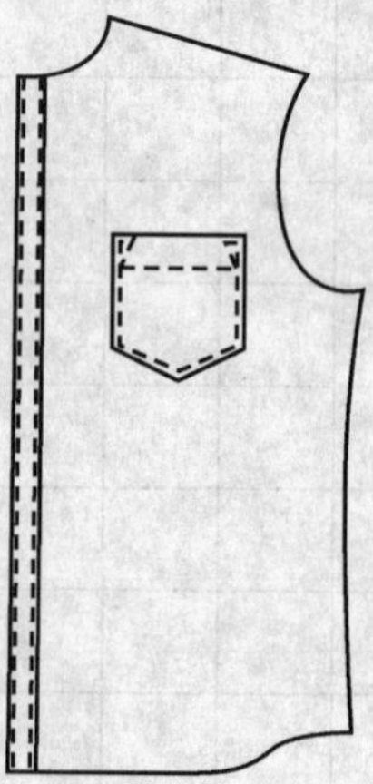</td></tr>
<tr><td colspan="3">品质要求：<br>1. 胸袋订在衣片上要端正，不能歪斜<br>2. 缉线要求整齐、平直，接线处不能出现两条线，头尾要回针</td></tr>
<tr><td colspan="3"></td><td colspan="3">制定：AAA　　　　审核：BBB</td></tr>
</table>

单元 5

## 第三节　服装生产疵点排查

培训目标

- → 清楚服装生产过程中容易出现的疵点
- → 懂得排查各种疵点产生的原因
- → 掌握各种疵点的预防措施与解决方法

### 一、断线

1. 排查原因

（1）缝纫线问题

1）缝纫线品质不合格，如发霉、变质或有结节的缝线容易断裂。

2）选用的缝纫线与机针不相匹配。缝纫线太细，韧力不足则易断裂。小号机针配用了太粗的缝纫线，也会使缝纫线无法顺利通过针孔而被割断。

3）面线张力太紧，导致断线。

4）机针针孔处钝损或淤积了杂物，导致缝纫线输送不畅而断裂。

（2）机针问题

1）机车运转速度过高。在缝制衣物时机针产生的温度一般为150℃，高速运转的机车可使机针高达250℃而熔断缝纫线。

2）检查是否使用化纤缝线缝合化学纤维面料。由于衣车高速运转，机针重复穿刺面料摩擦生热，熔点较低的化纤缝纫线特别容易被熔断。

3）机针针孔周围粘有纤维碎屑，针杆涩糙不光滑而摩擦生热。由于机针产生高热，缝纫线中的绒毛纤维容易熔黏并阻塞针孔，加剧机针与面料的摩擦，产生更多的热量，导致缝纫线或面料中的纱线被熔断，使面料出现纱线脱散等现象。

4）底梭的钩子钩线位置不恰当，钩子太靠近针孔，取线时易撞断缝纫线。

5）针尖型号选用不当。

6）机针表面磨损而未及时更换。

（3）其他问题

1）机针、针板安装不牢固，松动的机针或针板相互触碰而磨断面线。

2）所有面线经过之处（包括过线圈、针眼、钩子、针板孔、压脚孔等机件）有弯曲、缺损、生锈等现象，缝纫线被钩断。

3）底线芯缠线太满或绕线不均，底线输送不顺畅，造成底线断裂。

4）操作工手势不佳，缝合时拉扯面料，导致面线被拉断；或因车速无节奏感，使挑线钩上下运动不均匀而扯断面线。

2. 预防措施



（1）因机针问题引发断线的预防措施。选用表面镀有铬、镍等金属膜或经过铁弗伦胶膜（Teflon）等特殊处理的机针（见图5—5）比普通机针更光滑坚固，耐摩擦且不易生锈，减小了针的损耗，迅速散发热能；降低机针与面料间的摩擦，抑制机针产生高热，减少针眼针槽对纤维的附着力，防止细小纤维淤积物黏附于针杆上而产生高热熔断缝线，从而有效避免了因针高热所引起的一系列不良现象。

选用特殊的抗热两节针或隆眼针能迅速散发机针产生的热能，确保缝合顺畅，如图5—6所示。抗热两节针能减少与面料间的摩擦面，减少热能的产生，而机针所产生的

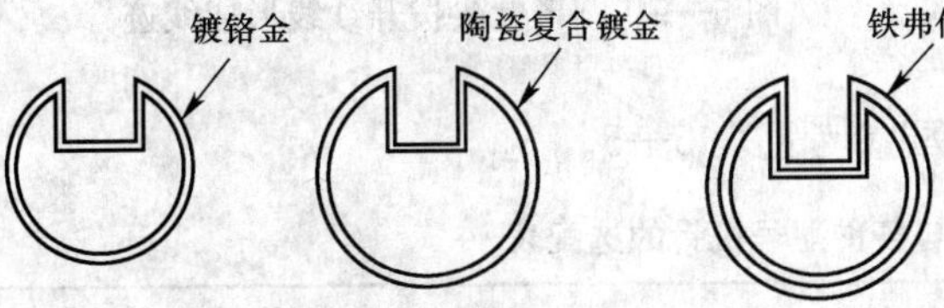


图5—5 经特殊处理的机针横切面图

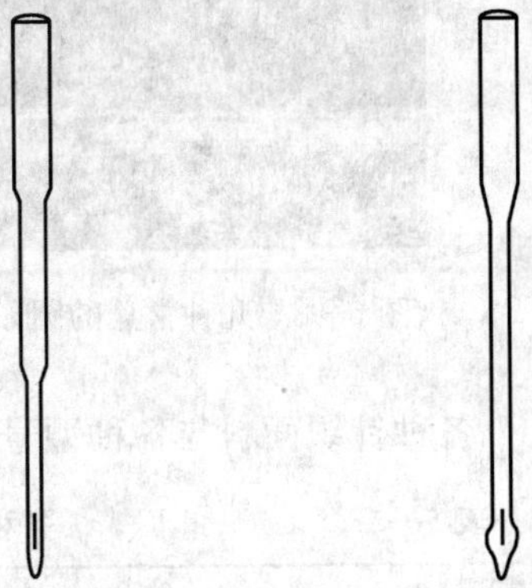

图5—6 抗热两节针与隆眼针

热能也可以通过两节状的针身快速散发。针眼微隆和针杆细长的隆眼针在高速缝合时，可以将面料中的纱线逼胀开，只是隆起的针眼位与面料快速接触，既减少了机针与面料的摩擦面，抑制机针升温，又可让机针更迅速散发热能，确保缝合顺畅，非常适合化纤面料，以及富有弹性的内衣裤、文胸、尼龙丝袜等薄型针织物的加工。此外，德国SNF机针厂设计生产的曲背针针杆铸压成圆槽形的针柱外形，也能很好地保护缝纫线不易被磨损磨断。圆槽形机针与传统机针的比较如图5—7所示。

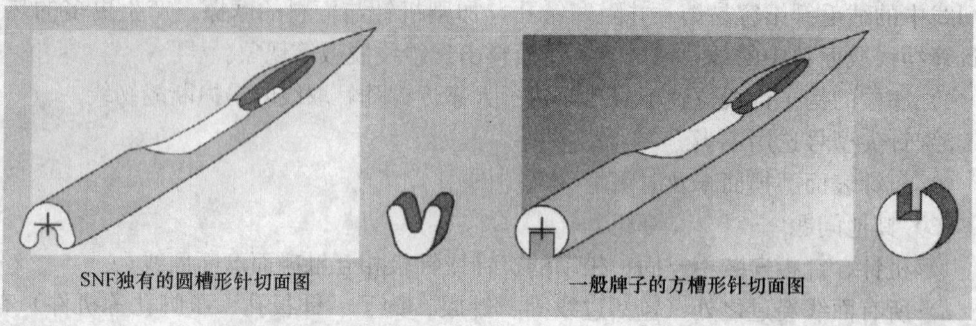


图5—7　圆槽形机针与传统机针的比较

缝合针织类或纤薄面料时，选用圆形针尖的机针可以轻松拨开面料的纱线，从纱线间的空隙穿越形成线迹，从而避免机针刺断纱线，如图5—8、图5—9所示。缝合纤薄面料时换用小号机针，可以减轻机针与面料间的摩擦面，减少热量的产生。长针眼的机针则可以改善缝纫线中绒毛纤维熔黏并阻塞针孔的现象。



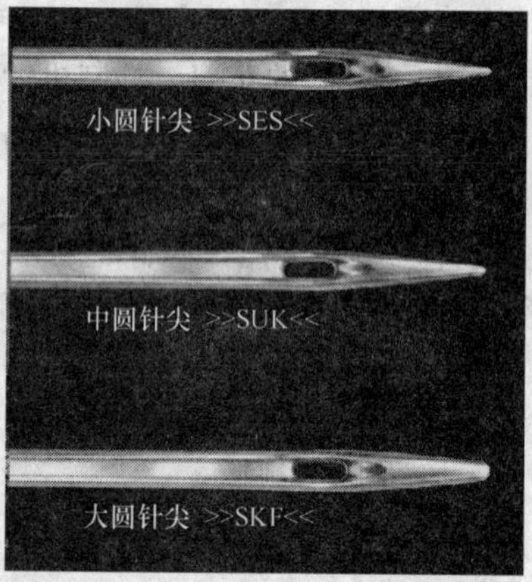


图5—8　几种常见的圆形针尖外观

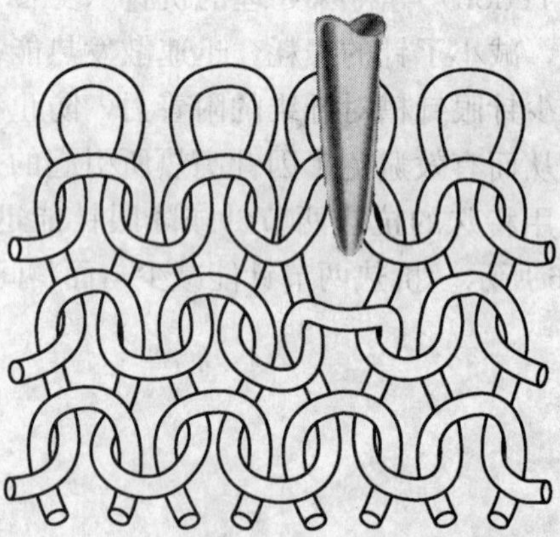

图5—9　圆形针尖拨开纱线形成线迹

各种针织面料与各种型号机针的选配参考见表5—5。

**表5—5　各种针织面料与各种型号机针的选配表**

| 针尖形状 | 针织/棉织物 | 机针规格（号） |
|---|---|---|
| SUK（中圆） | 细纱/特薄料，如女装紧身内衣 | 60（8） |
| SES（小圆） | 普通薄料，如普通薄型针织罩衫、T恤等 | 65～75（9～11） |

续表

| 针尖形状 | 针织/棉织物 | 机针规格（号） |
| --- | --- | --- |
| SUK（中圆） | 粗纱/厚料，如针织春秋外衣、运动衣等 | 75～90（11～14） |
| SKF（大圆） | 特粗纱/极厚料，如特厚的针织外套以及富有弹性或含松紧带类的衣物等 | 75～90（11～14） |

在机针旁安装吹风装置，可以加速机针散热，防止因机针高热而熔断缝纫线，如图5—10所示。此装置只适用于自动化设备，如自动装袋机等。如果应用于人手操作较多的设备则容易阻碍正常作业。在机床底下安装硅油装置（见图5—11），可以直接润滑和冷却机针，能有效防止机针产生高热。

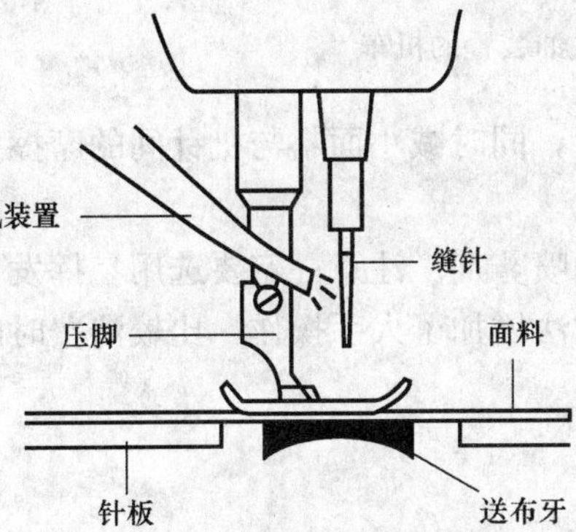


图5—10　机针旁安装吹风装置

图5—11　配备针冷却硅油装置的机车



定期检查针尖的光滑程度，及时更换已钝损或生锈的机针、针板和送布牙，确保送布机件平滑顺畅，以免破损的机件拉丝、钩纱或机针产生高热。

（2）因缝纫线问题引发断线的预防措施。选用可吸热、韧度强，具有一定弹性、不易断裂的Z捻T/C混纺缝纫线、包芯线，能防止断线。

在缝纫线上加硅油（见图5—12），可以加强缝纫线的柔韧度，使缝纫过程顺畅，减少阻力。同时，缝纫线能将硅油带到针杆，润滑和冷却机针，避免机针产生高热造成断线或针孔堵塞的现象。

（3）其他预防措施。选用弹性佳、不易断线的链式线迹（400类），锁边包缝线迹（500类）或网状绷缝线迹（600类），并适当调密线迹密度，调松线迹张力，增加线迹的弹性，都可以减少断线问题。降低机车的运转速度也可以减少断线问题。

此外，在面料上加硅油，同样可以减小面料与机针间的摩擦，使缝纫过程顺畅，减少阻力，加强缝纫线的柔韧度，避免机针产生高热。在面料上加硅油的方法有两种：

第一种方法是面料后整理时加硅油。将面料浸于硅油（0.5%～1%）液剂中再进行丝光、热定型等处理。面料定型时尽量少用树脂，选用合适的硅油软剂，使面料柔韧、

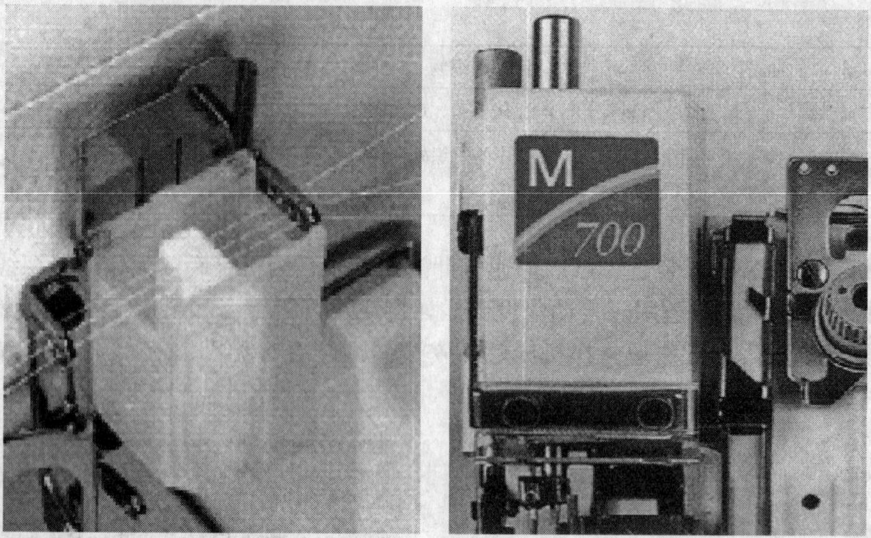


图 5—12　配备缝纫线供油装置的机车

润滑，可以避免缝合时因缝纫机件钝损钩伤面料，同时减小面料与机针间的摩擦，使机针更加容易穿过面料。

第二种方法是缝合前在面料接缝处喷洒硅油喷雾剂。注意一定要选用易挥发、无污染的硅油，确保不会在面料上留下污迹。这种方法增加了人手操作，比较浪费时间和人力，厂家较少采用。



## 二、跳线

### 1. 排查原因

跳线是缝合过程中，由于机床底部的钩子无法钩取面线，或面线被钩取后又滑脱，无法连续形成线迹的一种现象。出现跳线的原因主要有：

（1）机针问题

1）面线穿错或少穿某个过线位。

2）机针安装不正确，机针长槽装反或装歪斜等。

3）机针型号不适用，针柱调节的高度不准确，或者是安装机针时没有贴紧针柱顶部，机针安装过高或过低，致使钩子无法取线。

4）机针歪曲，形成的线圈远离钩子，钩子无法钩取缝线。轻微弯曲的机针很难直接用肉眼辨认，将机针平放在台上转动即可辨别。

5）机针与底钩的运动时间或运动位置不相吻合，钩子无法准确钩取缝线。

6）机针与缝纫线的粗细不相适宜。大号机针配用细线会导致跳线，因为大号机针的针眼长而宽，刺开面料的孔位较大，致使细缝纫线有较大的空间移动，若超出钩子钩线的范围就会出现跳线。

7）机针针眼因熔黏了化纤缝纫线屑而堵塞，以致缝线不能正常输送，无法形成线圈。

（2）压脚问题

1）压脚安装得太高，使压脚压送面料的力度不足，此时面料会随压脚震荡，以致无法压紧面线形成线圈。

2）压脚送布速度太快，输送面料时将面线与面料一起快速带走，钩子无法钩住面线。

（3）缝纫线问题

1）缝纫线太粗、粗细不均匀或缝纫线的质地太软糯而无法形成稳定的线圈。

2）面线张力太紧，在机床下形成的线圈太小，使钩子无法钩取面线。

（4）其他问题

1）钩子有缺损，钩不住缝线。

2）针板孔太大。例如，转款生产薄料时统一换用小号机针后，没有及时更换相匹配的针板。偏大的针板孔使面料被机针带入或带离圆孔位，无法压紧缝纫线形成线圈而导致跳线。

3）送布牙、梭床等淤积有棉屑尘灰，影响了线迹的正常成型。

**2. 预防措施**

（1）重新安装机针和穿线操作，选用与缝纫线相匹配的机针和针板，并注意保持机床的清洁干净。

（2）调节好弹钩的位置，使面线张力适度。如图5—13所示，A处为调节弹钩的适当位置，当机针降至缝合面料上时，缝纫线不能松弛。当弹钩位置比A点低时，面线无法抽紧，机床下形成的面线圈太大，松脱钩子而导致跳线。当弹钩位置比A点高时，面线被弹钩抽取太紧，在机床下形成的面线圈太小，钩子不能钩取面线也会导致跳线。

（3）调节梭床，使机针与钩子的运动时间相配合。调节时要注意观察，当机针下到最低点后再上升0.2～0.3 cm时，钩子尖端离机针凹槽位约0.15 cm为佳，如图5—14所示。

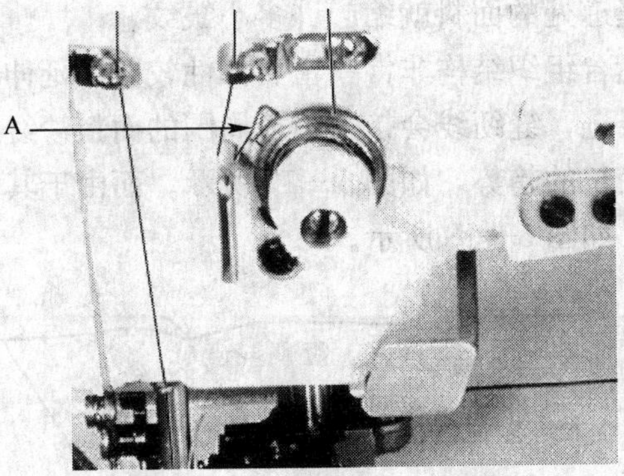


图5—13　弹钩的正确位置

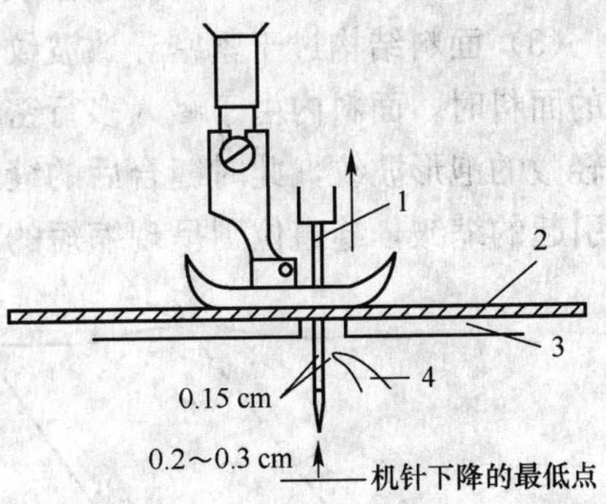


图5—14　机针与钩子运动相配合的调节图解

1—针　2—面料　3—针板　4—钩子

（4）德国SNF机针厂设计生产的曲背针（见图5—15），在缝合时可以使缝纫线与机针之间形成更大的线圈，方便钩子钩取缝纫线，能有效防止跳线。

（5）适当降低机车的运转速度，同时在衣料缝边垫张薄而脆的纸片与面料一起缝合，可以有效防止跳线，此法非常适合转款快的小型制衣厂。缝合完毕将纸撕离面料即可。

（6）选定机针型号的同时，还应换用针板孔大小相应的针板，以免因面料压不紧针眼旁的线圈而引起跳线，织物被机针带入针孔内也容易受损，如图 5—16 所示。

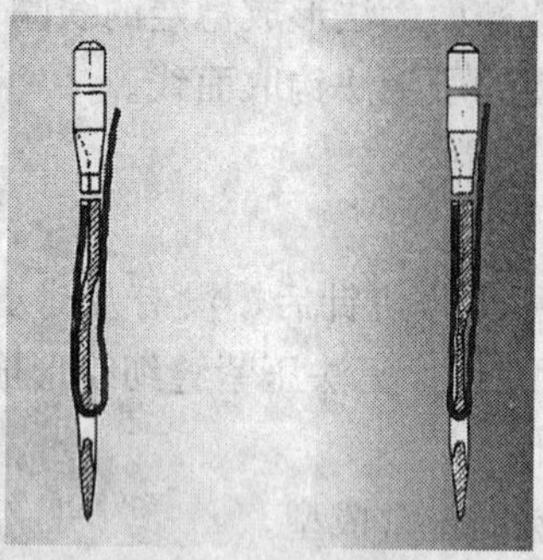

a） b）

图 5—15 曲背针与传统针成圈比较图

a）曲背针 b）传统针

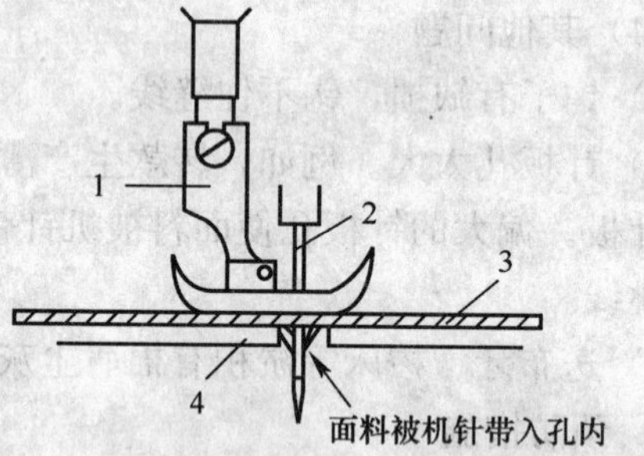


图 5—16 针板孔过大易跳线或面料受损

1—压脚 2—针 3—面料 4—针板

## 三、缩皱

单元 5

### 1. 排查原因

（1）送布不均导致缩皱

1）送布装置中压脚的压力太大，面层衣料难以前行，以致缝边长短不一。

2）送布牙太高致使底层面料被送布牙向前推送过快，而使缝道出现缩皱的现象。

（2）线迹张力过紧导致缩皱。底、面缝纫线的线迹张力太紧，缝纫线被拉长后缝于面料上，当缝纫线的伸张力回缩原状后，缝道处的面料就缩起许多小皱纹。

（3）面料结构过于紧密导致波纹。当缝合组织结构非常紧密、弹性较差或延伸性较弱的面料时，面料内由于藏入多行密集的线迹，缝纫线会挤迫缝道周围的面料纱线而产生轻微的泡形波纹，此时缝合后的缝道有变长的趋势，如图 5—17 所示。而由于其他原因引起的缩皱，缝道位则呈现缩短的现象，如图 5—18 所示。

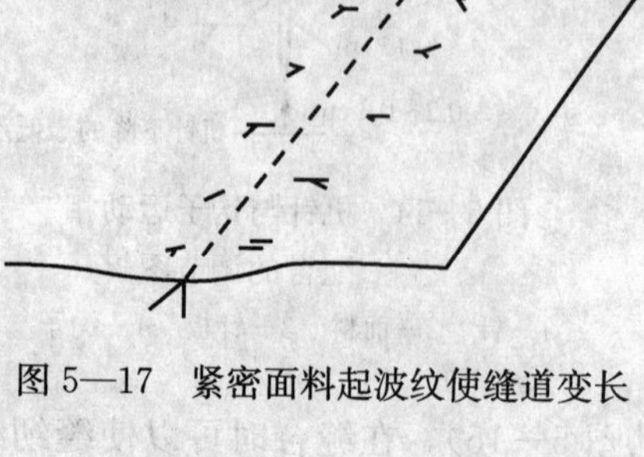

图 5—17 紧密面料起波纹使缝道变长

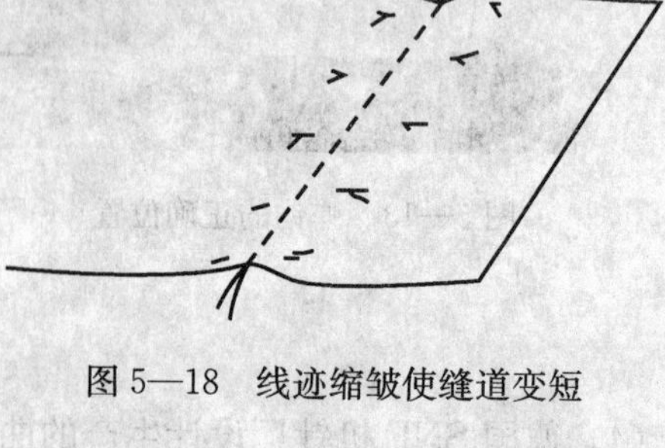

图 5—18 线迹缩皱使缝道变短

2. 预防措施

(1) 送布不均导致缩皱的预防措施

1) 选用铁弗伦塑胶压脚（具有除静电、抗摩擦性能)、坑槽比较窄的无尾压脚，或用带有滚轮的压脚，可以减少压脚与面料间的摩擦系数，使面料输送更均衡，可以很好地防止缩皱的现象。

2) 适当调松压脚的压力，力度为 3～4 kg 较适中。此外，还应注意检查压脚底部的平滑程度，及时更换底部已被磨损的压脚。选用细小而且密度比较高的送布牙（如 32 齿～38 齿/英寸)，可以避免出现底层衣料被输送过度甚至被送布牙损毁的现象。

3) 将针尖、针板面与送布牙调节在同一平面上，可以保证机针上升时送布牙能同时升起并输送面料。在合理的范围内调低送布牙的高度。一般常见的牙高为高于针板 0.3 ～0.5 cm。注意调节送布牙时最低不能低于 0.15 cm，若送布牙太低，则会导致压脚的压力不足，送布力度不平均，线迹疏密不一致，从而无法顺畅地输送面料。此外，若能将送布牙调节成前牙比后牙高出 0.1 ～0.3 mm，则可以很好地解决丝织面料缝道缩皱的现象，如图 5—19 所示。

4) 在机车上加装滚轮输送装置或牙状送布牙等联合推动系统送布装置，如图 5—20 所示，可以很好地改善面料输送不均等现象。但丝织面料纱支较纤细，比较容易被机针损伤，所以针式送布装置不适用于丝织面料的输送。

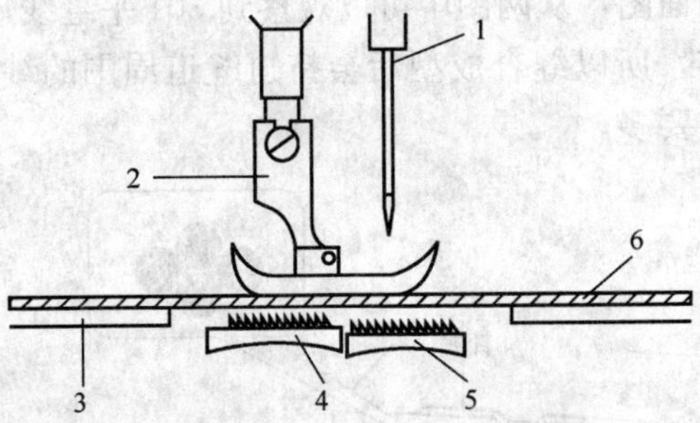


图 5—19 调校送布牙成前高后低型

1—针 2—压脚 3—针板 4—前牙 5—后牙 6—面料

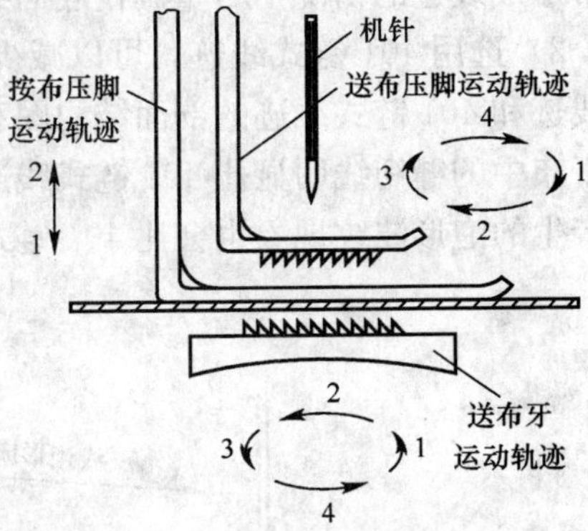


图 5—20 复合式送布装置

5) 车速过快也会导致缝道缩皱，故应将机车的电动机转速控制在一定范围内。缝合弯形缝边时，缝合手势应轻轻拖拽下层衣料，松弛上层料；对于容易变形的缝边粘上一层粘合衬，可以使缝边平伏不缩皱，并能保持挺括的外形效果。

如果使用以上处理方法后仍然有轻微的缩皱现象，缝合时可以加一布条于压脚下，也可以在缝边处垫一层薄绵纸与面料一起缝合，尽量减少压脚的送布阻力，方便面料前行，缝合完毕将纸条撕离面料即可。同时可在工厂增设半制品的中间熨烫工序，注意要将缝道铺于含有海绵体的垫板上熨烫，以便确保半制品的缝道品质。

(2) 线迹张力过紧导致缩皱的预防措施

1）在形成线迹的正常范围内，应尽量调松底面线的线迹张力，使之富有一定的弹性；锁边线迹也需尽量调松，以免面料缩皱变形。但在调节线迹张力时要注意保持底面线迹的平衡，以使底面线的扣结点藏于布层中间。同时后裤裆处的线迹张力不可过于松弛，以免影响其牢固度。

2）一般而言，线迹针距越密则线迹弹性越大，故线迹密度不宜过于稀疏，中等厚度的面料以10～12针/英寸较为适中。此外，应选用有一定拉伸性的线迹，如304人字线迹的拉伸性比301平缝线迹效果佳。

3）选用与面料弹力相接近或伸缩率较小、较细而柔软的缝纫线，例如用短纤维缝纫线代替连续长的人造纤维缝纫线，或用天然纤维线代替人造纤维缝纫线，均可以防止缝道缩皱。

4）确保机车上所有送线部位平滑顺畅（包括线环、挑线杆、针眼、取线钩、缠线盘、针板孔等），与衣料有接触的机件，如压脚、送布牙、针板孔以及针板上的螺钉等也应保持光滑的表面，以免损坏衣料。

5）减低车速、调小梭床的转速同样可以减少缝道缩皱和机车溢油的现象，但这会影响生产效率，批量生产的制衣厂并不常采用。

（3）面料结构过于紧密导致波纹的预防措施

1）选用结节少、光滑的细缝纫线，以及小号圆嘴机针和小孔的针板；同时在可以正常形成线迹的情况下尽量调松底面线的张力。

单元 5

2）选用401链式线迹，可以减少纱线逼挤的现象，图5—21和图5—22为301平缝线迹和401链式线迹的剖面结构图和横切面图，从两图中可以观察到301平缝线迹隐藏于布中的缝纫线明显比401链式线迹要多，所以缝合成型后会挤迫缝道周围的纱线，所产生的泡形波纹现象也会比401链式线迹要多。

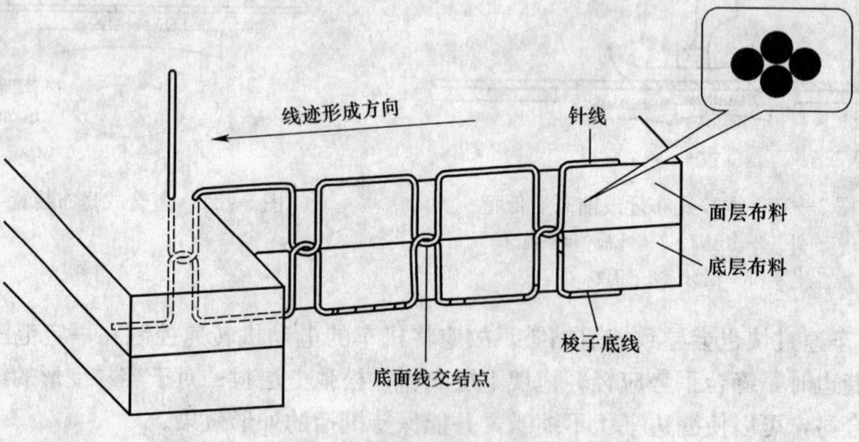


图5—21　301线迹的结构和横切面图

3）调疏单位长度的线迹数量，可以减少面料中间蕴藏的缝纫线。

4）对于较少承受外力的次要裁片，可以尽量将缝边排在斜纹方向裁剪，以便面料纱线间能提供更多的空间给缝纫线，减少缝道处纱线的拥挤和波纹的产生。一些不便用

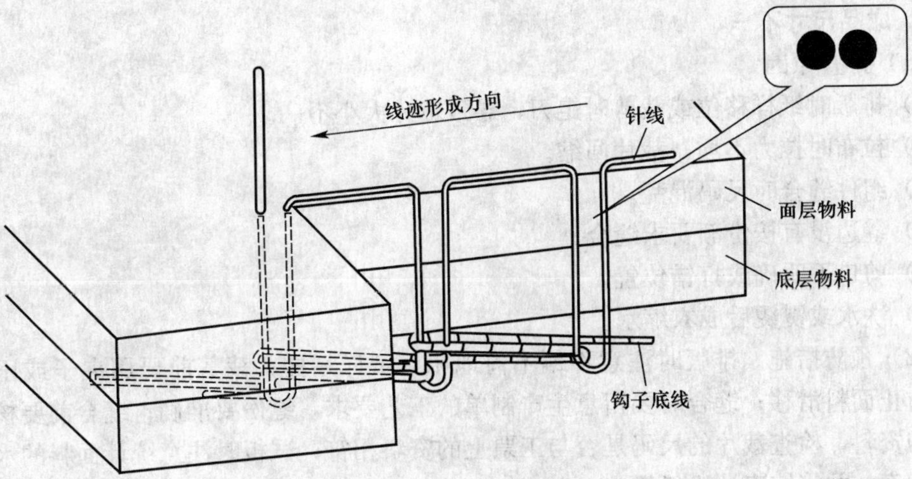


图 5—22　401 线迹的结构和横切面图

斜纹的净色衣片，采用倾斜 5°～10°的直斜丝裁剪，也可以使面料的波纹得到减轻。

5）在款式设计上要减少切割线，袖头处少加或不加容位。缝边处理上选用简单的缝边翻折和单行线迹缝合面料，同时尽量不压或少压装饰明线，以及用五线锁边法代替双针埋夹包缝法等，均可以减少皱折现象的产生。

## 四、其他



### 1. 断针

（1）排查原因

1）使用歪曲、钝损的机针。

2）机针与钩子的运动位置靠得太近。

3）机针安装不正确，机针长槽装反或装歪斜，缝合时撞至钩子或梭床上。

4）机针与面料的厚薄不相匹配，厚实的面料选用了不合适的小号机针。

5）机针与缝纫线不相匹配，如小号机针选用了粗而韧的缝纫线，缝纫线无法顺畅通过针眼。

6）车工操作不当，拉扯缝纫线时不小心拉断机针。

7）缝合特别厚的缝道时，车速太快导致断针。

8）机车高速运转引致机针高温而断裂。

9）缝合时机针与金属钉或扣子相撞。

10）机针与针板孔之间的空位不足，或机针撞到歪斜的压脚上。

（2）预防措施。定期检查并及时更换撞歪或钝损的机针；调节机针与钩子的运动位置；重新安装机针；选用与面料厚薄、缝纫线粗细相匹配的机针；加强车工的操作培训，缝合完毕应将面料和缝纫线向压脚的后面拉出，以防拉断机针；降低机车运转速度，尤其是缝合特别厚的缝道时要慢速缝合；缝合前先用手转动手轮，确认机针不会撞到压脚或梭床、钩子等机件才能踏动马达；缝合时要留意避开衣物上的硬物，以免撞断机针。

2. 成品尺寸不一

（1）排查原因

1）排版时纸样移位或裁剪时走刀，导致裁片大小不一。

2）拉布时拉力不均，裁片回缩。

3）组件缝合时尺码混乱。

4）缝边没有按份额要求缝合。

5）剪口不明确或打错位置。

6）洗水或熨烫后成衣缩水。

（2）预防措施。排版时注意不偏不倚地压紧纸样划样；裁剪前要用夹子或压铁定位，防止面料滑移；缝合时要留意生产制单的工艺要求，缝份要准确；缝合前要核对工票内的资料，检查裁片的尺码是否与工票上的资料相符；试板时注意统计面料的水缩率和热缩率，并将缩率计入纸样中。

3. 用错辅料/配料，或缝制位置不当

（1）排查原因

1）辅料用错码数，用错颜色或用错款式。

2）没有明确的操作指示和细节标示，致使用错订单料子。

3）裁片或饰花装配位置不准确。

4）配料左右不对称。

5）捆扎裁片时配错碎料。



（2）预防措施。生产前必须熟识订单与样板的款式和生产制单上的工艺要求；领料/配料时要严格按照制单要求，并核对实物样板；一定要查阅样板的最终效果，确认所有细节都清楚以后才开始生产。

4. 吊里或露里

（1）排查原因

1）里料太小或太大。

2）里料或面料纸样有误。

3）配错里料尺码或款式。

4）里料的缝份不标准。

5）缝道缩皱严重（输送不均，线迹张力太紧或线、料缩率不一所致），导致尺寸缩小。

6）面料缩率太高，致使洗水后出现露里的现象。

（2）预防措施。核实纸样的尺寸，使用正确的纸样；配里料和缝合前都应检查裁片的尺寸与款式；使用正确的缝份和缝型；缝合时注意输送要顺畅，不能拉扯或熔融；试样时要检测样品的缩水率。

5. 缝道不平服或披散

（1）排查原因。缝道出现折裥、扭曲、长短脚、容位不当，线迹浮松、落坑、摇摆、不均直，缝边披散、裂齿等，主要原因是：

1）起针位裁片没对齐。

2）缝合技术欠佳，缝合手势不当。

3）输送装置力度不均或配置欠佳。

4）缝合前没有调试衣车和线迹张力。

（2）预防措施。培训车工，使操作规范标准化；借助拉筒、特种压脚等辅助工具进行缝合；增设辅助输送装置；加强自查与中检环节。

**6. 成衣与要求不符**

（1）排查原因

1）没按生产制单的工艺要求缝制。

2）缝制第一件产品时没有及时对照样板和制单。

3）样板或制单的工艺指示不明确。

4）车工的缝合技术欠佳。

5）剪口或记号不明确。

（2）预防措施。加强培训与监督管理机制；提高操作员的责任感、技术与质检水平，培训员工都懂得查看样板与制单的生产要求；增加中检环节，发现问题及时返工。

**7. 组件有色差**

（1）排查原因

1）排版有疏忽，致使单向面料（有顺逆光泽、花色、毛向）的裁片出现倒置的现象。

2）纸样上的布纹线不明确。

3）布匹质量欠佳，同一匹面料的头尾、左右、中边均有色差。

4）因原裁片有瑕疵或丢失，重新配回的裁片与原裁片有色差。

5）捆扎时扎错不同层的裁片。

6）缝合时配错不同层数或不同床次的裁片。

（2）预防措施。排版前留意面料的花色和毛向；有单向布纹要求的纸样必须清晰标示，并一定要按单向纹路进行排版；将不同颜色的布匹进行撞色拉布法可以减少色差问题的发生；剩余的面料一定要清晰标示床次、款号等资料，以便补裁时减少色差；捆扎和领料配料时均应核对工票上的资料；缝合前必须检查裁片的方向性和层数标号，小心摆放。



## 单元测试题

**一、填空题**（请将正确的答案填在横线空白处）

1. 服装生产技术管理内容包括________、________、________、________及其与生产相关的信息管理。

2. 生产管理系统的软性要素主要包括________、________、________和________等要素。

3. 服装生产方式包括________、________和________三种。

4. 对工序流程图的分析方法中设问技术主要有从________和________、________、

________、________、________等六个方面提出问题，又称“5W1H”技术。

5. 生产通知单的格式企业可自己拟定，内容一般包括________、________、________、________及各规格数量、原料名称及使用、包装办法和交货日期等。

6. 工艺单是技术部门制定并用于指导生产的技术文件，主要内容包括服装各部位的________和________。

7. 工艺卡是指导具体工序的生产内容、________和________的技术文件。

8. 服装生产技术管理指服装生产从________到________的全过程的管理，是企业经营活动的一个重要组成部分，也是企业管理的一个重要环节。

9. 生产管理系统的硬性要素主要包括________、________、________、企业内外协作关系等。

10. 生产管理系统的硬性要素是指构成生产系统物质形式的硬件及其组合关系，是以________和________为核心。

11. 生产能力是反映生产系统功能的重要指标，它是由生产设备的________、________和________的组合关系所决定的。

12. 生产设施是指________、________的构成及规模、设施的布局和布置。

13. 当面线张力________时，容易导致断线。

14. 隆眼针在高速缝合时，只是________位与面料快速接触，减少了机针与面料的摩擦面，抑制机针升温。

15. 成衣产业的生产方式目前正由传统的劳动密集型向________转化。



**二、单项选择题**（下列每题的选项中，只有1个是正确的，请将正确答案的代号填在横线空白处）

1. 生产管理系统构成要素很多，就其性质和作用来分可分为________。

A. 硬性要素和软性要素　　B. 生产要素和质量要素

C. 人力要素和物质要素　　D. 行业要素和企业要素

2. 以生产工艺和生产设备为核心的属于________。

A. 生产要素　　B. 质量要素　　C. 硬性要素　　D. 软性要素

3. 生产管理系统的________是指在一定结构要素的框架结构基础上，起支撑和控制系统运行作用的要素。

A. 生产要素　　B. 质量要素　　C. 硬性要素　　D. 软性要素

4. 生产管理系统的软性要素中，________保证产品质量是生产系统运行有效性的保证。

A. 生产管理　　B. 技术管理　　C. 人力管理　　D. 质量管理

5. 工业化标准生产方式中，我国的成衣化服装通常以________为基准。

A. GB/T 1335 服装号型　　B. GB/T 1353 服装号型

C. GB/T 1335 服装规格　　D. GB/T 1353 服装规格

6. 服装生产流程图的常用符号中，表示缝制工序和通用设备的常用符号是________。

A. ○　　B. □　　C. ◎　　D. ●

7. 以工业化标准生产为基础，由客户对某些部位提出特殊要求，结合工业化生产的方法，投入工厂生产线进行生产的生产方式是________。

A. 成衣化　　B. 半成衣化　　C. 订货　　D. 定做

8. 生产工艺文件的制作中，________是指当工艺说明用文字无法表达清晰时，采用分解剖析图能更直观地表达款式工艺。

A. 生产结构图　　B. 工艺剖析图

C. 生产工序图　　D. 工艺分解图

9. 在进行规格说明时，________中规定的工艺规格是按客户的订单要求进行的，同时生产工艺文件要说明各部位的小规格，便于保证符合服装成品尺寸的要求。

A. 工艺表　　B. 规格表

C. 成品尺寸表　　D. 生产计划表

10. 设问技术中，每个方面都可以再深入地提出几个问题，尽量把可能考虑到的方面全部考虑到。设问技术的缩写表示是________。

A. "5W1H"　　B. "4H1W"　　C. "3W2H"　　D. "2W3H"

**三、简答题**

1. 简述服装生产方式及其特点。
2. 简述服装生产流程图的构成。
3. 服装生产技术管理要素包括哪些内容？
4. 生产管理系统的硬性要素包括哪些内容？
5. 工艺卡的内容包括哪些？
6. 简述缝道缩皱产生的原因分析。



**四、论述题**

1. 服装生产技术的发展趋势有哪些特点？
2. 服装生产管理一般分为哪几个阶段？
3. 画图表示服装生产流程图的常用符号及使用说明。
4. 叙述工艺文件设计应包含的内容。
5. 试述缝制时出现断线的原因及其预防措施。
6. 试述缝道缩皱的原因及预防措施。

## 单元测试题答案

**一、填空题**

1. 生产要素管理　生产计划管理　技术管理　质量控制　　2. 人员组织　生产计划　库存控制　质量管理　　3. 成衣化　半成衣化　量身定做　　4. 时间　地点　目的　人员　原因　方法　　5. 服装名称　数量　款式代号　规格　　6. 具体规格　加工质量要求　　7. 质量标准　工时产量定额　　8. 投料　产品完成　　9. 生产技术　生产设施　生产能力　　10. 生产工艺　生产设备　　11. 技术性能　种类　数量　12. 生产设备　生产装置　　13. 太紧　　14. 隆起的针眼　　15. 技术密集型

**二、单项选择题**

1. A　2. C　3. D　4. D　5. A　6. A　7. B　8. D　9. B　10. A

**三、简答题**

答案略。

**四、论述题**

答案略。

# 第6单元

# 服装装饰工艺

□ 第一节　线迹装饰的种类及应用/112
□ 第二节　刺绣的种类及应用/116
□ 第三节　特殊工艺的种类及应用/122

# 第一节　线迹装饰的种类及应用

**培训目标**

→ 了解线迹装饰的基本种类
→ 掌握线迹装饰的应用范围

线迹装饰是通过缝纫线对面料拼接、服装边缘处进行装饰的工艺，对整体服装效果产生层次、格局和色彩的变化，以提高服装的审美品位。下面介绍常见的线迹装饰手法。

## 一、明线缝

在服装表面能够看见线迹的装饰缝均可被称为明线缝。明线缝除了能增强缝份的牢固度外，还可以通过诸如改变线迹的颜色、线迹的宽窄等对服装产生装饰性的作用。明线缝依照不同的制作方式，可以分为工业明线缝和手工明线缝两种。

### 1. 工业明线缝



使用缝纫机在面料的表面车上不同于面料颜色的缝纫线，产生撞色的效果，常用于修饰牛仔服、皮衣、风衣、夹克等服装单品。

（1）牛仔服明线缝。在牛仔服上缉撞色的明线缝，衬托出牛仔面料粗犷的质感，成为牛仔服不可缺少的经典装饰之一，如图 6—1 所示。

图 6—1　牛仔服上的明线缝

（2）皮衣明线缝。皮革面料相对较厚，用明线缝的方式不仅可以提高缝迹的牢固度和平整度，还能为皮衣增加一种精致的视觉效果，如图 6—2 和图 6—3 所示。

（3）夹克明线缝。夹克有摩托车手夹克、蜡光夹克、飞行员夹克等多种样式，均以明线的方式勾勒出服装的部件及结构是最普遍的装饰方式，如图 6—4 和图 6—5 所示。

图 6—2　牛皮皮衣明线缝

图 6—3　麂皮皮衣明线缝

图 6—4　蜡光夹克明线缝

图 6—5　飞行员夹克明线缝



2. **手工明线缝**

使用手工缝方法，在面料表面形成明显的线迹。在当今工业化大生产的背景下，手工缝明线体现的是一种质朴与回归，精工细作，赋予服装更多人性化的设计理念。常用于修饰牛仔服、男士西装等服装单品。

（1）牛仔服手工缝。在牛仔服的裤腰、插袋、贴袋、唛头等不同部位上使用各种手工技法和针法，增添了更多装饰性的细节，如图 6—6、图 6—7、图 6—8 所示。

图 6—6　插袋手工缝

图 6—7　裤腰手工缝

图 6—8　贴袋手工缝

（2）男士西装拱针缝。在高档男士西装的翻驳领和门襟处，还延续着传统手工明线的制作工艺，体现高贵精致的做工，如图 6—9 和图 6—10 所示。

此外，还有一些通过特种设备缝合而成的装饰线迹缝，为服装增添了各种别样的装饰效果，如图 6—11 所示。

图 6—9　西装门襟拱针缝

图 6—10　西装翻驳领拱针缝



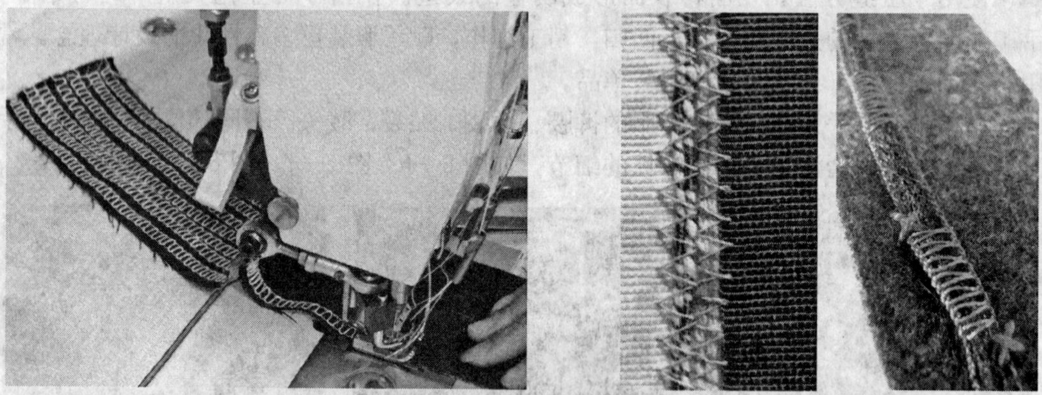

图 6—11　装饰线迹缝

## 二、绗缝

绗缝是将填絮料夹在两层面料中间并用装饰线迹车缝固定的工艺。手工绗缝和机器绗缝均能在面料上浮现出凹凸不平的立体图案，手感较厚实，起到保暖及保护身体的作用。传统的绗缝线迹为平行线或菱形线型，机械绗缝线迹丰富多样，更加强调对服装的装饰效果。绗缝工艺常用于羽绒服、棉服、皮夹克等服装。

**1. 根据不同的风格分类**

绗缝根据不同的风格，可以分为英格兰式绗缝和意大利式绗缝。

（1）英格兰式绗缝。是在两层面料之间放入填充物后再进行压缝的绗缝工艺，如图6—12所示。

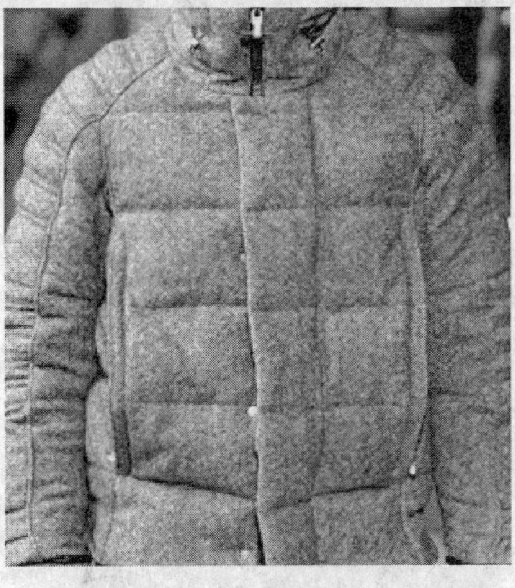

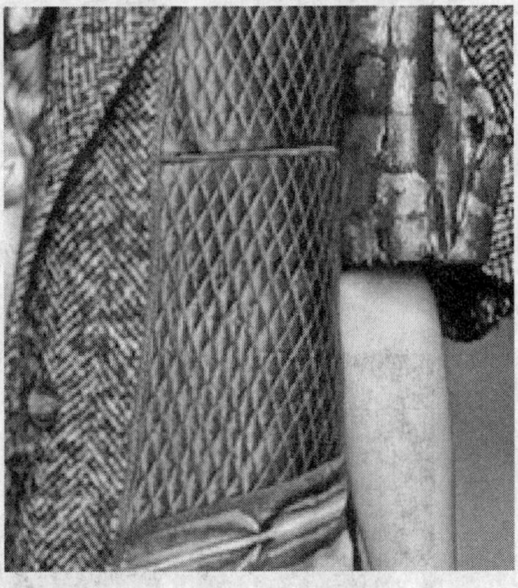

图6—12　英格兰式绗缝



（2）意大利式绗缝。是先在面料上按图案的轮廓线压明线，再将填充物塞入图案中，形成一种凸纹的图案效果的绗缝工艺，如图6—13所示。

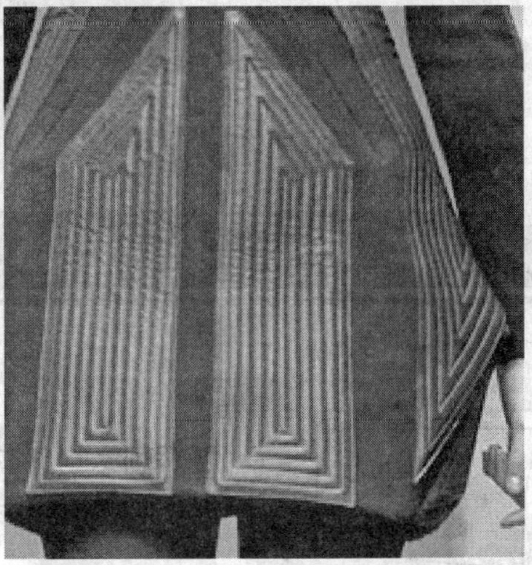

图6—13　意大利式绗缝

**2. 根据不同的填充材料分类**

根据填充材料的不同，分为棉絮绗缝、羊毛绗缝、羽绒绗缝、羽毛绗缝等，如

图 6—14、图 6—15、图 6—16、图 6—17 所示。

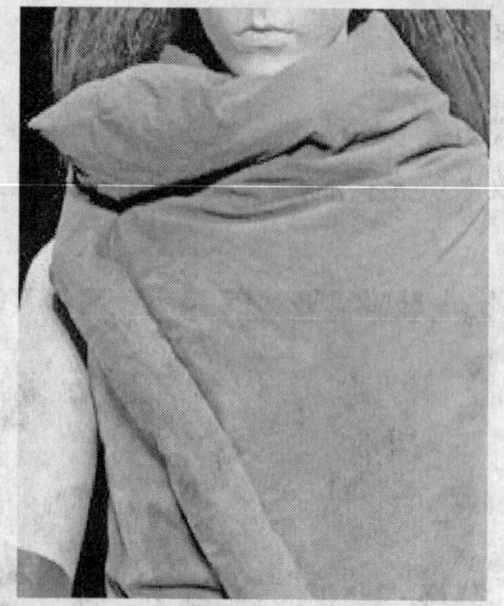
图 6—14　棉絮绗缝

图 6—15　羊毛绗缝

图 6—16　羽绒绗缝

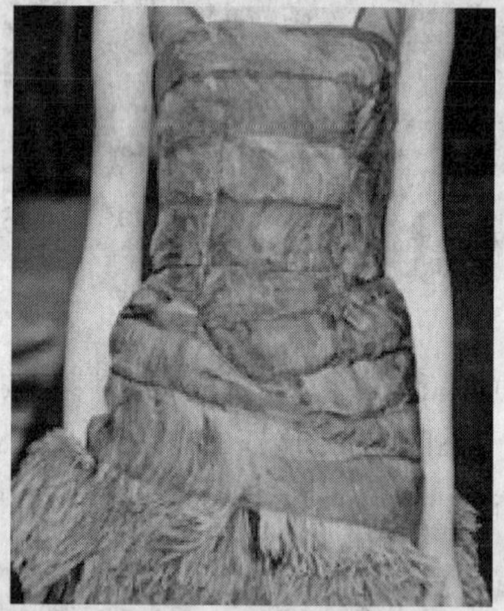
图 6—17　羽毛绗缝



## 第二节　刺绣的种类及应用

**培训目标**

→ 了解刺绣的基本种类
→ 掌握刺绣的应用范围

刺绣也称为绣花，即用针和线在服装材料上进行刺绣、镂空、贴布绣等装饰工艺的总称。在服装制作过程中，可在半成品的裁片上进行刺绣然后再缝合，也可直接在服装成品上进行刺绣。刺绣针法繁多，种类丰富，对面料外观起到非常独特的装饰效果。

## 一、刺绣针法

按刺绣针法的线迹形态，可以分为以下几种：

### 1. 线型针法

线型针法是刺绣中最基本，也是最常用的一种针法。针迹成线条型，能表现各种直线、曲线。

（1）行针法。以横向运针的方法在面料上插下再挑上，不断重复，以形成间隔均匀的线迹，如图 6—18 所示。

（2）回针法。将线从面料正面传出，向后退回一针，再向前向下从两针针距处挑上，这样回一针进两针，在面料的正反两面形成连续的针迹，如图 6—19 所示。

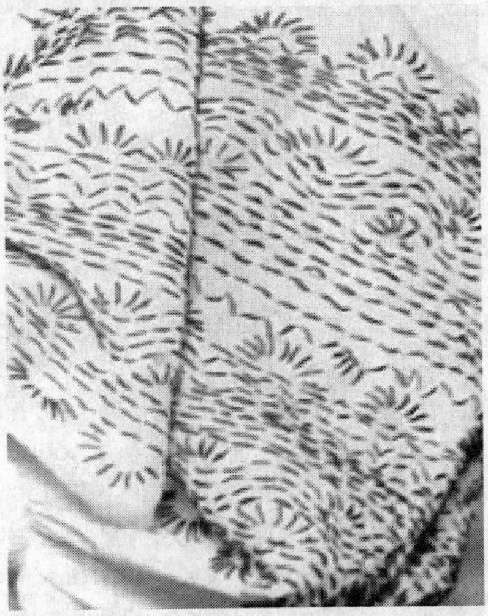

图 6—18　行针法

图 6—19　回针法



### 2. 点型针法

（1）打籽针法。将绣线缠绕在针上，用打扣结的方式形成圆籽状的小线结，常用于图案的花蕊部分，如图 6—20 所示。

（2）缠绕针法。缠绕针与打籽针的手法相近，只是需要多绕几圈，形成长形颗粒结子，凸出于面料之上，常用于图案的小花瓣部分，如图 6—21 所示。

### 3. 面型针法

主要是包梗绣，具体方法是：先用较粗的线在图案上打底，形成凸起质感，再用绣线以平行排列的方式填满图案，并将底线挡住，形成具有立体感的刺绣图案，较常用于图案的大花瓣或叶子部分，如图 6—22 和图 6—23 所示。

### 4. 链型针法

（1）锁边针法。线迹在布边针针相套，起到加固服装边缘的作用，如图 6—24、图 6—25 所示。

（2）辫子针法。在行针时由前向后打线套，后一个线套从前一个线套的初始位置穿过去，以此类推，形成环环相套的辫子形状，如图 6—23、图 6—25 所示。

图 6—20　打籽针法

图 6—21　缠绕针法

图 6—22　包梗绣

图 6—23　包梗绣加辫子绣

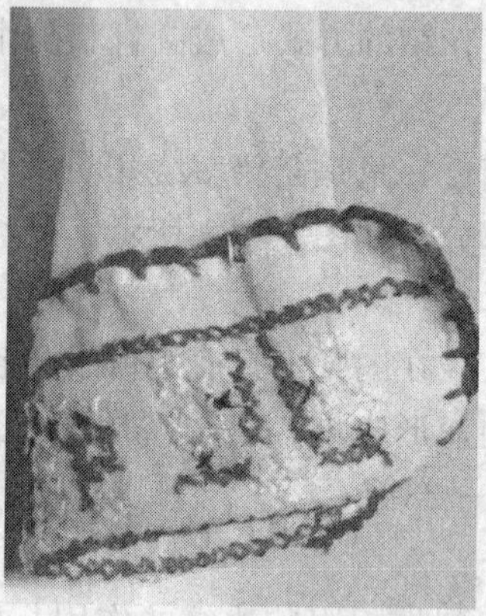

图 6—24　锁边绣加十字绣

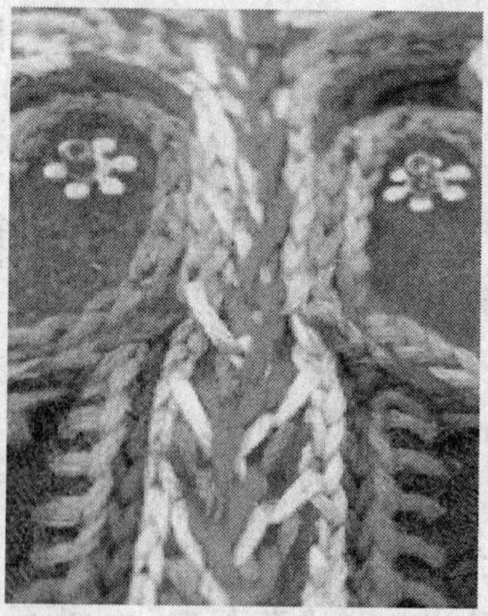

图 6—25　辫子绣加锁边绣

### 5. 十字绣

十字绣的绣法简单，所有图案均由十字线迹构成，图形整齐匀称，结构严谨，较有规则，适合有通透空网眼的面料。常用于有民族感或乡村风格的服装，如图 6—26 所示。

图 6—26　十字绣

## 二、刺绣用材与工艺



### 1. 彩绣

彩绣泛指使用彩色绣线进行的刺绣工艺。彩绣具有绣法多样、色彩鲜明、绣面平服的特点，应用范围很广。针法包括平针、打籽针、链式针、锁边针、串针等，这些针法组合在一起能表现多种形态、风格的图案，产生多样的装饰美感，如图 6—27 所示。

图 6—27　彩绣

2. 雕绣

雕绣又称挖空绣，根据设计在面料上修剪出图案的空洞，并以锁边针法或包梗绣针法包裹边缘，形成具有镂空质感的刺绣图案。常用于裙摆、领口或袖口等部位，层次感丰富、装饰性强，如图 6—28 所示。此外，也可以通过一些特种设备对面料进行抽纱绣缝，使完成后的成衣具有条形镂空效果，如图 6—29 所示。

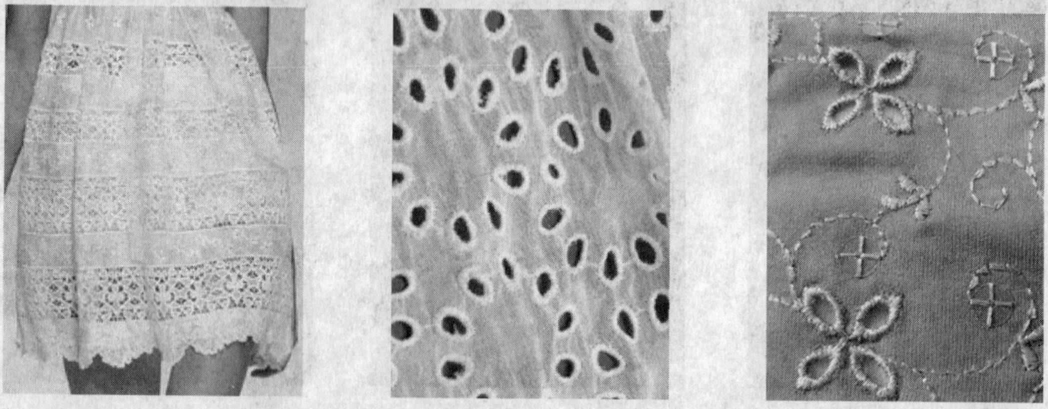

图 6—28　雕绣

图 6—29　抽纱镂空绣

3. 贴布绣

贴布绣是将其他面料剪贴并绣缝在服装上的刺绣方式。可直接贴布，也可在贴布内加入填充物使图案凸起。这种绣法装饰性强，常用于童装、T 恤等服装，如图 6—30 所示。

4. 织带绣

织带绣是使用织成带状的圆绳或扁带作为绣线的一种刺绣类别。其线迹富有立体感，有很强的装饰性，如图 6—31 所示。

5. 珠绣

珠绣使用各种粒珠、管状珠、闪光亮片、水晶、假宝石、闪光珠、珍珠等装饰材料，通过缝线与面料固定在一起，产生色彩斑斓、光泽绚丽的效果，能使普通的服装呈现华丽、高贵的品质感，如图 6—32 所示。也常用于晚装、婚纱等装饰性强的服装，如图 6—33 所示。

图 6—30　贴布绣

图 6—31　织带绣



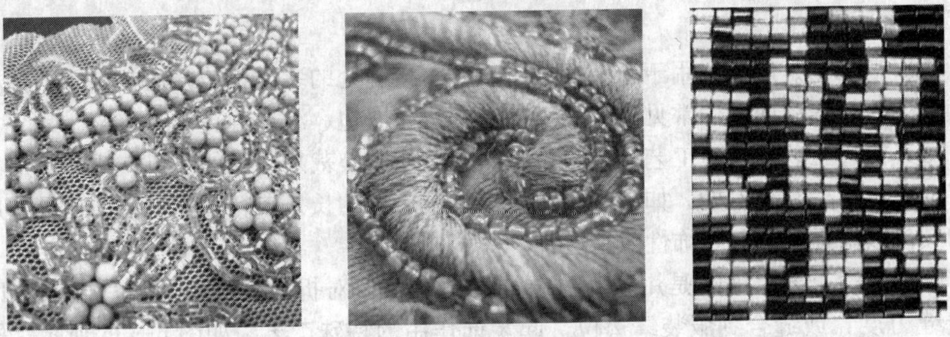

图 6—32　珠绣一

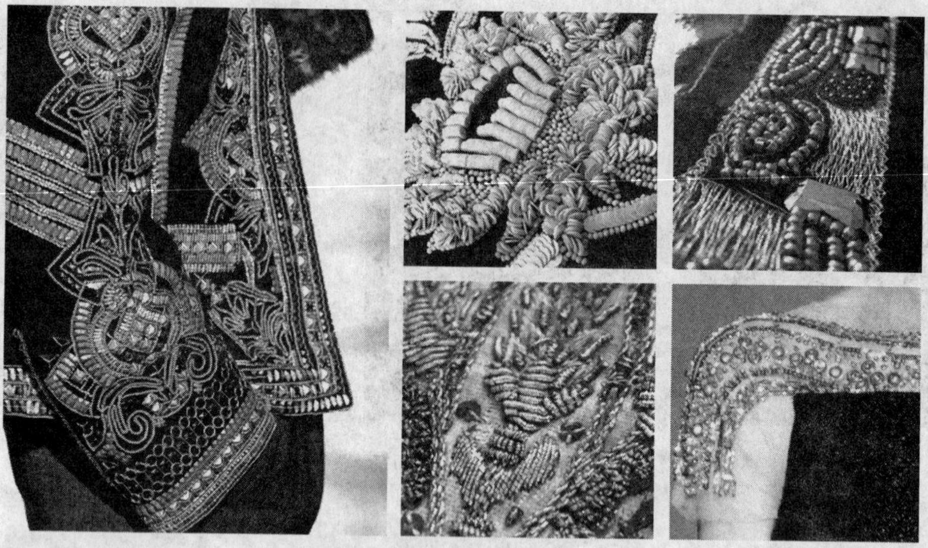

图 6—33　珠绣二

# 第三节　特殊工艺的种类及应用

单元 6

培训目标
- 了解镶嵌滚工艺的种类
- 掌握镶边、嵌边与滚边的应用范围
- 掌握抽褶的各种工艺制作方法

## 一、镶嵌滚工艺

1. 工艺分类

镶嵌滚工艺是广泛应用于服装摆边、衣领、接缝处的装饰工艺，通常使用不同材质或颜色的材料缝制而成。常见的特殊工艺有镶边、嵌边、滚边等。

(1) 镶边工艺。镶边工艺是用长条布料包裹住服装裁片边缘的收口方式，常用于领子、袖口、下摆和缝份处，如图 6—34 所示。镶边用的长条布料可宽可窄，还可选用不同的颜色以增强服装的装饰性效果。

(2) 嵌边工艺。嵌边是用填充过线绳的斜纹布条对折后夹嵌于两裁片之间，以加强线缝力度，或缝合到服装缝边位，起装饰作用的特殊工艺，如图 6—35 所示。嵌边有手工法和机械法，机械法通常会在缝纫机附近加装嵌边附件，如图 6—36 所示。根据制作完成后不同的外观效果，嵌边还可以分为无绳嵌边和含绳嵌边两种，如图 6—37、图 6—38 所示。

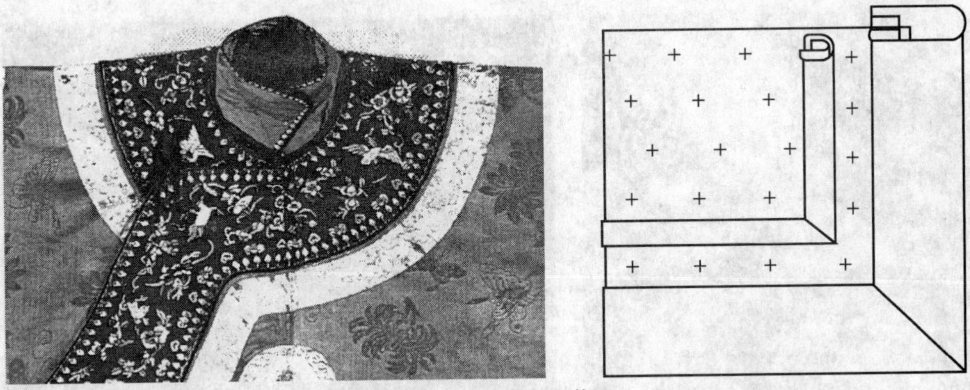

图 6—34　镶边工艺

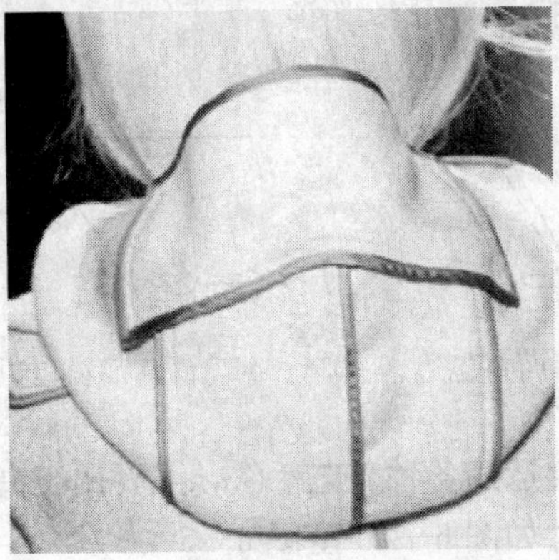

图 6—35　嵌边工艺

图 6—36　嵌边嵌绳附件



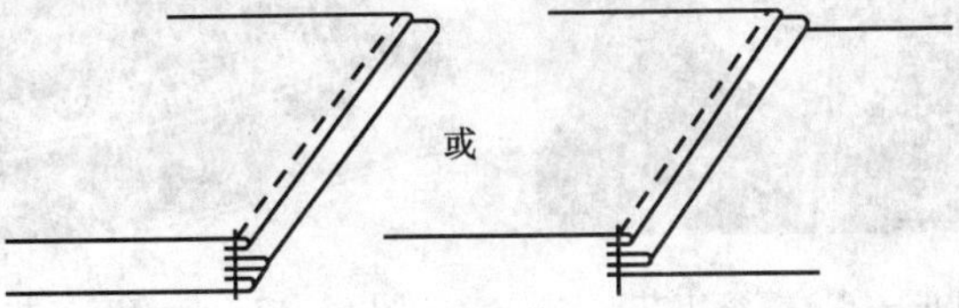


图 6—37　无绳嵌边工艺剖面图

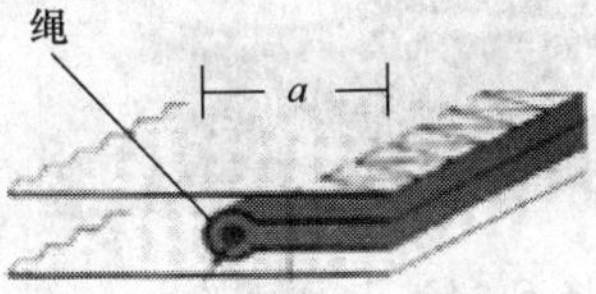


图 6—38　含绳嵌边工艺剖面图

（3）滚边工艺。滚边又称为包边，是用斜纹布条包覆衣服边缘，可以代替锁边，起到防散口和装饰作用，如图 6—39 所示，滚边附件如图 6—40 所示。根据不同的捆条材质，可以采用各种不同的滚边工艺方法，如图 6—41、图 6—42、图6—43、图 6—44 所示。

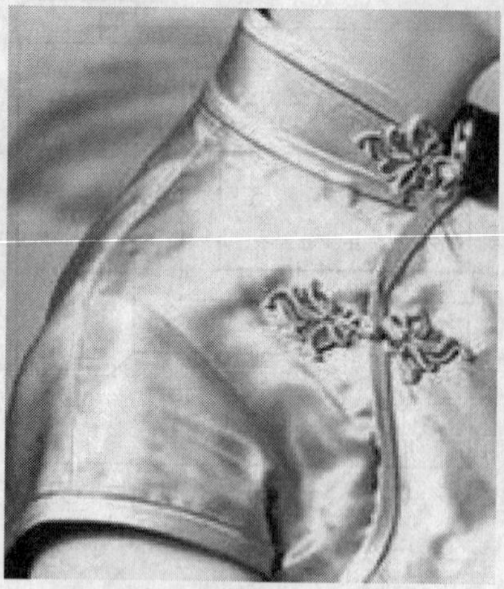

图 6—39　滚边工艺

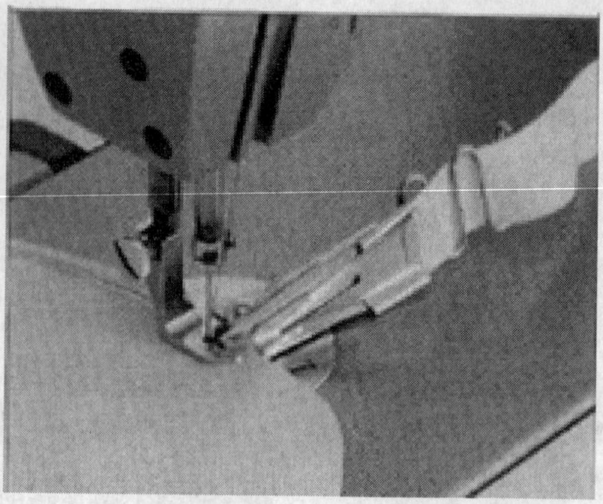

图 6—40　滚边附件

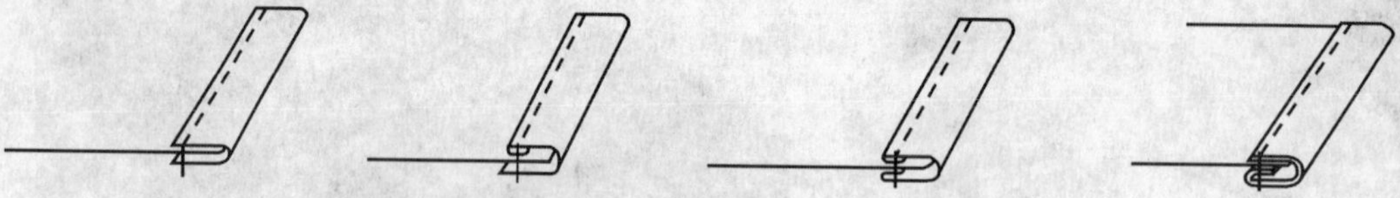

图 6—41　皮料包边　　图 6—42　织带包边　　图 6—43　中厚面料包边　　图 6—44　纤薄面料包边



（4）多层重叠工艺。镶嵌滚可以根据设计需要重叠运用各种工艺手法，主要用于高质高价的衣物边缘工艺处理。其在服装上的应用及附件如图 6—45 至图 6—50 所示。

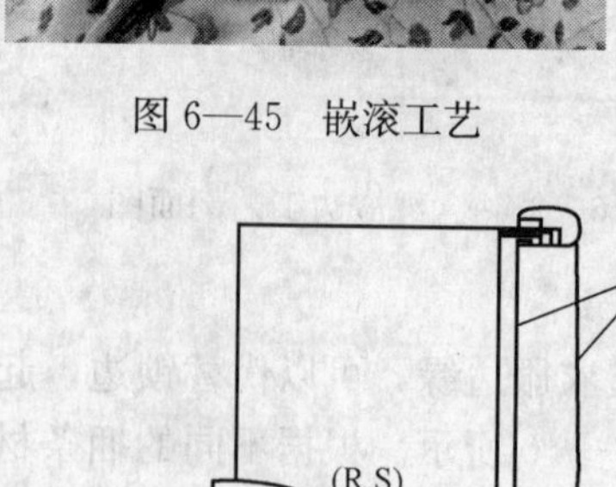

图 6—45　嵌滚工艺

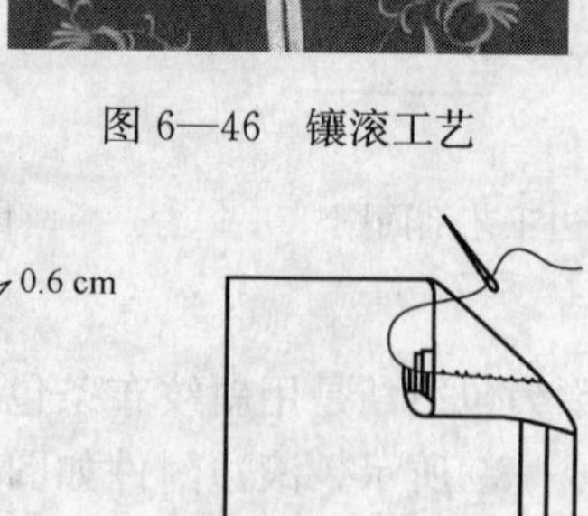

图 6—46　镶滚工艺

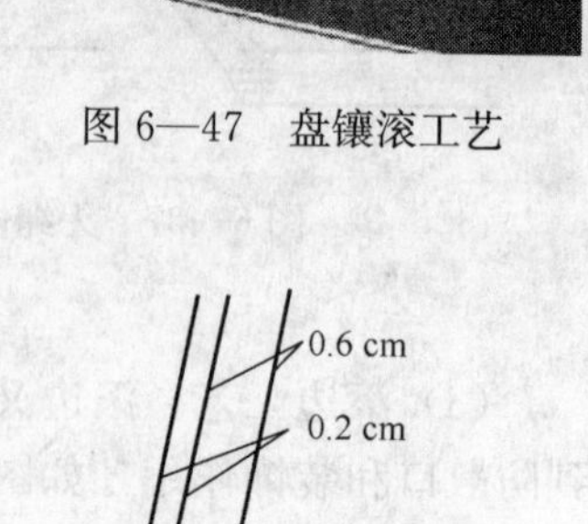

图 6—47　盘镶滚工艺

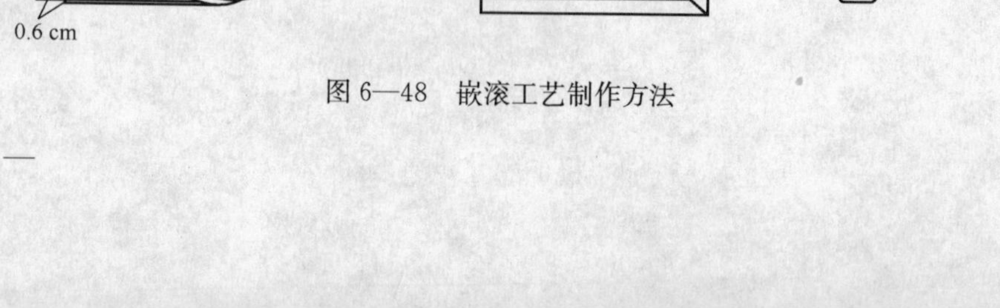


图 6—48　嵌滚工艺制作方法

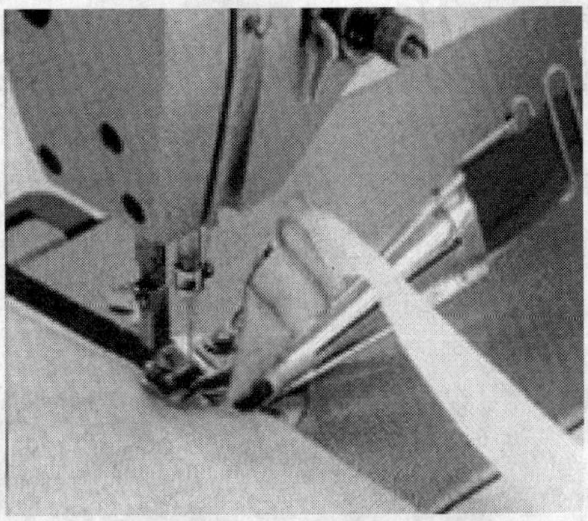

图 6—49　嵌滚附件

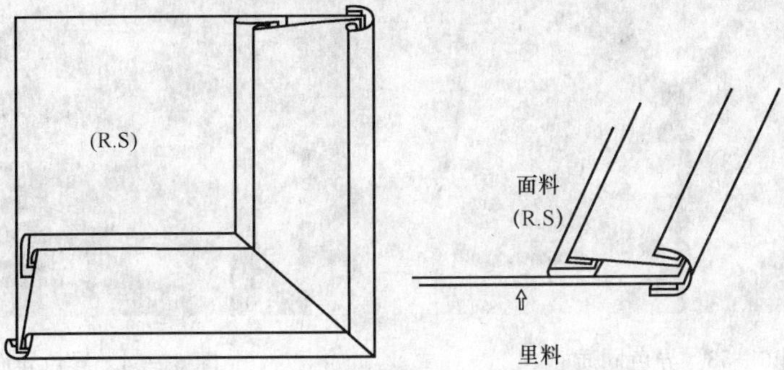


图 6—50　多层重叠镶嵌滚工艺制作方法



2. 不同材质镶嵌滚的类型

根据斜裁面料与边缘面料颜色及材质的区别，可将镶嵌滚工艺分为同色同质、同色异质、异色同质和异色异质四类。

（1）同色同质。同色同质的镶嵌滚虽然对提高服装的整体视觉效果起不了多大的作用，但细微处的精致感会给人一种平静、低调及简约的感觉，如图 6—51 所示。

（2）同色异质。采用不同材质色系相同的镶嵌滚工艺，突显面料质感上的视觉反差，既有统一又有变化感，如图 6—52 所示。

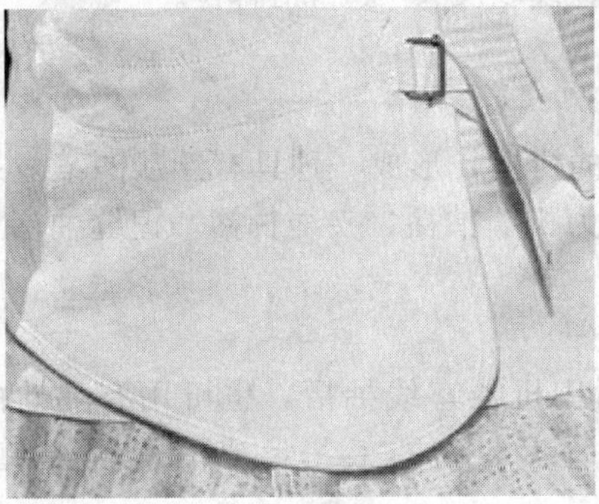

图 6—51　同色同质

图 6—52　同色异质

（3）异色同质。不同的颜色相同材质的镶嵌滚工艺，如同绘画中的描线般将服装的部件用明显的线框装裱起来，颜色反差明显，装饰效果强烈，如图 6—53 所示。

（4）异色异质。既不同颜色又不同材质的镶嵌滚工艺，所带来的视觉反差是最具有冲突感的，装饰效果也最为明显，适合较夸张、大胆、另类的服装，如图 6—54 所示。

图 6—53 异色同质

图 6—54 异色异质



**3. 镶嵌滚工艺的作用**

（1）具有非常特别的装饰效果，尤其是撞色效果的异色类镶嵌滚工艺。

（2）突出缝道或衣摆边缘的装饰效果。

（3）强调衣服开口、衣摆外形与细节轮廓，突出线条的装饰效果，彰显清晰的轮廓美感。

**4. 镶嵌滚工艺的应用**

镶嵌滚工艺的制作比较费时费料，制作成本较高，但效果非常精致。通常应用于高档服装，如旗袍、晚礼服的衣领、袖口、袋、领线以及衣摆边缘等部位。

## 二、抽褶工艺

抽褶是利用缝纫线在面料上抽出立体感的褶裥，形成一种具有浮雕图案效果的装饰工艺。根据不同的工艺制法，抽褶可分为机缝抽褶、夹绳抽褶和捏缝抽褶三种方式。

**1. 机缝抽褶**

在面料的反面绘制好线迹的走向，然后用机器车线抽褶，也可用有弹性的橡筋线代替缝纫线，如图 6—55 和图 6—56 所示。这种工艺形成的褶裥较随意、自然。

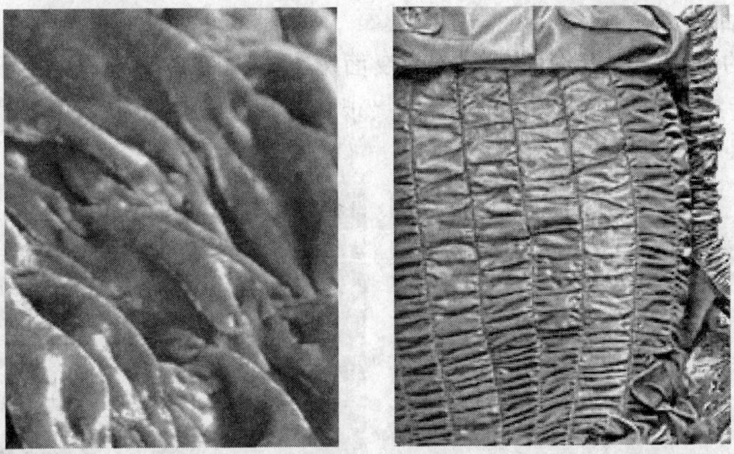

图 6—55　机缝抽褶

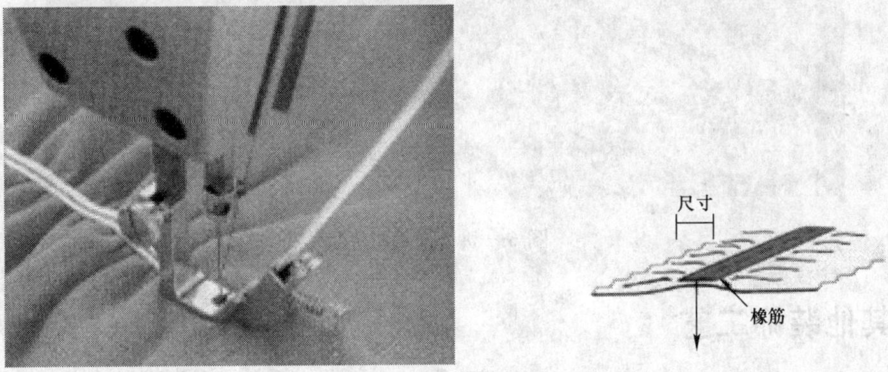


图 6—56　抽褶附件



**2. 夹绳抽褶**

先将面料包裹住软绳并车成管状，然后抽软绳，以此在面料上形成均匀的细褶，如图 6—57 所示。这种工艺在视觉上形成大量平行线条，多用于晚装等。

图 6—57　夹绳抽褶

### 3. 捏缝抽褶

在面料的反面绘制好图案，然后从反面用手工将图案捏起，再用手缝拱针后抽褶，如图 6—58 所示。这种工艺可以做出很有规律的立体图案，但较费时，多用于中高档服装。

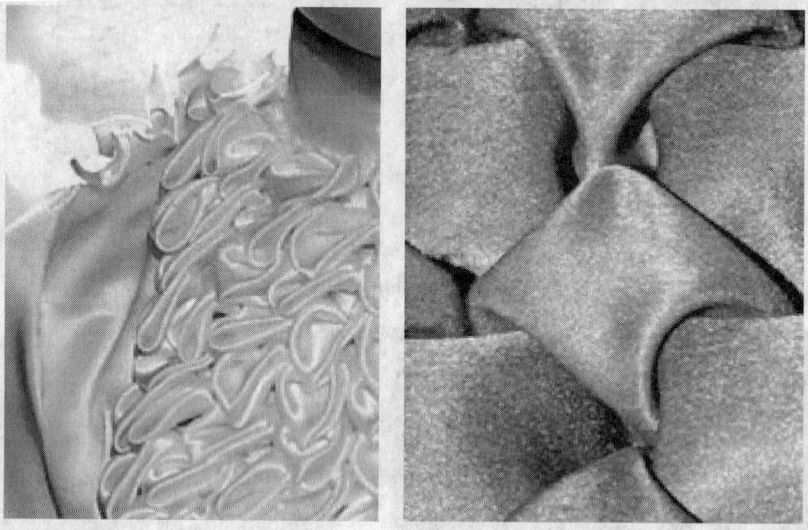

图 6—58　捏缝抽褶



## 三、其他装饰工艺

### 1. 荡条工艺

荡条是将异色带条连续缝装在面料的中间部位，起到非常强烈的线条型装饰效果，如图 6—59 所示。

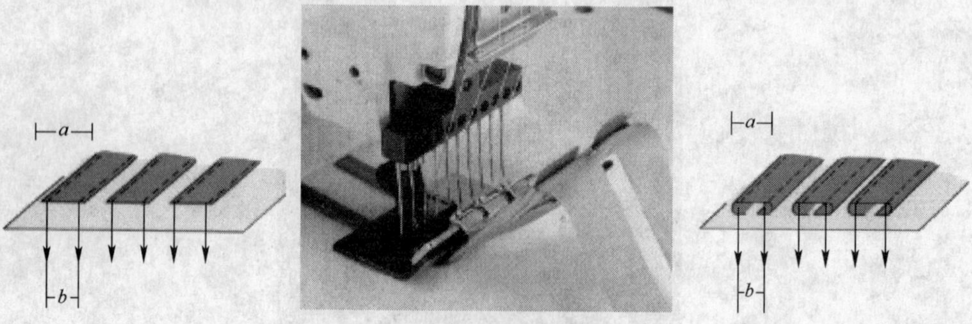


图 6—59　荡条工艺及附件

### 2. 条摺工艺

条摺又称为塔克，每一个条摺的宽度为 0.3～1 cm，手工打条摺非常费时，而且很难保持平直均匀的效果，借助打条摺附件能使工业化生产获得非常满意的产量和质量，如图 6—60 所示。

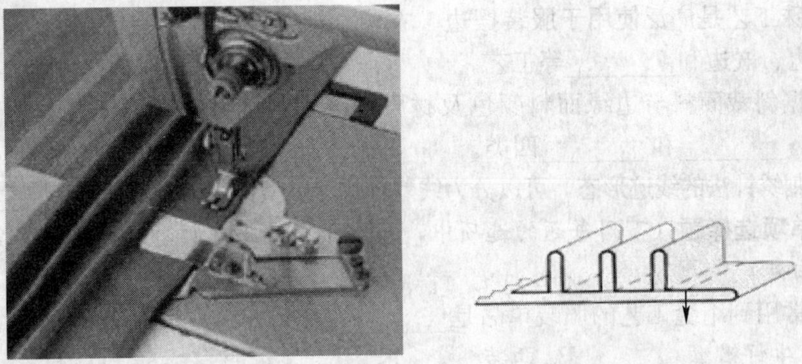

图 6—60　条褶工艺及附件

### 3. 排褶工艺

排褶的宽度为 1～5 cm，分为手工制作和机械制作两种，手工制作需要借助熨烫工具，机械制作非常快捷，只需最后整烫服装即可，如图 6—61 所示。排褶工艺常用于制作百褶裙等褶裥型服装。

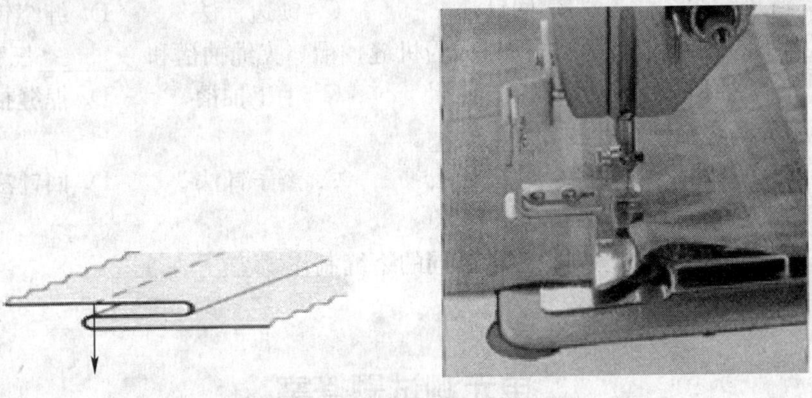

图 6—61　排褶工艺及附件



## 单元测试题

**一、填空题**（请将正确的答案填在横线空白处）

1. 明线缝根据不同的制作方式，可以分为________和________。

2. 雕绣是根据图案的设计在面料上修剪出空洞，并用________或________包裹边缘，形成具有镂空质感的刺绣图案。

3. 根据制作完成后不同的外观效果，嵌边还可以分为________嵌边和________嵌边两种。

4. 绗缝根据不同的风格，可以分为________绗缝和________绗缝。

5. 绗缝根据不同的填充材料，可以分为棉絮绗缝、羊毛绗缝、羽绒绗缝和________绗缝。

6. 特殊工艺是广泛使用于服装摆边、衣领、接缝处的各种装饰工艺，常见的特殊工艺有镶边、嵌边和________等工艺。

7. 根据斜裁面料与边缘面料颜色及材质的区别，可将镶嵌滚工艺分为________、________、________和________四类。

8. 按刺绣针法的线迹形态，可以分为线型针法、点型针法、面型针法和________。

**二、单项选择题**（下列每题的选项中，只有1个是正确的，请将正确答案的代号填在横线空白处）

1. 最常用到绗缝工艺的服装单品是________。

A. 牛仔裤　　B. 西装　　C. 羽绒服　　D. 衬衫

2. 下面属于嵌边工艺的是________。

A. 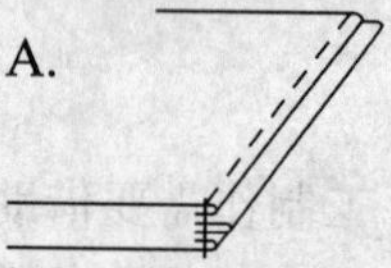
B. 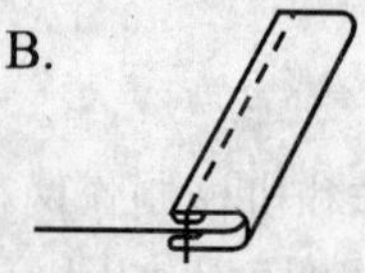
C. 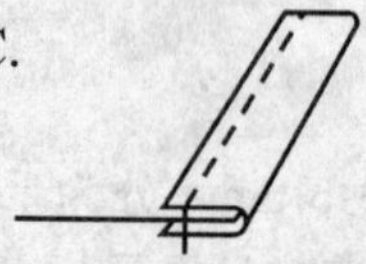
D. 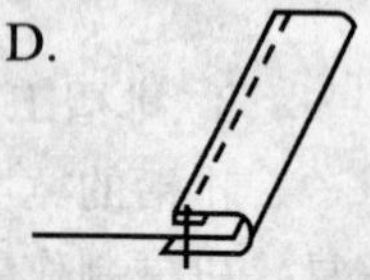

3. 下面刺绣针法中属于点型针法的是________。

A. 辫子针法　　B. 回针法　　C. 锁边针法　　D. 缠绕针法

4. 根据不同的工艺制法，抽褶可分为机缝抽褶、夹绳抽褶和________三种方式。

A. 橡筋抽褶　　B. 压脚抽褶　　C. 手工抽褶　　D. 捏缝抽褶

5. 链型针法包括锁边针法和________。

A. 打籽针法　　B. 缠绕针法　　C. 辫子针法　　D. 回针法



**三、简答题**

1. 什么是绗缝工艺？请列举两种不同的绗缝制作工艺。

2. 简述镶嵌滚工艺的定义。

## 单元测试题答案

**一、填空题**

1. 工业明线缝　手工明线缝　2. 锁边针法　包梗绣针法　3. 无绳　含绳　4. 英格兰式　意大利式　5. 羽毛　6. 滚边　7. 同色同质　同色异质　异色同质　异色异质　8. 链型针法

**二、单项选择题**

1. C　2. A　3. D　4. D　5. C

**三、简答题**

答案略。

# 第7单元

# 服装后整理工艺

□ 第一节　熨烫工艺/132
□ 第二节　包装工艺/140

# 第一节 熨烫工艺

培训目标

- 了解熨烫的原理
- 清楚熨烫的类型和作用
- 掌握各种面料的熨烫方法
- 掌握熨烫的要求与技巧

熨烫是指利用热力、时间、压力、湿度、抽湿（冷却）等两种或两种以上参数的热定型处理，以消除或制造褶痕、拉长或收缩衣片，从而改变面料组织，达到重塑外形的工艺方法。

## 一、熨烫的原理和作用

### 1. 熨烫的原理

热力、压力、时间、湿度和冷却是服装熨烫塑型的五个必要条件，其中热力、压力和时间是热定型中最基本的“三要素”。熨烫的基本原理是：

（1）加热原理。低温时织物纤维的分子结构稳定，很难改变。在高温的条件下，织物纤维分子运动速度加快，分子链结合力相对减弱，此时织物处于柔软的高弹状态，具有良好的可塑性，有利于衣片重新定型。



（2）施压原理。大多数纤维都有一个明显的“屈服应力点”，当纤维获得的外力超过这一应力点，纤维分子才能移位变形，面料才能按照预定的效果达到伸直、弯曲、拉长或缩短等塑型外观，如西裤中缝、百褶裙。施压的重量主要取决于织物的种类，如纤薄料、光面织物所需压力一般比厚重物料或绒面织物小。

（3）定时原理。由于织物的导热性较差，所以熨烫时热力和压力必须在织物上有一定时间的延续才能获得新的形态，达到平整定型的效果。另外，如果没有抽湿设备，则需在织物上作一定时间的辅热熨烫，才能蒸发水分子。

（4）给湿原理。给湿的作用是改变纤维分子间的结合状态，使纤维结构柔软、膨胀伸展、曲折变形，方便织物容缩或伸展塑型。同时，给湿还能缓解热力对织物的直接作用，有效消除泛黄、极光等熨烫病疵。注意给湿要适中，湿量太少会阻碍定型，湿量太多则导致外形反弹，织物容易发霉。

（5）冷却原理。冷却抽湿能固定织物纤维的新形态，使服装轮廓清晰有型，获得稳定、洁净的外观。常见的冷却方式有自然冷却、抽湿冷却、冷压冷却三种。

### 2. 熨烫的作用

从原料测试到制品成型，熨烫贯穿于服装生产的整个过程，是制品确定外形线条的基本手段之一。其作用具体表现在以下几个方面：

（1）平整衣料。在生产前或生产过程中的熨烫，主要是消除面料上的褶皱，使制品平服整洁，减少下道工序的整熨难度。

（2）方便操作。在生产过程中的熨烫可以预缩衣片、去除皱痕、平整缝道和部件外形，使衣料易于拿取和折叠，方便后续生产操作，同时还能获得稳定的工艺外形，减少次品的产生。

（3）塑型定型。通过推、归、拔等熨烫手法和技巧，可以塑造服装的立体造型，弥补结构造型技术上的不足，使服装合体美观。在半成品缝制过程中，按工艺要求对衣片进行平分、折扣、压实等熨烫操作，以达到缝道贴服、褶裥平直、贴边平薄等持久定型的效果。已完成缝制的成品通过整形熨烫，可以使服装达到平整、挺括、美观、适体等外观形态。

（4）修补瑕疵。通过热蒸汽定型熨烫，可以修正生产过程中出现的瑕疵，如线迹缩聚、缝道起皱、弧位松弛起泡、里襟反光、尺寸偏小或规格偏大，以及在熨烫过程中因操作不当所造成的水印、极光、倒毛等弊病，都可以运用熨烫技巧来修饰弥补缺陷，重塑服装外形。

## 二、熨烫的分类

### 1. 按生产流程分

按照不同的成衣生产过程，熨烫可分为产前熨烫、中间熨烫和成品整烫。

（1）产前熨烫。裁片投入生产线以前的熨烫，统称为产前熨烫。包括：

1）裁剪前熨烫。裁剪前对衣料进行预先处理，可以使衣料获得一定的热缩，并去掉多余的皱褶，确保裁剪质量。

2）裁剪后熨烫。裁剪后对衣片的归拔熨烫，可以使衣片某部位达到拉拔效果，弥补结构造型的不足，塑造立体造型。

3）测试熨烫。大量生产前通过熨烫对衣料的热收缩率、色牢度、耐热度等特性进行测试，并记录最合理的熨烫条件，为成品熨烫提供可靠的技术数据。

4）粘衬熨烫。对需要加衬的衣片进行粘衬处理，使衣片挺括、不变形，并使裁片易于拿取和缝合操作。

（2）中间熨烫。简称中烫，是服装生产过程中用熨斗对半成品进行手工熨烫，应用于衣片的推归拔熨烫、毛边扣烫、开缝劈烫、褶裥折烫等的缝边处理，以及衣领、口袋、袖级等的部件定型，使裁片容易握持翻折，缝制更快捷，衣片线条更突出，定型效果更清晰，并减少整烫难度和后续的补救工作。

中烫要求使用移动方便的熨具，以便按款式要求在需要中烫的工序前摆放而又不影响裁片的流动。通常要求安装/改装费低廉，以方便改款。中烫后的衣片尽量不要再进行捆扎处理，以免裁片起皱起泡，并应尽快缝合。

（3）成品整烫。简称整烫，是服装成型后和钉扣包装前，借助特殊的熨烫设备（如夹机或人像机）对成品进行除褶或成褶的最后整型熨烫，使服装整洁平滑，挺括定型。能方便折叠包装和运输；遮盖瑕疵，弥补不足，提高品质；装潢美观，吸引顾客，提高利润。

### 2. 按定型方法分

按照不同的定型方法，熨烫可以分为手工熨烫和机械熨烫。

（1）手工熨烫。是指通过熨斗进行手工作业的一种熨烫工艺，包括推、归、拔、蹲、压、焖、焗、拍、拖等技法，其中推、归、拔是塑型成三维立体的主要技法；蹲烫是施压熨烫；焖烫是无蒸汽的干烫，如粘衬；焗烫是只喷蒸汽的烘烫定型处理方法，如烫袖山；拍烫是将厚重的接缝位拍扁压实的一种先敲打后熨烫的方法，如袋盖的熨烫。拖烫是在衣料表面拖动熨斗的熨烫手法。手工熨烫简单易学，灵活多变，适应力强，适宜生产过程中的中间熨烫、有特殊要求的特体服装与个性化时装的立体造型。

（2）机械熨烫。是通过夹机或人像机等特种设备提供适宜的熨烫参数，按照人体各部位形态和设计要求对服装进行成品定型的熨烫，产出速度快，成型效果理想，多用于成品整烫。

## 三、熨烫参数的确定

### 1. 熨烫温度

确定温度参数要考虑衣料的厚薄、色泽、收缩率、纤维组成成分等因素，如混纺/交织衣物的熨烫温度以耐热性最差的低温纤维为选定依据。天然纤维属非热敏性纤维，而化纤属热敏性纤维，所以应注意各种面料不同的温度要求，以免面料变形、退色或被烫焦。不同熨烫方式下各种面料的熨烫温度参考值见表 7—1。

**表 7—1　不同熨烫方式下各种面料的熨烫温度参考表**　单位：℃

| 衣料类别 | | 直接熨烫温度 | 喷水熨烫温度 | 垫干布熨烫温度 | 垫湿布熨烫温度 | 备注 |
|---|---|---|---|---|---|---|
| 毛呢类 | 精纺 | 150～180 | — | 180～210 | 200～230 | 盖烫布熨烫比直接熨烫温度要高 30～50℃ |
| | 粗纺 | 160～180 | | 190～220 | 220～260 | |
| 混纺毛呢（如毛涤） | | 150～160 | — | 180～210 | 220～210 | |
| 丝类 | 桑蚕丝绸 | 125～150 | 165～185（烫反面不能喷水） | 200～220 | — | |
| | 柞蚕丝绸 | 115～140 | | | | |
| 棉类 | 纯棉 | 120～160 | 170～210 | — | 210～230 | |
| | 混纺（如棉涤） | 120～150 | 170～200 | | 190～210 | |
| 麻类 | | 190～210 | — | 200～220 | 220～250 | |
| 粘胶纤维（如人造棉） | | 120～160 | 170～210 | — | 210～230 | |
| 涤纶 | | 140～160 | 150～170 | 180～195 | 195～220 | |
| 锦纶 | | 120～140 | 130～150 | 160～170 | 190～220 | |
| 维纶 | | 120～130 | — | 160～170 | — | |
| 腈纶 | | 115～130 | 120～140 | 140～160 | 180～200 | |
| 丙纶 | | 85～100 | 90～105 | 130～150 | 160～180 | |
| 氯纶 | | 45～60 | 70 | 80～90 | — | |
| 乙纶 | | 50～70 | 55～65 | 70～80 | 140～160 | |
| 醋酯纤维 | | 150～160 | — | 170～190 | — | |

单元 7

2. 熨烫压力

组织结构较疏松的轻薄织物，利用熨斗本身的重量或手部轻微施压即能满足熨烫要求；组织结构较紧密的、厚重的织物或接缝层数较多的部位，熨烫时需施加较大的压力；熨烫丝绒、长毛绒、灯芯绒、平绒等绒面织物时，不宜施加压力，以免出现倒毛、极光等现象，影响熨烫质量。

3. 熨烫时间

熨烫时间是一个可变量，它与熨烫时的温度、湿度、压力密切相关。温度高，则压烫时间宜短；温度低，则压烫时间要加长。各种面料最佳熨烫压力、时间参考值见表7—2。

**表 7—2　　各种面料最佳压烫时间参考表**

| 衣料种类 | | 熨烫温度（℃） | 熨斗在某部位压烫总压力（N） | 衣料熨烫含水量（%） | 部位压烫时间（s） | 备注 |
|---|---|---|---|---|---|---|
| 毛呢类 | 精纺 | 200～230 | 约 39.2 | 盖烫布　65～80 | 6～8 | ①熨斗功率为 500 W<br>②熨烫总压力指熨斗自重力加手施压力<br>③盖烫布熨烫温度提高 30～50℃ |
| | 粗纺 | 220～260 | 42.14 | 盖烫布　约 100 | 8～10 | |
| | 混纺 | 200～210 | 约 39.2 | 盖烫布　65～80 | 6～8 | |
| 丝类 | 桑丝绸 | 165～185 | 约 34.3 | 喷水　25～30 | 3～5 | |
| | 柞丝绸 | 180～220 | 约 34.2 | 盖烫布　40～50 | 5～6 | |
| 棉类 | 纯棉 | 170～210 | 39.2 | 盖烫布　15～20 | 3～5 | |
| | 涤棉 | 170～210 | 39.2 | 盖烫布　15～20 | 3～5 | |
| 麻类 | | 190～210 | 42.14 | 盖烫布　约 25 | 4～5 | |
| 粘胶纤维类 | | 170～210 | 39.2 | 盖烫布　35 | 3～5 | |
| 合成纤维类 | 涤纶 | 150～160<br>180～220 | 39.2 | 喷水　15～20<br>盖烫布　约 70 | 3～4<br>6～8 | |
| | 维纶 | 160～170 | 39.2 | 盖干布（不加湿） | 3～5 | |
| | 锦纶 | 120～150 | 39.2 | 喷水　15～20 | 5 | |
| | 腈纶 | 120～150 | 39.2 | 喷水　15～20 | 5 | |
| | 丙纶 | 80～100 | 39.2 | 喷水　15～20 | 3～4 | |
| | 氯纶 | 70 以下 | 39.2 | 喷水　15～20 | 3～4 | |

## 四、各种面料的熨烫技巧

1. 不同纤维成分面料的熨烫技巧

（1）棉料。纯棉衣料吸水性强，性能比较稳定，可承受较高的熨烫温度。含浆量大的白色或浅色织物熨烫温度一般不超过 150℃，以免浆质变黄而影响外观。淡色的棉料可以两面压烫，熨烫正面时要加铺一块干而薄的烫布，以防正面变色。深色棉料只能在里层熨烫。棉织物吸湿性能好，熨烫时勿喷过多的水汽，以免面料收缩，尤其是后整理比较差的棉料。熨烫完毕需延长热烫或抽湿时间，直至面料全干燥为止，也可以自然晾干。

（2）毛料。包括羊毛料、尼绒料等，其吸湿性好，保温性能佳，伸缩性能好，易反弹，难定型，易起极光。但导热性较差，一般要加湿熨烫，而且熨烫时间需加长。铺于坚硬的烫台上熨烫有助于定型，熨烫时施压或用锤子敲打缝道至最薄，压烫时要多加蒸汽。铺一块拧干的烫布再熨烫可以防止极光的产生。熨烫完毕一定要抽湿和施压冷却处理，直至蒸汽全干为止，以免毛料反弹。若出现轻微烧焦或极光现象时，用刷子沾水后在烧焦之处轻刷，可把焦味去除。

（3）真丝料。包括家养桑蚕丝和野蚕丝等，按照织造时所用的纤维特点，真丝料又可以分为长纤维的绸缎类和短纤维的绢丝类两种。真丝制品不宜喷水后采用蒸汽熨，以免产生水渍。

1）绢丝类织物。由桑蚕丝纺织而成，如电力纺、绢丝纺、杭罗、双绉和乔其纱等，熨斗可直接在衣服反面熨烫，但喷水要均匀。

2）绸缎制品。主要有织锦缎、古香缎、软缎等。熨烫时，先在面料上加铺一块薄而软的烫布或铺一块吸水绵纸低温熨烫，可以防止衣料上出现水印。

野蚕丝包括柞蚕丝、蓖麻蚕丝、木薯蚕丝、樟蚕丝、柳蚕丝和天蚕丝。不均匀地喷水给湿熨烫，织物同样会出现点状水花印渍，影响外观，所以不能直接喷水熨烫。通常先垫一层干布，再盖一层湿布（含水量 40%～50%，温度为 190℃左右）熨烫。

（4）化学纤维。化学纤维熔点低，不耐热，宜加烫布或绵纸低温熨烫，不喷蒸汽，以免留下熨斗印痕。



1）腈纶料。其耐热性较涤纶差，应尽量少加湿。宜衬湿布快速熨烫，熨烫时间过久会引起收缩或极光，导致泛色。

2）维纶料。在高温湿态作用下会急剧收缩以致熔融，所以不宜采用高温和加湿熨烫，烫温在 120℃左右。不能喷蒸汽或加湿布烫，以免引起收缩或产生水迹印，必须铺上热干布干燥熨烫。

3）粘胶人造棉。特点与棉纤维相似。由于粘胶纤维在湿态下会膨化、缩短和变硬，同时强度也会大幅度下降，因此熨烫时应尽量避免给湿，以免织物出现起皱、不干等现象。不能用力拉扯，以防变形。

4）锦纶料。纯锦纶衣物可免烫。锦纶泡泡纱不能熨烫，因其极易发黄、发硬。

5）涤纶料。吸湿性较差，不易变形，可稍加轻烫或无须熨烫。需要熨烫的织物加湿熨烫，时间不宜过长。已成型的皱褶较难消除，所以熨烫时要注意先平整衣料再熨烫。

**2. 不同特性面料的熨烫技巧**

（1）绒毛料。绒毛料熨烫时要将有绒毛的一面倒扣在针面烫板或起绒织物的上面，隔着烫布熨烫绒毛料的底层，然后用干蒸汽焗喷定型。

（2）纤薄料。雪纺、水晶纱、玻璃纱等纤薄料需隔着烫布低温熨烫，避免面料与熨斗直接接触。天然纤维薄料用少量干蒸汽高温熨烫，人造纤维薄料则需用高压低温湿蒸汽熨烫。褶皱类款式的服装可以不作熨烫。

（3）针织料。针织服装通常自由摆放或套上模板，然后喷干蒸汽压烫。用模板熨烫可以固定成衣尺寸，注意勿推烫拉扯或容缩归烫，以防衣料变形。整烫后必须抽湿定型，或等待衣料冷却以后再移走。

## 五、服装熨烫要求与技巧

### 1. 熨烫基本要求

（1）熨烫前，先清除衣料、熨斗、烫台上的所有杂物与污渍。

（2）熨烫前，先看护理标志的指示，了解面料纤维的成分，然后用边角料测试熨烫，确定面料可承受的熨温、压力、干湿蒸汽、时间等参数。观察熨烫以后服装尺寸、面料组织是否有变化。

（3）熨烫前，要观察熨烫部位的布纹是直纹还是横纹，熨时尽量减少拉扯和移动，应轻柔地顺着丝绺滑行熨烫，寻找合适的熨烫手势，以防推斜、拉长或容缩服装。

（4）宽幅面料尽可能摊平在宽大的烫台上熨烫，以免铺展不平服而出现新的折痕，或者出现拉伸上层料而热缩下层料的现象。

（5）尽可能在面料的反面熨烫，在面料正面铺层烫布熨烫可以防止热力损伤面料。

（6）熨烫比较困难的部位应增设中烫，以方便成型和整烫。低档服装一般不设中熨。

（7）常见熨烫织物受损情况包括：着色泛黄、变焦、变深，变色、退色，纤维收缩、织物起皱，材料软化、冷却后变硬，纤维熔融，产生极光，织物强度下降，如棉料等。

其中，衣料表面起极光或有印痕的原因是：压力太大，湿度不够，熨斗摩擦面料过多。起极光补救办法：铺上水布焗喷蒸汽，熨斗不接触面料，然后逆向刷毛，待细毛回复后，再置一干布用熨斗烘干衣物。印痕避免办法：勿铺于硬挺部位，用棉布或软垫撑起再熨烫。



### 2. 中烫工艺技巧

（1）缝道。先烫双层线迹，再分缝熨烫。为防止缝边印出正面，在缝边与面料间铺一层薄料或纸带，注意不要在过于硬挺的烫台上熨烫。

1）外弯形的臀部、胸部缝道。熨烫时需分段熨烫，缝边可以烫缩成波状纹。利用凸型烫床、烫枕熨烫弯弧形的胸部、臀部等，可以提高熨烫工艺。

2）内弯形的腰部缝道可以在内凹的缝边打个剪口，使分缝平服。

3）有容位的缝道如袖山，可以套在袖板边或软垫上，只喷蒸汽焗烫，勿压烫，或用人像机热力定型。

4）特别厚重的缝道如袋盖，勿在缝道处来回拖拽熨斗或施压过度，以免起极光。熨烫前可先用锤子敲平隆起部位，熨烫时多喷蒸汽少施压力。

5）斜纹方向的缝道应沿着丝绺方向轻推，避免衣料被拉伸变形。

（2）省道。先烫双层面料的线迹部位，再折烫省道，注意勿施压过度而使正面出现印痕。腋下省向上拨倒，袖肘省向下拨倒，榄形腰省中端剪刀口后向前中或后中拨倒。

（3）碎褶。先铺平衣料熨烫平整，再抽缩碎褶，无须中烫。整烫时，只熨烫没有缩褶的部分。

（4）拉链。先拉合拉链，铺在软垫上后熨烫底层，注意不要压烫拉链牙，以防刮花熨斗底或面料正面出现牙痕。烫正面时需铺一块烫布，特别纤薄的面料还应在面料与拉链牙之间加铺一片纸带再熨烫，可以防止正面出现牙痕。

（5）袖子。上袖前在袖山头作容缩熨烫可加大袖头的容缩量，上好袖以后的袖山只喷蒸汽焗烫定型即可，无须施压熨烫。

（6）衣领。领线位要铺于弧形的袖板上缩烫，以防被拉伸。由于面领比底领大，故铺平衣领后，先烫领外边位，再由领线位向领边线推烫一小段距离即可。

**3. 整烫工艺流程与技巧**

（1）成衣整烫工艺流程

成衣整烫工艺流程与方法根据产品种类、设备结构而定。通常先烫里层，再烫面层；先烫省道和襟贴，再劈烫开缝；先烫部件，再烫衣身。

1）上装熨烫流程。烫大袖→烫小袖→烫袖级→烫衣领→烫前身里层→烫侧缝→烫后背→翻折衬衫→烫双肩→烫袖窿→烫前身面层。

熨斗在衣身上的移动路线应由领线推至袖窿，由袖窿弯推烫至胸部或背部，再由腋下窿弯烫至侧缝。

2）下装熨烫流程。烫腰身→烫后袋布→分后裆缝→烫前袋布→烫拉链襟贴→分烫侧缝→分下裆缝→翻折裤子→烫袋口面层→烫裤中缝→烫裤口/裙摆。

熨烫裙子，尤其是宽摆裙的裙脚时，应沿着直丝方向由裙摆推烫至腰部，以免被拉伸或起波纹。卷边后的裙脚铺在软垫上熨烫可以防止印痕的产生。

熨烫裤子时，先烫裤身再烫裤筒。



（2）整烫管理流程

1）首件熨烫示范。组长召集所有烫工示范首件熨烫的操作流程和注意事项。

2）首件熨烫检验。检查熨烫的第一件成品是否平整光滑，有无出现熨烫瑕疵，熨烫后的成品是否符合制单要求。

3）批量开烫。先由烫工试烫 8～16 件，检查合格后才可以开烫大货。

4）成品出数。烫部将检查完毕的成品交给品管部点数后，烫部及品管部双方在“出货数表”上签名，发给钉纽工钉纽。最后品管部质检人员对熨烫好的服装进行全查并过验针机检验，如果发现瑕疵，通知烫部主管安排返烫或车间主管安排翻修。合格成品由质检人员交给包装部点数，由品管部及包装部双方在“出货数表”上签名。

（3）整烫品质要求

1）分烫要平服，扣压烫要薄实。劈烫开缝时应尽量贴近缝边，缝边要平坦，同时衣料正面要求无缝边的痕迹。

2）产品外表不变形。熨烫时注意不能随意拉长或收缩制品的尺寸，以防服装变形或不合体。

3）成衣整烫要平直、挺括、饱满、美观。避免起极光、起泡、熔焦、变色、变硬、缩皱、水印、污渍、被拉长等熨烫弊病，影响衣料质地或使成衣变形。

4）熨烫完毕要立刻抽干所有水汽，使衣片定型和干爽，以免水分遗留而使缝边反弹浮起或衣料发霉。

5）入包前先搁置一段时间，可以散发服装上的水汽，防止霉变。

**4. 熨烫疵点分析**

(1) 泛色或退色。由于熨烫温度过高所致。

解决办法与预防措施：降低熨烫温度，同时多喷蒸汽多给湿，尽量在底层熨烫；熨烫正面时加垫烫布，可以防止面料正面变色。

(2) 起极光。由于给湿不足，施加压力过大，熨斗摩擦面料过多所致。

解决办法与预防措施：垫水布熨烫，多喷蒸汽多给湿。铺烫布熨烫可以防止极光的产生。若出现轻微的极光，用刷子沾水后在极光之处逆向轻刷表面的绒毛，待细毛回复后，再置一干布用熨斗烘干衣物，如此可减轻极光现象。

(3) 水印。由于喷水过多或不均匀地喷水，织物出现点状水花印渍，尤其是丝质类服装直接喷水熨烫后，会留下明显的水渍印痕。

解决办法与预防措施：真丝制品不宜喷水蒸气熨，在面料上铺垫薄软的烫布低温熨烫可以防止水印。

(4) 倒毛。熨烫绒毛类服装时直接铺在硬台上，并且施加压力过大所致。

解决办法与预防措施：绒毛面料熨烫时将有绒毛的一面扣倒在针面烫板或起绒织物的上面，再加垫布熨烫衣料的底层。

(5) 起泡。由于将服装铺在硬板上熨烫，或是熨烫温度过高所致。

解决办法与预防措施：应配合服装各部位的曲线，将服装铺在弧形软垫上熨烫，同时注意调节熨烫温度和湿度。

(6) 烫焦。熨烫温度过高且给湿不足所致。

解决办法与预防措施：若出现轻微烧焦时，用刷子沾水后在烧焦之处轻刷，可减轻焦味和焦印。

(7) 变形。由于熨烫温度过高，熨烫手势不当，用力拉牵使面料变形。

解决办法与预防措施：弹性服装可以套在模板上熨烫，熨烫时不能拉拔推烫或归拢缩烫，以防衣料变形。

(8) 收缩起皱。由于熨烫时间过长，喷蒸汽过量，或熨烫手势不当使面料容缩变短。

解决办法与预防措施：遇有这种疵点的面料，熨烫时应尽量避免给湿，尤其是熨烫吸湿性佳且缩水率较高的面料时勿喷过多的水汽，以免面料收缩。维纶、粘胶等化纤面料，宜干燥熨烫。

(9) 烫斗印痕。由于化学纤维熔点低，熨烫时没有加烫布，而且湿度不够、用力过猛导致留下明显的烫斗印痕。

解决办法与预防措施：勿铺于硬挺部位，加垫布熨烫，同时将熨烫部位铺在柔软的烫台熨烫，并降低熨烫温度、压力和停留的时间。

# 第二节　包装工艺

**培训目标**
- → 清楚包装的功能与类型
- → 掌握服装包装常用设备与包装步骤
- → 掌握折衫的原则与折叠方法

## 一、包装的类型和功能

包装是使用各种材料对产品进行整理的一种包裹工艺方法，以达到保护产品、方便储运、装潢美观、促进销售的目的。

**1. 包装类型**

包装类型通常根据服装的不同款式和不同折叠方法而定，并按照客户的要求和生产制单的明细进行操作。

包装根据服装不同的用途，可以分为销售包装和运输包装；根据服装不同的折叠方法，可以分为折装包装和挂装包装；根据不同的产品特点，可以分为透气包装、密闭包装和真空包装；根据不同的包装流程，可以分为内包装和外包装。



**2. 包装功能**

针对成衣物流需要经过储运和销售两大流程，包装的功能也具有相应的储运和销售两大功能，细分小功能主要有：

（1）保护衣物。需要搬运的包装要求耐压防震，同时能保护衣物以防受损、渗漏、偷盗、松散等。

（2）便于搬运。工整的包装可以方便制造者、营销者及顾客分批搬运成衣。

（3）节省运费。合理的包装能节省储运空间，降低货运量和储运成本。

（4）容易辨别。包装时按客户要求分色、分码入箱，同时包装材料外面注明产品型号、数量、品牌、厂家或零售商，便于分销商分批储存和分类提货，也可帮助消费者购买到需要的货品。

（5）促进销售。精美的装潢能够引起消费者的购买欲，同时还能提升产品的格调与品质。包装时突出成衣的款式特点，增强成衣的装饰性能，从而增加产品附加值，提高产品的售价。

## 二、包装用料

**1. 外包装材料**

按照不同的包装方式，外包装可以分为木箱、纸箱、纸盒和包装袋四种类型。包装类型的选用与成衣特性、包装功能要求、包装流行趋势、销售与顾客要求、包装技术、经济适用性等因素有直接关系，例如木箱不宜用于近距离运输的小件服装包装。

（1）木箱。按照木箱外形的差异，有密封型和柳条型两种类型。密封型木箱（见图7—1）笨重，封箱和拆箱难度大，运输成本高，适宜重型产品的海运。柳条型木箱（见图7—2）底部仍用木板承托，侧面则留有空隙，相对较轻，但不密封，适宜用于陆上运输，可降低运输负重与运输成本。

图7—1　密封型木箱

图7—2　柳条型木箱

（2）纸箱。纸箱是成衣包装中常见的外包装容器，主要有瓦楞纸箱和蜂窝纸箱两种结构。

1）瓦楞纸箱。根据瓦楞的形状可分为“U”“V”“UV”形纸箱。按照瓦楞的层数可分为一、二、三、五、七层坑箱，坑数越多则箱子越结实，承受力越强，如图7—3所示。其中单坑、双坑箱用普通胶纸封箱即可，三坑以上的纸箱则需用尼龙胶带包扎。瓦楞纸箱制作成本低，耗材少，箱体可折叠或平铺，搬运方便，能提高运输效率和节省存储空间。

2）蜂窝纸箱。按照蜂巢结构原理制作而成，如图7—4所示，其结构合理稳定，质轻，用料少，成本低，吸声隔热，强度高（是瓦楞箱的10～20倍），抗压抗弯，缓冲性好，不易变形，结实耐用，多用于电子产品、玻璃、陶瓷制品等贵重物品或出口高档服装的包装。

图7—3　U形单坑瓦楞纸板

图7—4　蜂窝纸板

蜂窝纸箱的平压强度、弯曲强度、横向侧压强度均高于瓦楞纸箱，瓦楞纸箱的纵向侧压强度、剥离强度则高于蜂窝纸箱。若以瓦楞纸箱作箱体，上下壁用蜂窝纸板作衬垫，可以提高包装箱的防震、抗压、保温、抗戳穿和承载能力。

此外，根据纸箱的外形还可以分为对掩式纸箱（见图 7—5）和套盒式纸箱（见图 7—6）。

对掩式纸箱适合折装服装的外包装，套盒式纸箱适合挂装服装的外包装。

图 7—5　对掩式纸箱

图 7—6　套盒式纸箱

（3）纸盒。纸盒是用于单件服装独立包装的容器，即每盒装 1 件衣物，盒体记有尺码、颜色、款式等资料。根据纸盒的外形结构可以分为分离式和连体式，根据纸盒的外观效果可以分套盒式和抽屉式，套盒式纸盒可分为外套式和内嵌式两种，外套式纸盒又分为天地式全套盒和肩颈式半套盒，如图 7—7 至图 7—10 所示。

图 7—7　抽屉式分离纸盒

图 7—8　内嵌式连体套盒

图 7—9　天地式全套盒

图 7—10　肩颈式半套盒

(4) 包装袋。成衣包装袋有纸袋和胶袋两种，纸袋主要用于销售产品时提供给顾客使用的手拎袋。胶袋是服装入盒入箱前的一层薄膜包裹物，由聚酯类材料制成透明状的胶袋。常见的透明胶袋有挂装袋和折装袋两种，折装袋又分为风琴底的立体袋和扁装袋。胶袋外部通常印有品牌资料、成衣款式说明、成衣规格表、产地和胶袋使用警语等资料，主要是为了保护衣物和方便消费者选用产品。

**2. 内包装材料**

(1) 纸板。硬纸板又称纸卡托板，用于衬托服装外形的垫板，能规范成衣的折叠尺寸，具有保型防皱和固定规格的作用，常用的厚度为 0.3 mm，规格为 22 cm×33 cm，也可以按客户要求裁切。纸板表面有单面白和双面白两种，外形分为矩形、“T”形和“工”形等，如图 7—11 所示。纸板形状可根据客户要求定做，也可以在纸板上印制品牌广告。

图 7—11　各种形状的衬衫纸板

(2) 衬纸。分为拷贝纸、防潮纸和防震纸等，拷贝纸通常放置于服装与纸板之间，可减少服装与纸板间的摩擦，并有一定的吸湿功能。皱纸表面有皱纹，用于包装盒和瓦通纸箱，防潮纸用于包装出口货品，波纹纸具有防震和装饰性效果。

(3) 领条。主要有胶领条和金属领条两种，是男装衬衫专用的包装材料，放置于翻领和立领之间，可以固定领围尺寸和外形，并使折装衬衫的衣领能达到立起的效果，如图 7—12 所示。

(4) 蝴蝶片。俗称蝴蝶胶托，是男装衬衫专用的包装材料，装入领托可使领嘴位笔挺丰满，如图 7—13 所示。

(5) 针。针是成衣折叠包装过程中常用的包装材料，常用的针有：

1) 大头针。分为普通大头针和珠针，主要用于固定折装成衣的外形，防止成衣在运输途中出现脱散和起皱的现象，如图 7—14 所示。

图 7—12　各种形状的领条

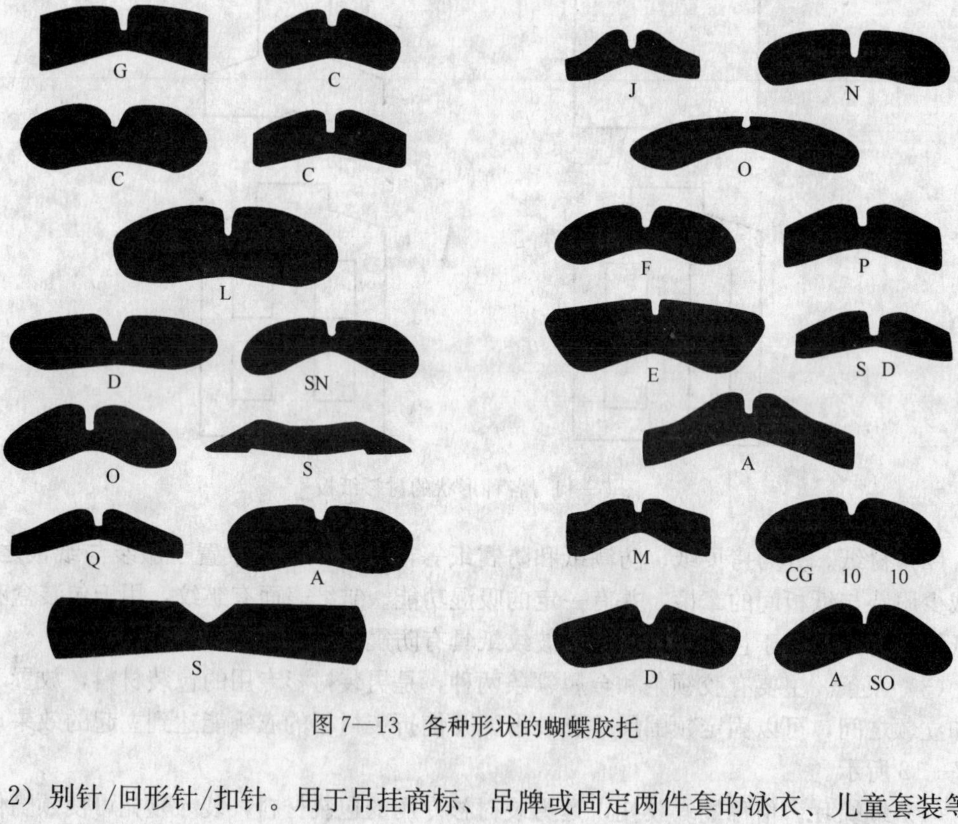


图 7—13　各种形状的蝴蝶胶托



2）别针/回形针/扣针。用于吊挂商标、吊牌或固定两件套的泳衣、儿童套装等小件饰品的材料，如图 7—15 所示。

3）吊牌针。通过针枪将各种吊牌、商标的材料固定在成衣上，如图 7—16、图 7—17 所示。

为防止大头针刺伤消费者，应在外包装袋上特别注明折叠衣物时针的使用数量。

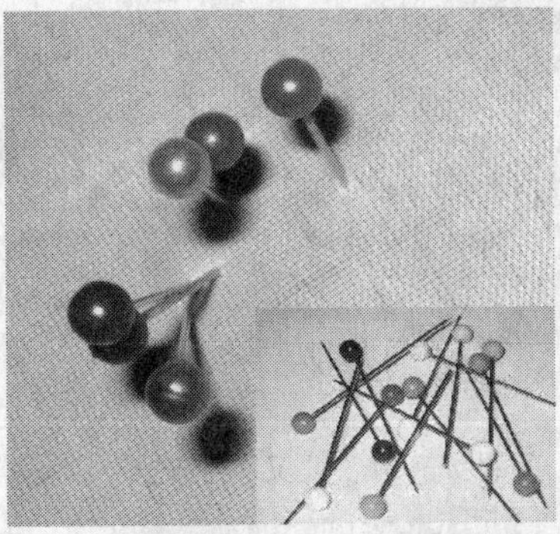

图 7—14　珠针

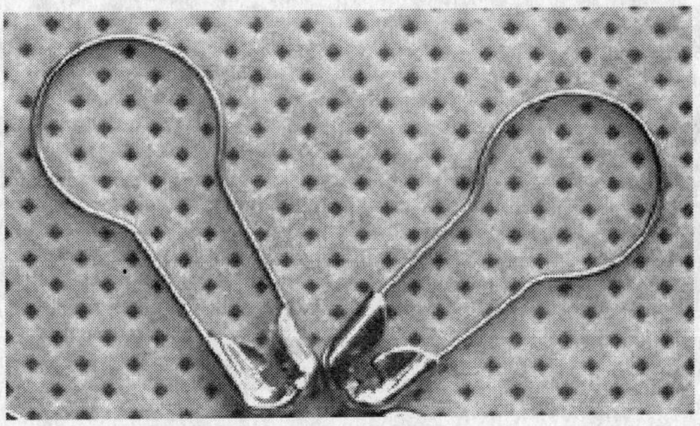

图 7—15　葫芦别针

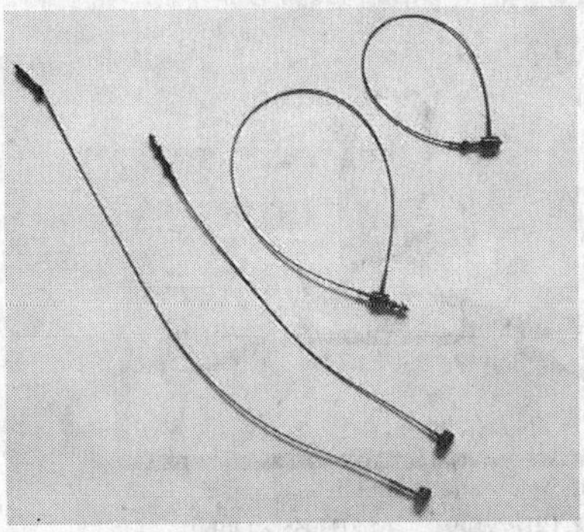

图 7—16　环形吊牌针

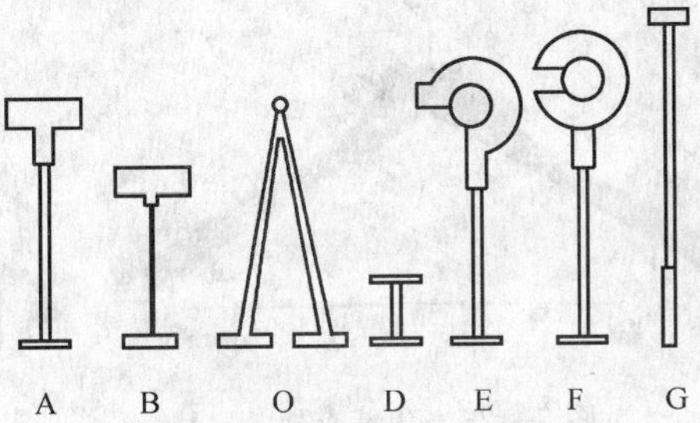


图 7—17　各种形状吊牌针

A—标准针　B—细针　C—双针　D—I 形短针

E—钩形针　F—圆形针　G—环形针



(6) 夹子。由塑料或金属制成，有长方形，三角形、“叉”字形三种。用夹子代替大头针固定服装，可以防止针头损伤衣物，使服装不易松脱变形。其中图 7—18 是用于衬衫中心部位的中心夹，图 7—19 是用于衬衫和普通衣物的边夹，图 7—20 是用于西裤的裤夹，图 7—21 是用于固定衬衫领口、袖口的“叉”字夹，适用于衬衫、内衣、外套等折装服装的包装。

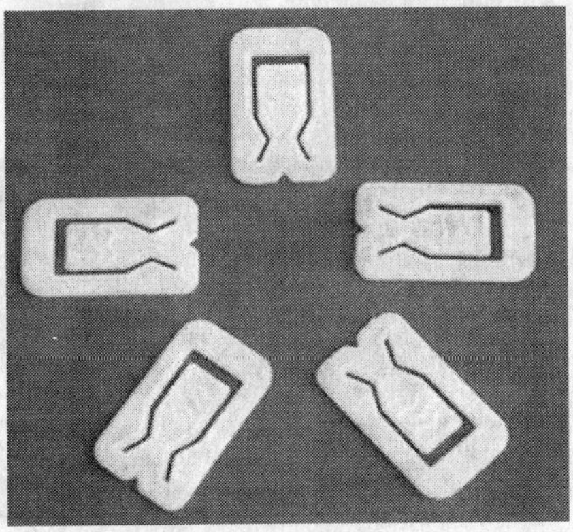

图 7—18　衬衫中心夹

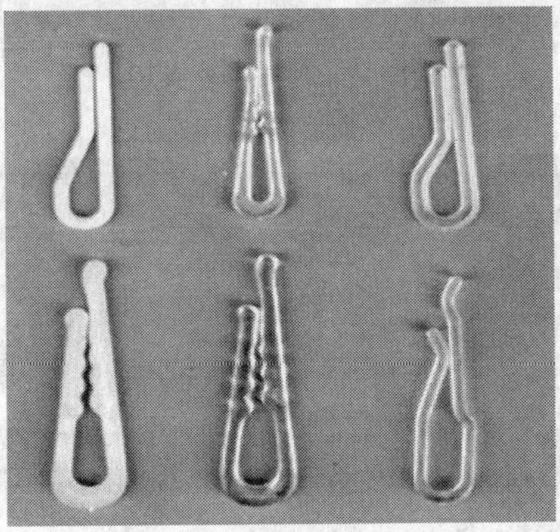

图 7—19　衬衫边夹

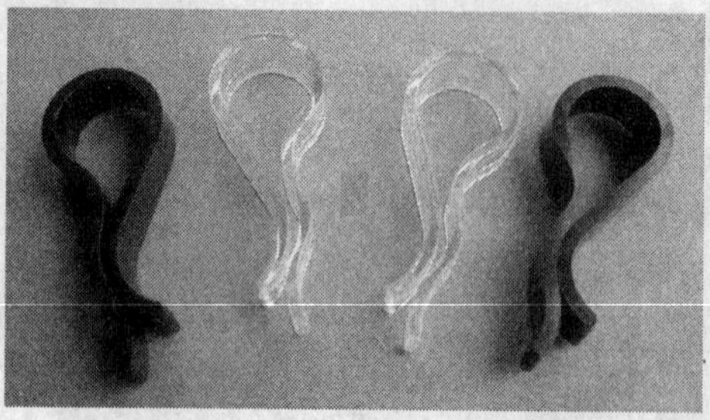

图 7—20　裤夹

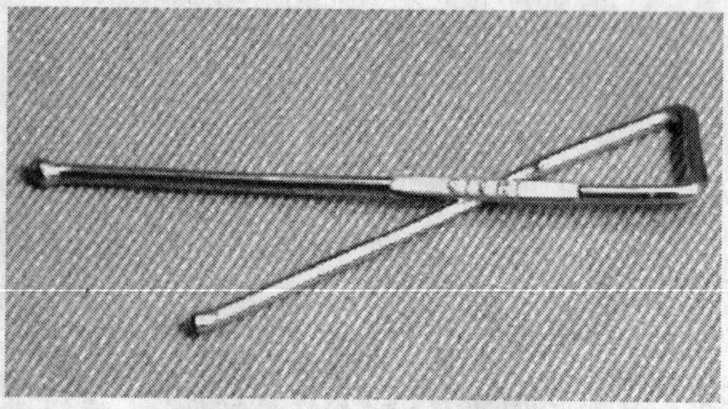

图 7—21　“叉”字夹

（7）塑料衣架。挂装服装的包装需要使用各种由塑料、实木、金属等制成的衣架。衣架有多种形状，以适应不同类型成衣的需要。图 7—22 至图 7—29 是适用于各种服装的衣架。

图 7—22　套装衣架

图 7—23　多用途衣架



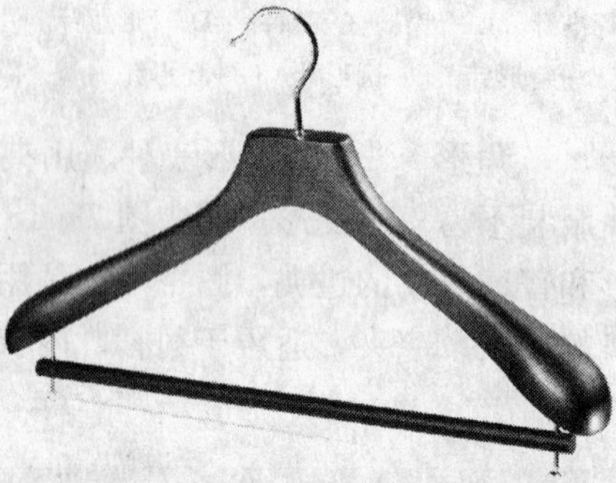

图 7—24　西装衣架

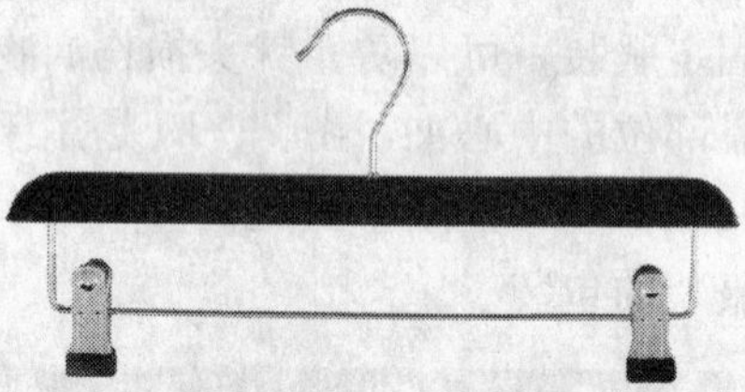

图 7—25　裤装衣架

图 7—26　小裙夹衣架

图 7—27　内衣衣架

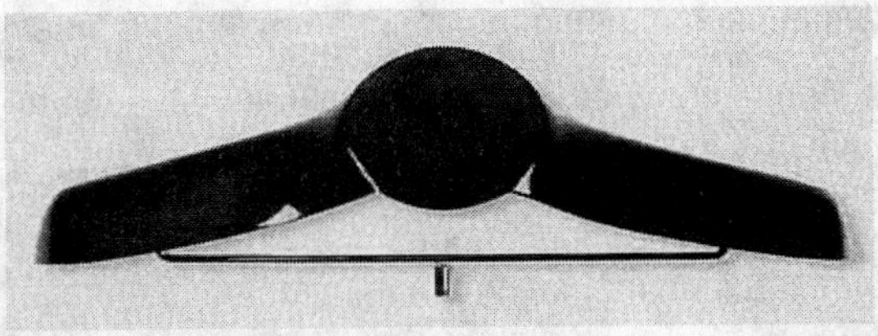

图 7—28 展示衣架

图 7—29 袜子勾架

此外，用于包装的材料还有封箱胶纸、封箱胶带、铁马仔等。

**3. 包装用料要求**

（1）外观要求清晰透明，厚度和规格可根据产品的厚薄而定。

（2）要求具有一定的柔韧性、硬挺度、透气性、阻燃性，对气味的吸收程度和对阳光的反应程度较低。

（3）包装材料表面应注明产地来源、产品款式、件数、搬运指示、尺码、重量、商品货号、本身材料的危害性等资料。

## 三、包装步骤与设备

服装包装入箱的步骤包括：折衫、挂牌、入袋、装箱、贴箱唛和打包装带。

**1. 折衫**

（1）折衫类型。服装检验合格后，必须进行规整的折叠定位才能包装入箱。常用的折衫方式有折装和挂装两种。



1）折装。折装是按照订单上的规格要求进行折叠的包装操作，能节省空间，方便储存运输，经济实用，运费低廉，适宜内衣裤、T 恤、衬衣、衫裙、围巾等中低档服饰或短而小的衣物。其中衬衫的折叠方法根据不同的衣领外形又分为企装、扁装和半企装三种。

折装衣物在折叠过程中通常要遵循以下几个原则：

①减薄厚度，缩小尺寸，降低运输成本。

②减少折痕，牢固定位，保持服装平整的外形。

③装潢精美，突出服装款式特点。

④规格统一，折叠工整，方便入袋入箱和物流管理。

2）挂装。挂装衣物无须折叠，只需平整衣物挂上衣架即可。挂装法能使衣物保持良好的外形，有效防止折痕的产生，但占用空间大，运输成本高。适用于大衣、西服、高档女裙、胸衣等高档成衣或长而大的衣物。

（2）折衫方法。不同类型的成衣有不同的折叠方法。

1）衬衣折法

①立起衣领，装外领条并翻折衣领。

②扣合领嘴上的纽扣。

③扣合其余纽扣，包括领尖、前中、袖口和袖衩处的所有纽扣。

④将衣物背面朝上平摊，放拷贝纸和硬纸板，如图 7—30 和图 7—31 所示。

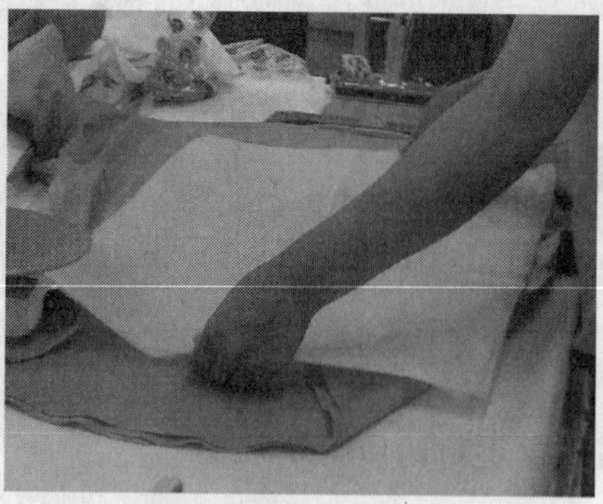

图 7—30　放拷贝纸

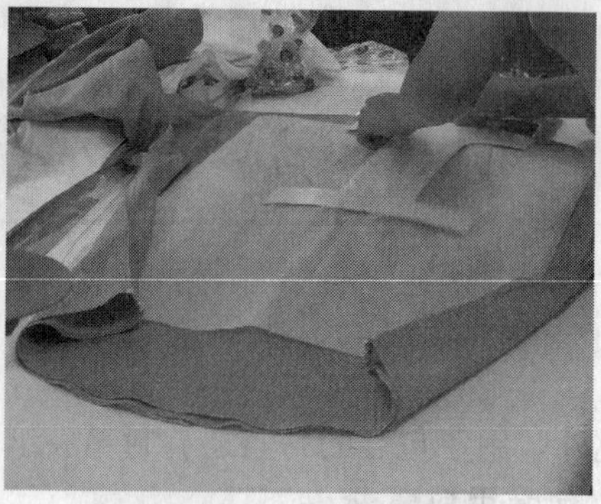

图 7—31　放硬纸板

⑤翻折左右袖子，如图 7—32 所示。

⑥两边侧缝向衬衣后中拉折，并用中心胶夹固定重叠的两边肩外点，如图 7—33 所示。

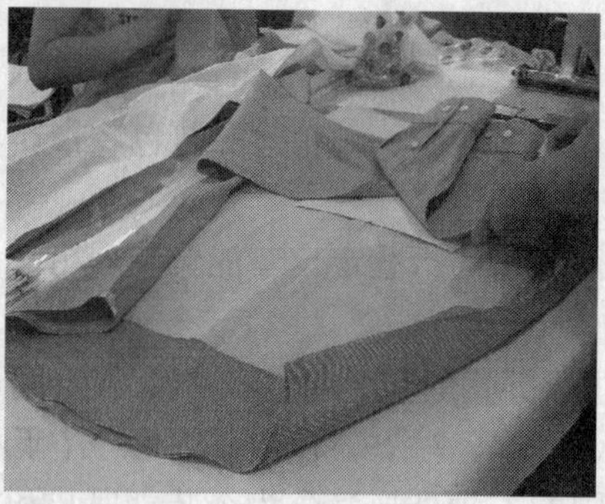

图 7—32　折叠袖子

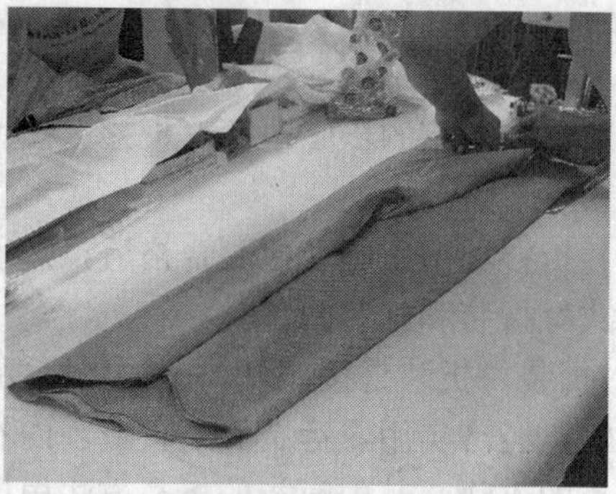

图 7—33　折叠侧身并用夹子固定



⑦扣折衬衣下摆 15～20 cm，如图 7—34 所示，具体尺寸依据客户折衫要求或纸板规格而定。然后再以纸板为标准，将衣身往上拉至与肩外点齐平，如图 7—35 所示。

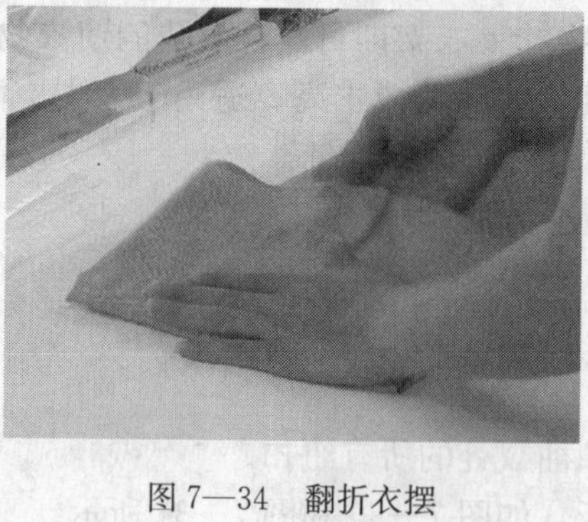

图 7—34　翻折衣摆

图 7—35　翻折衣身

⑧将衣摆塞入衣身顶部，如图 7—36 所示。

⑨将折叠好的衬衣翻转正面，调整领部、前筒与肩斜等部位，使之端直、对称，并用两个胶夹固定在衬衣的肩部。

⑩装入内领条和前领蝴蝶胶托，用大头针固定衣领，并在第二粒扣眼处挂上吊牌，如图 7—37 所示。

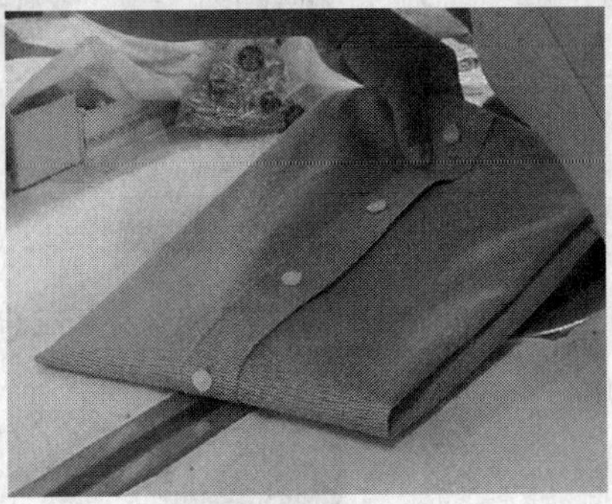

图 7—36　塞入衣摆

图 7—37　放领内条并挂吊牌

单袋款衬衣通常会将右袖口折叠外露，双袋款衬衣不露出袖口，无袋款衬衣则会将左右袖口都露出衣身的正面。折叠效果如图 7—38、图 7—39 所示。

借助折衫台（见图 7—40）能提高折叠效率，统一折叠规格，是衬衫服装企业必备的专用设备。

图 7—38　折装短袖衬衣外观

图 7—39　折装长袖衬衣外观

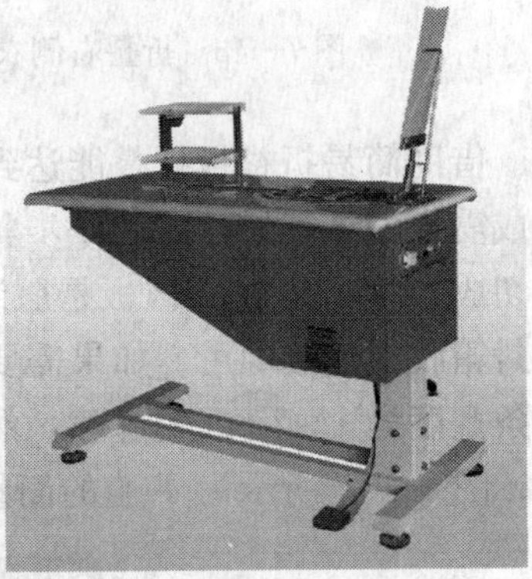

图 7—40　折衫台

2）T 恤折法。T 恤针织衫的折叠方法比较简单，步骤如下：

①将 T 恤平铺在桌子上，在 T 恤的后衣片上部中夹放一片硬纸板，硬纸板与肩齐平，如图 7—41 所示。

②把左边衣身的侧缝沿着纸板的规格纵向往后衣片中心线对叠，同时将左边衣袖往里纵向叠齐，如图 7—42 所示。

③沿着纸板侧缘纵向折叠右边衣身与右袖，如图 7—43 所示。

④将 T 恤的衣摆横向折起 15 cm，再沿着纸板的底边横向对折 T 恤，直至底边与肩齐平，如图 7—44 所示。

图 7—41　放硬纸板

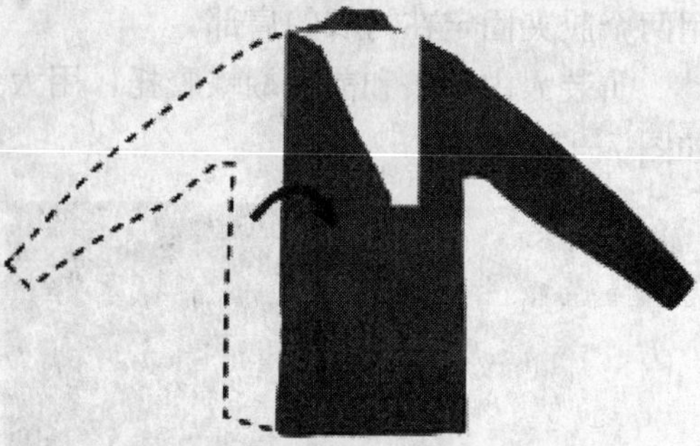

图 7—42　折叠左侧衣身与左袖

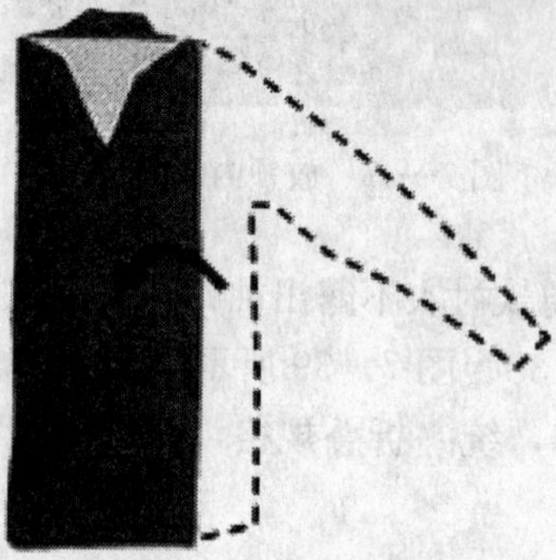

图 7—43　折叠右侧衣身与右袖

图 7—44　翻折衣摆



借助简易折衫板折叠能达到更快捷方便的效果。简易折衫板可以利用废旧的纸箱裁切成需要的纸板尺寸。制作步骤是：准备一个瓦楞纸箱或一批塑胶板，将纸板或塑胶板裁切成 6 片，其中 A 区板是服装折好以后的尺寸，可以根据订单需要进行调整。然后用封箱胶纸连接即可。如果需要折叠比较厚的服装，可以在每一块纸板的交界处中间留一条宽度为 1～2 cm 的缝隙，然后用黏胶纸封牢。图 7—45 是用塑料板制作的简易折衫板，图 7—46 所示为 T 恤的简易板折衫法。

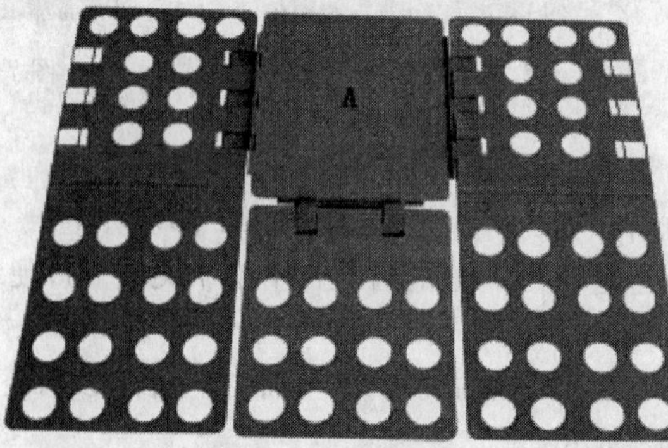


图 7—45　简易折衫板

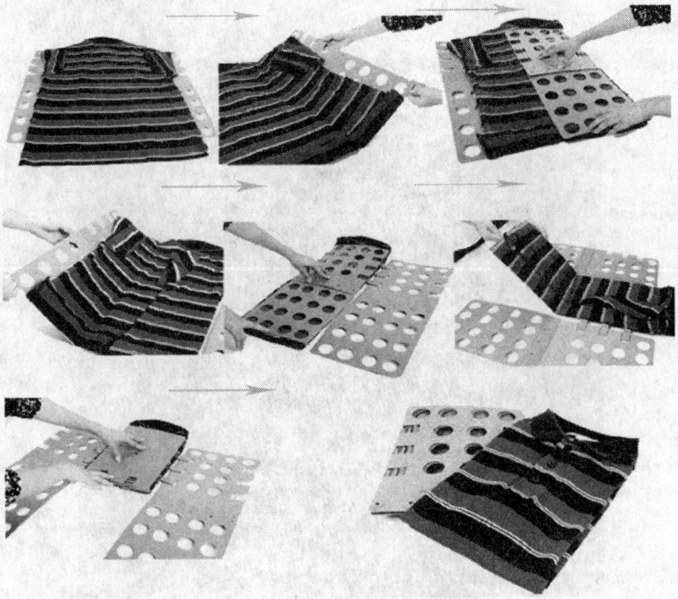

图 7—46　T 恤简易板折衫法

3）牛仔裤折法

①将裤子平放在桌面，前裤身正面朝上。

②左右前身裤腿对折，左右侧缝对齐，拉出裤裆多余的料子，并铺平裤腰，如图 7—47 所示。

图 7—47　左右裤腿对折

③拉起裤脚口，向裤中央折起 1/3 的裤长，如图 7—48 所示。

图 7—48　拉折裤筒两次

④再将裤腿折向裤顶，抚平裤身上的皱褶，如图 7—49 所示。折叠好的裤子约为 35 cm 长。

图 7—49　折装牛仔裤外观

简易板折牛仔裤的方法如图 7—50 所示。



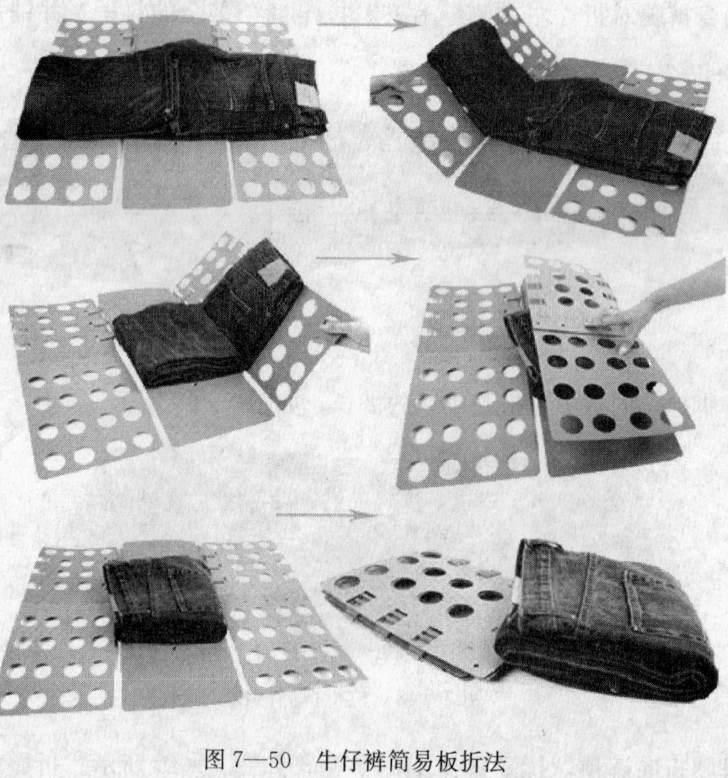

图 7—50　牛仔裤简易板折法

4）西裤折法。西裤折叠的步骤如下：

①将左右西裤腿的外侧缝与内侧缝对叠，铺平袋布、拉链与裤腰上的褶皱。

②拉起裤脚口，向裤中央折起 1/3 的裤长，如图 7—51 所示。

图 7—51　拉折裤腿两次

③再将裤腿折向裤顶并塞入裤腰内，抚平裤身上的皱褶。图 7—52 是折叠好的西裤。

裙子、内衣、西服、大衣等通常会以挂装的形式进行包装，如图 7—53 所示。

图 7—52　折装西裤外观

图 7—53　挂装裙外观

### 2. 挂牌

挂牌就是在折叠好的衣物表面用别针或吊牌枪（见图 7—54）将吊牌挂在服装的第二粒扣眼处或后中主商标上。

### 3. 入袋

成衣入袋分为折装入袋和挂装入袋。折装成衣按订单要求折叠好以后即可放入胶袋。挂装衣物则需先将成衣挂在衣架上，通过别针或打枪的方式固定吊牌后，再将成衣套上胶袋。折装入袋效果如图 7—55 所示，挂装入袋效果如图 7—56 所示。入袋方式有人工人袋法和自动/半自动机械入袋，机械入袋使用折装入袋钢筒或挂装入袋机操作。挂装入袋机如图 7—57 所示。入袋前要注意检查每一件衣物是否都有吊牌、拷贝纸和防潮包。

**4. 装箱**

服装用包装箱有纸箱、木箱和集装箱改良的挂衣箱（见图 7—58 和图 7—59）。装箱前需先在箱体内放置吸水纸或干燥剂，尤其是海运产品。装箱时应检查衣物是否按要求分色分码、外箱箱唛资料是否合格等。装箱完毕需打胶带扎紧。

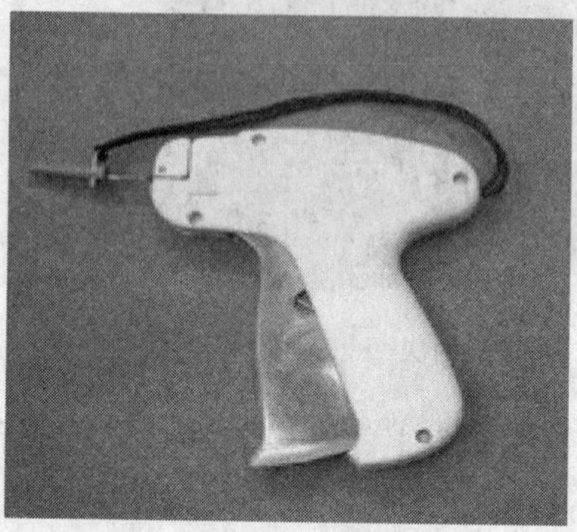

图 7—54　吊牌枪

图 7—55　折袋



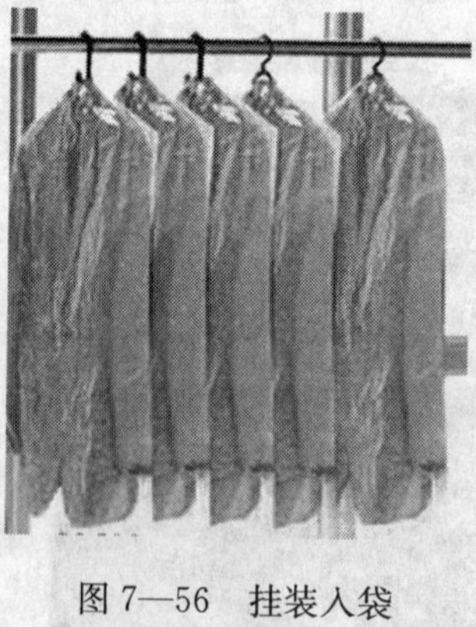

图 7—56　挂装入袋

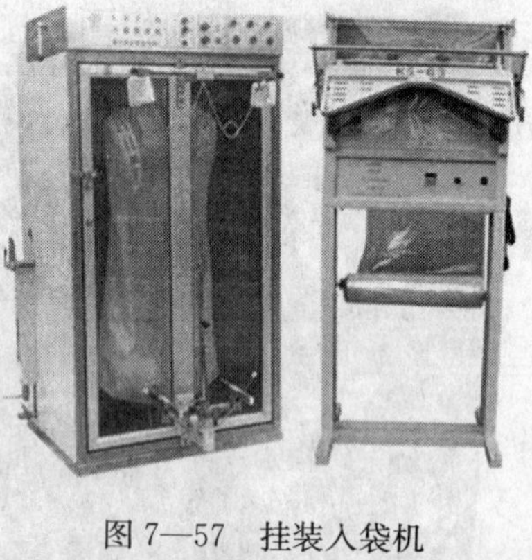

图 7—57　挂装入袋机

图 7—58　单层吊绳挂装集装箱

图 7—59　双层光管挂装集装箱

5. 贴箱唛

箱唛是包装标准和运输标志（Marks），俗称唛头，是出口货物包装上的装运标记和号码。服装按照客户要求分色分码装入纸箱以后，要仔细填写箱唛资料。箱唛一般分为主唛和侧唛两种。主唛是印在箱子正面的唛头，侧唛是印在侧面的唛头。主唛上一般标有客户名称、目的地、品名/货号、颜色、规格、箱号、数量、产地、收/发货人代号、生产地等。此外，有的运输标志还包括原产地、合同号、许可证号、体积与重量、客户联系电话等内容。运输标志的内容过于繁杂则不利于运输方式变革与运输单据流转的应用。联合国制定的运输标志包括：收货人或买方简称、参考号（如运单号、订单号或发票号）、目的地、件号/流水号。其余标注的内容（如许可证号等）均不属于标志必要的组成部分，可由买卖双方根据商品特点和具体要求协商处理。侧唛上一般为颜色、规格、数量、毛重、净重、产品尺码、外箱尺寸等。

以下是主唛和侧唛的范例：

| 主唛（中文） | MAIN MARK（英文） |
| --- | --- |
| 客户公司名称： | G. L TRADING CO.，LTD |
| 目的地： | SEOUL |
| 品名： | ART： |
| 箱包装数量： | QUANTITY： |
| 流水号： | CT/NO. |
| 中国制造 | MADE IN CHINA |
| **侧唛（中文）** | **SIDE MARK（英文）** |
| 数量： | QTY/MP |
| 毛重： | G. W（KGS） |
| 净重： | N. W（KGS） |
| 体积（规格）： | DIMENSIONS（CBM） |

单据相应栏目中需填写的内容包括：N/M（某票货物无运输标志）、NEUDED（裸装货物）、IN BULK（散装货物）等。

出口货品的外箱资料必须用大写英文的方式印制，出货前还必须细心核对箱唛资料，主唛、侧唛、产品等所有资料都必须与报检报关内容相符。如果报检报关后发现所报内容与外箱实际印刷的不相符，应及时改单，以免影响船期。以拼箱形式走货的箱体外面，除了上述信息外，还会印上客户特别编制的几行字，以免同其他客户的货物弄混乱，方便客户提货。

6. 封箱

封箱的方法分为手工打包法和自动打包法两种，手工打包法是借助封箱胶纸器和手动打带器对纸箱进行捆扎，自动打带法是运用自动或半自动打带机进行捆扎包装的一种方法。常用的封箱设备有手动折装打带器、半自动打带机、自动折盖封箱机等，图 7—60至图 7—64 是用于服装包装的各种设备与工具。

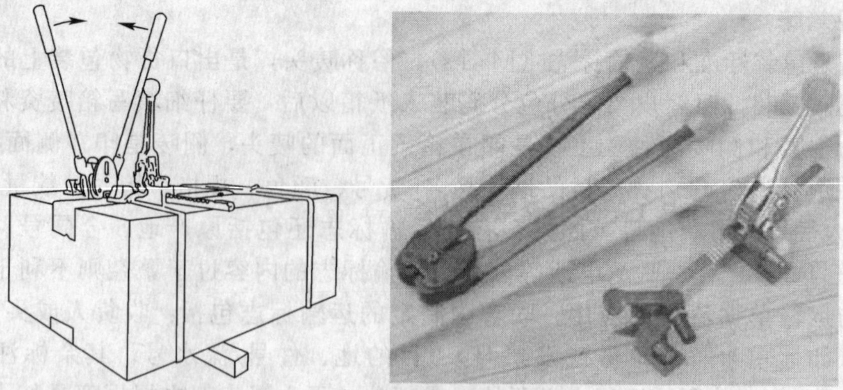

图 7—60　手动打带器

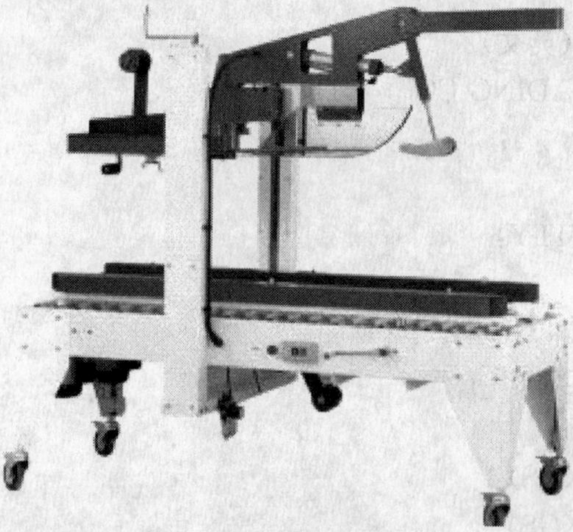

图 7—61　自动折盖封箱机

图 7—62　半自动栈板打带机（挂装）

图 7—63　半自动纸箱打带机

图 7—64　封箱胶带切割器

## 四、包装检验标准

根据国家检验包装标准，包装完毕必须仔细检验内外包装的所有资料和包装方法。

1.《出口服装包装检验规程》(SN/T 0554—1996)

(1) 外包装检验

1) 纸箱

①纸箱应保持内外清洁、牢固、干燥，适应长途运输。

②纸箱应衬垫防潮材料，具有保护商品的作用。

③箱底、箱盖封口严密、牢固，封箱纸贴正，两侧下垂 10 cm。

④内外包装大小适宜。

⑤加固带要正，松紧适宜，不脱落，卡扣牢固。

⑥箱里放防潮油纸或防潮包等。

⑦装箱时按要求分色分码，外箱箱唛资料按要求填写等。

2) 木箱

①木板要清洁，虫蛀、发霉、潮湿、腐朽的木箱不能使用，适应长途运输。

②木箱内不得露钉尖。

③箱内应衬垫防潮材料，具有保护商品的作用。

④加固带要正，松紧适宜，不脱落，卡扣牢固。

3) 塑料袋

①塑料袋内外清洁，无污染，包装袋应牢固、平整，适应长途运输。

②胶袋大小必须与实物相适应，实物装入胶袋要平整。

③封口松紧要适宜，商品不漏失，袋子无开胶、破损现象。

④胶袋要有一定的透明度，袋子外面印制的字迹图案要清晰，不得脱落，并与所装载的服装上下方向要一致。

⑤服装挂好吊牌。

⑥包装袋内放置拷贝纸和防潮包。

4) 唛头标记。箱（袋）外唛头标记要清晰、端正，不得有任何污染。

(2) 内包装检验

1) 实物装入盒内松紧适宜，有衣架的要端正平整。

2) 纸包折叠要端正，捆扎适宜。

3) 盒（包）内外清洁，干燥。

4) 盒（包）外标记字迹清晰。

5) 胶袋大小须与实物相适应，实物装入胶袋要平整，封口松紧适宜，不得有开胶、破损现象。

6) 胶袋透明度要强，印有字迹图案的要求清晰、不得脱落，并与所装服装上下方向一致。

(3) 装箱检验

1) 包装的数量、颜色、规格、搭配应符合要求。

2) 内外包装箱（袋）无破损、潮湿、严重污染，箱体变形，标记刷错，加固带脱落，木箱腐朽、霉变、虫蛀等现象。

2.《服装标志、包装、运输和储存》(FZ/T 80002—2008)

(1) 内包装规定。内包装可采用纸、塑料袋、纸盒、衣架等材料。包装材料要清洁、干燥、无异味。两周岁及以下婴幼儿服装、与皮肤直接接触的服装产品包装件应使用非金属类产品（外包装盒除外）。

1）纸包包装。包折叠端正，包装牢固。

2）塑料包装袋

①塑料袋材质、规格应与产品相适应，封口应牢固。产品装入塑料袋要平整，松紧适宜。

②使用印有文字、图案的塑料袋，文字、图案应印在塑料袋外面，其颜料不得污染产品。

③附有衣架包装的产品，应端正平整。

3）纸盒包装

①纸盒大小应与产品相适应，产品装入盒内松紧适宜。

②附有衣架包装的产品，应端正平整。

(2) 外包装规定

1）外包装可采用纸箱等材料，包装材料要清洁、干燥、牢固。瓦楞纸箱的技术要求应符合 GB/T 6543 规定。

2）纸箱内应衬垫具有保护产品作用的防潮材料。

3）纸箱盖、底封口应严密、牢固，封箱纸贴正、贴平。

4）内、外包装大小适宜。

5）箱外可用捆扎带等捆扎结实、卡扣牢固。

(3) 运输。产品包装件运输时，应防潮、防破损、防污染。

(4) 储存

1）产品储存应防潮，含毛类产品应防蛀。

2）产品包装件应在仓库内堆放，库房应干燥、通风、清洁。



## 单元测试题

**一、填空题**（请将正确的答案填在横线空白处）

1. 熨烫的基本原理包括加热原理、施压原理、定时原理、给湿原理和________原理。

2. 按照不同的成衣生产过程，熨烫可分为________熨烫、中间熨烫和成品整烫。

3. 产前熨烫包括裁剪前熨烫、裁剪后熨烫、测试熨烫和________熨烫。

4. 熨烫混纺/交织织物的服装时，应按________选择熨烫温度。

5. 在熨斗底套上________，可以防止胶质面料或衬料胶质熔化并粘在面料和熨斗底部，深色面料起极光等熨烫弊病的产生。

6. 服装熨烫完毕，常用的冷却方式有自然冷却、抽湿冷却、________冷却三种。

7. 毛料伸缩性能好，易反弹，难定型，一般要加湿施压熨烫，熨烫完毕一定要抽湿和________处理，直至蒸汽全干为止，才能获得良好的保型效果，以免毛料反弹。

8. 将针织服装套在________上熨烫可以固定成衣尺寸，防止衣料被推烫或容归变形。

9. 纸箱是成衣包装中常见的外包装容器，主要有瓦楞纸箱和________纸箱两种结构。根据纸箱的外形可以分为对掩式纸箱和________纸箱两种，其中对掩式纸箱适合挂装服装的外包装。

10. 服装包装的步骤包括：折衫、挂牌、________、装箱、贴箱唛和打包装带。

11. 如果熨烫的混纺织物中有热敏性材料，需要降低温度熨烫时，通过延长________的方式可以确保塑型成功。

**二、单项选择题**（下列每题的选项中，只有1个是正确的，请将正确答案的代号填在横线空白处）

1. 无须施加压力的熨烫技法是：________。

A. 蹲烫　　B. 焖烫　　C. 焆烫　　D. 归烫

2. 熨烫丝绒、长毛绒、灯芯绒、平绒等绒面织物时，不宜加________，以免出现倒毛、极光等现象，影响熨烫质量。

A. 热力　　B. 压力　　C. 时间　　D. 湿度

3. 维纶织物在高温湿态作用下会________，所以不宜高温和加湿熨烫。

A. 收缩或熔融　　B. 收缩或焦黄

C. 起极光或熔融　　D. 变色或倒毛

4. 不能直接喷水熨烫的面料包括________。

A. 真丝料和羊毛料　　B. 棉料和涤纶料

C. 棉料、维纶和粘胶人造棉　　D. 柞丝料、维纶和粘胶人造棉

5. 包装根据不同的产品特点可以分为________。

A. 透气包装、密闭包装和真空包装　　B. 折装包装和挂装包装

C. 内包装和外包装　　D. 销售包装和运输包装

6. 放置于翻领和立领之间，可以固定领围尺寸和外形，并使折装衬衫的衣领能达到立起效果的包装材料是________。

A. 领托　　B. 蝴蝶胶托　　C. 领条　　D. 领撑

**三、简答题**

1. 简述熨烫在服装塑型中的作用。
2. 简述整烫的品质要求。
3. 试述手工熨烫的各种技法。
4. 简述熨烫常见的弊病及其预防补救措施。
5. 简述折装衣物在折叠过程中应遵循的原则。
6. 简述衬衫的折叠方法。
7. 简述包装的功能。

**四、论述题**

1. 详述熨烫的基本要求。

2. 以衬衫为例，详述服装折叠与包装的工艺流程。

3. 试述各种面料的熨烫方法和技巧。

## 单元测试题答案

**一、填空题**

1. 冷却　2. 产前　3. 粘衬　4. 耐热性最差的纤维/低温纤维　5. 熨斗鞋　6. 冷压　7. 施压冷却　8. 模板　9. 蜂窝　套盒式　10. 入袋　11. 压烫时间

**二、单项选择题**

1. C　2. B　3. A　4. D　5. A　6. C

**三、简答题**

答案略。

**四、论述题**

答案略。

# 第8单元

# 服装品质检验

□ 第一节 服装质量管理概述/162
□ 第二节 服装品质检验方法/166

# 第一节 服装质量管理概述

培训目标

→ 了解质量管理的相关概念
→ 掌握服装质量检验方法
→ 清楚服装品质检验职能
→ 熟悉服装品质检验工作流程

## 一、质量管理概述

质量是市场竞争中的关键因素，它决定着企业的生存和发展。质量管理必须与其他方面的管理如生产管理、财务管理、人力资源管理等紧密结合，才能在实现组织经营目标的同时实现质量目标。因此，质量管理作为一项综合性的管理工作，已逐渐上升为企业管理中的主要内容之一。服装行业的质量包括服装产品质量、服装产品赖以生存的工作质量和服务质量。

质量管理包括产品质量管理、生产工作质量管理、服务质量管理，以及质量控制和检验。



**1. 产品质量管理**

产品质量的指标有性能、寿命、可靠性、安全性、经济性和美学特性等。成衣技术标准包括基本技术标准和产品标准，其中产品标准有服装的外观、规格尺寸、质量指标、检验方法、包装和储存运输等内容。

**2. 生产工作质量管理**

工作质量决定产品质量，是产品质量的保证，离开工作质量的改善，要提高产品质量是不可能的。因此，企业必须确保各项工作的质量，才能保证最终产品质量。工作质量涉及人员、销售、情报、工序、部门系统、企业方针以及经营等工作的有效性。

**3. 服务质量管理**

服装服务质量包括的内容较多，一是及时满足人们换季服装的要求，二是满足消费者的穿脱、携带、馈赠、洗涤、放置的便利，三是售后服务的周到性。服装企业为了稳固其在行业中的地位，提升自身品牌形象，必须针对服装潮流趋势与消费者生活方式及时更新设计理念和经营路线，对自己的客户和供应商及时反馈信息，按要求提供优质的服务，并负责对终端消费者购买的产品提供咨询和相应的质保服务。

**4. 质量控制和检验**

质量控制、检验及方法是质量管理的重要内容。为做好企业的质量管理工作，必须建立完善的质量体系，对影响产品质量的各种因素进行控制。服装质量控制和服装质量检验是在工作过程中交错进行的，相辅相成，是抓好服装质量管理的两个方面。

（1）质量控制。质量控制是指与产品生产有关的全过程始终处于受控状态。以预防为主，不使产品质量产生问题，或者发现了问题也能在生产过程中得以纠正，不至于造成不良后果。质量控制是控制企业各部门、各环节、各工种、各岗位的全过程的、全面的工作质量。工作质量好，产品质量有保证。在产品形成过程中要求严格按照技术标准和工艺要求加以控制，避免产生质量疵病，这是一种以预防为主的管理方法。

（2）质量检验。质量检验就是用一定的方法和手段对原材料、半成品、产成品等进行测定，从而判断其合格与否的过程。服装质量检验是服装质量控制的一种重要手段。

质量检验的基本职能可以概括为以下三个方面：

1）把关职能。根据技术标准和规范要求，对原辅材料、在制品、半成品、产成品和设备、工装等进行多层次的检验和试验，以免不合格品投入生产、转入下道工序或出厂，从而保证质量，起到把关的作用。

2）预防职能。预防和减少不符合质量标准的产品。

3）报告职能。报告职能也就是信息反馈职能。通过对质量检验获取的原始数据的记录、分析和掌握，评价产品的实际质量水平，并以报告的形式反馈给管理决策部门和有关管理部门，并以便做出正确的判断和采取有效的决策措施。报告职能为培养质量意识、改进设计、加强管理、提高质量提供了必要的信息。

## 二、服装质量检验方法

质量检验可以分为三种形式：一是生产以前的检验，也称为事先检验，比如对原辅材料的检验以及对生产准备工作的检验等；二是生产过程的质量检验，大多表现为对生产工序及半成品的检验；三是成品检验，也称事后检验，是产品出货前进行质量把关的一项重要措施。



### 1. 生产前检验

（1）材料入库检验。服装企业所用材料包括面料、辅料及机物料，主要是对面料进行检验，如匹长、幅宽、纬斜、色差、疵点、缩水率检验等。面料检验一般采用抽样检验，抽样比例主要考虑面料的成本，通常面料成本越高，抽样比率越大。一般棉及棉型面料、化纤面料可选10%进行抽验，而高档的毛料及丝绸面料则须全数检验。辅料检验除里料检验与面料内容相同外，其他辅料一般是在购买时进行抽验。机物料检验方法与辅料相同。

（2）纸样样板检验。纸样样板是服装生产中最重要的技术文件及标准，有基准板、生产板和辅助板三种。基准板是用于校验其他板的依据，供存档用，一般只取中间挡。生产板是供裁剪车间排料画样用，是在基准板基础上加放而成的毛板。辅助板是为便于操作和质量控制的小部件或衣片局部的净板。样板复核内容较多，不同产品要求不同，故应结合服装款式、客户要求，详细、全面地进行复核，特别是规格尺寸有严格要求的部位是检验重点。

（3）裁剪检验。铺料检验，主要检验铺料层数、正反面、三齐一准（起手、落手、布边齐及长度准）。画样检验，主要检验丝绺歪斜范围及程度，一般不同服装、不同部位丝绺倾斜要求不同。裁片检验，俗称验片，用样板校对裁片的规格和曲、直、弧线是否与标准相符。不同裁片误差范围不同，裁片还应进行上下层检验及疵片检验。

2. 生产中半成品检验

生产中半成品检验是在服装缝制过程中对各部件组装之前的检验，目的是及早找出质量问题，减少退修率，节约成本及时间。

3. 成品规格检验

用皮尺按一定的测量方法及程序对服装成品的各个部位进行测量，与规格标准进行对照，看是否符合规定。一般成衣规格公差要求在±2%～±5%。

## 三、服装品质检验职能与工作流程

1. 服装品质检验员的岗位职责

质检部门是服装企业的重要部门，主要任务是对服装从原材料开始到成品结束的各个环节进行检验，保证生产的顺利畅通及产品质量的稳定。质检员包括裁剪质检员、缝制质检员、整烫质检员等。

（1）裁剪质检员的岗位职责

1）了解裁剪部门工作计划及计划执行情况，落实规定的各项制度，负责本部门的质量标准并实施。

2）在面辅料进料过程中，发现不合格品时应及时处理，重大问题必须上报主管，同时向技术部门提供预缩后的面辅料规格信息和质量信息。

3）参与产前对样工作，同时与制板员、技术主管一起对排料图上的每个尺码进行校对，确认无误。



4）根据生产前准备情况及时配合调整作业计划，确保缝制车间正常运行，及采取措施降低生产成本及原材料耗费。

5）按规定检查产前样，并让技术人员对样确认。做大货前应查对纸样是否跟尺寸表吻合，如有不符直接跟技术部联系。

6）负责检查面辅料的裁剪，裁剪前检查面辅料是否有色差、布疵等质量问题，并妥善保存裁剪后的底样。

7）负责检查裁片工作，如有破洞、条杠、深浅色差等问题，做到当场配片更换。

8）负责检查分包、清点衣片、插唛头、衣片黏合、打记号等工作。

（2）缝制质检员的岗位职责

1）熟悉所跟订单款号的相关工艺资料，核对资料内容。

2）掌握生产工艺及其他要求，如水洗衣服必须校对水洗前后尺寸、水洗缩率、水洗后的效果以及手感等。

3）对生产过程中出现的问题要及时发现并解决，如遇较大问题要及时向负责人汇报，不得擅自处理。

4）坚持与加工厂人员同步上下班，不得迟到、早退，未经部门负责人批准不得擅自离岗。

5）坚持在流水线上抽检半成品，发现问题及时报告生产线的负责人，及时商议解决。

6）每次开新款的第一件成品必须要有检验报告，并且当天内报公司总检。

7）大货生产后，及时跟踪质量、产量报表，发回公司转交统计人员。

8）对加工单位的生产情况和质量情况以及其他有可能损害公司利益的一切情况，必须及时向公司报告。

（3）整烫质检员的岗位职责

1）熟悉公司标准和所检验服装的成样书、对样报告、样衣及客户特殊要求。

2）随机抽取整烫水洗产品，依据所抽样的整烫效果给整烫工定级，督促员工严格按工艺要求操作。

3）在定点检查整烫质量的同时，还必须检验成衣尺寸及其他整烫与包装上的缺陷。

4）检验过程中发现的不合格品，督促相关责任人解决。

5）对可能影响后道工序质量的严重问题，必须汇报部门主管。

6）认真做好服装包装检查，如纽扣、折叠方法、包装外观、装箱装运等。

7）按要求填写质检报告。

**2. 服装品质检验的工作流程**

（1）班组员、主管质检核实计划单。

（2）技术组班组长核实客供资料、样衣并确定缩水率，对面辅料进行核对、验收。

（3）班组长根据工艺资料、样衣打产前样。

（4）主管质检班组长封样，并写封样报告。

（5）划板员根据封样报告及客供资料划板。

（6）裁剪班组员根据计划单核实板面纸，主管再次抽查布料，报生产经理确定开裁。

（7）分色送包到生产车间。

（8）车间总检核对生产用净板，收发员核实辅料，并开始发放。

（9）班组长、主管质检核对大货首件样。

（10）大货生产时，班组长、车间总检核对大货流水线，进行跟踪和工艺指导。

（11）车间小检，并详写质量报表，交主管质检。

（12）成品车间对大货进行验收。

（13）后整理前，后道主任按客供材料抽取大货成品一件，进行整烫、质检、锁钉、包装等后整理，并与大烫总检、主管质检一起进行封样并写封样报告。

（14）大烫总检按封样要求烫大货一件，作为挂样交整烫组。

（15）后道主任、大烫总检检验整烫组首件样。

（16）后道主任检验质检组首件样。

（17）后道主任检验锁钉组首件样。

（18）后道主任检验包装组首件样。

（19）大货后道整理，后道主任进行跟踪指导。

（20）装箱。

（21）质检组开箱抽样检验。

（22）大货出货。

# 第二节　服装品质检验方法

培训目标
- 能够界定服装疵点
- 能够在服装生产中检验常见疵点
- 能够度量常见服装的尺寸



## 一、服装疵点的界定

服装疵点是指成衣产品上的部位、细节的质量不符合设定的标准要求或有瑕疵。根据疵点的严重性、产品的类型、行业标准以及订单标准等，疵点可界定为严重疵点、普通疵点、轻微疵点。所有疵点都要在质检报告上清楚记录。

### 1. 严重疵点的界定

严重疵点是指严重影响成衣的整体外观、性能等质量问题，可通过以下几点进行界定：

（1）能明显看到，严重影响成衣外观效果，如外观严重破烂。

（2）经使用后出现问题，如面料甲醛超标。

（3）面料走纱、浮纱等 3 个以上小疵点同时出现在同一裁片上。

（4）制作工艺水平低，手工粗糙，消费者不能接受。

（5）成衣尺寸、颜色与质量标准差距很大。

（6）根据客户规定的某类疵点须界定为严重疵点。

### 2. 普通疵点的界定

普通疵点指不完全符合质量标准，但对成衣的外观影响不大的疵点，可通过以下几点进行界定：

（1）成衣尺寸、颜色与质量标准有差距，但在可接受范围内。

（2）面料极少数部位出现走纱、浮纱等，但不影响成衣外观。

（3）个别部位的制作不够精良，但经使用后该问题不会恶化。

### 3. 轻微疵点的界定

轻微疵点指不影响成衣使用，对成衣外观基本没有影响的疵点。

## 二、服装品质检验常见疵点

### 1. 面料常见疵点

由于面料是外购材料，面料织造上的质量不在成衣生产的控制范围之内，但为了减少成衣质量受面料的影响，必须在进料和成衣制作前做严格的控制与检查，检查面料的规格、技术指标与外观质量是否合格。

（1）面料规格与技术指标。进料时，一般需要检查面料的各种技术指标，确保面料各项指标与订单要求相符，具体项目包括：面料组织结构、布匹的长度与封度、面料的组织成分、经纬纱线密度、染整加工、颜色等。

（2）面料的常见疵点。面料织造疵点除在第2单元第二节介绍外，还有以下常见疵点：

1）磨损。布面由于摩擦或外力的作用，使布面受损。

2）破边。面料在机械开幅过程中，拉宽布幅而导致布边破损。

3）皱边。预缩过程中导致皱边、缩边等现象。

4）斜纹路。面料纱线未按组织规律交织，呈现纱线歪斜不平行现象。

5）弓纱。由于张力不匀，引起弓经或弓纬现象。

6）吊经。由于布面张力太大引起断头。

7）缩纬。纬纱张力不够导致不平直现象。

8）混纱。不同纤维或纱支差错织入布中，出现厚薄不均或不同颜色的现象。

9）走纱。织机停经自动装置失灵，导致少经时机器仍在运转。

10）针孔。后加工过程中用于定型产生的针孔。

11）断疵。纱线的断头纱尾残留在面料内。

12）双纱线。面料纱线呈两条或多条纱线并列或重叠。

13）浮纱。面料纱线未按组织规律交织，呈现不规则的纱线浮动于表面。

14）抽丝。纱线或纤维被异物钩出，呈圈状或头段暴露于面料表面。

15）筘痕。纬纱不良使织机钢筘损坏，织造过程出现条档，导致织物染色不均。

16）稀纬。织造过程中少纬或打纬太轻而导致稀纬。

17）色污。印染过程中，面料被玷污或图案染有杂色。

18）印花中的干痕。由于刮刀没有清洁而留下长痕。

19）印花错位。由于印花滚筒滚动步调不一致，导致颜色错位。

20）聚浆。由于印花过程中停机，导致某一位置的染料太多。

21）带色。被织布机上留下颜色所染，使织物花形、图案不清。

22）水渍。由于湿布堆放时间太长，导致水渍斑点。

23）色斑。面料染色时，色浆过多黏附在布上引起斑点。

24）色横档。由于染色过程中停机，使布面有明显的横向色档。

25）背面印渍。由于印花过程中背面常常有垫布，使染布的背面有垫布的痕迹。

26）色差。布匹两边、边与中间或前后的颜色不一样。

**2. 辅料常见疵点**

（1）粘合衬常见疵点

1）耐洗性不良。耐洗性达不到规定标准。

2）破洞。衬布表面被扎穿。

3）异色。衬布表面有明显的目视色污。

4）烂边。衬布边缘破损，造成布边凹凸不平整。

（2）拉链常见疵点

1）拉链强力不良。拉链强力达不到规定标准。

2）尺寸偏大或偏小。尺寸超出上限或下限要求。

3）平整度不良。拉链自然下垂时有波浪或弯曲现象。

4）链牙缺损。拉链牙缺失或断牙。

5）链牙歪斜。拉链牙歪斜，造成拉链卡齿或拉合不顺畅。

6）色泽不良。拉链色泽不均匀。

7）拉链带贴胶强度不良。拉链带贴胶处容易折断。

8）拉头电镀不良。镀层光泽不对或有起皮、划痕、烧焦等现象。

（3）扣件常见疵点

1）扣件尺寸不良。扣件尺寸超出规定上下限。

2）扣件色差。扣件色泽不均匀或同类同种纽扣间色差明显。

3）扣件电镀不良。镀层有起泡、脱皮、裂缝、毛刺等现象。

4）扣件破损。扣件有破损，形状不完整。

**3. 服装缝制工艺常见疵点**

（1）常见错款或不良部件。左右不对称、条格歪斜、花型对合错位、漏缝部件和遗漏工序、部件装错、部件错位、滚边扭曲、部件尺寸偏大或偏小、口袋张裂等。

（2）缝制导致的常见疵点。破洞、缝口起褶、面料反翘、面料打卷、色差、面料表面异物附着、污渍等。

（3）线迹或缝迹常见疵点。跳线、针眼、断线、线迹不良、止口不匀、漏缝、缝迹不顺直、线头未净、针距不符、缝头裂缝、漏拷边等。

（4）辅料装置常见疵点。缝线使用错误、里衬外露、扣件脱落、扣件漏钉、纽扣错位、扣件用错、扣件或扣眼位置有偏差、扣眼漏切或切割不良、扣眼锁缝散口、钉扣线过松过紧、扣眼过大或过小、钉扣抽丝、纽扣方向钉错、扣件装订位置错误、拉链卡齿、遮蔽拉链露出等。



**4. 服装后整理工艺常见疵点**

（1）熨烫常见疵点。表面折印、烫黄、烫焦、变色、变硬、水花、极光、渗胶、变形、漏烫、烫印、污渍等。

（2）包装常见疵点。唛头错误、箱唛资料填写模糊、用错箱子、装箱方式错误、塑料袋用错、折叠方式错误、漏附件、附件用错等。

**5. 服装尺寸量度常见疵点**

成衣尺寸的允偏值需根据服装的类型、质量标准、量度要求、客户要求等制定，如果超出允许误差的范围，则判断为尺寸疵点。

## 三、常见服装的尺寸量度

**1. 衬衫的尺寸量度**

（1）衣领

1）领围。指扣眼前边到纽扣中心的距离，测量时一般将衣服纽扣打开，摊平衣领进行测量，如图 8—1 所示。

2）翻领高。将纽扣打开或闭合，在翻领后中位量度，如图 8—2 所示。

3）领座高。将纽扣打开并摊平衣领，在底领后中量度，如图 8—3 所示。

4）领尖长。量度从领尖点到反领线之间的距离，如图 8—4 所示。

5）领边长。铺平衣领，量度领外边长度，如图 8—5 所示。

6）领尖距。将纽扣闭合并适当翻压摊平衣领，量度两领尖之间的距离，如图 8—6 所示。

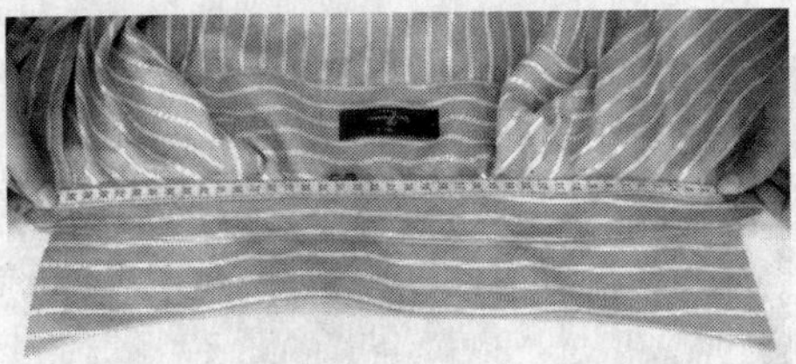

图 8—1　量领围

图 8—2　量翻领高

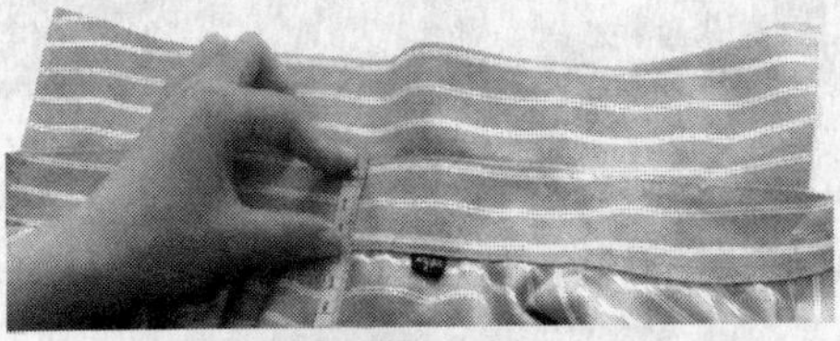

图 8—3　量领座高

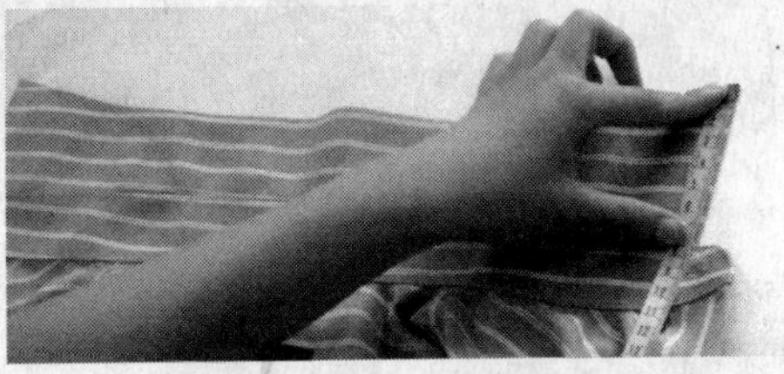

图 8—4　量领尖长

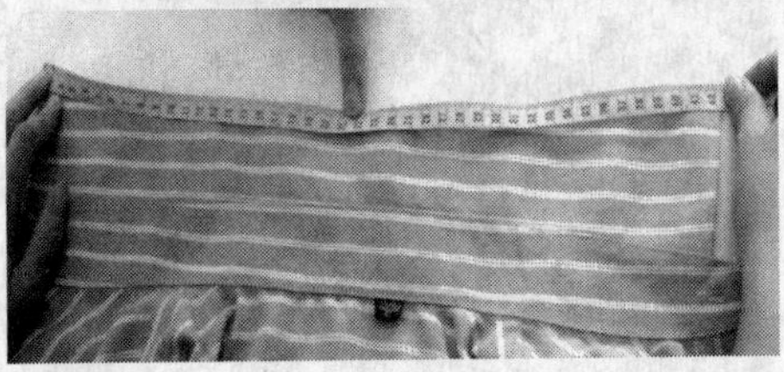

图 8—5　量领边长

图 8—6　量领尖距



（2）前幅

1）胸围。扣好纽位摊平前后幅，在袖窿底部或下 2.5 cm 的位置横向量度，如图 8—7所示。

2）前胸宽。量度两前袖弧线之间的最短距离，如图 8—8 所示。

3）前衣长。肩颈点到前幅下摆垂直距离，注意前后肩位要铺平，量度时尺子要垂直，如图 8—9 所示。

4）袋位高。从前幅肩处分割点往下直量到袋口的距离，注意肩部的分割点要定位准确，量度时要垂直量，如图 8—10 所示。

5）袋位宽。量度袋前中线到纽扣之间的距离，或量度袋前中线到前中边位之间的距离，如图 8—11 所示。

6）袋口宽。量度袋口的宽度，如图 8—12 所示。

7）纽扣距。量度两纽扣之间的距离，注意要定位纽扣中心，如图 8—13 所示。

8）下摆。铺平衣服，按搭门宽度叠好衣摆处的左右前筒宽，量度下摆底边之间的直线距离，如图 8—14 所示。

9）袖口宽。将袖口纽扣扣好，铺平袖口位，量度宽度，如图 8—15 所示。

10）袖口高。量度袖口的高度，如图 8—16 所示。

图 8—7　量胸围

图 8—8　量前胸宽

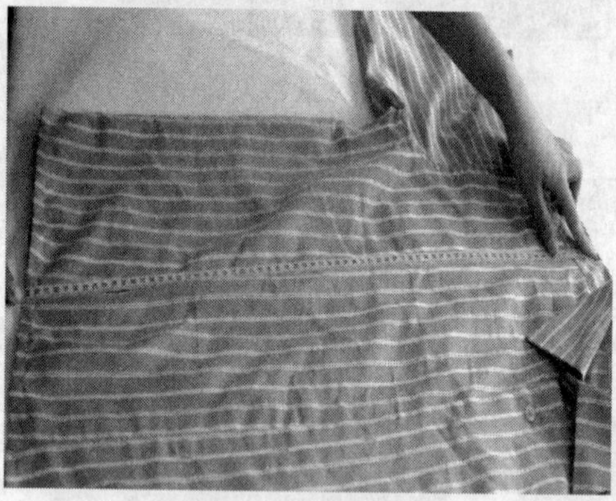

图 8—9　量前衣长

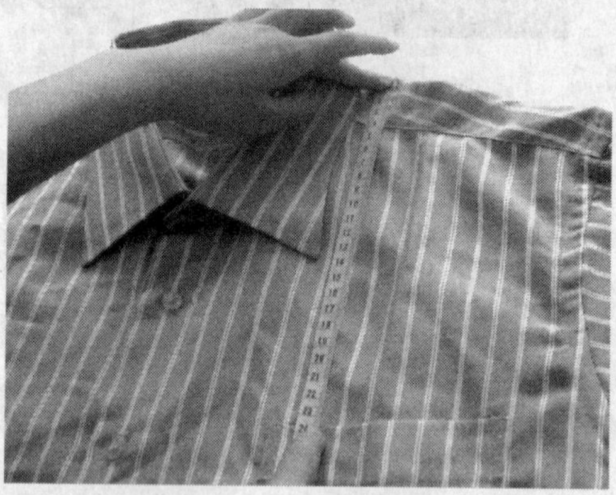

图 8—10　量袋位高

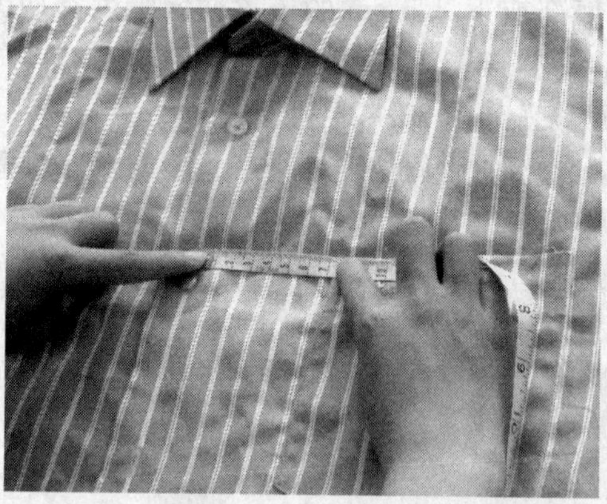

图 8—11　量袋位宽

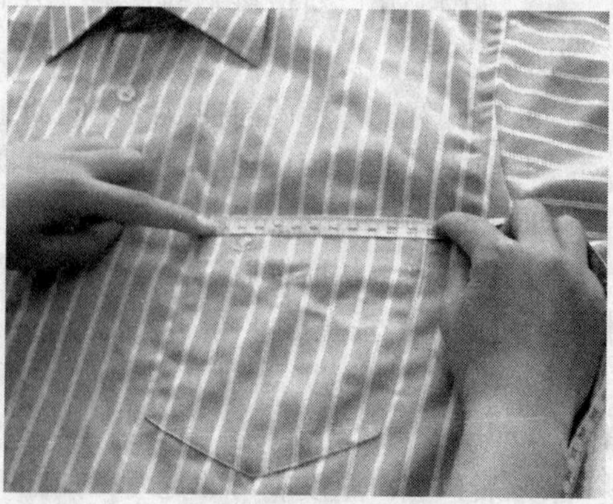

图 8—12　量袋口宽

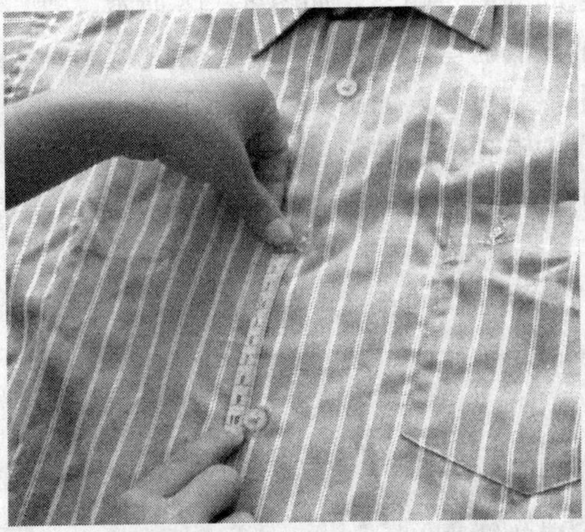

图 8—13　量纽扣距

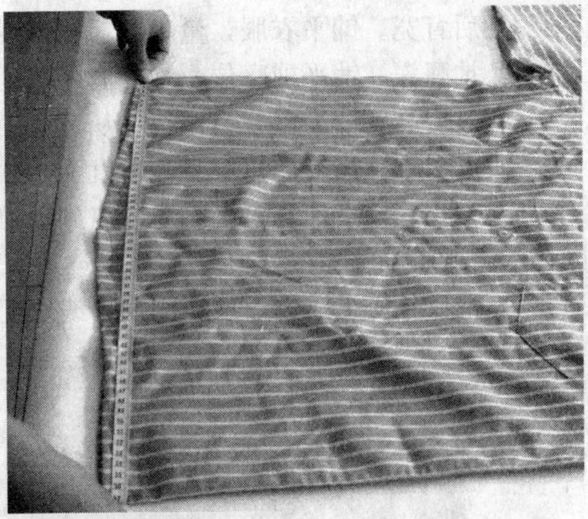

图 8—14　量下摆

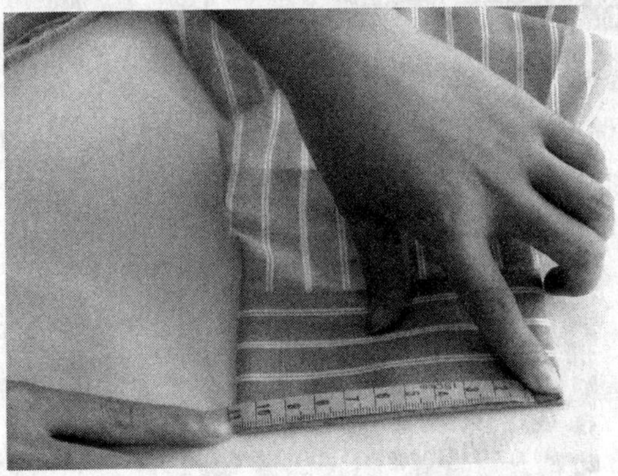

图 8—15　量袖口宽

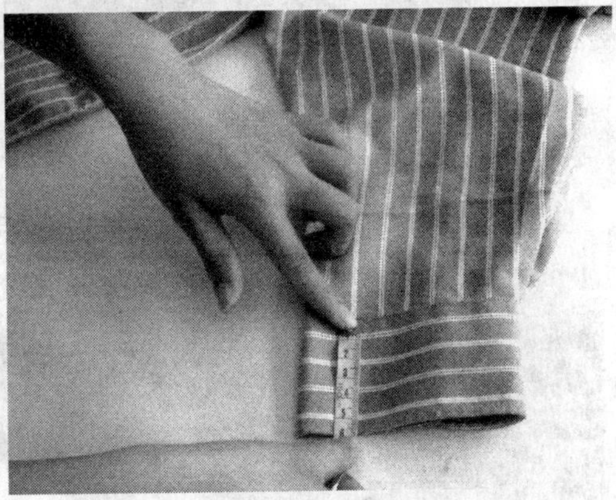

图 8—16　量袖口高



(3) 后幅

1) 肩宽。将服装纽扣扣好，反面铺平，量度两肩顶点之间的距离，如图 8—17 所示。

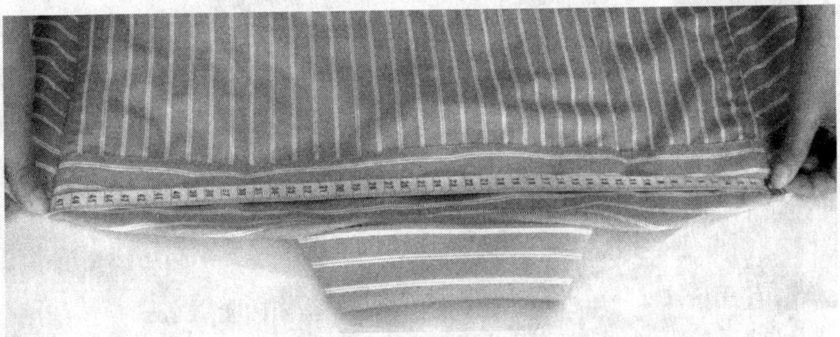

图 8—17　量肩宽

2）后背宽。铺平衣服，量度两后袖弧线之间的最短距离，如图 8—18 所示。

3）袖窿深。铺平袖窿位，量度肩外点到袖窿底的弯线距离，如图 8—19 所示。

4）过肩高。铺平后背与领位，从后领底中点起量度，如图 8—20 所示。

5）后衣长。铺平后幅衣身，量度从后领底中点到下摆的长度，如图 8—21 所示。

6）袖长。铺平袖身，量度肩外点到袖口的长度，注意尺子要沿着袖边直向量，如图 8—22 所示。

7）袖衩长。量取剑形顶端到袖口线之间的袖衩开口的长度，如图 8—23 所示。

图 8—18　量后背宽



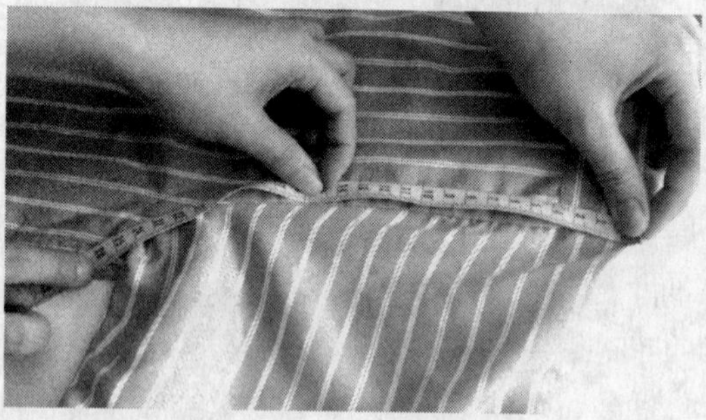

图 8—19　量袖窿深

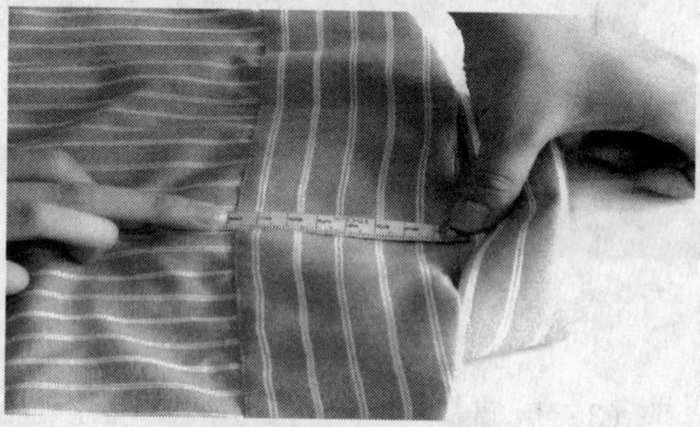

图 8—20　量后过肩高

图 8—21　量后衣长

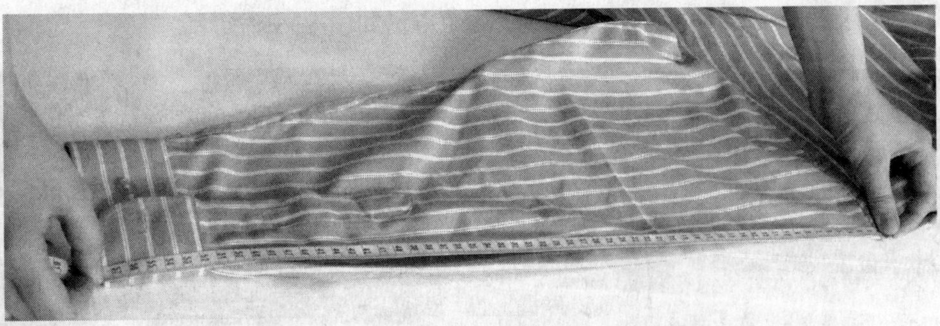

图 8—22　量袖长

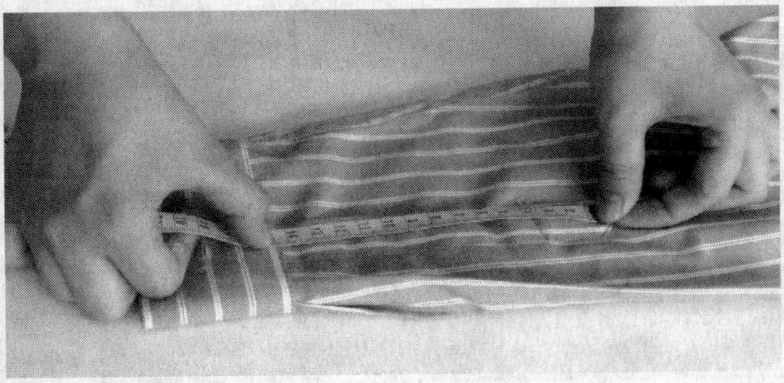

图 8—23　量剑形衩长



**2. 牛仔裤的尺寸量度**

（1）前幅

1）腰围。拉合拉链，扣好裤腰纽扣，量度裤腰两边顶点间的长度，如图 8—24 所示。

2）臀围（横量）。铺平裤身，由裆底点上 8 cm 坐围线处开褶量度腰线下 18 cm "V" 字形量度，注意有褶裥的裤子必须稍微用力拉开褶裥量度，如图 8—25 所示。

3）前裆长。由前腰底缝到前裤裆底之间的距离，量度时注意要沿着前裆缝进行量度，且不要过分拉伸，如图 8—26 所示。

4）大腿围。在裤裆底向下 2.5 cm 处，以平行裤脚底边的方式量度，如图 8—27 所示。

5）膝围。在裤裆底向下 30 cm 或 1/2 内长上 5 cm 确定膝围线，然后平行裤脚底边量度，如图 8—28 所示。

6）脚围。铺平裤脚底边量度脚口宽度，如图 8—29 所示。

7）裤外长。量度腰口顶端至裤脚底边的距离，量度时尺子要沿着侧缝直向量，如图 8—30 所示。

8）裤内长。由裤裆底量度至裤脚底边的距离，如图 8—31 所示。

9）腰头高。量度腰头的高度，如图 8—32 所示。

10）前袋口宽和深。量度前袋开口的宽度和深度，如图 8—33 所示。

11）门襟长。量度从前腰口底端至门襟底边缝线的垂直距离，如图 8—34 所示。

12）门襟宽。量度门襟边到弯形缝线的距离，如图 8—35 所示。

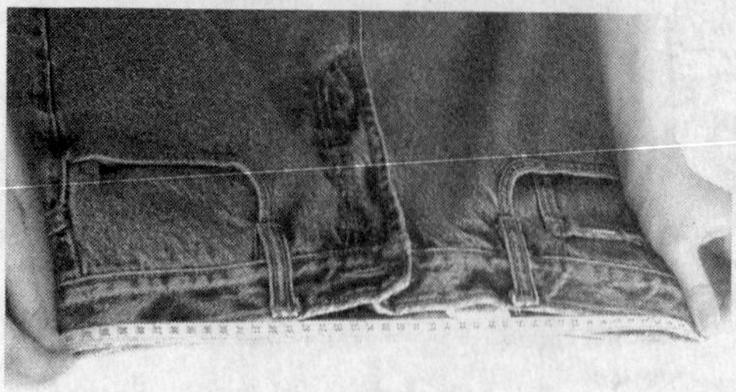

图 8—24　量腰围

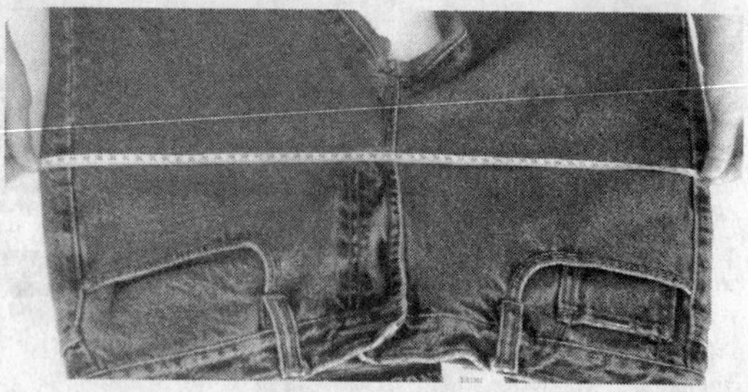

图 8—25　量臀围

图 8—26　量前裆长

图 8—27　量大腿围

图 8—28　量膝围

图 8—29　量脚围

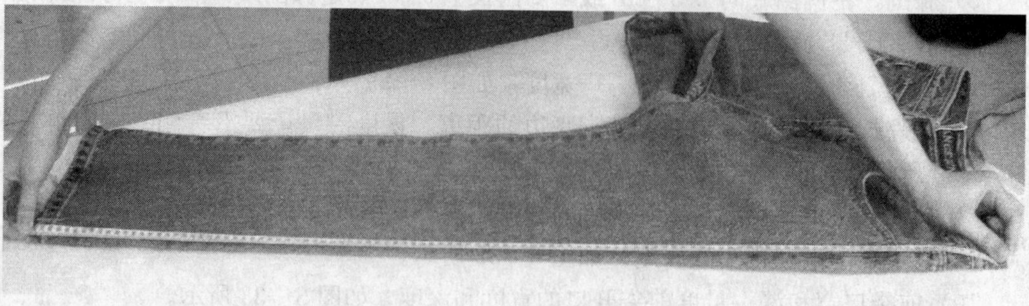

图 8—30　量裤外长

图 8—31　量裤内长

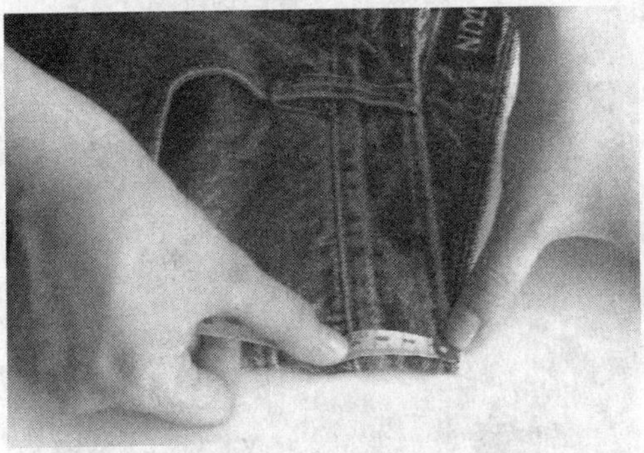

图 8—32　量腰头高

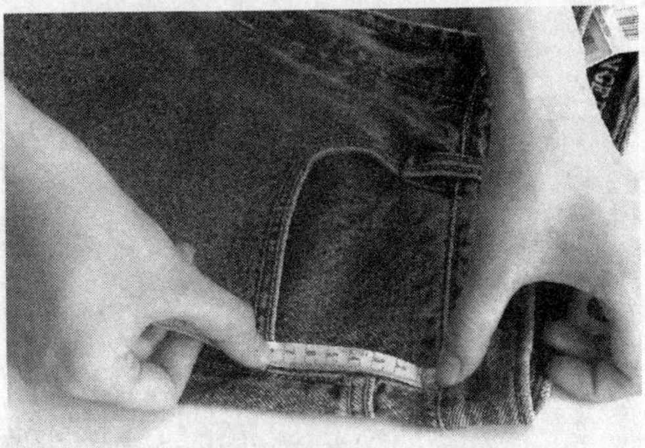

图 8—33　量前袋口宽和深



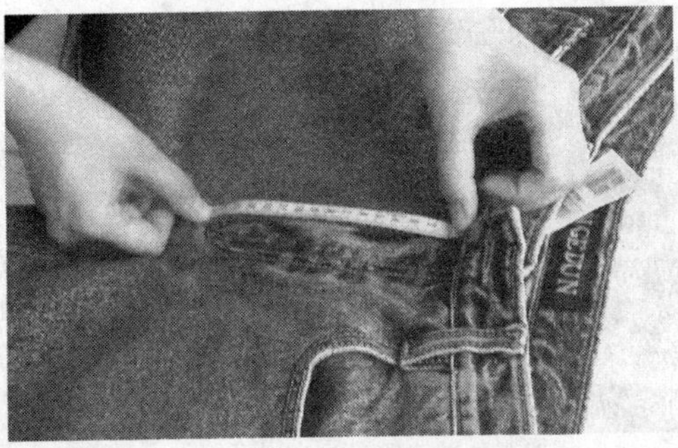

图 8—34　量门襟长

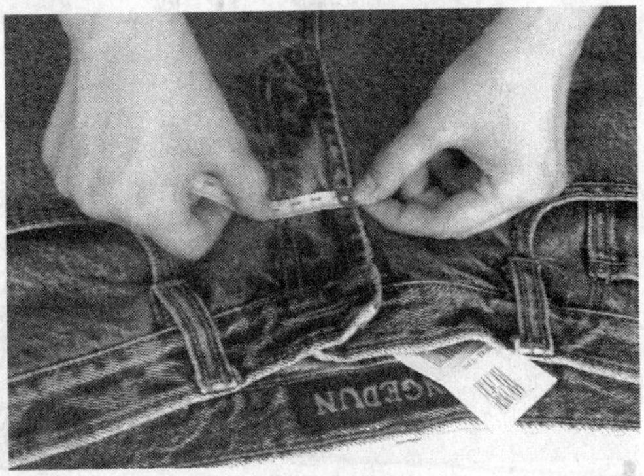

图 8—35　量门襟宽

（2）后幅

1）后裆长。由后腰口顶端到后裆底之间的距离，注意要沿着后裆缝线量度，且不能过分拉伸，如图 8—36 所示。

2）后袋口。量度后袋口的宽度，如图 8—37 所示。

3）机头（育克）后中高。在后裆缝量度后中腰底线至机头缝边之间的高度，如图

8—38 所示。

4）机头侧缝高。在裤侧缝量度裤腰底线至机头缝边之间的高度，如图 8—39 所示。

5）串带襻长。量度串带襻的长度，如图 8—40 所示。

图 8—36　量后裆长

图 8—37　量后袋口

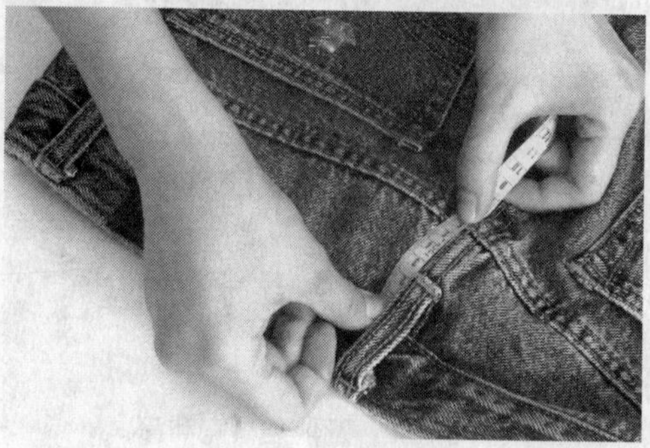

图 8—38　量机头后中高

图 8—39　量机头侧缝高



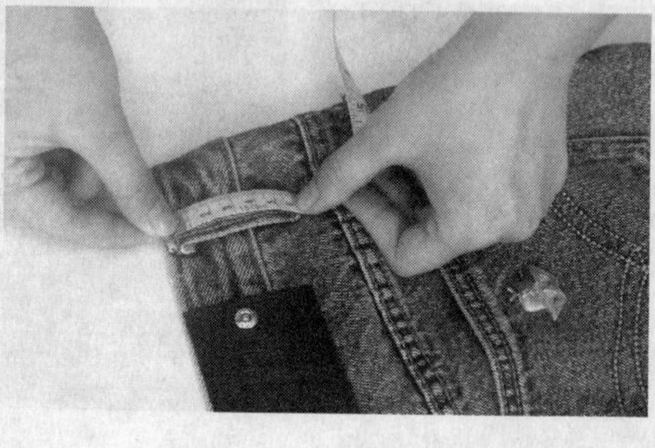

图 8—40　量串带襻长

**3. 男西服的尺寸量度**

西装的测量可以分得很细，也可简化一些，具体要看订单的要求。这里就主要部位进行测量，测量时要注意手势，尽量把衣服铺平以免影响测量准确性。

（1）衣领

1）领围。一般量度领座下口线的长度（领座与衣身缝合的下口线尺寸），如图 8—41 所示。

2）领边长。铺平衣领，量度翻领外边长度，如图 8—42 所示。

3）翻领高。在翻领后中位置量其高度，如图 8—43 所示。

4）领座高。在底领后中位置量其高度，如图 8—44 所示。

5）领尖长。量度从领尖点到驳口缝边的距离，如图 8—45 所示。

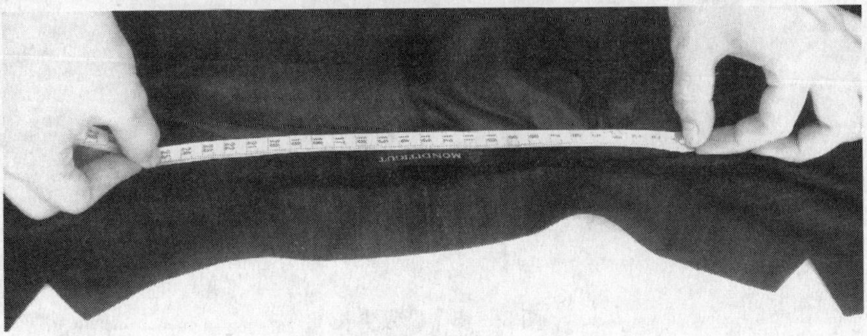

图 8—41　量领围

图 8—42　量领边长

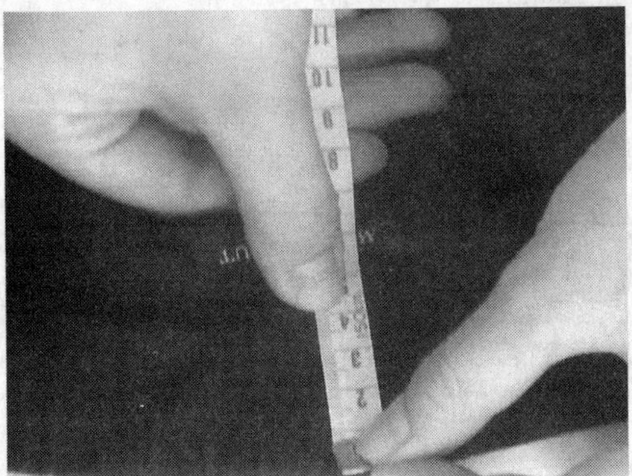

图 8—43　量翻领高

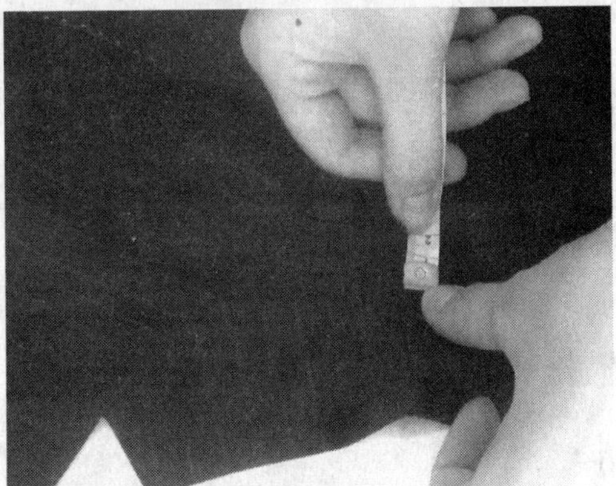

图 8—44　量领座高

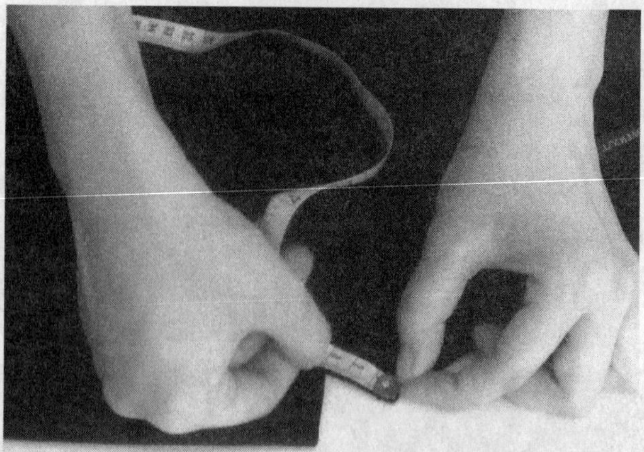

图 8—45　量领尖长

（2）前幅

1）胸围。扣好纽扣摊平前后幅，在袖窿底部或下 2.5 cm 的位置横向量度，如图 8—46 所示。

2）前胸宽。量度两前袖弧线之间的最短距离，如图 8—47 所示。

3）前衣长。肩颈点到前幅下摆垂直距离，注意前后肩位要铺平，如图 8—48 所示。

4）下摆。扣合纽扣，铺平衣服，量度下摆底边之间的直线距离，如图 8—49 所示。



5）袖长。铺平袖身，量度肩外点到袖口边的长度，注意尺子要沿着袖边直向量，如图 8—50 所示。

6）前袋宽和袋高。测量手巾袋的宽度和高度及前插袋的宽度和高度，如图 8—51 所示。

7）纽扣距。量度两纽扣之间的距离，注意要定位于纽扣中心，如图 8—52 所示。

8）袖口宽。将袖口纽扣扣好，铺平袖口位，量宽度，如图 8—53 所示。

9）袖扣位。量取袖扣到袖口边之间的距离，如图 8—54 所示。

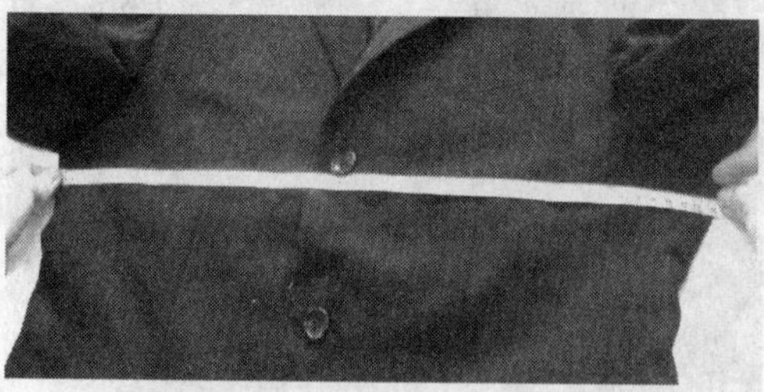

图 8—46　量胸围

图 8—47　量前胸宽

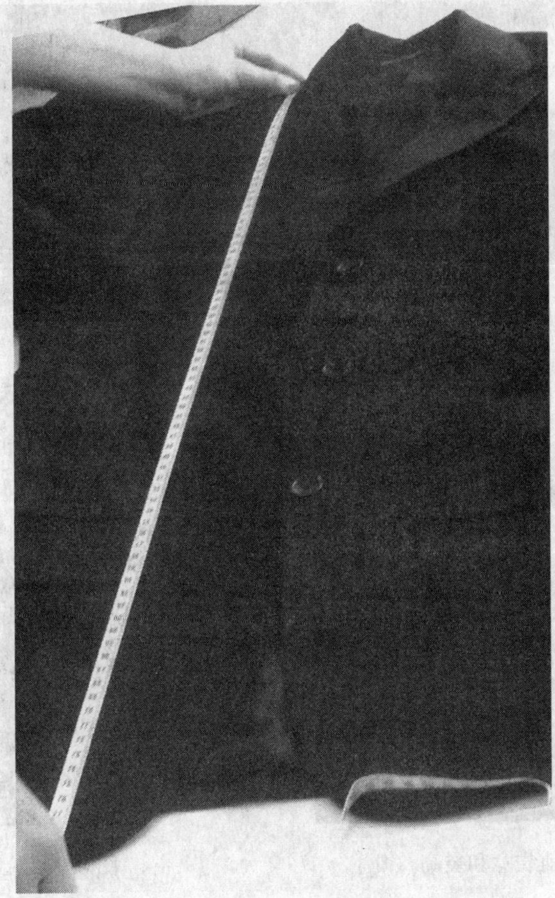

图 8—48　量前衣长

图 8—49　量下摆

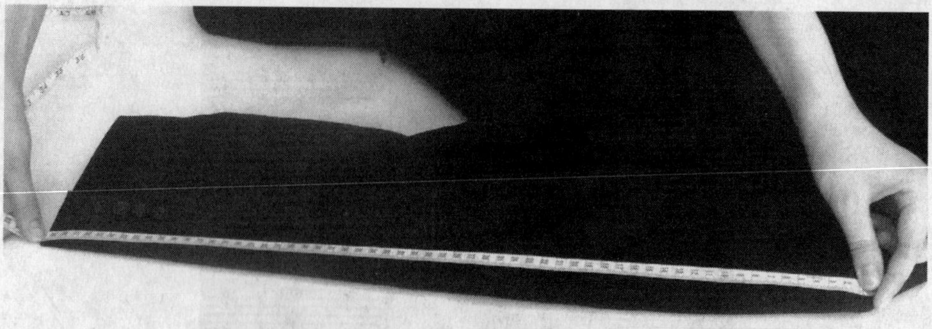

图 8—50　量袖长

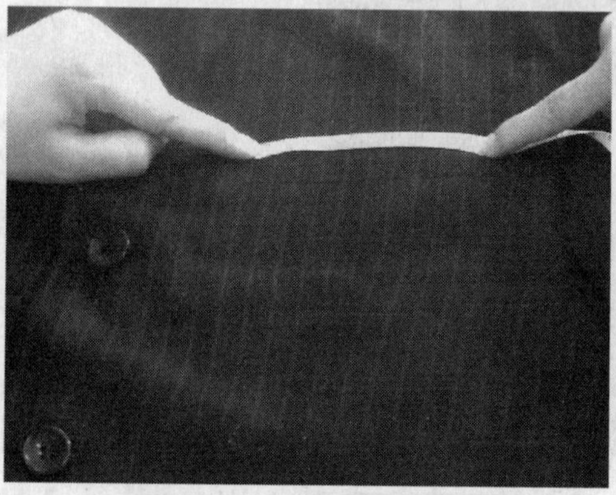

图 8—51　量前袋宽和袋高

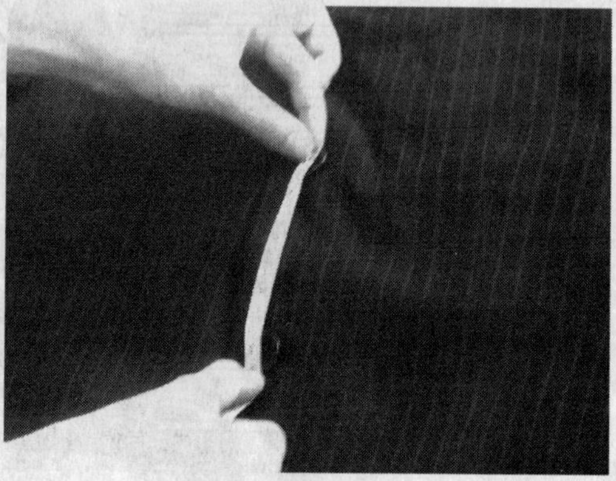

图 8—52　量纽扣距

图 8—53　量袖口宽

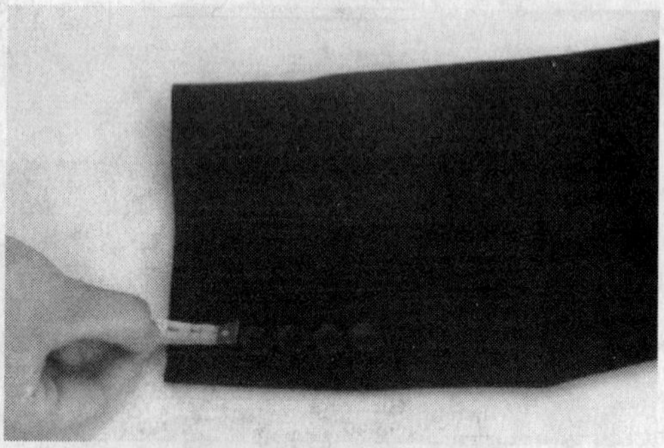

图 8—54　量袖扣位

（3）后幅

1）肩宽。将服装纽扣扣好，反面铺平，量度两肩外点之间的距离，如图 8—55 所示。

2）后背宽。反面铺平衣服，量度两后袖弧线之间的最短距离，如图 8—56 所示。

3）后中衣长。铺平后幅衣身，量度从后领底中点到下摆的长度，如图 8—57 所示。

4）后叉开口长、宽。量取后叉开口的长度和宽度，如图 8—58 所示。

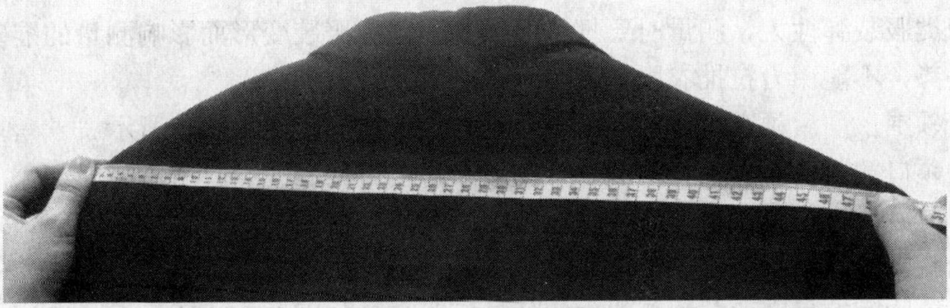

图 8—55　量肩宽

图 8—56　量后背宽



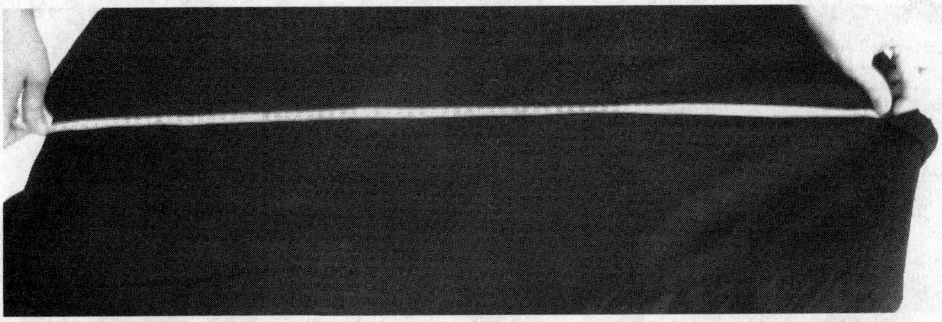

图 8—57　量后中衣长

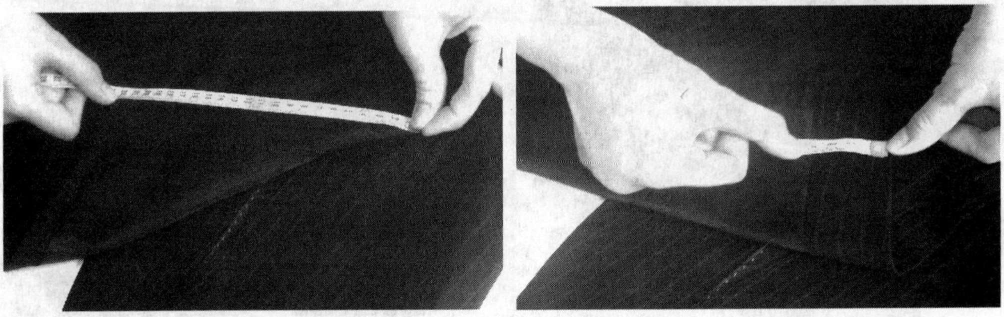

图 8—58　量后叉开口长度和宽度

4. 针织服装的尺寸量度

针织类服装弹性大，测量时要把衣服铺平，以免服装变形而影响测量的准确性，同时注意手势，不能用力拉扯衣服。

（1）领围。前后领窝线对齐，量度领窝线的围度，如图 8—59 所示。

（2）领口宽。铺平衣领，量度领口的最大跨度，如图 8—60 所示。

（3）前后领口差。量度前后领口位之间的距离，如图 8—61 所示。

（4）胸围。铺平衣身，在袖窿底部或下 2.5 cm 的位置横向量，如图 8—62 所示。

（5）前胸宽。量度两前袖弧线之间的最短距离，如图 8—63 所示。

（6）前衣长。肩颈点到前幅下摆间的距离，注意前后肩位要铺平，量度时尺子要垂直，如图 8—64 所示。

（7）后中衣长。铺平后幅衣身，量度从后领底中点到下摆的长度，如图 8—65 所示。

（8）衣侧长。铺平衣身，由袖窿底部量度至下摆的长度，如图 8—66 所示。

（9）下摆围。在自然铺平状态下，量度下摆之间的距离。下摆拉伸围是拉开下摆到最大尺寸时，量度下摆之间的距离，如图 8—67 所示。

（10）袖长。铺平袖身，量度肩外点到袖口的长度，注意尺子要沿着袖边直向量，如图 8—68 所示。

（11）肩宽。将纽扣扣好，反面铺平，量度两肩外点之间的距离，如图 8—69 所示。

（12）后背宽。铺平衣服，量度两后袖弧线之间的最短距离，如图 8—70 所示。

（13）后过肩高。铺平后背与领位，从后领底中点起量度至过肩后背缝，如图 8—71 所示。



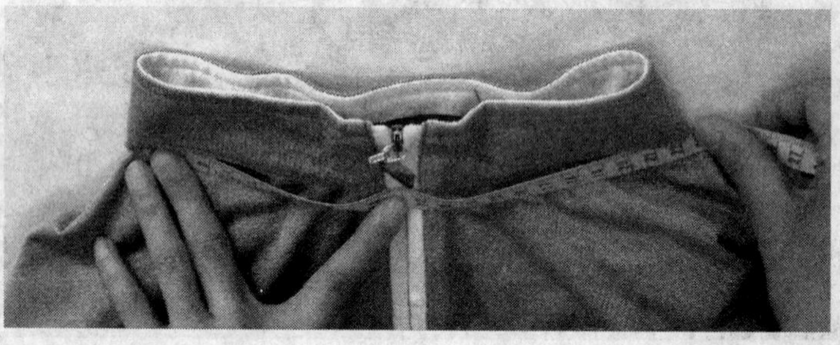

图 8—59　量领围

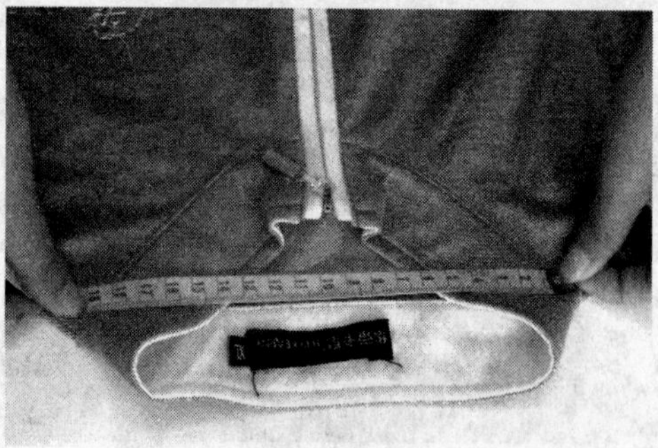

图 8—60　量领口宽

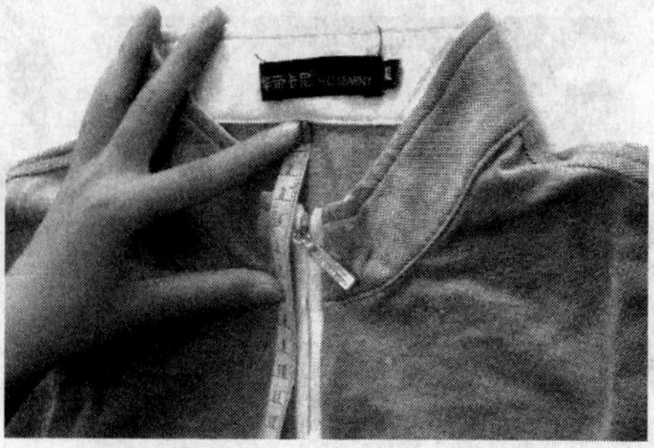

图 8—61　量前后领口差

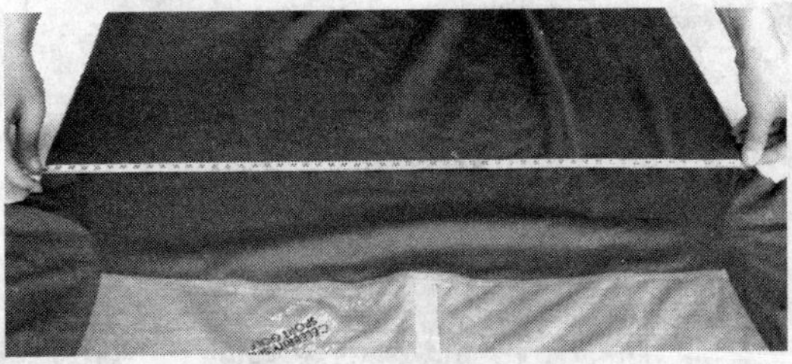

图 8—62 量胸围

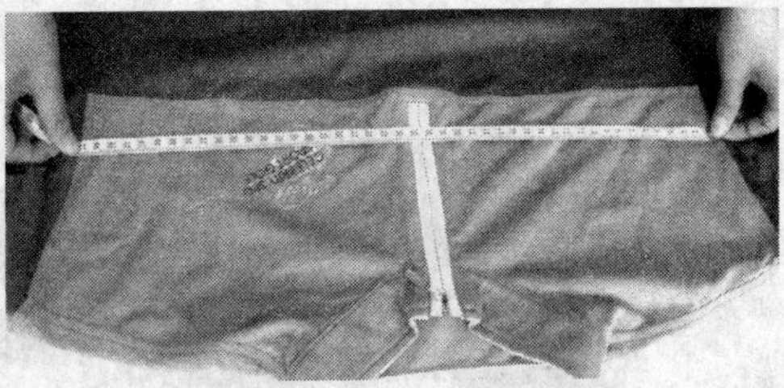

图 8—63 量前胸宽

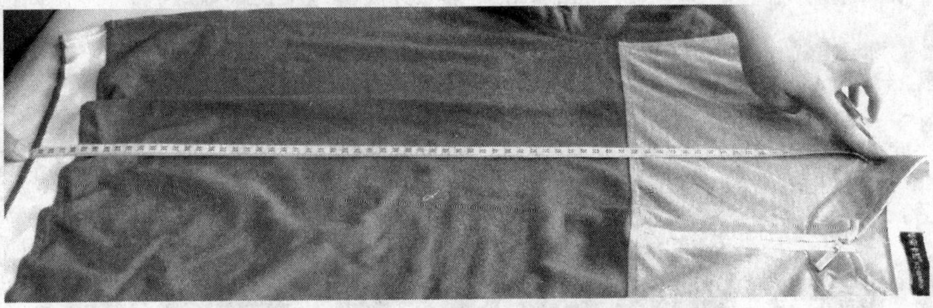

图 8—64 量前衣长



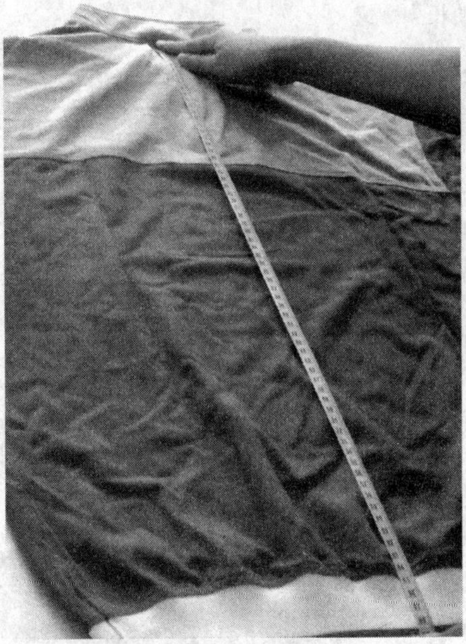

图 8—65 量后中衣长

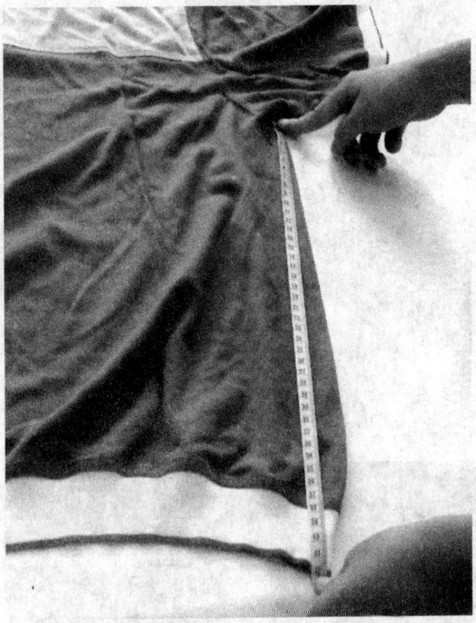

图 8—66 量衣侧长

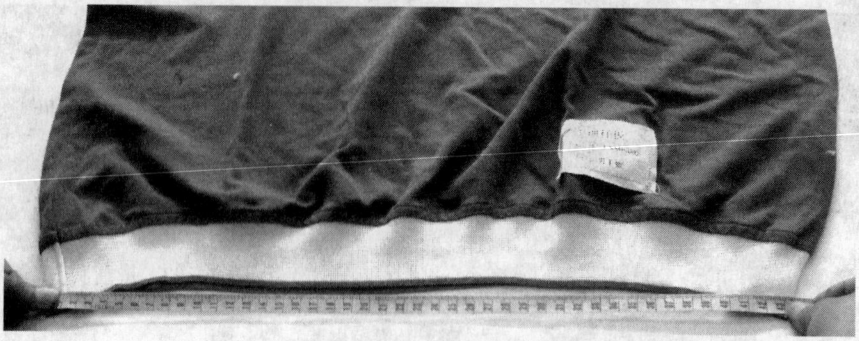

图 8—67　量下摆围

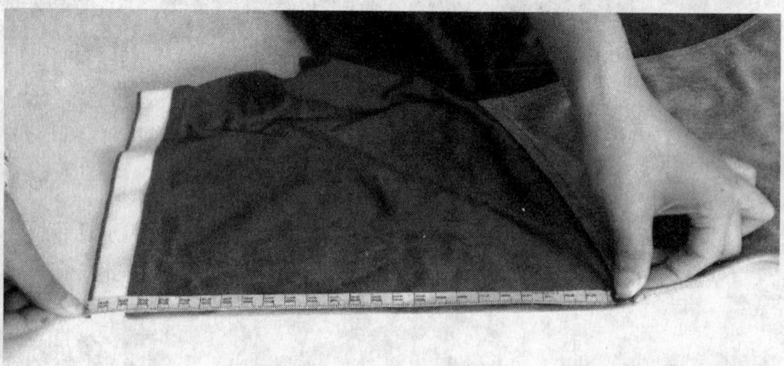

图 8—68　量袖长



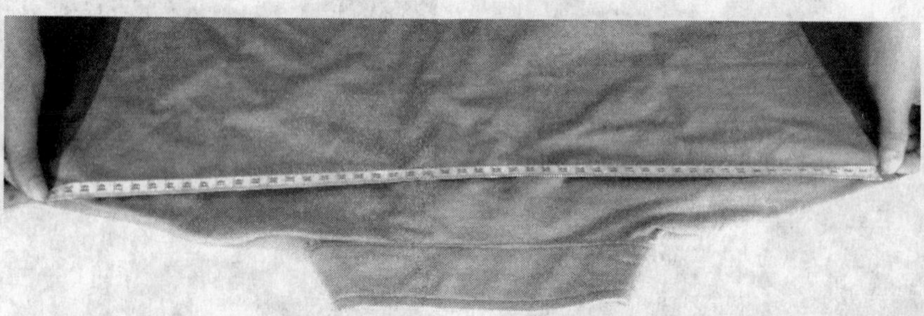

图 8—69　量肩宽

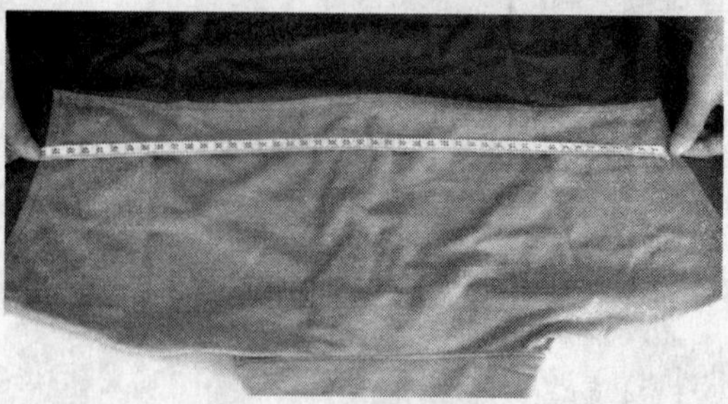

图 8—70　量后背宽

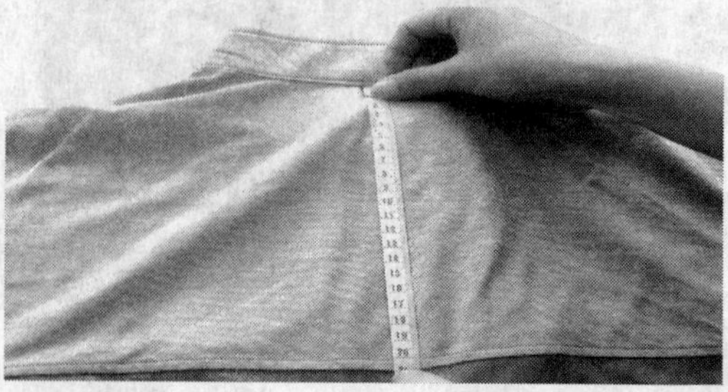

图 8—71　量后过肩高

# 单元测试题

**一、填空题**（请将正确的答案填在横线空白处）

1. 服装产品质量的指标有性能、寿命、可靠性、________、________和________等。

2. 成衣技术标准种类中产品标准有服装的外观、________、________、________、________、包装等内容。

3. 成衣的严重疵点是指严重影响成衣的________的质量问题。

4. 进面料时需要检查各种技术指标，具体项目包括________、________、________、布匹的长度与封度、染整加工、颜色等。

5. 缝制导致的常见疵点有________、________、________、面料打卷、色差、面料表面异物附着、污渍。

6. 衬衫胸围的测量方法是扣好纽扣摊平前后幅，在________或________位置横向量度。

7. 服装行业的质量包括服装产品质量、工作质量和________三大部分。

8. 服装质量检验可以分为________、________和________三种形式。

9. 服装质量检验的基本职能可以概括为把关职能、________和________三个方面。

10. 材料入库检验主要是对面料进行检验，如________、________、________、________、纬斜、缩水率检验等。

11. 成品规格检验中一般成衣规格公差要求在________。

12. 成衣技术标准的种类包括________和________两大类。

**二、单项选择题**（下列每题的选项中，只有1个是正确的，请将正确答案的代号填在横线空白处）

1. 服装产品质量的指标有性能、寿命、可靠性、安全性、________等。

   A. 物理性和经济性　　B. 生理卫生和经济性
   C. 物理性和美学特性　　D. 经济性和美学特性

2. ________包括的内容较多，满足人们换季服装的要求，满足消费者的穿脱、携带、馈赠、洗涤、放置的便利性。

   A. 产品质量　　B. 工作质量
   C. 服务质量　　D. 生产控制质量

3. 根据技术标准和规范要求对原辅材料、在制品、半成品、产成品和设备、工装等进行多层次的检验和试验是属于质量检验中的________。

   A. 预防职能　　B. 报告职能
   C. 把关职能　　D. 服务职能

4. 一般的棉及棉型面料、化纤面料可选________进行抽验，而高档的毛料及丝绸面料则须全数检验。

   A. 5%　　B. 10%
   C. 20%　　D. 30%

5. 在服装缝制过程中，对各部件组装之前的检验叫________。

A. 规格检验　　B. 裁剪检验

C. 样板检验　　D. 半成品检验

6. 服装成衣尺寸、颜色与质量标准有差距，但在可接受范围内的是属于________。

A. 严重疵点　　B. 普通疵点

C. 轻微疵点　　D. 包装疵点

7. 一般成衣规格公差要求在________。

A. ±2%～±5%　　B. ±2%～±6%

C. ±2%～±7%　　D. ±2%～±8%

8. 服装胸围的测量方法是扣好纽扣摊平前后幅，一般在袖窿底部或下________处横向量度。

A. 2.5 cm　　B. 3.5 cm

C. 4.5 cm　　D. 5.5 cm

9. 服装经使用后会出现的问题，如面料甲醛超标是属于________。

A. 严重疵点　　B. 普通疵点

C. 轻微疵点　　D. 包装疵点

10. 牛仔裤臀围尺寸量度方法是裆底上________横向量度。

A. 6 cm　　B. 8 cm

C. 10 cm　　D. 12 cm



## 三、简答题

1. 简述服装生产的工作质量。
2. 简述服装生产的服务质量。
3. 服装后整理工艺常见疵点有哪些？
4. 衬衫的量度包括哪些尺寸测量？
5. 牛仔裤的量度包括哪些尺寸测量？
6. 针织服装的量度包括哪些尺寸测量？

## 四、论述题

1. 简述服装质量控制、检验及方法。
2. 简述服装缝制工艺常见疵点。

# 单元测试题答案

## 一、填空题

1. 安全性　经济性　美学特性　2. 规格尺寸　质量指标　检验方法　储存运输　3. 整体外观和性能　4. 面料组织结构　面料的成分　经纬纱线密度　5. 破洞　缝口起褶　面料反翘　6. 袖窿底部　下 2.5 cm　7. 服务质量　8. 生产前检验　生产过程检验　成品检验　9. 预防职能　报告职能　10. 匹长　幅宽　色差　疵点　11. ±2%～±5%　12. 基本技术标准　产品标准

**二、单项选择题**

1. D　2. C　3. C　4. B　5. D　6. B　7. A　8. A　9. A　10. B

**三、简答题**

答案略。

**四、论述题**

答案略。

# 第9单元

# 服装结构设计


- 第一节　体型基础/189
- 第二节　服装结构设计/198
- 第三节　纸样工程/219

# 第一节　体型基础

培训目标

→ 能够判断体型的基本特征
→ 能够进行正常体型和特殊体型的标准测量
→ 了解特殊体型服装与正常体型服装的差异

## 一、正常体型与服装号型

服装结构设计通常根据人体体型和所需服装标准来获得必要尺寸，在绘制服装结构时依据的不是某些数据或公式，而是人体。作为服装工艺师，需要对人体测量具备必要的知识和技术，而且要懂得服装标准中规格和参考尺寸的来源、测量的技术要领和方法。由于正常体型所占比例较大，所以大多数企业都是按照正常体型进行工业化生产。

### 1. 正常体型的测量方法

（1）人体主要基准点。人体的表面起伏变化，因此要准确测量人体各部位的尺寸，必须在其表面确定一些基准点和基准线，一般的基准点多选择在骨骼的端点、关节的连接处以及肌肉的凹槽等部位，以免人体差异和生理变化对测量准确度的影响。人体主要的基准点如图 9—1 所示。

1）颈侧点。位于颈根部宽度中点偏后的位置，在肩部轮廓线和颈部立起的交界处。

2）肩点。位于人体的肩关节处，是肩胛骨肩峰上缘最向外突出的点。

3）前颈点。位于人体前中线的颈、胸交界处，两锁骨中间凹陷下去的位置。

4）前腋点。位于胸部与手臂的交界处。

5）腋下点。位于腋下最低处。

6）胸高点。乳头所在的位置。

7）腰侧点。位于腰侧部中央。

8）前肘点。位于手臂肘关节前中央，桡骨上缘最高点。

9）前腰点。位于前腰部中央。

10）臀侧点。臀围线与体侧线的交点。

11）前手腕点。位于手腕部的前端中点，桡骨下端前突出点。

12）后手腕点。位于手腕部的后端中点，桡骨下端后突出点。

13）会阴点。位于两腿的交界处。

14）膝盖点。位于膝关节的前端中央。

15）后颈点。颈后第七脊椎骨突出点。

16）肩胛点（背高点）。位于背胛骨最高点处。

17）后腋点。位于背部与手臂的交界处。

18）后腰点。位于后腰部中央。

19）后肘点。位于手臂肘关节后中央，上肢自然弯曲时最突出点。

20）臀高点。位于臀部最高处，是臀部向后最突出点。

21）踝骨点。位于踝骨外部最高点。

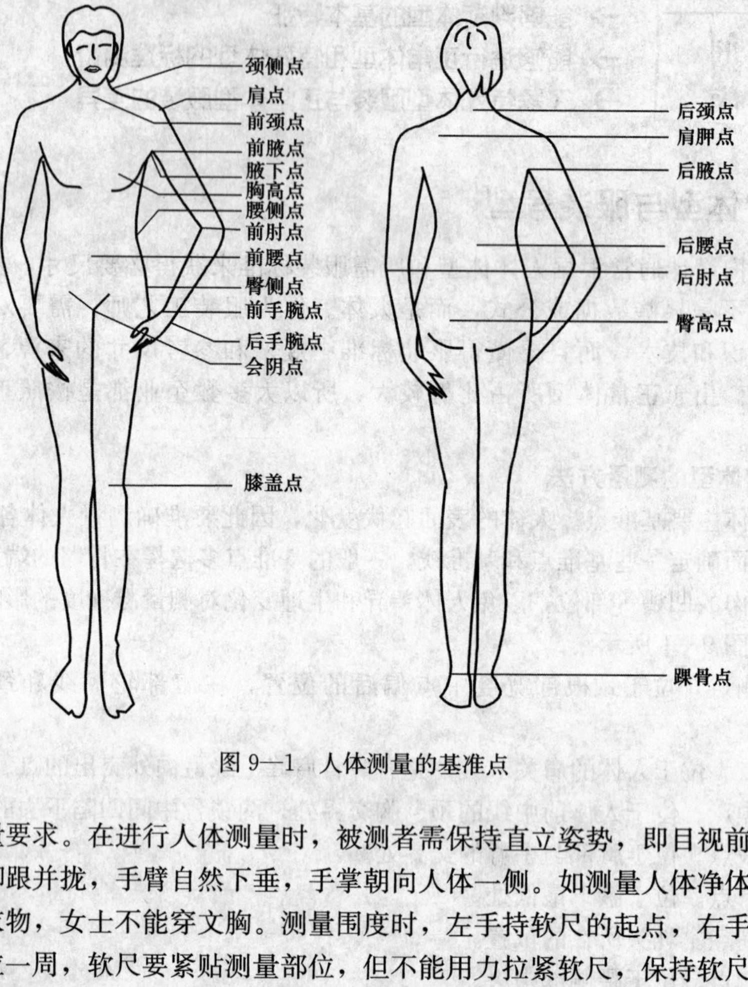


图 9—1 人体测量的基准点

（2）测量要求。在进行人体测量时，被测者需保持直立姿势，即目视前方，耳眼保持水平，双脚跟并拢，手臂自然下垂，手掌朝向人体一侧。如测量人体净体尺寸，被测者须穿贴身衣物，女士不能穿文胸。测量围度时，左手持软尺的起点，右手持软尺水平围绕测量部位一周，软尺要紧贴测量部位，但不能用力拉紧软尺，保持软尺既不脱落也不使被测者有明显的压迫感为最佳。测量长度时软尺要垂直于地面，并随人体表面的起伏通过基准点。测量时注意观察被测者体型特征，如对于特殊体型，需进行特殊处理。测量要按顺序进行，一般是从前到后、从左到右、从上到下，以免遗漏。测量时须做好记录，必要时附上说明体型特征和款式要求。

**2. 测量项目及方法**

（1）头围。前额和后枕骨为基准点测量一周。

（2）颈根围。经前颈点、颈侧点和后颈点测量一周。

（3）臂根围。经肩点和前后腋点测量一周。

（4）臂围。上臂最粗的位置水平测量一周。

（5）手腕围。在手腕关节处绕手腕水平测量一周。

（6）手掌围。五指自然并拢，软尺绕手掌最宽位置测量一周。

（7）胸围。经胸点水平绕人体测量一周。

（8）下胸围。乳房根部水平测量一周。

（9）腰围。水平绕腰围最细部位测量一周。

（10）臀围。水平绕臀围最丰满处测量一周，可以大转子骨点为基准点水平测量一周。

（11）中腰围。在腰围线和臀围线之间的 1/2 处水平测量一周。

（12）大腿围。在大腿最粗的地方水平测量一周。

（13）膝围。经膝盖点水平围绕膝盖测量一周。

（14）踝围。经踝骨点水平围绕脚踝测量一周。

（15）身高。在人体直立状态下，测量头顶到脚底的垂直距离。

（16）背长。沿后中线测量从后颈点到腰围线之间的直线距离。

（17）肩线长。测量颈侧点到肩点的直线距离。

（18）腰长。随着人体体表测量腰围线与臀围线之间的距离。

（19）股上长。被测者坐在椅子上，随着人体体表测量腰围线到椅面的距离。

（20）全身长。测量后颈点到脚底的垂直距离。

（21）腰围高。测量腰围线到脚底的垂直高度。

（22）肩宽。在背部测量两肩点之间的直线距离。

（23）背宽。在背部测量两后腋点之间的直线距离。

（24）胸宽。在胸部测量两前腋点之间的直线距离。

（25）肩斜。测量颈椎点与肩点之间的高度差。

（26）臂长。测量从肩点经过手肘点到手腕点的距离。

（27）裤长。测量腰围线到踝骨点的直线距离。

（28）胸距。也叫乳间距，测量两乳点之间的直线距离。

（29）前身长。测量从肩线 1/2 处经胸点到腰围线的距离。

（30）后身长。测量从肩线 1/2 处经肩胛骨突出点到腰围线的距离。

**3. 常用服装号型**

在服装工业生产中，必须使用标准统一的服装尺寸规格。尺寸规格不仅是纸样设计的尺寸来源，也是纸样放码（推板）、品质检查和生产管理的依据。

（1）我国的服装尺寸标准。我国最新号型标准是《中华人民共和国国家标准服装号型》于 1997 年 11 月 13 日批准，1998 年 6 月 1 日实施。其中的尺寸是经过大量人体测量后得到的数据，并以国际通用净尺寸表示，不限定服装款式，是服装设计、生产和选购时的依据。

我国国家号型标准中，“号”指人体身高，表示服装长度的参数；“型”指人体的胸围或腰围，表示服装围度的参数。新号型中根据人体胸围与腰围之间的差数大小，将人体分为 Y、A、B、C 四种类型，见表 9—1。

表 9—1　　体型分类代号及范围　　cm

| 体型分类代号 | Y | A | B | C |
|---|---|---|---|---|
| 男子胸围与腰围之差数 | 22～17 | 16～12 | 11～7 | 6～2 |
| 女子胸围与腰围之差数 | 24～19 | 18～14 | 13～9 | 8～4 |

我国标准号型中规定，成年人上装有 5・4 系列。其中前一个数字“5”表示“号”的分档数值。成年男子从 150 号开始至 185 号结束，共分为 8 个号。成年女子从 145 号开始至 175 号结束，分为 7 个号。后一位数字“4”表示“型”的分档数值。成年男子从 72～76 cm 开始。成年女子从 68～72 cm 开始，每隔 4 cm 或 2 cm 分为一档。下装类分为 5・2 系列。女子从 50～63 cm 开始，男子从 56～71 cm 开始，每隔 2 cm 分为一档，见表 9—2 和表 9—3。

服装号型的标注形式为“号/型、体型分类代号”。如，男上衣号型 170/88A，表示本服装适合于身高在 168～172 cm，紧胸围在 86～89 cm 之间的男士穿着，“A”表示胸围与腰围的差数在 16～12 cm 的体型。又如，女裤号型 160/68A，表示该号型的裤子适合于总体高为 158～162 cm。紧腰围在 67～69 cm 的女士穿着，“A”表示胸围与腰围的差数在 18～14 cm 的体型。

表 9—2　　男子 5・4、5・2A 号型系列控制部位数值　　cm

| 体型 | A | | | | | | |
|---|---|---|---|---|---|---|---|
| 部位 | 数值 | | | | | | |
| 身高 | 155 | 160 | 165 | 170 | 175 | 180 | 185 |
| 颈椎点高 | 133.0 | 137.0 | 141.0 | 145.0 | 149.0 | 153.0 | 157.0 |
| 坐姿颈椎点高 | 60.5 | 62.5 | 64.5 | 66.5 | 68.5 | 70.5 | 72.5 |
| 全臂长 | 51.0 | 52.5 | 54.0 | 55.5 | 57.0 | 58.5 | 60.0 |
| 腰围高 | 93.5 | 96.5 | 99.5 | 102.5 | 105.5 | 108.5 | 111.5 |

| 部位 | | | | | | | | |
|---|---|---|---|---|---|---|---|---|
| 胸围 | 72 | 76 | 80 | 84 | 88 | 92 | 96 | 100 |
| 颈围 | 32.8 | 33.8 | 34.8 | 35.8 | 36.8 | 37.8 | 38.8 | 39.8 |
| 总肩宽 | 38.8 | 40.0 | 41.2 | 42.4 | 43.6 | 44.8 | 46.0 | 47.2 |

| 部位 | | | | | | | | | | | | | | | | | | | | | | | | |
|---|---|---|---|---|---|---|---|---|---|---|---|---|---|---|---|---|---|---|---|---|---|---|---|---|
| 腰围 | 56 | 58 | 60 | 60 | 62 | 64 | 64 | 66 | 68 | 68 | 70 | 72 | 72 | 74 | 76 | 76 | 78 | 80 | 80 | 82 | 84 | 84 | 86 | 88 |
| 臀围 | 75.6 | 77.2 | 78.8 | 78.8 | 80.4 | 82.0 | 82.0 | 83.6 | 85.2 | 85.2 | 86.8 | 88.4 | 88.4 | 90.0 | 91.6 | 91.6 | 93.2 | 94.8 | 94.8 | 96.4 | 98.0 | 98.0 | 99.6 | 101.2 |

表 9—3　　女子 5・4、5・2A 号型系列控制部位数值　　cm

| 体型 | A | | | | | | |
|---|---|---|---|---|---|---|---|
| 部位 | 数值 | | | | | | |
| 身高 | 145 | 150 | 155 | 160 | 165 | 170 | 175 |
| 颈椎点高 | 124.0 | 128.0 | 132.0 | 136.0 | 140.0 | 144.0 | 148.0 |
| 坐姿颈椎点高 | 56.5 | 58.5 | 60.5 | 62.5 | 64.5 | 66.5 | 68.5 |
| 全臂长 | 46.0 | 47.5 | 49.0 | 50.5 | 52.0 | 53.5 | 55.0 |

单元 9

续表

| 体型 | A | | | | | | | | | | | | | | | | | | | | |
|---|---|---|---|---|---|---|---|---|---|---|---|---|---|---|---|---|---|---|---|---|---|
| 部位 | 数值 | | | | | | | | | | | | | | | | | | | | |
| 腰围高 | 89.0 | | | 92.0 | | | 95.0 | | | 98.0 | | | 101.0 | | | 104.0 | | | 107.0 | | |
| 胸围 | 72 | | | 76 | | | 80 | | | 84 | | | 88 | | | 92 | | | 96 | | |
| 颈围 | 31.2 | | | 32.0 | | | 32.8 | | | 33.6 | | | 34.4 | | | 35.2 | | | 36.0 | | |
| 总肩宽 | 36.4 | | | 37.4 | | | 38.4 | | | 39.4 | | | 40.4 | | | 41.4 | | | 42.4 | | |
| 腰围 | 54 | 56 | 58 | 58 | 60 | 62 | 62 | 64 | 66 | 66 | 68 | 70 | 70 | 72 | 74 | 74 | 76 | 78 | 78 | 80 | 82 |
| 臀围 | 77.4 | 79.2 | 81.0 | 81.0 | 82.8 | 84.6 | 84.6 | 86.4 | 88.2 | 88.2 | 90.0 | 91.8 | 91.8 | 93.6 | 95.4 | 95.4 | 97.2 | 99.0 | 99.0 | 100.8 | 102.6 |

（2）日本服装号型标准。日本服装规格是参照日本工业规格（JIS）制定的，它的特点是以标准人体测量的净尺寸为基础。男装以胸腰落差作为划分体型的依据，分为Y、YA、A、AB、B、BE、E等7种体型，其中Y型胸腰落差定为16 cm，以后每种体型落差以此减少，到E型则是指胸腰落差为零，见表9—4。女装规格分普通、特殊和少女三种规格（见表9—5）。

**表9—4　　日本男装规格表**　　cm

| 部位 / 体型 | 身高 | 胸围 | 腰围 | 臀围 | 肩宽 | 臂长 | 股上 | 股下 | 背长 |
|---|---|---|---|---|---|---|---|---|---|
| A体型（胸围和腰围相差12 cm之体型） | 155 | 86 | 74 | 87 | 41 | 51 | 23 | 64 | 43 |
| | 155 | 88 | 76 | 88 | 42 | 52 | 23 | 64 | 43 |
| | 160 | 88 | 76 | 89 | 42 | 52 | 23 | 66 | 45 |
| | 160 | 90 | 78 | 90 | 42 | 52 | 23 | 66 | 45 |
| | 165 | 90 | 78 | 90 | 42 | 54 | 23 | 69 | 46 |
| | 165 | 92 | 80 | 92 | 43 | 54 | 24 | 69 | 46 |
| | 170 | 92 | 80 | 92 | 43 | 54 | 24 | 71 | 47 |
| | 170 | 94 | 82 | 94 | 44 | 55 | 24 | 71 | 47 |
| | 175 | 94 | 82 | 94 | 44 | 56 | 24 | 74 | 48 |
| | 175 | 96 | 84 | 97 | 45 | 57 | 25 | 74 | 48 |
| | 180 | 96 | 84 | 97 | 45 | 58 | 25 | 76 | 50 |
| | 180 | 98 | 86 | 100 | 46 | 58 | 26 | 75 | 50 |
| | 185 | 98 | 86 | 102 | 46 | 60 | 27 | 77 | 51 |
| | 185 | 100 | 88 | 104 | 46 | 61 | 28 | 76 | 51 |

表 9—5　　日本女装规格表

cm

| 类别/部位 | 普通规格 | | | | | | | |
|---|---|---|---|---|---|---|---|---|
| 胸围 | 77 | 80 | 83 | 86 | 89 | 92 | 95 | |
| 腰围 | 56 | 58 | 60 | 63 | 66 | 69 | 72 | |
| 臀围 | 85 | 87 | 89 | 91 | 94 | 97 | 100 | |
| 衣长 | 91～95 | 94～98 | 94～98 | 97～101 | 97～101 | 99～103 | 99～101 | 灵活范围 |
| 背长 | 35～36 | 36～38 | 36～38 | 37～39 | 37～39 | 37～39 | 37～39 | 灵活范围 |
| 袖长 | 49～51 | 50～52 | 51～53 | 52～54 | 52～54 | 52～54 | 52～54 | 灵活范围 |
| 裙长 | 56～58 | 58～60 | 58～60 | 60～62 | 60～62 | 62～64 | 62～64 | 灵活范围 |
| 类别/部位 | 特殊规格 | | | | | 少女规格 | | |
| 胸围 | 92 | 95 | 98 | 101 | 105 | 80 | 82 | 84 |
| 腰围 | 74 | 76 | 78 | 80 | 83 | 61 | 60 | 60 |
| 衣长 | 102 | 103 | 105 | 105 | 105 | 93 | 97 | 100 |

日本众多的服装企业和设计部门大多是在参考 JIS 的基础上制定出自己的标准和规格尺寸，较成熟和具代表性的有文化式和登丽美式女装规格（见表 9—6）。文化式规格以 S、M、ML、L、LL 表示小、中、中大、大、特大的系列号型，这种规格系列同国际成衣标准相吻合。登丽美式规格只用大、中、小表示。



表 9—6　　日本新女装规格和参考尺寸

cm

| 类别 | 规格/部位 | 文化式 S | 文化式 M | 文化式 ML | 文化式 L | 文化式 LL | 登丽美式 小 | 登丽美式 中 | 登丽美式 大 |
|---|---|---|---|---|---|---|---|---|---|
| 围度 | 胸围 | 78 | 82 | 88 | 94 | 100 | 80 | 82 | 86 |
| | 腰围 | 62～64 | 66～68 | 70～72 | 76～78 | 80～82 | 58 | 60 | 64 |
| | 臀围 | 88 | 90 | 94 | 98 | 102 | 88 | 90 | 94 |
| | 中腰围 | 84 | 86 | 90 | 96 | 100 | | | |
| | 颈根围 | | | | | | 35 | 36.5 | 38 |
| | 头围 | 54 | 56 | 57 | 58 | 58 | | | |
| | 上臂围 | | | | | | 26 | 28 | 30 |
| | 腕围 | 15 | 16 | 17 | 18 | 18 | 15 | 16 | 17 |
| | 掌围 | | | | | | 19 | 20 | 21 |
| 长度 | 背长 | 37 | 38 | 39 | 40 | 41 | 36 | 37 | 38 |
| | 腰长 | 18 | 20 | 21 | 21 | 21 | | 20 | |
| | 袖长 | 48 | 52 | 53 | 54 | 55 | 51 | 53 | 56 |
| | 全肩宽 | | | | | | | | |
| | 背宽 | | | | | | 33 | 34 | 35 |
| | 胸宽 | | | | | | 32 | 33 | 34 |
| | 股上长 | 25 | 26 | 27 | 28 | 29 | 24 | 27 | 29 |

续表

| 类别 | | 文化式 | | | | | 登丽美式 | | |
|---|---|---|---|---|---|---|---|---|---|
| | 规格<br>部位 | S | M | ML | L | LL | 小 | 中 | 大 |
| 长度 | 裤长 | 85 | 91 | 95 | 96 | 99 | | | |
| | 身长 | 148 | 154 | 158 | 160 | 162 | | | |

## 二、特殊体型分类

服装各部位尺寸均来自人体，因此体型是影响服装合体度的重要因素。现在市场上大部分服装都是根据标准尺寸进行生产，适合大部分消费者的体型，但是某些消费者由于地域差异或遗传因素等与普通人的体型稍有不同，即特殊体型，这些人在穿着批量生产的服装时，会产生或多或少的不合体现象。为了让这部分人群能进行量身定做，或者对标准体的纸样进行修正，必须对特殊体型的特殊部位进行测量，以便准确地绘制或者修正纸样，获得符合自身体型且穿着舒适美观的服装。

**1. 常见特殊体型**

（1）外形轮廓的特殊体型。包括扁平体和厚实体，如图 9—2 所示。

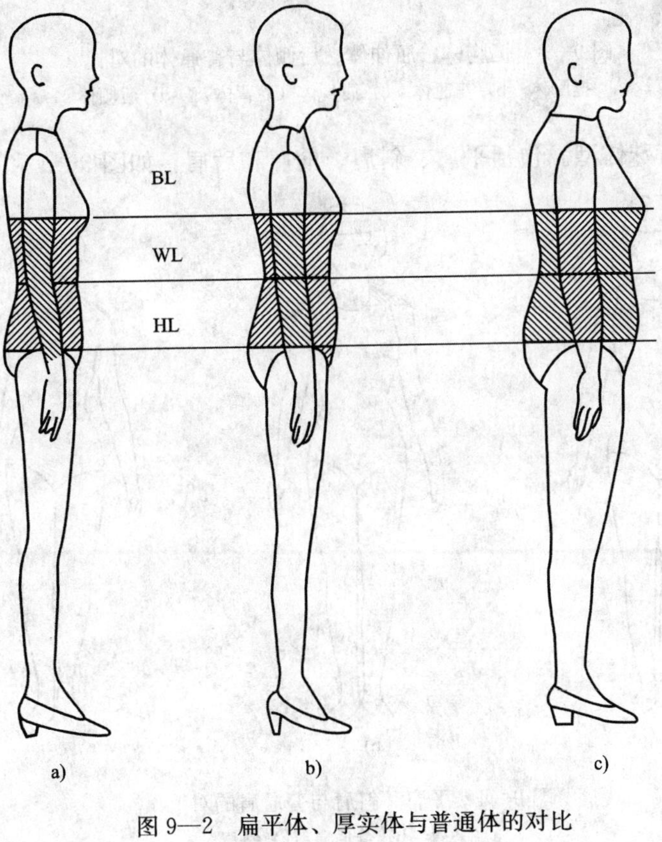


图 9—2　扁平体、厚实体与普通体的对比

a）扁平体　b）普通体　c）厚实体

（2）上身特殊体型。包括挺胸体、屈身体（驼背体）和后倾体，如图 9—3 所示。

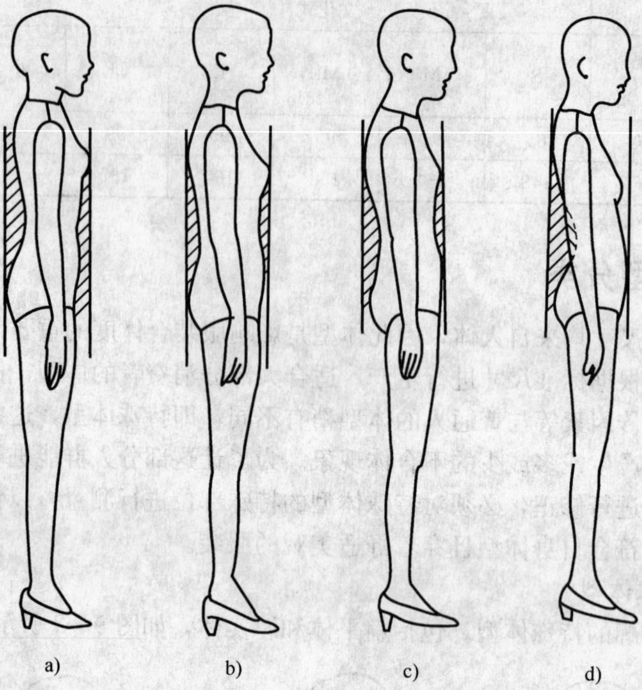

图 9—3　挺胸体、屈伸体、后倾体与普通体的对比

a）挺胸体　b）普通体　c）屈身体（驼背体）　d）后倾体



（3）肩部的特殊体型。包括平肩、斜肩、前肩和后肩，如图 9—4 和图 9—5 所示。

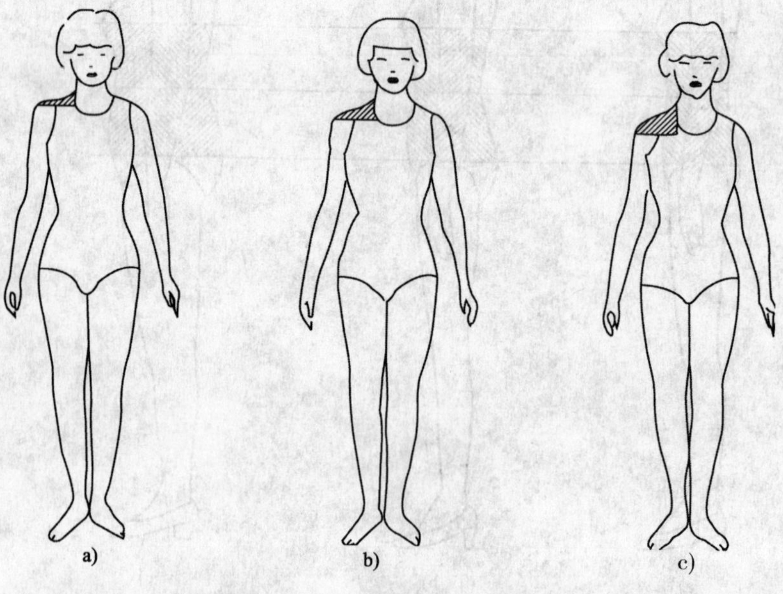

图 9—4　平肩、斜肩与普通肩的对比

a）平肩　b）普通肩　c）斜肩

（4）臀部特殊体型。包括平臀和凸臀，如图 9—6 所示。

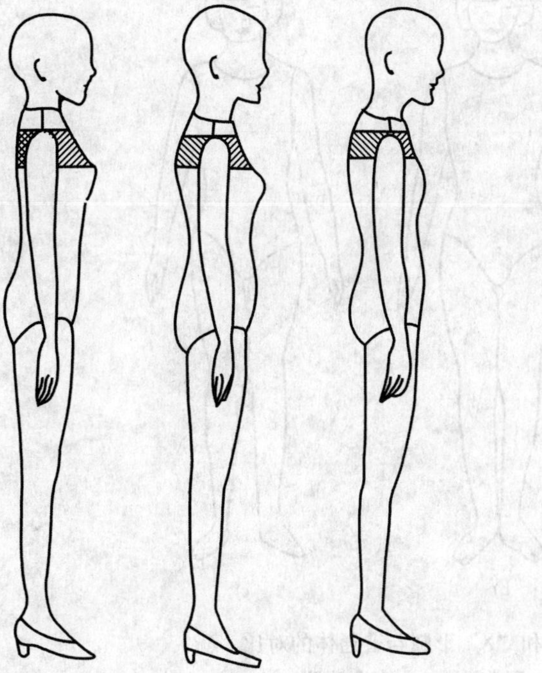

a)　　b)　　c)

图 9—5　前肩、后肩与普通肩的对比

a）前肩　b）普通肩　c）后肩

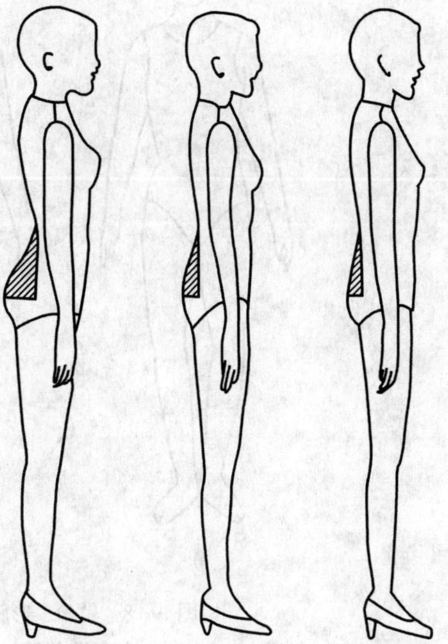

a)　　b)　　c)

图 9—6　平臀、凸臀与普通体的对比

a）凸臀　b）普通臀　c）平臀



（5）腹部特殊体型。包括凸腹体，如图 9—7 所示。

（6）腿部的特殊体型。包括："O" 形腿和 "X" 形腿，如图 9—8 所示。

**2. 特殊体型的测量方法**

一般的特殊体型目测就可以判断出来，因此在量体的同时必须观察顾客的体型情况并做好记录。不同的特殊体型有各自需要特别注意的地方，例如：在测量时，凸肚体、驼背体、挺胸体时要测量前后衣长，以确定凸肚量、驼背量和挺胸量，以便在绘制纸样时做出适当的增减；在测量肩部时要测量肩斜度，正常肩斜度男体 21°，女体 20°，测量时可以用投映的方法确定斜肩度，或者测量肩点和颈侧点的落差值；测量扁平体和厚实体时，需加测胸宽和背宽的尺寸。

特殊体型测量时，不仅要记录各部位的尺寸，更重要的是要对体型进行描述，因为有些特殊体型用数据表示相对较难，例如扁平体和厚实体、前肩体和后肩体

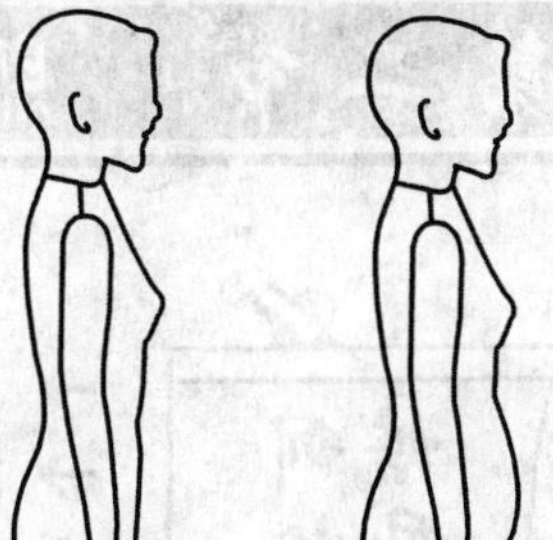

a)　　b)

图 9—7　凸腹体与普通体的对比

a）普通体　b）凸腹体

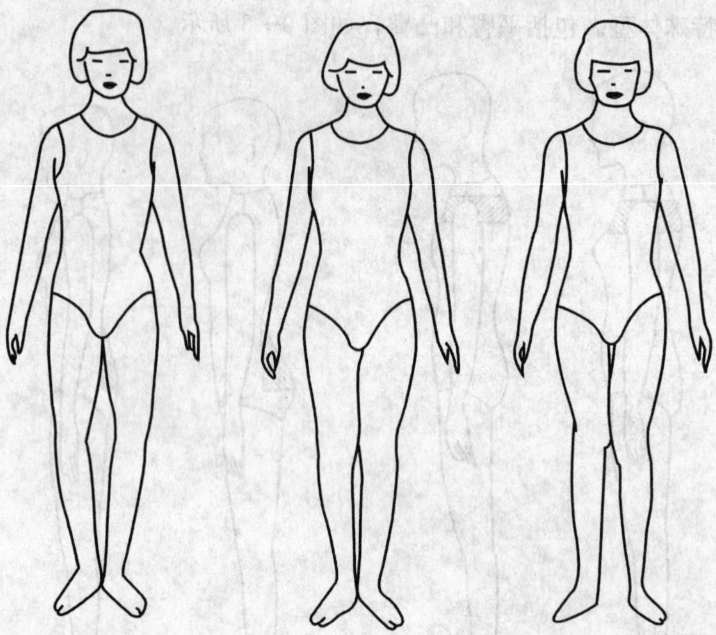


图 9—8 “O”形腿和“X”形腿与普通体的对比

a）“O”形腿 b）正常腿形 c）“X”形腿



等，这时就要用文字或者图形进行描述。

## 第二节 服装结构设计

**培训目标**

→ 能够绘制牛仔裤、男衬衫和西裤的基础纸样

→ 能够进行牛仔裤、男衬衫和西裤工业用纸样的处理

→ 能够绘制牛仔裤、男衬衫和西裤变化款式纸样

### 一、男装衬衫

我国的周朝已有衬衫，称中衣，后称中单，是指穿在内外上衣之间、也可单独穿用的上衣。14 世纪诺曼底人穿的衬衫带有领和袖头。16 世纪欧洲盛行在衬衫领和前胸绣花，或在领口、袖口、胸前装饰花边。18 世纪末，英国人穿硬高领衬衫，直到维多利亚女王时期，高领衬衫才被淘汰，后来逐渐形成现代的立翻领西式衬衫。

现代传统男式衬衫是指能和普通西装、运动西装、黑色套装等套装组合穿用的内衣化衬衫。传统男式衬衫的款式结构特点为紧身，圆形下摆，前开襟单排搭门，左前胸有明贴袋，前后有过肩（俗称担干），后过肩处有褶裥；立翻领，衬衫袖有袖头及剑形袖衩，如图 9—9 所示。

**1. 男衬衫净样绘制**

绘制传统男式衬衫纸样所需要的尺寸有：领围、胸围、衣长、肩宽、袖长和袖口围等。以胸围 112 cm 成人规格为例，表 9—7 为传统男式衬衫制图所需尺寸。

表 9—7　传统男式衬衫制图尺寸表　cm

| 领围（N） | 胸围（B） | 衣长 | 肩宽 | 袖长 | 袖口围 |
|---|---|---|---|---|---|
| 40 | 112 | 76 | 46 | 60 | 23 |

传统男式衬衫纸样如图 9—10 所示，先绘制后片，再在后片的基础上绘制前片。

（1）后片

1）后中线。取衣长，画竖直线；

2）后领围弧线。肩宽线上取 N/6＋1.5，向上作 4 cm 垂直线，画出领围弧线；

3）肩宽线。垂直于后中线画水平线，取肩宽/2，连接到领围弧线，画出肩线；

4）胸围线。后中线上量取 B/6＋9，画水平线；

5）侧缝辅助线。在胸围线上量取 B/4，画垂直线至下摆线；

6）腰围线。在后中线上量取胸围线至下摆线的中点，画水平线与侧缝辅助线相交，交点向右 1.5 cm；

7）过肩（过肩又称育克）分割线。肩点向右 0.5 cm 作垂直线，约 5.5 cm，画水平线，并与后中线相交；

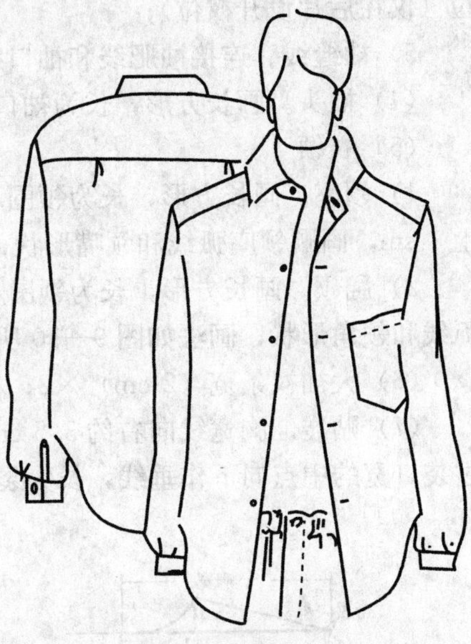

图 9—9　传统男衬衫款式图

8）背宽线。育克分割线向右 2.5 cm 作垂直线至胸围线；

9）后袖窿弧线。育克分割线向下 1 cm 处开始画弧线，与背宽线相交至胸围线，如图 9—10 所示；

10）侧缝线。侧缝辅助线向上量取 7 cm，画弧线至胸围线，并过腰围线 1.5 cm 的点，画顺；

11）衣摆线。过侧缝辅助线上 7 cm 的点画弧线至衣摆线上，如图 9—10 所示。

（2）前片。在后片结构基础上绘画前领窝线、前肩线和袖窿弧线。其他线条和后片一致。前中线平行加出 1.8 cm 的搭门。

1）肩线。过肩宽线上 N/6＋1.5 的点作后肩线的平行线，作后肩线的垂直线与平行线相交，并延长一倍距离，与平行线的左端点向下 5 cm 的点连接直线，在直线上取与后肩线等长；

2）前领围弧线。从前肩线右端点向前中线作直线，长度为（领围－后领窝长）/2－0.5，画圆顺；

3）前袖窿弧线。背宽线向右 0.5 cm，从前肩点开始画弧线，与胸宽线相交至胸围线，如图 9—10 所示。

（3）衣袖

1）袖中线。画直线长为袖长－袖头高（6 cm）；

2）袖肥线。在袖中线上量取袖窿围/6，画水平线，并量取袖窿围/2；

3）袖山弧线。由袖山顶点向袖肥线画弧线，在上半部突出 1.5 cm，下半部凹进 0.5 cm；

4）袖口线。长为（袖口围＋搭门）/2，在袖口线的中点处向上作 12.5 cm 的开衩位（仅在后片设开衩位）；

5）袖缝线。连接袖肥线和袖口线，并凹进 1 cm；

（4）袖头。画长方形，长为袖口围＋搭门，高为袖头高（6 cm）。

（5）衣领

1）领座。画长方形，长为领围/2＋搭门，高为 3.5 cm，后中线上 0.5 cm，前中线上 1 cm，画顺领座弧线和领嘴形状；

2）翻领。画长方形，长为领围/2－1 cm，高为 4.5 cm，前中下 1.5 cm，画顺领面弧线和领角形状，画法如图 9—10 所示；

（6）大袖衩条宽（2 cm）×2；小袖衩条宽（1 cm）×2，大小袖衩长为开衩长。

（7）贴袋。胸宽线向右约 3.5 cm，向上约 1 cm，画胸围线的平行线，长为袋口宽，过袋口宽的中点向下作垂线，长为袋长，向上 1.5 cm，画出贴袋纸样。



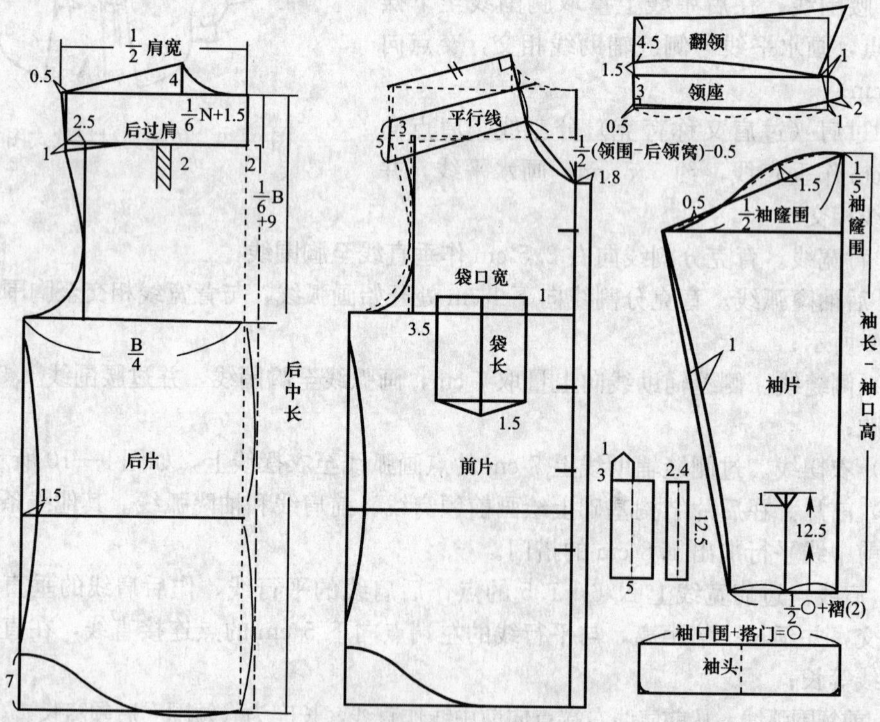


图 9—10　传统男衬衫净样图（单位：cm）

2. 男衬衫工业用纸样绘制

(1) 传统男衬衫工业纸样（见图 9—11）。门襟采用接缝明筒开襟，右前片前襟沿搭门边线加放 4 cm 里襟贴，右前片其余各边以及左前片、衣袖各部位均加放 1 cm 缝份；门襟贴长度为前中长，宽度为两个搭门宽，加放 1 cm 缝份；衣领各部位可加 1 cm 缝份，也可根据实际工艺设计采用 0.6 cm 缝份；胸袋除袋口加放 5 cm、衣摆加放 1.5 cm 缝份外，其他各边均加放 1 cm 缝份；袖口各边均加 1 cm 缝份；大袖衩下边加 1 cm 缝份，其他边加 0.6 cm；小袖衩上下各加 1 cm 缝份，左右加 0.6 cm 缝份。

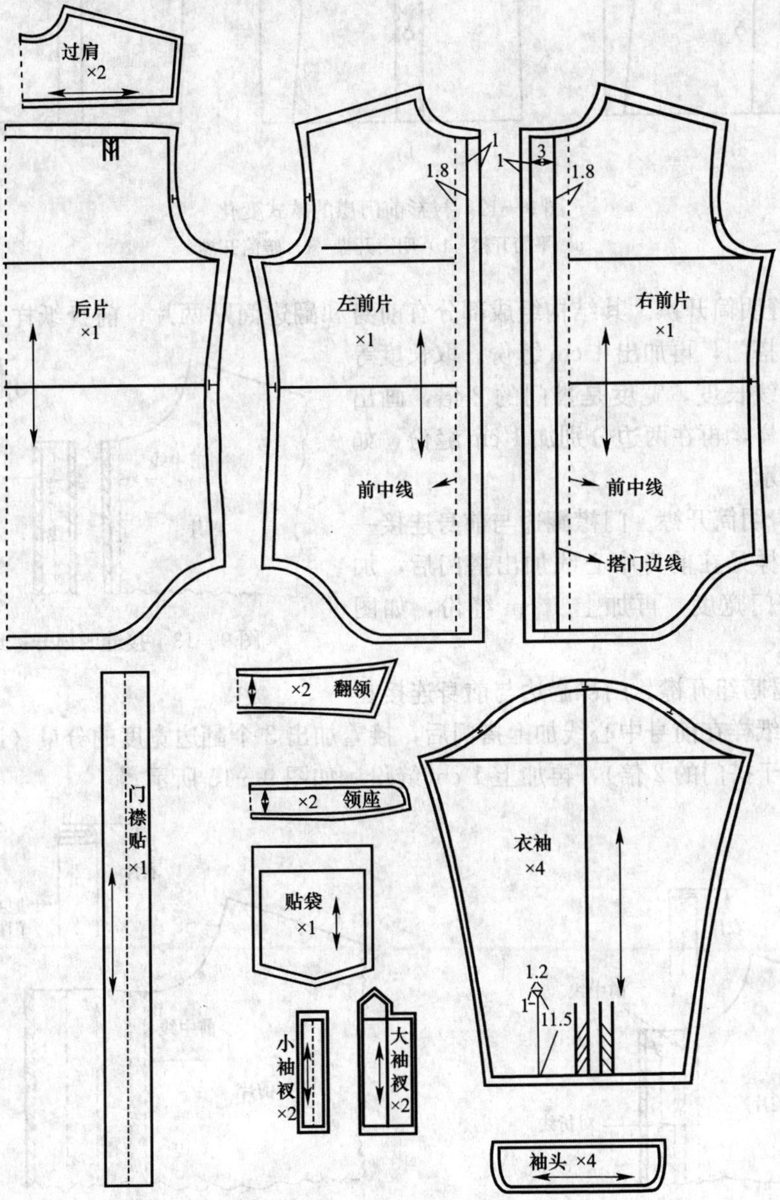


图 9—11 传统男衬衫工业纸样（单位：cm）

（2）衬衫前门襟结构变化。前门襟款式是衬衫主要的局部结构变化，常见的有平筒开襟、明筒开襟和暗筒开襟三种，如图 9—12 所示。

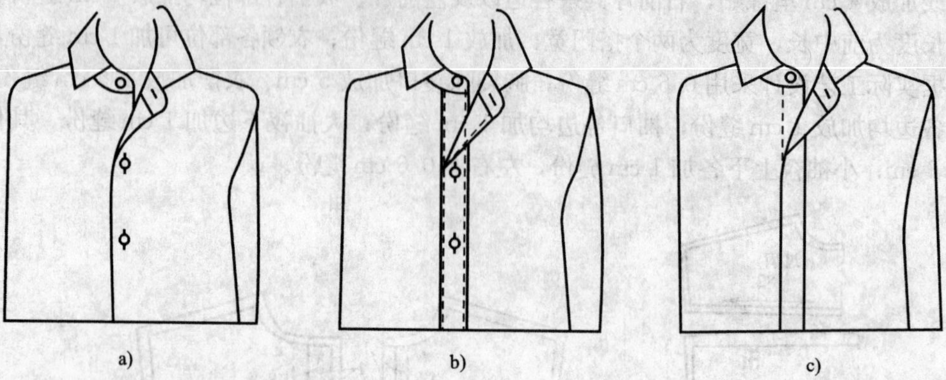


图 9—12　衬衫前门襟的款式变化

a）平筒开襟　b）明筒开襟　c）暗筒开襟

1）接缝明筒开襟。其结构组成部分有前身和翻边筒贴两片，前身纸样是在前中心线边缘加出搭门，再加出 1 cm 缝份。取长度等于前身中心线长度，宽度是搭门的 2 倍，画出门襟翻边纸样，再在两边分别加 1 cm 缝份，如图 9—13 所示。

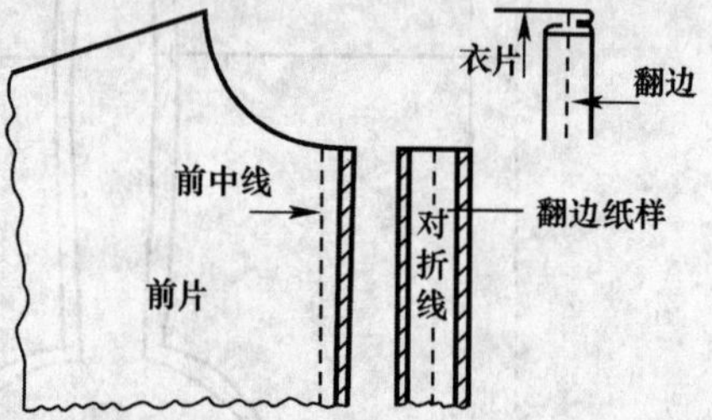


图 9—13　接缝明筒开襟纸样

2）连身明筒开襟。门襟翻边与前身连接一起。前身纸样是在前身中心线加出搭门后，加上 2 倍的搭门宽度，再加上 1 cm 缝份，如图 9—14 所示。

3）连身暗纽开襟。门襟翻边与前身连接在一起。前身纸样在前身中心线加上搭门后，接着加出 3 个翻边宽度的分量（说明：每个翻边宽度等于搭门的 2 倍），再加上 1 cm 缝份，如图 9—15 所示。

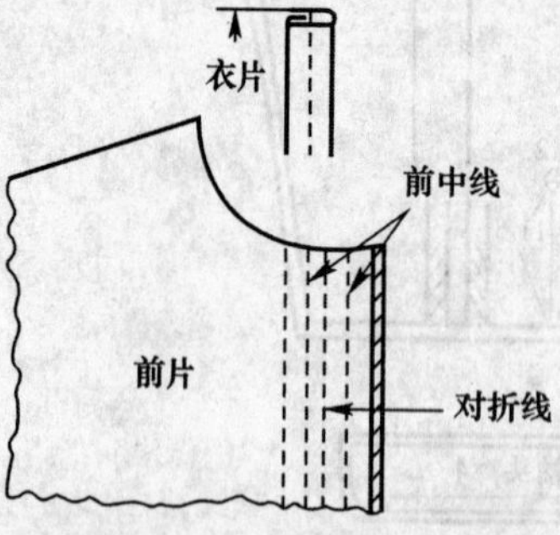


图 9—14　连身明筒开襟纸样

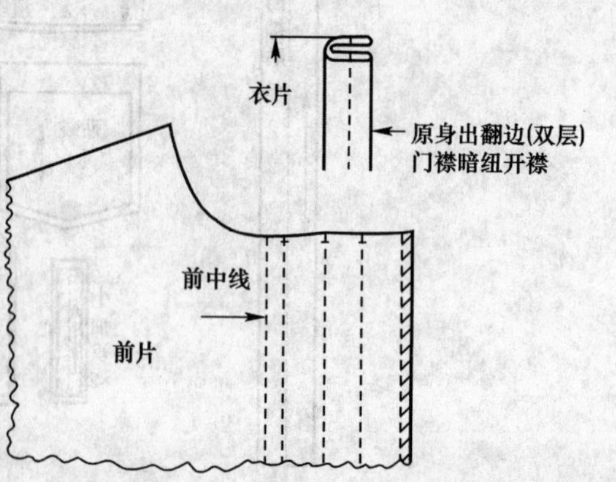


图 9—15　连身暗纽开襟纸样

### 3. 男衬衫纸样校对与修改

男衬衫的工业纸样在正式生产前要进行以下几项检查。

（1）尺寸的复核。检查纸样各部位的尺寸是否符合要求，尤其是胸围、领围、肩宽等重要部位。

（2）各缝合部位的复核。如图 9—11 所示的男装衬衫生产纸样，根据衬衫各部件必须符合相互衔接的关系，需要检查袖窿弧线、袖山弧线及领窝弧线是否圆顺；检查下摆和袖口弧线是否圆顺；检查袖山弧线和袖窿弧线长度是否相等；检查领围弧线和领下口线长度是否相等；检查袖身的袖口弧线（除褶裥外）和袖口宽度是否相等；检查前后侧缝长度是否相等。

（3）各对位记号的复核。检查衬衫各部件上的对位记号是否完整，例如前幅襟贴翻折记号及纽门记号；衫身袖窿弧线和袖子的袖山弧线对位记号；领子的纽门记号及与前中线对位记号；明贴袋的贴边翻折记号等；袖口线上的褶裥记号等。

（4）布纹线的复核。检查各部件是否有布纹线，其方向是否正确。

（5）缝份的复核。检查各部件的缝份是否准确，男装衬衫生产纸样的袖窿弧线、下摆、贴袋袋口可根据缝制方式不同选择不同的缝份，其余均为 1 cm 缝份。

（6）纸样数量的复核。男装衬衫生产纸样有后衣片 1 片、前衣片 2 片（其中左右片门襟部位不同，所以要分开裁剪）、袖片 2 片（左右片对称绘制）、袖口 4 片、肩育克 2 片、贴袋 1 片、底领 2 片、面领 2 片。

（7）制图资料的复核。对各部分纸样进行复核，检查制图资料是否齐全，包括款式名称、裁剪数量、码数、裁片名称等。



### 4. 男衬衫款式变化纸样实例

男衬衫从穿着场合以及搭配服装的角度可以分为普通衬衫、礼服衬衫和休闲衬衫。前面介绍的款式就属于普通衬衫，在非礼节性场合，几乎可以和任何西装组合穿着，穿着范围较广。礼服衬衫是搭配礼服穿着，礼节性很强，细节上有更严格要求。休闲衬衫是外穿化衬衫，可单独穿着，在结构上变化更多。

（1）衬衫的领型变化。衬衫的领型变化主要有两种：翼领和翻立领。翼领主要有小翼领、大翼领和圆形翼领，如图 9—16 所示；翻立领主要有温莎领、异色领、按扣领、长尖领、纽扣领等，如图 9—17 所示。

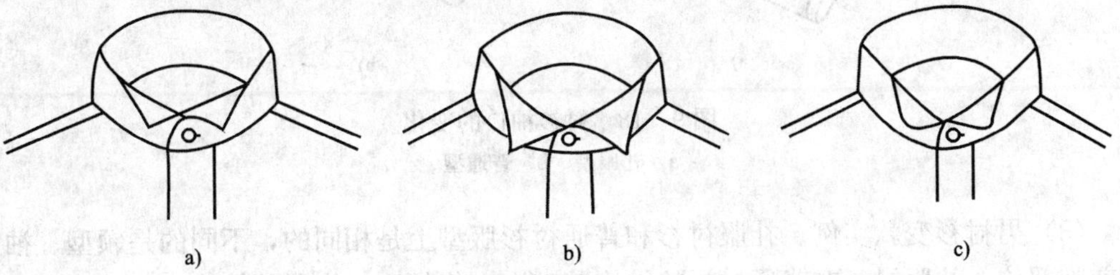


图 9—16　翼领的变化

a）小双翼领　b）大双翼领　c）圆形双翼领

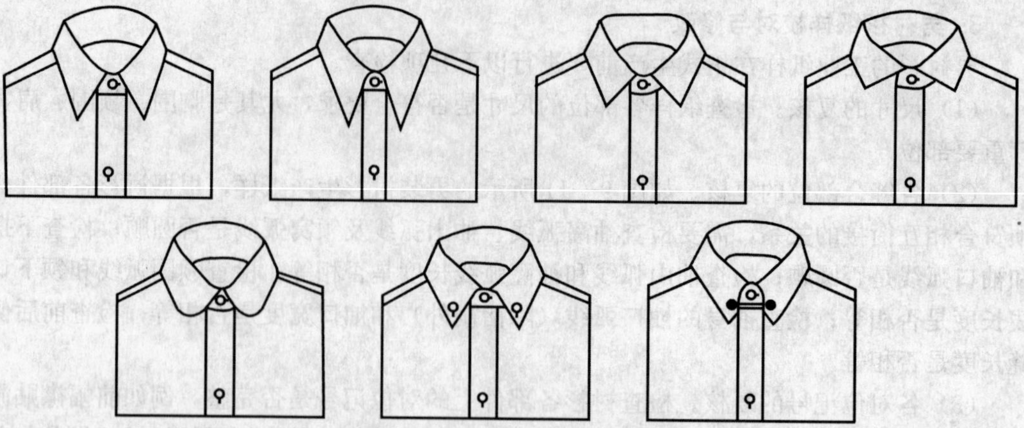

图 9—17　翻立领的变化

（2）衬衫袖口的变化。衬衫袖口主要分为礼服型和普通型两种，如图 9—18 所示。

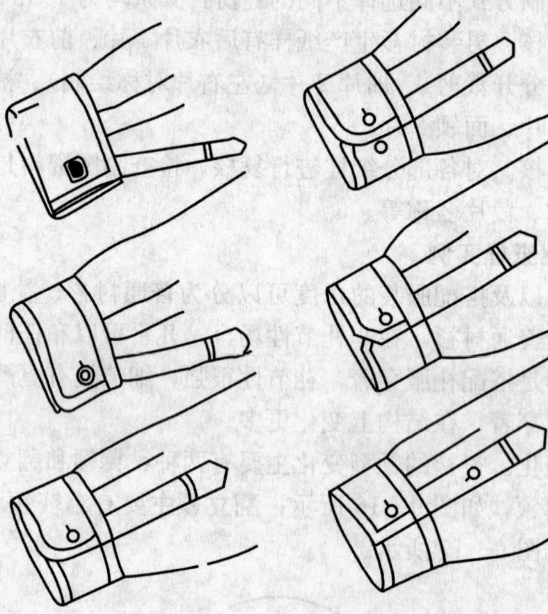

a)　　b)

图 9—18　衬衫袖口的变化

a）礼服型　b）普通型

（3）男衬衫变款实例。礼服衬衫和普通衬衫版型上是相同的，不同的是领型、袖口和前胸部位。礼服衬衫在普通衬衫的结构基础上，将领型改为翼领结构，袖口改为双层结构，前胸部位改为 U 形胸挡或者褶裥形式，如图 9—19 所示。

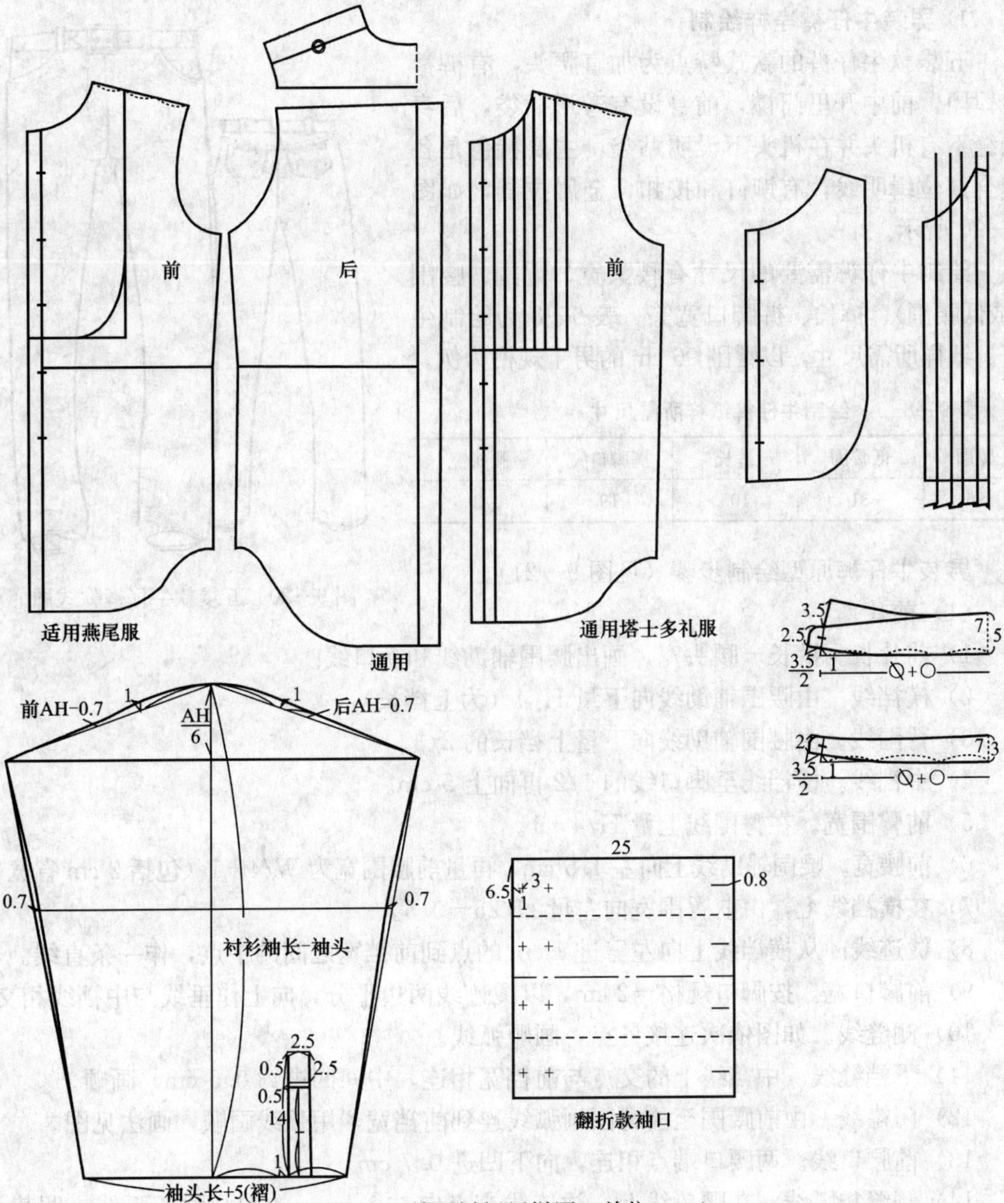


图 9—19　礼服衬衫纸样图（单位：cm）



## 二、牛仔裤

1849 年，矿工们涌进美国加利福尼亚州，形成了当时著名的“淘金潮”。由于在工作中工人们的衣服非常容易破损，人们迫切希望有一种耐穿的衣服。而此时，一些工厂用意大利热那亚的帆布生产工作裤时，就将那种帆布叫做 Genoese，意思就是“热那亚的”。牛仔裤则由德国移民利维·史特拉斯于 1850 年在矿工穿着的工作裤的基础上演变过来的。

四袋款牛仔裤和五袋款牛仔裤是牛仔裤中最常见的款式，五袋款牛仔裤的前身有两个弯插袋、一个明表袋，后身有两个明贴袋。

### 1. 男装牛仔裤净样绘制

五袋款牛仔裤的款式特点为加直腰头，有裤襻（裤耳），前中开里门襟，前身设有弯形插袋，后身腰缝下有机头并在机头下设明贴袋，主要特色是各缝合部位缉明线，有铆钉和按扣，金属拉链，如图9—20所示。

绘制牛仔裤需要的尺寸有腰头宽、臀围、腰围（或低腰围）、裤长、裤脚口宽等。表9—8为绘制牛仔裤纸样所需尺寸，以臀围96 cm的男士规格为例。

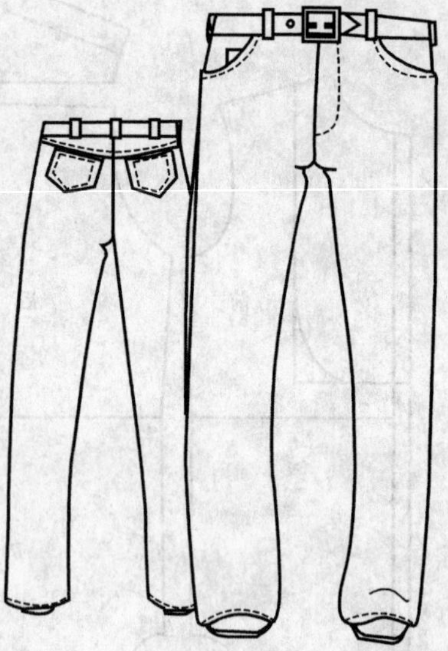

图9—20 五袋款牛仔裤款式图

表9—8 绘制牛仔裤纸样所需尺寸 cm

| 臀围 | 低腰围 | 裤长 | 裤脚口宽 | 腰头宽 |
|---|---|---|---|---|
| 96 | 81 | 105 | 19 | 3 |

男装牛仔裤原型绘制步骤（见图9—21）。

（1）前片

1）前片长。裤长－腰头宽，画出腰围辅助线和裤口线。

2）横裆线。由腰围辅助线向下量H/4（为上裆长）。

3）臀围线。由腰围辅助线向下量上裆长的2/3。

4）中裆线。横裆线至脚口线的1/2再向上5 cm。

5）前臀围宽。在臀围线上量H/4－1。

6）前腰宽。腰围辅助线上向左1.5 cm，再量前腰围宽为W/4＋1（包括2 cm省宽）。

7）在横裆线上，由前臀围宽向左量H/25－0.5。

8）烫迹线。从横裆线上向左劈进1 cm的点到前裆宽之间的中点，作一条直线。

9）前脚口宽。按脚口规格－2 cm，以烫迹线两边平分，向上作垂线与中裆线相交。

10）侧缝线。如图依次连接各点，画顺弧线。

11）下裆缝线。中裆线上的交点与前裆宽相连，中间凹进约0.5 cm，画顺。

12）门襟线。由前腰围至前臀围画弧线连到前裆宽，用弧线画顺，画法见图。

13）前腰口线。两腰口端点相连，向下凹进0.7 cm。

14）侧缝袋弧线。在腰口线上，烫迹线交点向左1 cm，如图画两条弧线，凹势为1.5 cm，左边弧线为前片袋口线，右边弧线为袋垫布线。

（2）后裤片。后裤片制图的长度以前裤片为基础，将腰口线、臀围线、横裆线、中裆线、脚口线延长。

1）侧缝基础线。与布边平行。

2）烫迹线。侧缝基础线向里量取H/5－1，画垂线。

3）后臀围宽。在臀围线上量H/4＋1。

4）后裆横线。前片横裆线向下1 cm为后横裆线。

5）后裆弧线。在腰口线处，烫迹线交点向右1 cm抬高4 cm，为后翘高，与后臀围宽连接并延长，下端与后裆横线相交，向右量后裆宽H/10－1，用弧线画顺，凹势为2 cm。

6）后腰围宽。由后翘高点向左量 W/4，在腰口线上抬高 1 cm 处相交。

7）腰口线。两腰口端点相连用弧线画顺，凹势为 0.7 cm。

8）裤片机头（机头又称育克）拼接线。后裆腰口端点下落 7 cm 与侧缝腰口端点下落 5 cm 连直线。

9）机头拼接线。侧缝腰口端点下落 4 cm（即与裤片后翘拼接线间距 1 cm 起），画顺至后翘拼接线。

10）后脚口宽。按脚口规格＋2 cm，以烫迹线两边平分，向上作垂线与中裆线相交。

11）侧缝线。如图依次连接各点，画顺弧线。

12）下裆缝线。由脚口连至中裆，再连至后裆宽点，中间凹进 1.3 cm。

13）后贴袋。袋口距机头拼接线 1.5 cm，距侧缝袋 4 cm，袋口宽 15 cm，袋长 16 cm，袋底高 1.5 cm，袋底宽 14 cm，以袋中心两边平分。

**2. 女装牛仔裤款式及纸样**

女装牛仔裤较贴体，一般臀围加 4 cm 放松量，制图过程参考男装牛仔裤；款式和纸样如图 9—22 和图 9—23 所示。

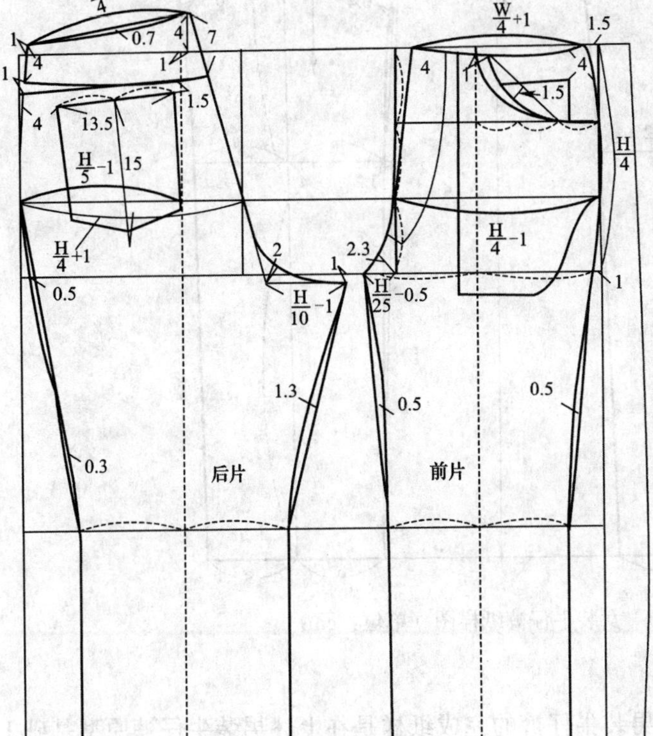


图 9—21　男装牛仔裤原型纸样图（单位：cm）

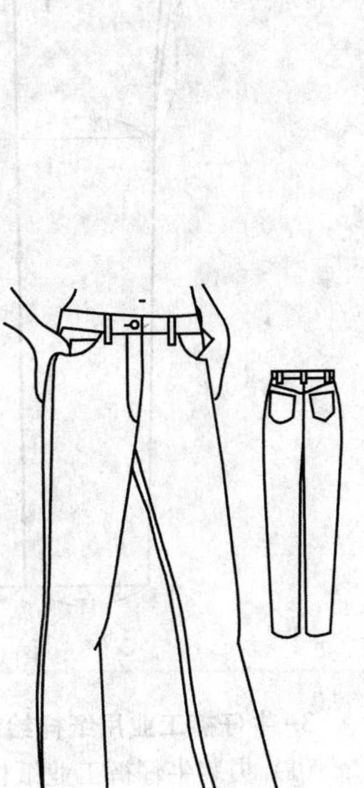

图 9—22　女装牛仔裤款式图

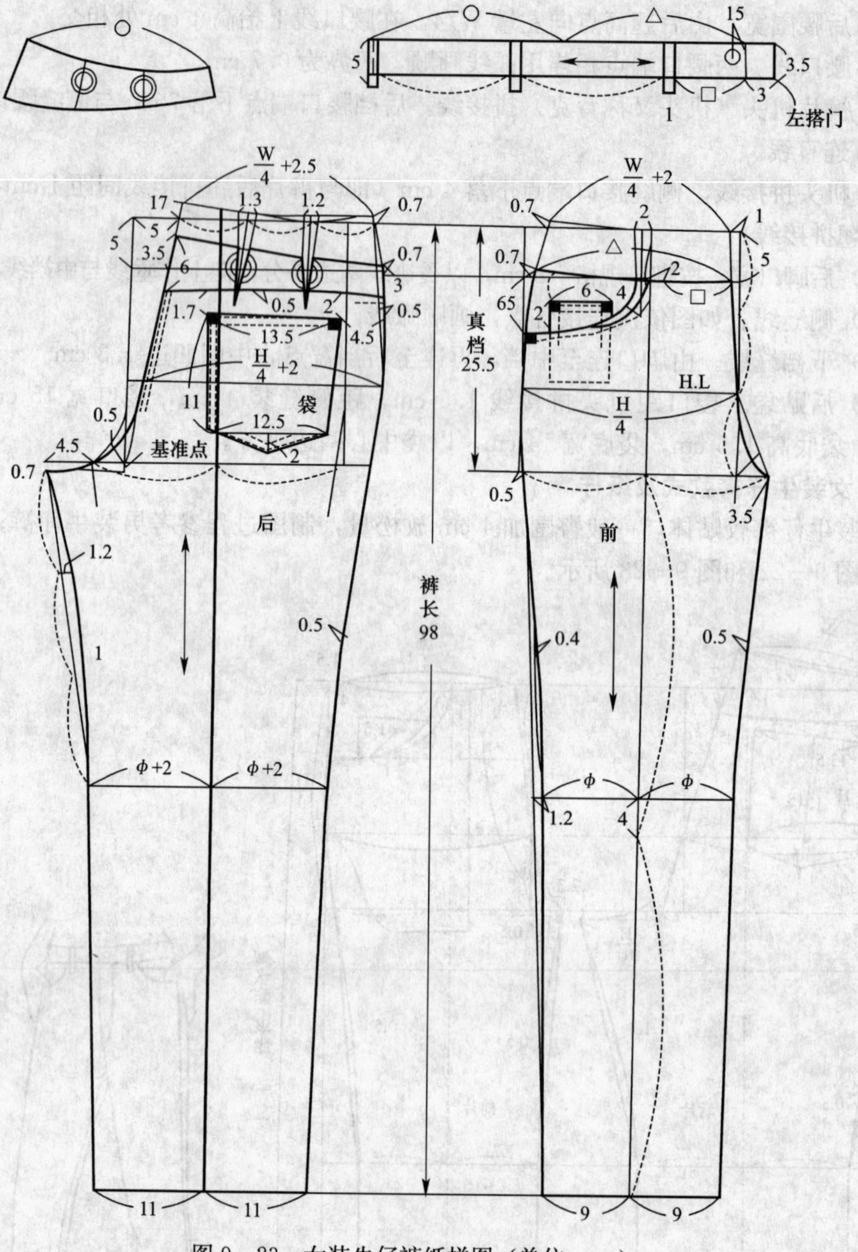

图 9—23　女装牛仔裤纸样图（单位：cm）

**3. 牛仔裤工业用纸样绘制**

（1）男装牛仔裤工业纸样。男装牛仔裤的完成纸样是在上述男装牛仔裤原型基础上变化而成的，如图 9—24 所示。

1）前身。描出牛仔裤前身原型，去掉前弯袋袋口部分；将内侧缝平行加出 3 cm，在裤脚口线处加出 2 cm 的缝份，其他部位加出 1 cm 缝份。

2）前袋垫。俗称袋衬，在前身纸样基础上描出前弯袋部分，袋口线加 5 cm 的缝份，其他两边加 1 cm 缝份。

3）前袋布。前袋布为两片半袋布款式，画法见图。

4）门襟和里襟。描出裤子的前裆弧线，门襟取拉链长度（含基布长）再加 0.5 cm，宽度4 cm；里襟长度比门襟长 0.5 cm，宽度 10 cm，画出长方形结构线条，并以中间线为对折线；门襟和里襟均按图示加 1 cm 的缝份。

5）后身。描出后身原型（除去后育克部分），将内侧缝平行修进 3 cm。后片裤脚口线加长 2 cm 的缝份，其他部位加 1 cm 缝份。

6）后机头。描出后机头纸样，各边加 1 cm 缝份。

7）后袋布。在后身纸样基础上，后机头线下方画出后袋口线，取袋口宽 13.5 cm，袋深为 15 cm，描出后明贴袋纸样。在袋口线边缘增加 2 cm 缝份，其余各边线均加上 1 cm 缝份。

8）腰头。完成品的腰头宽度为 3 cm。画出宽度为 2 倍腰头宽度，长度为腰围＋5 cm（里襟宽）的长方形结构，并在各边线均加上 1 cm 的缝份。

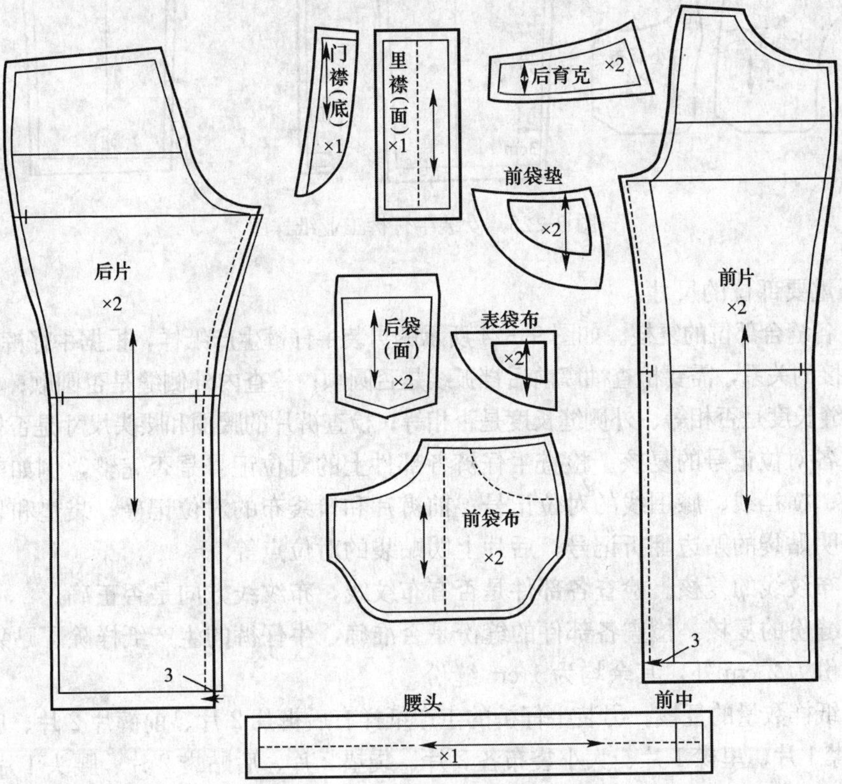


图 9—24　男装牛仔裤工业纸样图

(2) 女装牛仔裤工业纸样。绘制方法与男装牛仔裤相似，可参考男装牛仔裤工业纸样绘制过程，如图 9—25 所示。

**4. 牛仔裤纸样校对与修改**

牛仔裤工业纸样在进行生产之前，要进行以下几项检查：

(1) 尺寸的复核。检查纸样各部位的尺寸是否符合要求，尤其是腰围、臀围、直裆

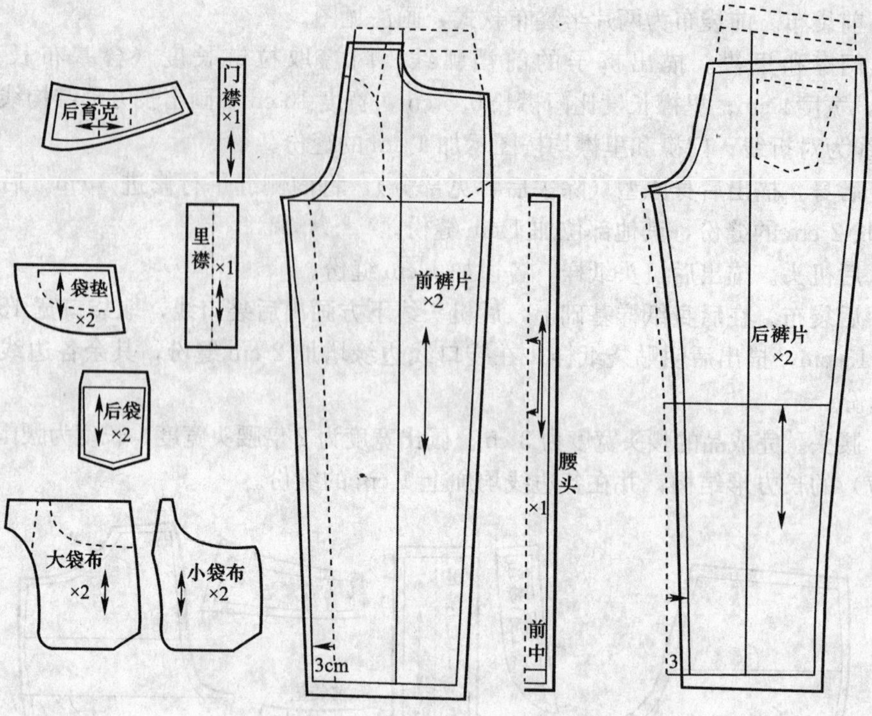


图 9—25　女装牛仔裤工业纸样图



和裤长等重要部位的尺寸。

（2）各缝合部位的复核。如图 9—24 所示的男装牛仔裤生产纸样，根据牛仔裤各部件必须相互衔接的关系，需要检查袖窿前后裆弧线是否圆顺；检查内外侧缝是否圆顺；检查前后片的内侧缝长度是否相等、外侧缝长度是否相等；检查裤片的腰围和腰头尺寸是否相等。

（3）各对位记号的复核。检查牛仔裤各部件上的对位记号是否完整，例如前后裤片上臀位线、横裆线、膝围线的对位记号；前裤片和口袋布的对位记号；袋垫和袋布的对位记号；明贴袋的贴边翻折记号；后片上明贴袋的对位点等。

（4）布纹线的复核。检查各部件是否有布纹线，布纹线方向是否正确。

（5）缝份的复核。检查各部件的缝份是否准确，牛仔裤的生产纸样除了贴袋袋口和裤脚口缝份为 2 cm 外，其余均为 1 cm 缝份。

（6）纸样数量的复核。男装牛仔裤的生产纸样有后裤片 2 片、前裤片 2 片、后腰育克 2 片、门襟 1 片、里襟 1 片、大小袋布各 2 片、袋垫 2 片、后贴袋 2 片、腰头 1 片。

（7）制图资料的复核。对各部分纸样进行复核，检查制图资料是否齐全，包括款式名称、裁剪数量、码数、裁片名称等。

**5. 牛仔裤变款纸样实例**

（1）牛仔裤的款式变化。牛仔裤的款式多种多样，外形轮廓大致有直筒形、瘦窄形、小喇叭形和大喇叭形等；裤长变化有超短裤（热裤）、短裤、中裤、中长裤、长裤等；腰头有高腰、中腰、低腰等；口袋的变化包括弯形插袋、J 形插袋、侧缝斜插袋等；还有背带裤等款式变化，如图 9—26 所示。

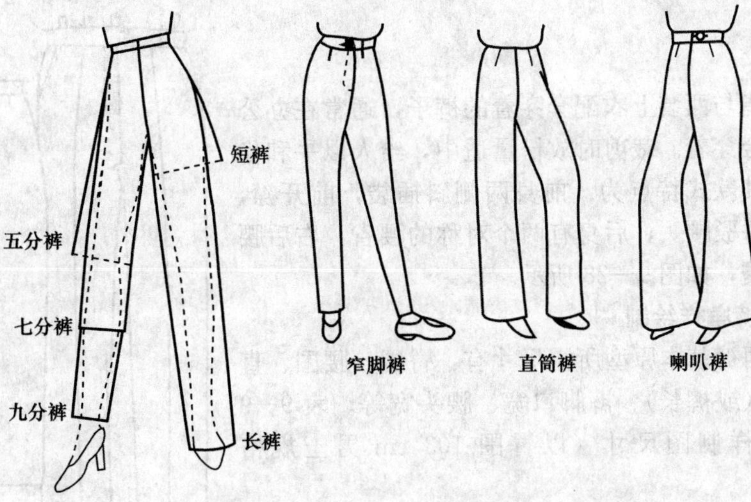


图 9—26　牛仔裤款式变化

（2）牛仔裤变款纸样的绘制。以女装低腰喇叭形牛仔裤为例，在女装牛仔裤原型的基础上，腰线向下 2 cm，脚口线向下 4 cm，裤口每边增加 1 cm，膝围线上每边减少 1.5 cm；另外腰围、臀围和横裆可适当减少，但是不宜减太多，如图 9—27 所示，生产纸样参考女装牛仔裤工业纸样（见图 9—25）。

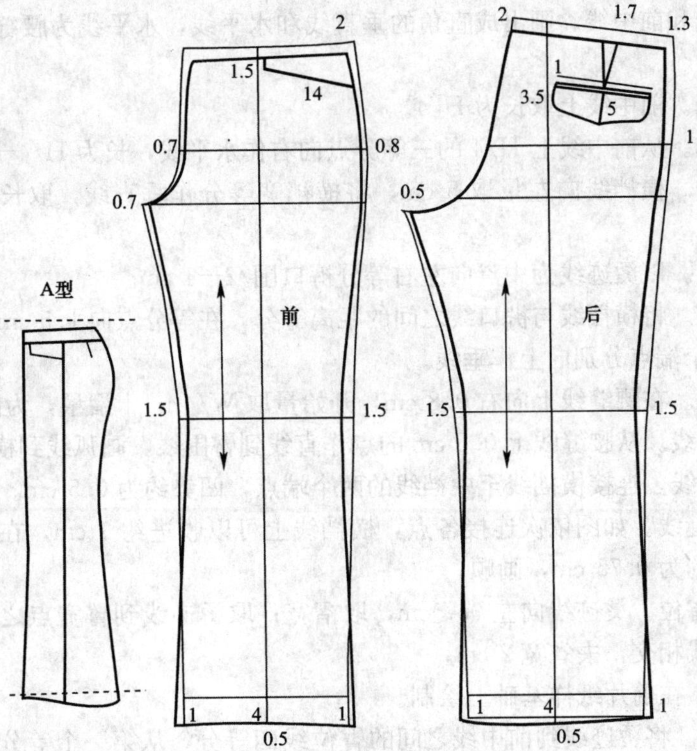


图 9—27　女装低腰喇叭形牛仔裤纸样（单位：cm）

## 三、西裤

西裤是指与西装上衣配套穿着的裤子，通常在办公室及社交场合穿着。裁剪时放松量适中，给人以平和稳重的感觉。其款式特点为：前身两侧斜插袋，前开襟，后中处左右拼驳腰头，后身有两个对称的腰省，右后腰下设双嵌线袋，如图 9—28 所示。

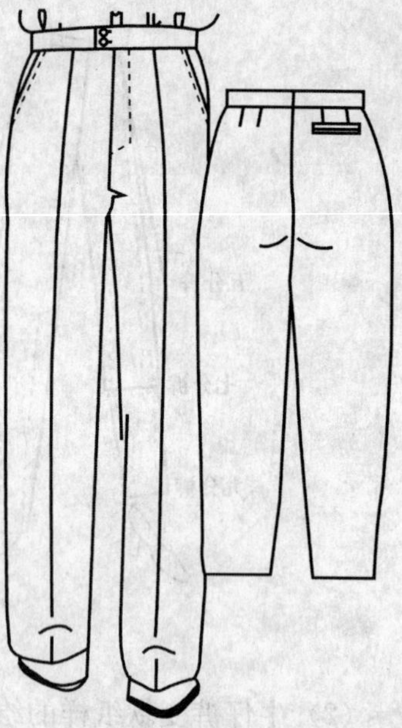
图 9—28　男西裤款式图

**1. 男西裤净样绘制**

绘制男西裤基本原型所需尺寸有：臀围、腰围、直裆、下裆长（或裤长）、裤脚口宽、腰头宽等。表 9—9 为男西裤纸样制图尺寸（以臀围 103 cm 男士规格为例）。

**表 9—9　男西裤纸样制图尺寸**　cm

| 臀围（H） | 腰围（W） | 裤长（L） | 裤脚口宽 | 腰头宽 |
|---|---|---|---|---|
| 103 | 77 | 106 | 44 | 4 |

男西裤原型绘制步骤如图 9—29 所示。

（1）前片

1）腰缝线和前中线。画出成直角的垂直线和水平线，水平线为腰缝线，垂直线为前中线。

2）横裆线。前中线上取长为 H/4。

3）臀围线。从前中线上 H/4 的三等分点向右作水平线，长为 H/4－1。

4）烫迹线。横裆线向左量取 5 cm，将横裆宽等分作垂直线，取长度为裤长－腰头宽。

5）裤口线。以烫迹线为中点向左右等分裤口围/2－1 cm。

6）中裆线。将横裆线与裤口线之间的距离等分，在等分点向上 5 cm 画水平线，从裤口线上的两个端点分别向上作垂线。

7）前腰宽。在腰缝线上向右 0.8 cm，开始量取 W/4＋1＋褶量，为前腰宽。

8）前裆弧线。从腰缝线上 0.8 cm 的点作直线到臀围线，画弧线到横裆线上。

9）下裆弧线。连接横裆线至中裆线的两个端点，凹势约为 0.5 cm。

10）前侧缝线。如图依次连接各点，横裆线上可以收进约 1 cm，在横裆线至中裆线之间的凹势约为 0.75 cm，画顺。

11）褶和省位。烫迹线向左 0.7 cm，取褶宽；取烫迹线到臀宽点之间的中点向上作垂线与腰缝线相交，去省宽 2 cm。

（2）后片。在前片纸样基础上绘制。

1）后中线。将烫迹线到前中线之间的臀位线四等分，从第一个等分点向上作垂直线交于腰缝线，交点向左 3.5 cm，直线连接臀围线的第一个等分点并延长至横裆线下 1 cm 的水平线（后横裆线），向上延长 2.5 cm。

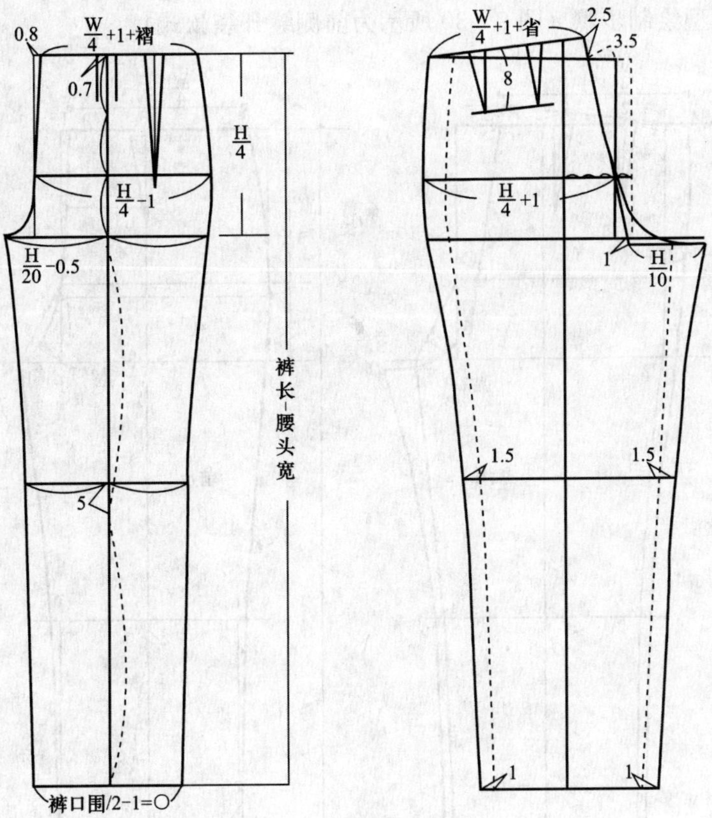


图 9—29　男西裤原型纸样（单位：cm）



2）后腰宽。从后中线向腰缝线作直线，长为 W/4＋1＋省量，省位在三等分点上，腰围线向下 8 cm 处画平行线，为后袋位，袋口长可定为省尖点两边各 2 cm。

3）后裆弧线。在后横裆线上量取 H/10，画圆顺。

4）后臀宽。在臀围线上从后中线向左量取 H/4＋1。

5）后脚口宽。在前脚口宽的两个端点分别加出 1 cm。

6）中裆宽。在前中裆宽的两个端点分别加出 1.5 cm。

7）内裆弧线。如图依次连接各点，在横裆线至中裆线之间可凹进 0.75 cm 左右。

8）侧缝线。如图依次连接各点，横裆线上可以收进约 1 cm，在横裆线至中裆线之间的凹势约为 1 cm，线条画圆顺。

**2. 女西裤净样纸样**

绘制女西裤纸样所需尺寸有：臀围、腰围、直裆、裤长和裤脚口宽等。

以臀围 92 cm 的女西裤规格为例，绘制女西裤纸样所需尺寸见表 9—10。

**表 9—10**　　**女西裤纸样尺寸表**　　cm

| 臀围（H） | 腰围（W） | 直裆 | 裤长 | 裤脚口宽 |
|---|---|---|---|---|
| 92 | 66 | 26 | 94 | 21 |

女西裤原型绘制步骤（图 9—30 所示为前侧缝开袋款式）。

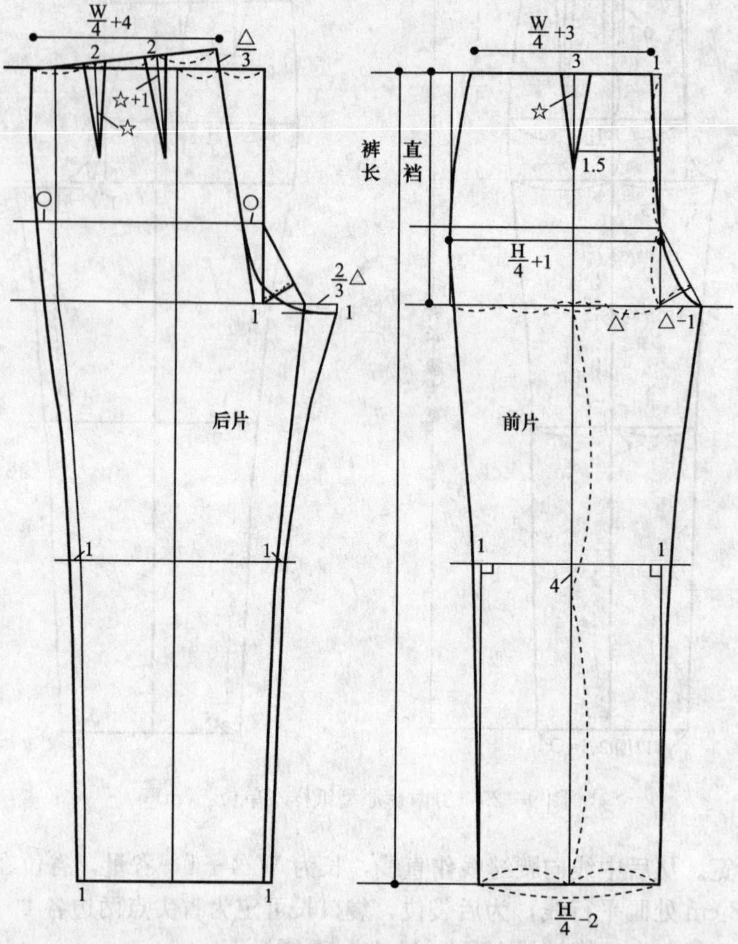


图 9—30　女西裤原型纸样（单位：cm）



（1）前片

1）作长方形。宽为 H/4＋1，高为直裆，长方形四个边线分别为前中辅助线、腰缝线、侧缝辅助线和横裆线。

2）臀围线和烫迹线。横裆线向上取直裆长的 1/3 作水平线；将横裆线四等分，再将第 3 份三等分，第一个等分点作垂直线，烫迹线总长为裤长。

3）前裆弯弧线和前中线。在横裆线上向右取△－1，向臀围线作直线，从横裆线与前中辅助线的交点向该线作垂直线，过三等分点作弧线。

4）前中线。腰辅助线上撇进 1 cm，与臀位线右端点连接直线，为前中线。

5）前腰线。在腰辅助线上从前中线向有量取 W/4＋3（省量），省位在烫迹线上，省宽 3 cm，省长在腰长的 1/2 向下 1. 5 cm。

6）中裆线。横裆线与裤口线之间的烫迹线等分，中点向上 4 cm 作水平线。

7）前内缝线。以烫迹线为中线向两边等分裤口宽－1（或前臀宽－3），从两端点分别向中裆线作垂直线，交点各向外 1 cm，连接前裆弯弧线端点与中裆线，凹势为约 0.5 cm。

8）前侧缝线。如图依次连接各点，圆顺弧线。

（2）后片。在前片纸样基础上绘制。

1）后中线。横裆线与前中辅助线的交点向左 1 cm，向腰缝线上前中辅助线与烫迹线的中点连接直线，向上延长△/3。

2）后裆弯弧线。前裆宽向右延长$\frac{2}{3}$△，后片横裆线低于前横裆线 1 cm，从臀围线过前裆弯垂直线的第一个等分点至后横裆线画弧线。

3）后腰线。从后中线向腰辅助线作直线，长为 W/4＋4（省量），省位在腰线的三等分点上，靠近侧缝的省长与前腰省相等，靠近后中线的省比前腰省长 1 cm。

4）后内缝线。后片中裆宽和裤口宽均比前片增加 2 cm，连接后横裆线与中裆线，凹势约为 1 cm。

5）后侧缝线。取前后臀宽相等，如图依次连接各点，画顺弧线。

**3. 西裤工业用纸样绘制**

（1）男西裤工业纸样。男西裤工业纸样是以上述男西裤原型为基础变化而成，如图 9—31 所示。

1）前片、后片。描出男西裤前、后片原型，在裤脚口处加上 4 cm 的缝份，后中处加 2.5 cm 缝份，其他位置加 1 cm 缝份。

2）前袋垫。在前身纸样基础上，将袋口线平行加出 4 cm，向下加出 2.5 cm，描出前袋垫（袋衬）纸样，各边加出 1 cm 缝份。

3）前袋贴。在前身纸样基础上，将袋口线平行加出 3.5 cm，描出前袋贴纸样，向下加出 2 cm，其余各边加出 1 cm 缝份。

4）前袋布。在前身纸样基础上，在袋口线向下取 5 cm，在腰围线上取袋布宽，向下作垂线取袋布长，画出袋布形状，并分别加出 1 cm 缝份。

5）门襟、里襟、里襟贴。门襟在前身纸样基础上，门襟长度以拉链长度（含基本）加长 0.5 cm 描出前裆弧线，前中宽加 1 cm 缝份后宽度为 5 cm；里襟比门襟长 0.5 cm，比门襟宽 1 cm，完成后宽度为 6 cm；里襟贴俗称过桥，该纸样是在里襟纸样基础上，长度为前裆弧线长＋5 cm，上部分宽度为 7.5 cm（含缝份），下部分宽度为 4 cm（含缝份）。

6）腰头。画长方形，长为 1/2 腰围，高为 4 cm（腰头高），后腰中线下端向外加出 0.5 cm，后中加 2.5 cm 缝份，前中线加 5 cm 搭门（里襟宽）再加 2 cm 缝份。腰上上端加 1.5 cm 缝份，下端加 1 cm 缝份。

7）腰里。长为（腰围－门襟宽）/2，加 4～5 cm 缝份，高为 6.5 cm（包含缝份）。

8）后袋贴。取袋贴宽为后袋口线宽＋2 cm，袋贴高 4 cm。

9）后袋布。取后袋布宽为后袋口线宽＋4 cm，袋布长 40 cm。

（2）普通女西裤的工业纸样。女西裤的工业纸样绘制方法与男西裤相似，可参考男西裤的工业纸样绘制步骤，如图 9—32 所示。

1）裤片。在女西裤原型的基础上，腰围线处平行下降 3 cm，去掉腰头的尺寸，裤

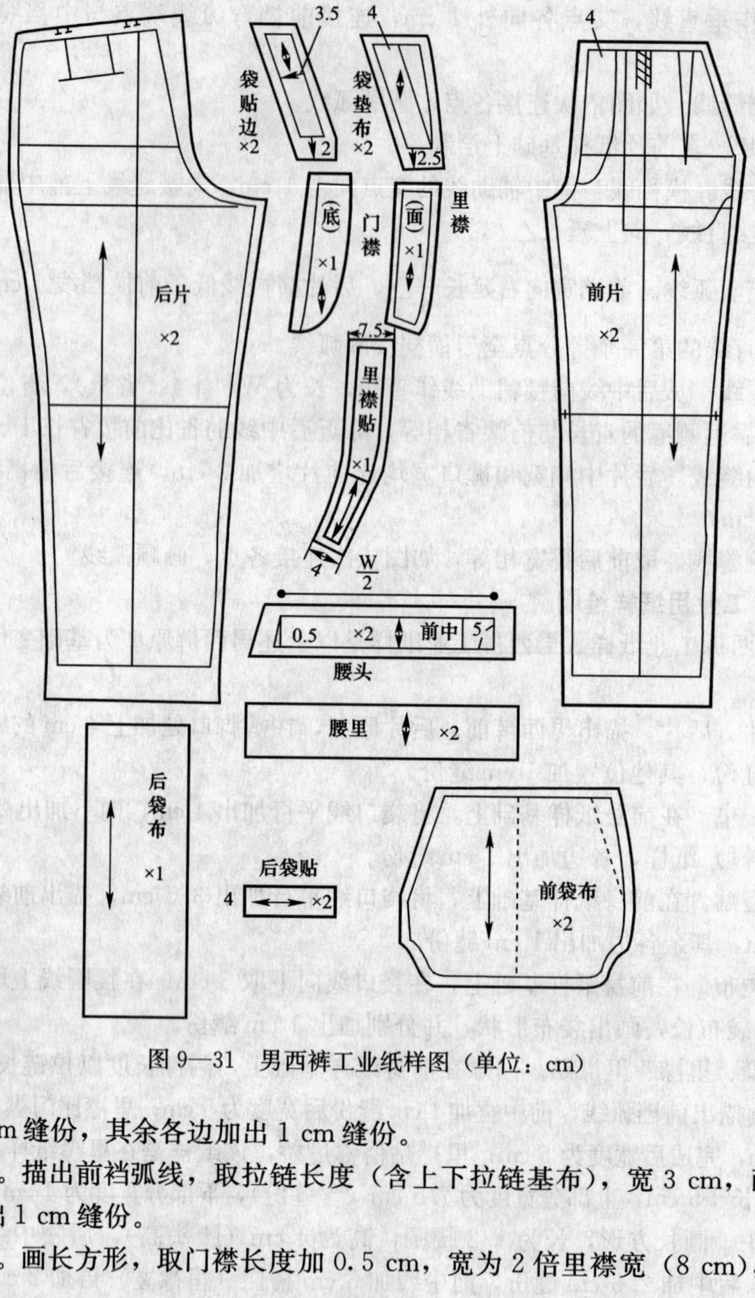


图 9—31　男西裤工业纸样图（单位：cm）

脚口加出 4 cm 缝份，其余各边加出 1 cm 缝份。

2）门襟。描出前裆弧线，取拉链长度（含上下拉链基布），宽 3 cm，画出门襟纸样，各边加出 1 cm 缝份。

3）里襟。画长方形，取门襟长度加 0.5 cm，宽为 2 倍里襟宽（8 cm），各边加出 1 cm 缝份。

4）腰头。画长方形，长为 1/2 腰围＋里襟宽 4 cm，高为 2 倍腰头宽（6 cm）、对折裁一片，加出 1 cm 缝份。

5）前袋垫和袋贴。画长方形，长为袋口长（15 cm），宽为 3 cm，袋垫和袋贴各裁 2 片，加出 1 cm 缝份。

6）袋布。长为 25 cm，上边最宽可选择侧缝到省的距离，下边宽 16 cm，画出袋布形状，裁 4 片，加出 1 cm 缝份。

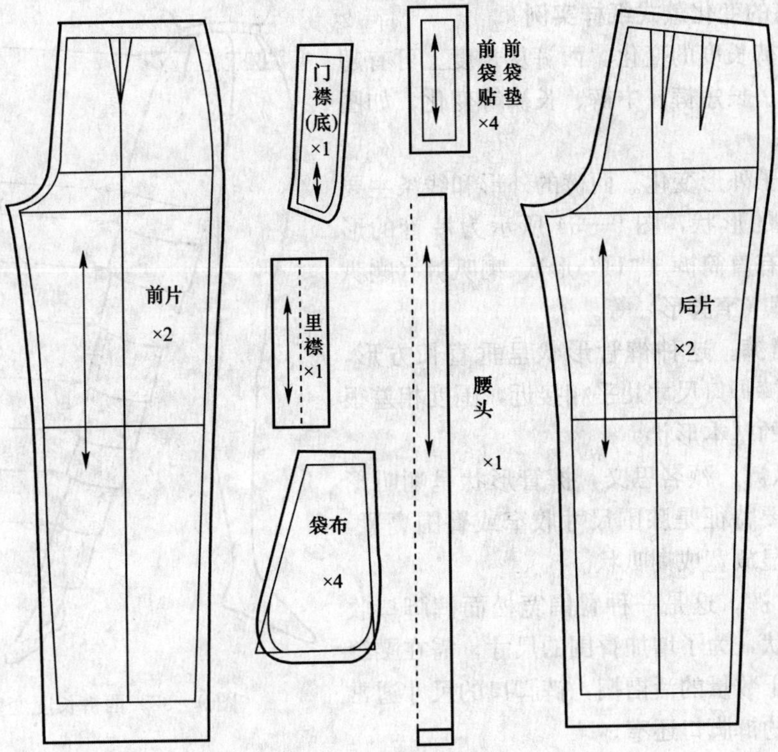


图 9—32　女西裤工业纸样图



**4. 西裤纸样校对与修改**

西裤工业纸样在进行生产之前要进行以下几项检查：

（1）尺寸的复核。检查纸样各部位的尺寸是否符合要求，尤其是腰围、臀围、直裆和裤长等重要部位的尺寸。

（2）各缝合部位的复核。如图 9—31 所示男西裤生产纸样，根据西裤各部件必须相互衔接的关系，需要检查袖窿前后裆弧线是否圆顺；检查内外侧缝是否圆顺；检查前后片的内、外侧缝长度是否相等；检查裤片的腰围和腰头尺寸是否相等。

（3）各对位记号的复核。检查牛仔裤各部件上的对位记号是否完整，例如前后裤片上臀位线、横裆线、膝围线的对位记号；前裤片和口袋布的对位记号；袋垫和袋布的对位记号；明贴袋的贴边翻折记号；后片上明贴袋的对位点等。

（4）布纹线的复核。检查各部件是否有布纹线，布纹线方向是否正确。

（5）缝份的复核。检查各部件的缝份是否准确。

（6）纸样数量的复核。男装西裤的生产纸样有后裤片 2 片、前裤片 2 片、门襟 1 片、里襟 1 片、里襟贴 1 片、前袋布 2 片、后袋布 1 片，袋垫 2 片、袋贴 2 片，腰头 2 片、腰里 2 片。

（7）制图资料的复核。对各部分纸样进行复核，检查制图资料是否齐全，包括款式名称、裁剪数量、码数、裁片名称等。

**5. 西裤的变化款式纸样实例**

（1）西裤长度的变化。西裤从长度上可有超短裤、短裤、长短裤、中裤、长裤等变化，如图 9—33 所示。

（2）裤子外形变化。西裤的外形和线条主要取决于裤管的形状，图 9—34 所示为裤管的形状，常见的有直筒裤（“H”形）、喇叭裤（喇叭形）、萝卜裤（窄脚形）等。

1）直筒裤。这种裤管形状呈垂直长方形，膝围尺寸和裤脚口尺寸几乎相接近，围度相差很少，是西裤的基本形状。

2）喇叭裤。顾名思义，裤管形状呈喇叭形状，它的主要特征是膝围尺寸收窄或臀围裹紧，而裤脚口明显放宽成喇叭状。

3）萝卜裤。这是一种臀围宽松而裤脚口收窄的裤管形状，为了增加臀围的尺寸，需在腰缝线上增加若干数量的活褶裥，裤脚口的尺寸通常会比直筒形的裤脚口还窄。

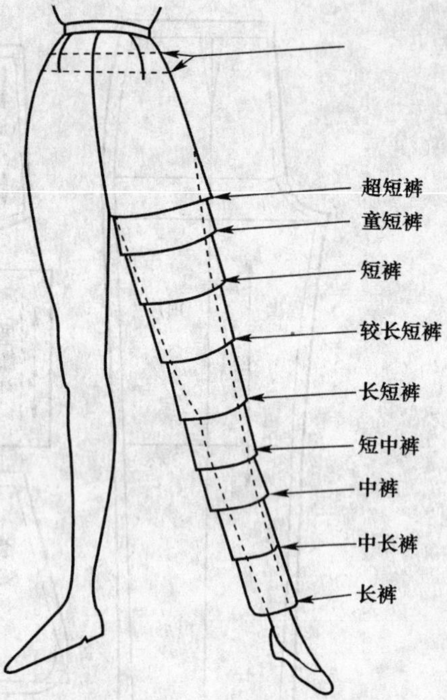


图 9—33　西裤长度变化



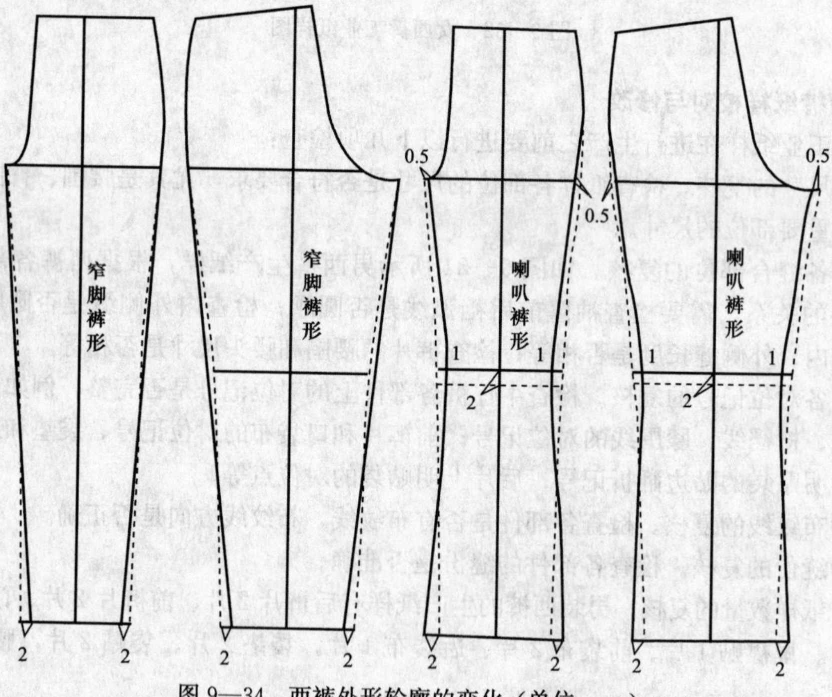


图 9—34　西裤外形轮廓的变化（单位：cm）

（3）西裤变款纸样实例。锥形裤也叫萝卜裤，其生产用纸样可参考男西裤工业纸样的绘制方法（见图 9—31），然后在西裤原型的基础上进行变化，如图 9—35 所示，腰位提高 2 cm，裤口各边收紧 3 cm，前片沿烫迹线剪开并张开 4 cm 做成褶裥，后片也可沿烫迹线剪开并张开 1～2 cm，两个后腰省可合并为一个（如果臀、腰围差较大还应保持两个腰省）。

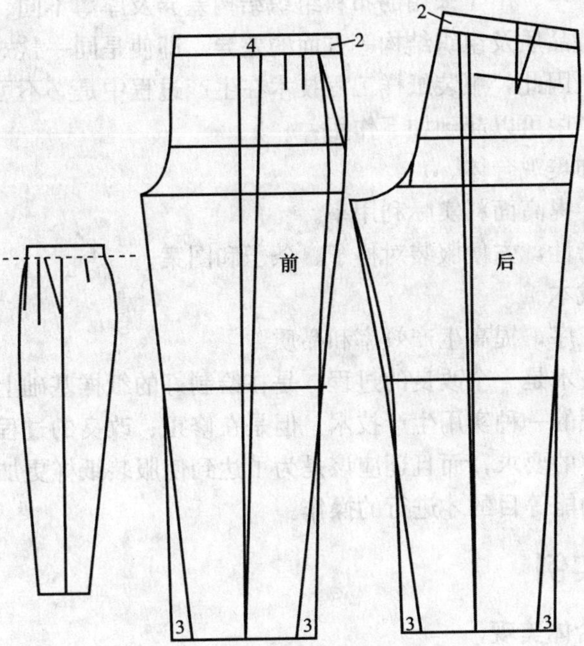


图 9—35　锥形西裤纸样图（单位：cm）



# 第三节　纸样工程

**培训目标**

- 熟悉纸样工程在工业生产中的作用
- 能够根据实际情况进行纸样改进

## 一、纸样工程概述

工厂在组织生产时不仅要考虑如何生产出满足顾客要求的服装款式，还要考虑生产成本和时间等方面的问题，因此在实际生产过程中，有时候根据款式绘制出来的纸样，虽然既符合款式的要求，也能满足既定的尺寸，但是未必是最合理、最适合大货生产的。服装纸样工程技术就是为了解决这个问题的一种实用生产技术，运用得当则意义重大。

服装纸样工程技术是根据款式效果图画出纸样后，再根据服装的舒适美观性、面料特性、生产技术和工艺设计等方面的实际要求，对纸样进行准确、有效、合理的改进，从而使生产过程更节约成本、更能提高效率、生产出来的服装在适合穿着要求的同时更适合工厂生产。

在服装生产过程中，由于采用的布料组织结构差异及厚薄不同、服装工艺制作及机器类型的限制、服装品质及组织结构等方面的差异，即使是同一款式，最后用于生产的纸样也会有所不同。因此，服装纸样工程技术在生产过程中是必不可少的，而服装纸样工程技术在实际生产中可以起到如下作用：

（1）使服装更加美观合体。

（2）方便排料，提高面料实际利用率。

（3）适应面料特性，方便服装对格子、条子和图案。

（4）降低服装成本。

（5）方便缝制工序，提高生产效率和品质。

服装纸样工程技术是一个改良的过程，是在绘制好的纸样基础上，考虑多方面的要求后，对其进行修正的一种实用生产技术。但是在修正、改良的过程中不能影响服装款式，更不能违背客户的要求，而且还应该是为了达到使服装纸样更加符合裁剪技术、加工工艺和人体穿着功能等目的才进行的操作。

## 二、纸样工程实例



**1. 服装穿着更合体美观**

（1）改变侧缝位置。经纸样工程技术修改后对纸样作合适的切割处理，可使服装达到美化人体、适合人体的目的。如在一些较贴体的裤子侧缝处有直式插袋，由于手臂自然下垂时，双手稍偏于人体前方，如果裤子侧缝线位于体侧正中间的话，则人手插入袋口时手要转向后面方可插入袋口，此时可以按图 9—36 所示将裤子侧缝线的位置向前平移一小部分（1～1.5 cm）后再装缝直插袋，这样既不影响裤子的整体造型，又满足了穿着舒适的要求。

（2）改变下裆缝道位置。为了适合人体穿着功能要求，贴身牛仔裤可以把前下裆缝线向后片平移 1.5～2.5 cm，具体方法如图 9—37 所示。这样穿上牛仔裤后，在前方不会看见下裆缝线，同时可以紧贴臀部，既美化了服装，又适合人体穿着功能要求。

（3）加大袖窿底活动量。纸样工程在适合人体穿着功能方面也常使用。例如对衣服袖窿处作修改，在一些方形袖窿和深袖窿款式上，如图 9—38a 所示，从肩点 a 处向下绘制至点 b，点 b 至点 c 平行入 5～6 cm，把这块袖形纸样剪出，从点 c 画线至点 d，如图 9—38b 和 c 所示，把点 c 至点 d 剪开，并向外移开，展伸出袖裆位，顺形状画出 db 和 ce 两条弧线，注意不要加长 db 线，否则装袖子时会与袖窿不吻合。后袖的形状与前袖的处理方法相同，使之并合成一整块袖子，如图 9—38d 所示。在袖山顶处可以加大少许作为缩容量，然后画顺此袖山弧线，使之装袖后袖子能保持饱满合体。

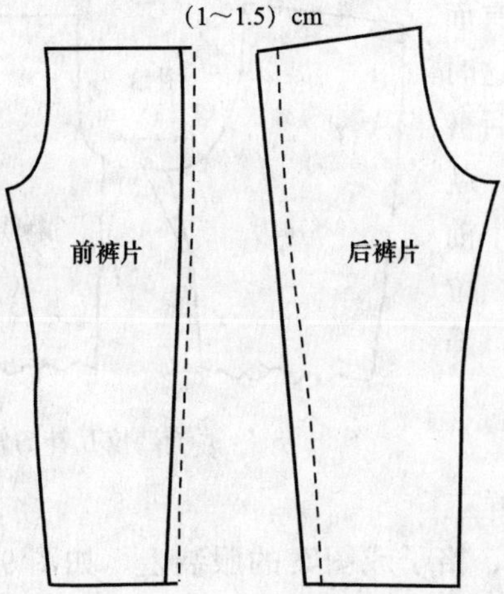


图 9—36　裤子侧缝的挪移修改

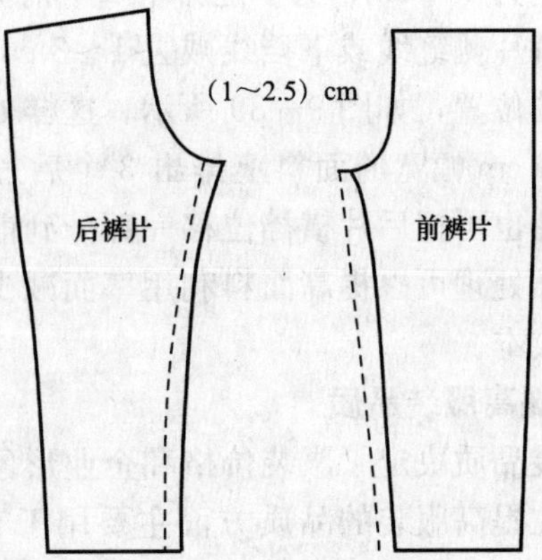


图 9—37　裤子下裆线的挪移修改

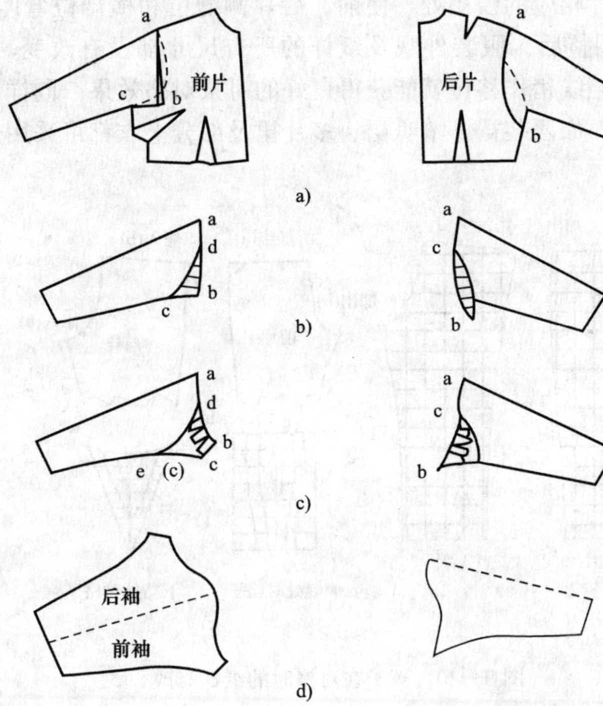


图 9—38　增加袖底活动量的纸样修改

**2. 提高面料利用率**

纸样工程技术可以有效利用面料，在一些服装企业常用改变缝道位置及去除尖角的方式来达到节省用料的目的。

改变缝道位置的方法常用于军服、警服、职业服及睡衣等服装生产中。裤类前、后横裆部位在排料时占面料宽度较大，容易造成面料浪费；同时在排料时也会发现纸样的组合与面料的幅宽往往有差别，例如，幅宽为 110 cm 的面料可排 3 个后裤片，而排 4

个前裤片则需 120 cm 的幅宽，假设生产中现有面料的幅宽为 114 cm，为了能排下 4 个前裤片，这时可将前裤片侧缝线或下裆线减去 1～3 cm 移到后裤片相应的位置，如图 9—39 所示。这样处理后，就可在 114 cm 幅宽的面料上排出 3 个后片或 4 个前片。同理也可把后片横裆位移一部分到前片横裆位上。这样处理可以提高面料利用率而减少损耗，降低服装成本。

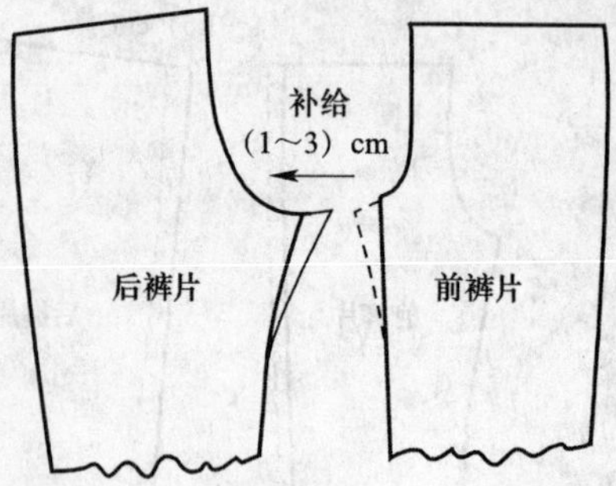


图 9—39　裤子裆位互补的修改

**3. 提高服装品质**

服装品质决定了服装价格和企业形象，纸样工程技术在提高服装的品质方面主要用于有条子、格子或图案的服装上。如图 9—40 所示，用格子织物裁制的裤片，若将纸样按图 9—40a 裁剪缝制，对格效果并不理想，这时可作如下处理：从后裤片侧缝处剪去一小部分补到前片相应的位置，从后裤片横裆处剪下一小部分补到前片相应的横裆处，使前、后片侧缝位和横裆位弯度相差不会太大，如图 9—40b 所示，调整后，服装外观及纸样的所有尺寸都没有改变，如图 9—40c 所示，仅将侧缝线及横裆线稍作移位就能获得良好的对条对格效果。同样原理也可运用到裙子和上衣的款式中，如西装裙、喇叭裙、多片裙及部分上衣都可采用这种方法达到完全对条对格的要求。

单元 9

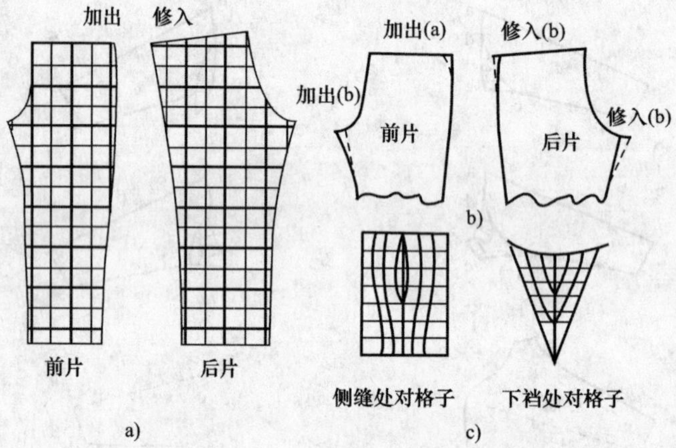


图 9—40　裤子在对格时的纸样修改

**4. 提高生产效率，方便工艺缝制**

两个相同曲度的衣片较两个曲度差异大的衣片缝合时要方便、快捷得多。图 9—41 所示的袖山弧线和袖窿弧线，在纸样设计时不仅要考虑两条弧线长度要相等，弧线的弧度也要相似。正是由于曲度相同或相近，车缝时不会因为面料的张力不同而产生起皱或不平服等现象，车缝速度也可随之加快，裁剪起来也更为容易、快捷，从而提高了生产效率和产品质量。

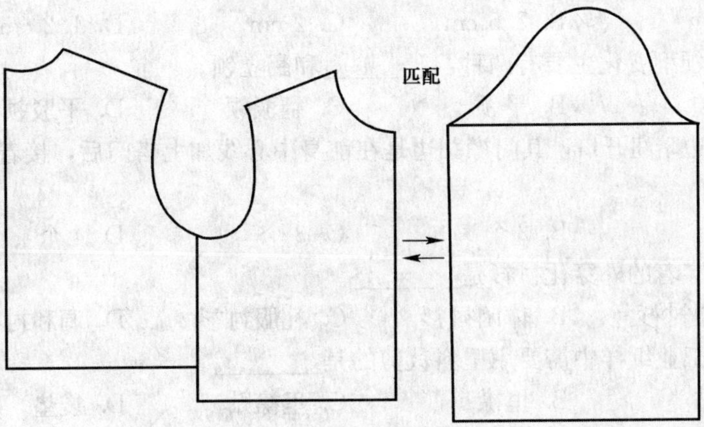


图 9—41　袖山弧线与袖窿弧线的匹配

## 单元测试题

**一、填空题**（请将正确的答案填在横线空白处）

1. 服装号型的标注形式为“号/型、________”。

2. 绘制牛仔裤需要的尺寸有腰头宽、________、腰围（或低腰围）、________、裤脚口宽等尺寸。

3. 牛仔裤的款式从外形轮廓方面大致有直筒形、________、小喇叭形和________等。

4. 牛仔裤的口袋变化基本上包括弯形插袋、J 形插袋、________等。

5. 衬衫的领型变化主要有两种：________和翻立领。

6. 男西裤款式特点为：前身两侧斜插袋，前开襟，________，后身有两个对称的腰省，________。

7. 女装西裤的面料纸样有：前片、后片、________、门襟、________、前袋贴、腰头等。

8. 绘制男衬衫纸样需要的尺寸有：领围、胸围、________、肩宽、袖长和________等。

9. 男衬衫从穿着场合以及搭配服装的角度可以分为普通衬衫、________和休闲衬衫。

10. 五袋款牛仔裤的前身有两个弯插袋、________，后身有两个明贴袋。

**二、单项选择题**（下列每题的选项中，只有 1 个是正确的，请将正确答案的代号填在横线空白处）

1. 不属于上身特殊体型的是________。

A. 挺胸体　　B. 屈身体　　C. 后倾体　　D. 厚实体

2. 女装牛仔裤较贴体，一般臀围加________放松量。

A. 0 cm　　B. 4 cm　　C. 8 cm　　D. 12 cm

3. 在加放缝份时，如在缝制后需将缝份劈烫开缝，需加放________缝份。

A. 3 cm　　B. 2.5 cm　　C. 2 cm　　D. 1.2 cm

4. 衬衫的领型变化主要有两种：________和翻立领。

A. 翼领　　B. 平领　　C. 翻驳领　　D. 平驳领

5. 门襟翻边暗纽开口，其门襟翻边是在前身中心线加上搭门后，接着加出________翻边宽度。

A. 1个　　B. 2个　　C. 3个　　D. 4个

6. 可单独穿着的外穿化衬衫是________。

A. 普通衬衫　　B. 休闲衬衫　　C. 礼服衬衫　　D. 调和衬衫

7. 男西裤工业纸样中需要用里料裁剪的是________。

A. 袋贴　　B. 里襟　　C. 里襟贴　　D. 袋垫

8. 衬衫的前门襟款式变化主要有________三种门襟开口。

A. 翻筒、连身筒、暗筒　　B. 平筒、明筒、暗筒

C. 连身筒、明筒、暗筒　　D. 平筒、明筒、翻筒

**三、简答题**

1. 简述在进行人体测量时的要求。
2. 简述四袋款牛仔裤的款式特点。
3. 简述传统男式衬衫款式的结构特点。
4. 简述服装纸样工程技术的作用。
5. 男西裤工业纸样包括哪些?
6. 简述工业纸样在进行生产之前需要进行检查的项目。



**四、绘图题**

1. 绘制一款牛仔裤的工业用纸样。
2. 绘制一款男装衬衫的工业用纸样。
3. 绘制一款西裤的工业用纸样。

## 单元测试题答案

**一、填空题**

1. 体型分类代号　2. 臀围　裤长　3. 瘦窄形　大喇叭形　4. 侧缝斜插袋　5. 翼领　6. 后中处左右拼驳腰头　后腰下右边设双嵌线袋　7. 前袋垫　里襟　8. 衣长　袖口围　9. 礼服衬衫　10. 一个明表袋

**二、单项选择题**

1. D　2. B　3. D　4. A　5. C　6. B　7. C　8. B

**三、简答题**

答案略。

**四、绘图题**

答案略。

# 第10单元

## 服装缝制生产工艺


- 第一节　男装衬衫的缝制生产工艺/226
- 第二节　牛仔裤的缝制生产工艺/239
- 第三节　男装西裤的缝制生产工艺/253

# 第一节　男装衬衫的缝制生产工艺

培训目标

→ 熟悉男装衬衫的缝制流程
→ 掌握男装衬衫部件和组装缝制生产工艺
→ 能够进行男装衬衫的品质检验和规格检验

## 一、男装衬衫款式说明

这是一款略微收腰的男装衬衫，前后覆坎过肩，左胸一个三尖贴袋，贴门襟、前中七粒扣，圆下摆，包缝装袖，剑形袖衩条，圆角袖口，包缝合侧缝，背后有两褶裥。款式如图10—1所示。图中的数据是所指部位的线迹宽度，可按款式要求灵活掌握，也可根据线迹宽度和缝型要求对各部位的样板进行止口放量，并对缝型制作的尺寸进行控制。

图10—1　男装衬衫款式（单位：cm）

## 二、男装衬衫缝制工艺流程

**1. 缝制流程**

衬衫的缝制流程如下：

部件粘衬与小烫→做门襟、里襟→绱袋→合过肩→钉商标→合肩缝→做袖衩→绱袖→缝合摆缝与袖底缝→做袖口→绱袖口→做领→绱领→卷缉底边→锁眼→钉扣→整烫。

**2. 衬衫的排料（见图 10—2）**

门幅：114 cm；用料：衣长×2+30 cm。

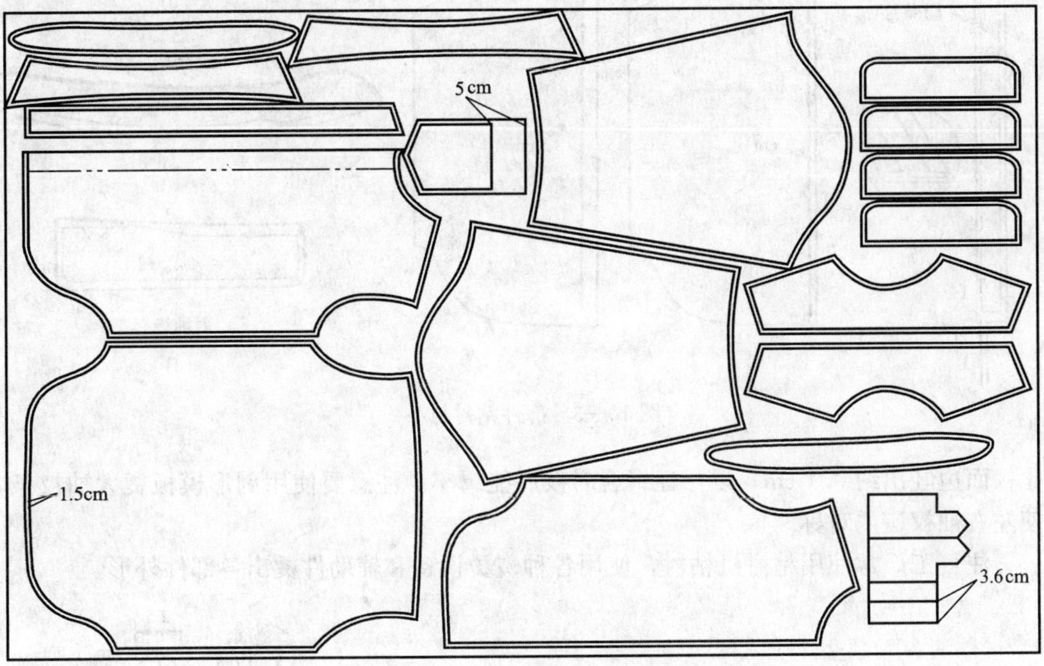


图 10—2　男装衬衫排料图



**3. 缝制生产工艺**

以下按缝制流程，说明衬衫各工序的缝制生产工艺与要求。

（1）部件粘衬与小烫。衬料使用有纺粘合衬。应注意粘接强度，部件要烫端正、烫平服。

1）门襟贴边粘衬并扣烫。在门襟贴反面居中处粘上 3.4 cm 宽的衬条，粘衬时应将衬条放松些，避免门襟贴边缩短。再沿衬将门襟贴缝份扣烫平服，如图 10—3a 所示。

2）烫门襟、里襟。将左前片的门襟缝份向正面扣烫 1 cm；以领口刀眼为准，将右前片的里襟贴边按照 3.5 cm 净宽向反面扣烫好，如图 10—3b 和 c 所示。

3）翻领、领座粘衬并扣烫。面翻领和面领座粘衬，并将面领座下口缝份向里层扣烫平服，如图 10—3d 和图 10—3e 所示。

4）袖口粘衬并扣烫。将面袖口粘衬并把袖口上边缘缝份向里层扣烫平服，如图 10—3f 所示。

5）烫贴袋。以袋口净线为准，按照净宽 2.5 cm 将贴边里口缝份扣烫两次。袋口其余三边缝份以袋样净模板为准扣烫准确（注意：如袋口有缉明线要求的，要缉好袋口贴边明线后再扣烫袋口其余毛边），如图 10—4a 和 b 所示。

6）烫大小袖衩条。将袖衩条的所有缝份按照图 10—4c 和 d 所示扣烫，并使衩底边

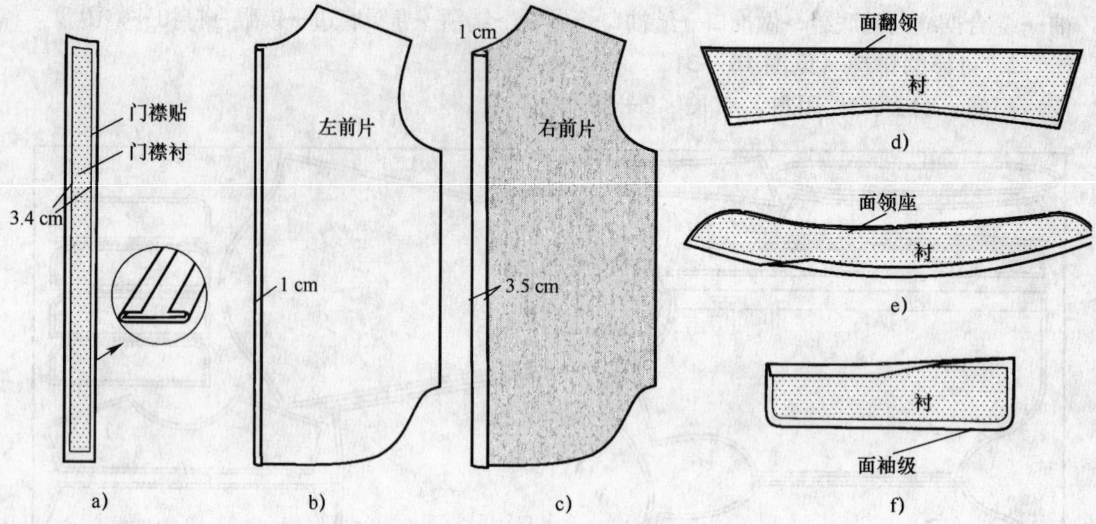


图 10—3　部件粘衬与小烫

比衩面边吐出约 0.1 cm，以保证缉合时衩底能缉牢。注意要使用剑形模板烫大袖衩条，使左右袖衩熨烫对称。

注：工厂常使用粘衬机粘衬，使用各种熨烫设备和辅助件烫出各部件外形。



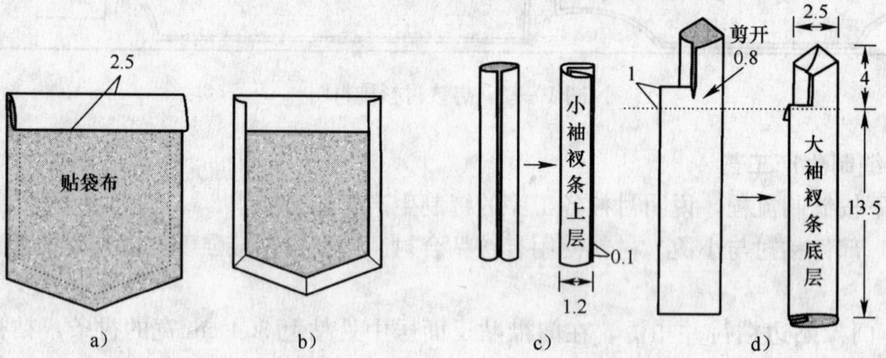


图 10—4　烫贴袋、大小袖衩条（单位：cm）

a）折烫袋口　b）扣烫袋口边　c）折烫小袖衩条　d）折烫大袖衩条

（2）做门襟、里襟

1）做门襟。将扣烫好的门襟贴覆在左前片门襟正面，前襟线缝份坐出 0.1 cm 摆正，在门襟贴两端缉 0.3 cm 宽双明线，如图 10—5 所示。

2）做里襟。在扣烫好的里襟贴边处缉 0.1 cm 边线，如图 10—6 所示。

门、里襟缉线应顺直，上下松紧要一致，平服不起链形。

注：在工厂通常会使用双针链缝机配拉筒器及滚轮输送装置，操作时将门襟贴及非粘合衬条放入拉筒器内，前衣片放在车台面辅平，车缝双明线完成左门襟。使用单针平缝机配滚轮输送装置，将里襟贴放入卷边器中，车缝单明线完成右里襟。

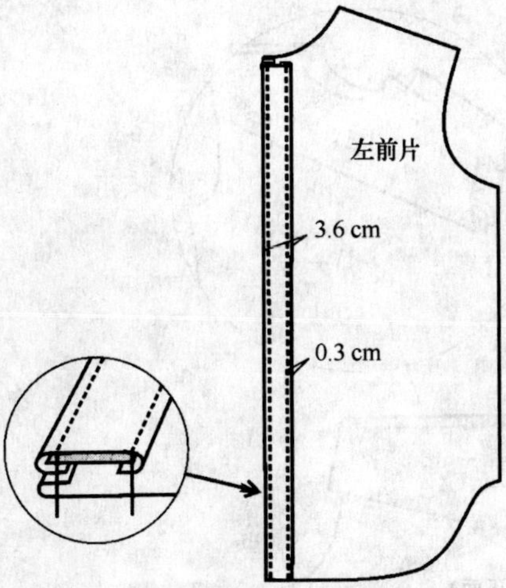

图 10—5　做门襟

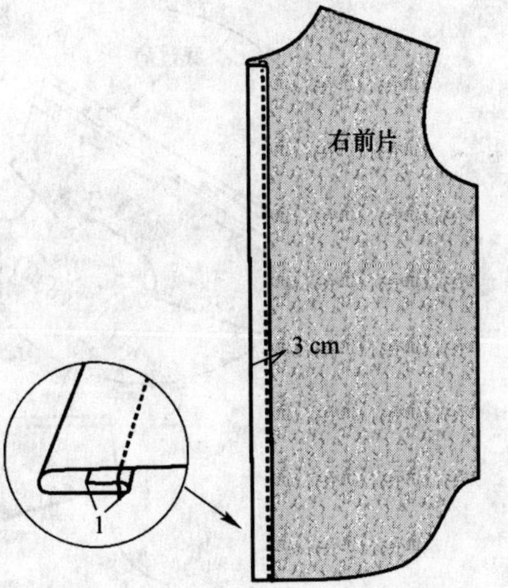

图 10—6　做里襟

(3) 绱袋

1) 缉袋口。将折烫好的贴袋袋口贴边用边线缉牢。要求缉线顺直，袋口平服，如图 10—7 所示。

2) 绱胸袋。把贴袋置于左前片的正确位置，从袋口的左侧起针，封袋口线呈直角三角形，最宽处为 0.5 cm，下口尖形缉至袋口线处下 1 cm 重针。在袋口位缉三角可加强袋口牢固度。车缝时宜把衣身稍微拉紧些，防止衣身起皱，如图 10—8 所示。注意袋口要保持平直，左右两边封口大小相等，贴袋布保持平服。

注：有的工厂会使用自动装袋机，该设备含自动对位功能，可设计多种装袋缉线款式。



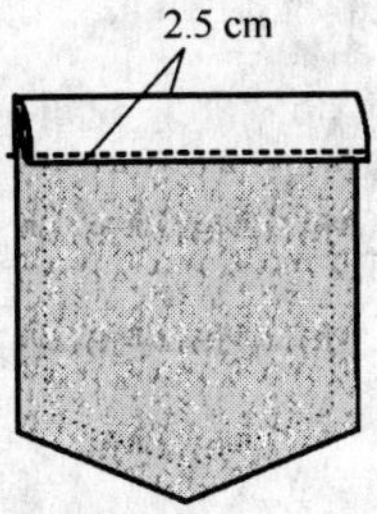

图 10—7　缉袋口

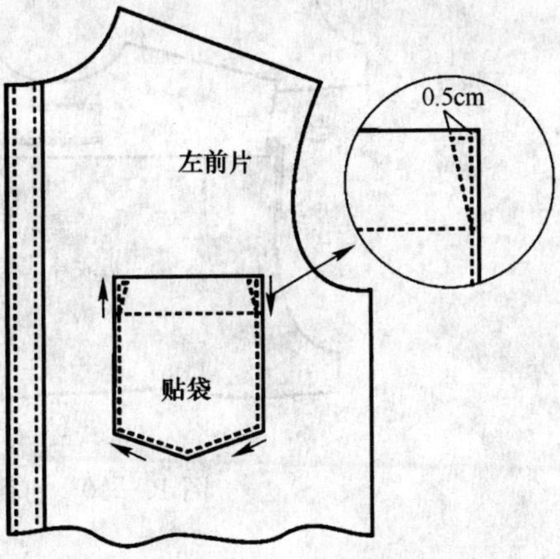

图 10—8　绱胸袋

(4) 合过肩。如图 10—9 所示，底过肩正面向上置于底层，后片正面向上置于中层，面过肩反面向上置于上层，三层平齐，注意对齐后中记号，并一边缝合一边整理两个后衣片的褶裥，褶裥倒向袖窿一方。如果过肩需压明线，掀开面过肩即可在面过肩上压 0.1 cm 的边线，如图 10—10a 所示。

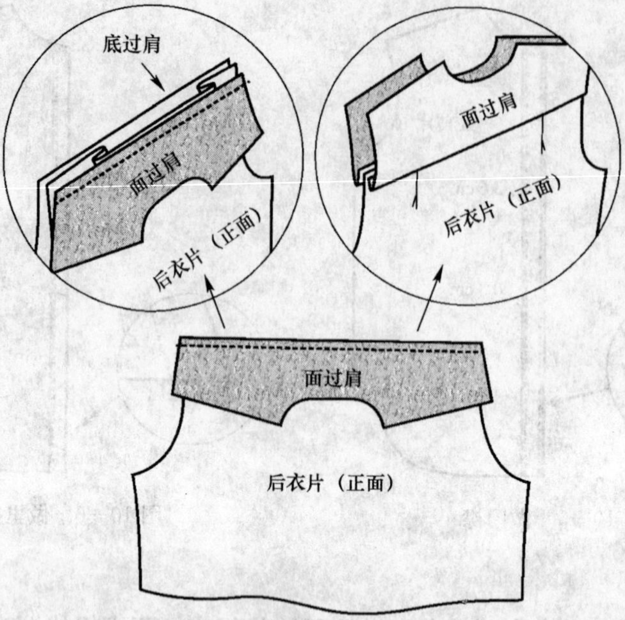


图 10—9　合过肩

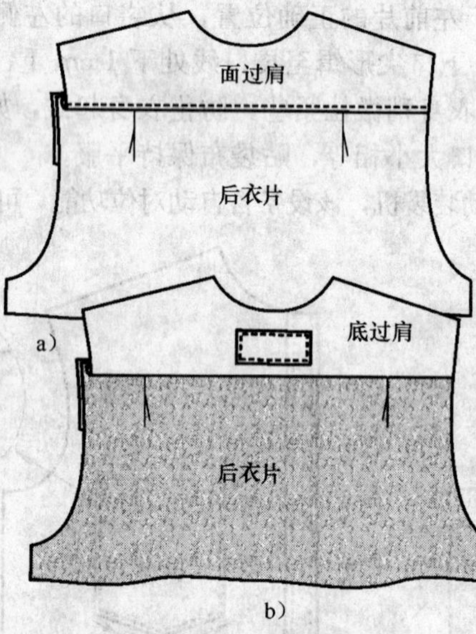


图 10—10　钉商标

（5）钉商标。将主唛标置于底过肩中央，在主唛标上兜缝一周，如图 10—10b 所示。

（6）合肩缝。先扣烫面过肩肩缝，接着将底过肩与前衣片的肩缝对齐，领口处取齐后缉合，如图 10—11a 和 b 所示；然后将缝份都倒向过肩，面过肩扣压在过肩缝上并压明边线，如图 10—11c 所示。注意不可拉伸缝边，缝完后肩缝平服，领口处和袖窿两端缝边平齐。

注：在工厂常使用合肩器辅助完成，有暗线缝合和明线缝合两种。

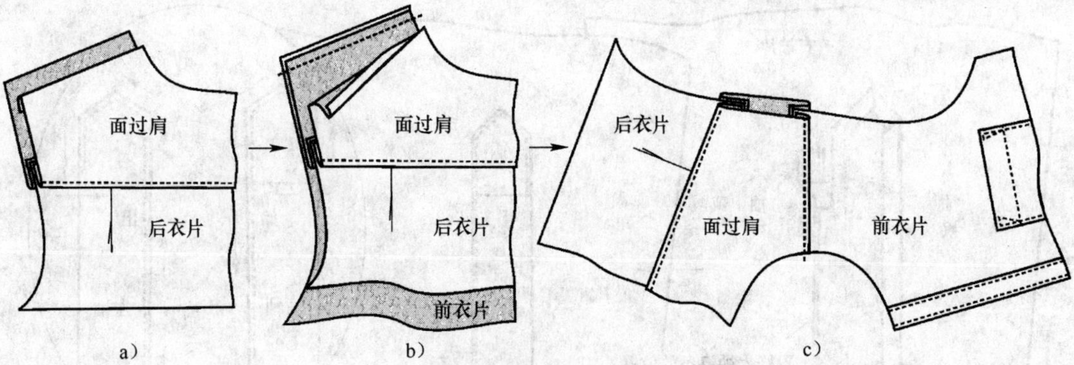


图 10—11　合肩缝

（7）做袖衩

1）拉小袖衩条。先按照袖衩的净长度在袖片的正确位置开剪衩口，并在顶端开三角，如图 10—12 所示。将折烫好的小袖衩条装在靠近后袖缝一侧，如图 10—13 所示。车缝时要将袖开衩的缝份用尽，袖衩条需超过三角顶边 1 cm。然后将小袖衩与三角片封合，如图 10—14 所示。

注：工厂常使用拉边器装小袖衩条。

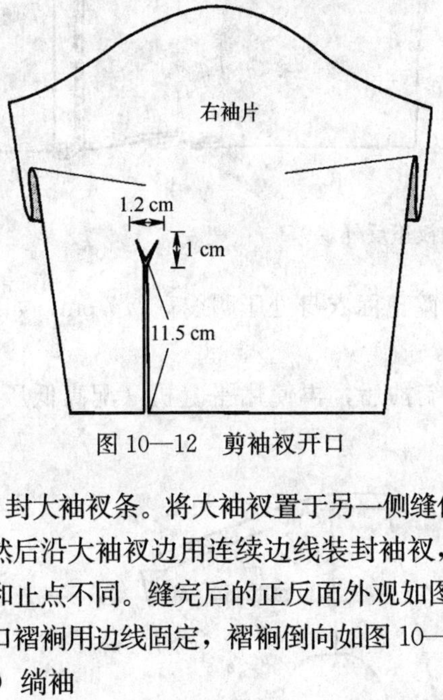


图 10—12　剪袖衩开口

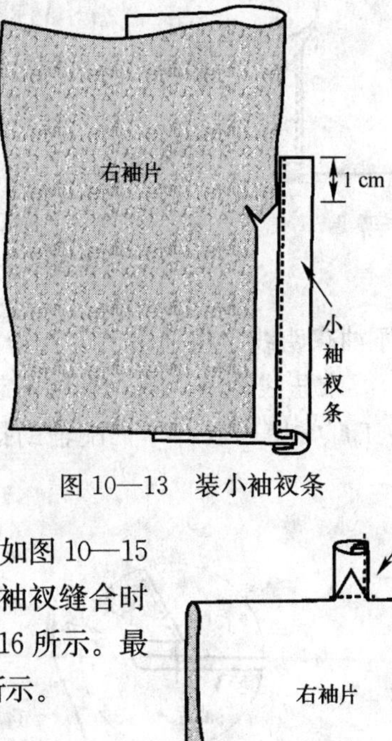


图 10—13　装小袖衩条

2）封大袖衩条。将大袖衩置于另一侧缝份上，如图 10—15 所示，然后沿大袖衩边用连续边线装封袖衩，左右袖衩缝合时的始点和止点不同。缝完后的正反面外观如图 10—16 所示。最后将袖口褶裥用边线固定，褶裥倒向如图 10—16b 所示。

（8）绱袖

1）定绱袖位。在衣片袖窿处和袖山处确定绱袖用的对位记号，以使绱袖端正、位置准确，避免出现扭袖现象。注意：袖衩开口在后袖窿处。

2）绱袖。将袖山与袖窿正面相对，袖山在下，比袖窿移出 0.9 cm，包折袖窿并压线宽约 0.8 cm，如图 10—17 所示。绱袖时要把袖山的吃量分布合理，保持折边量均匀，线迹宽窄一致。

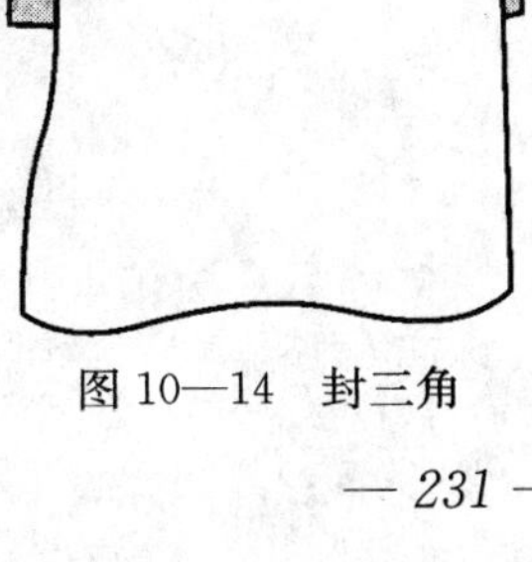


图 10—14　封三角

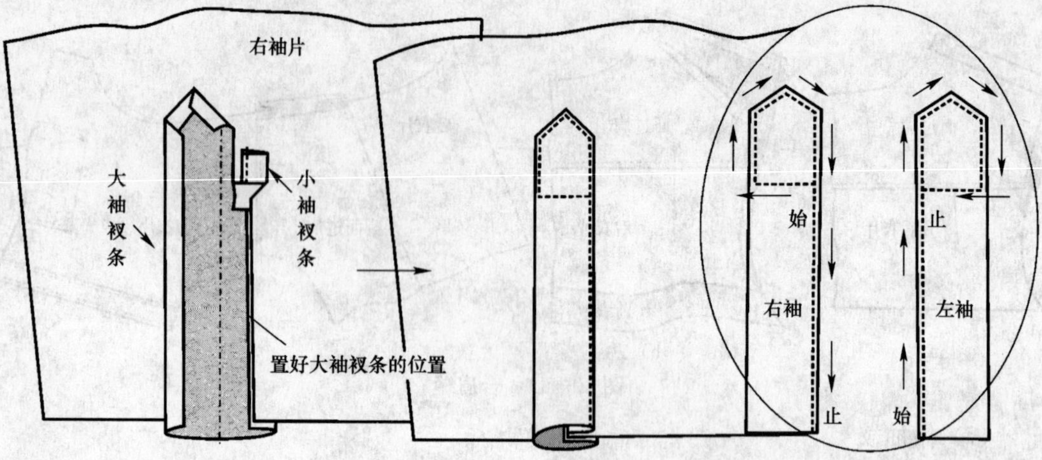


图 10—15　封大袖衩条

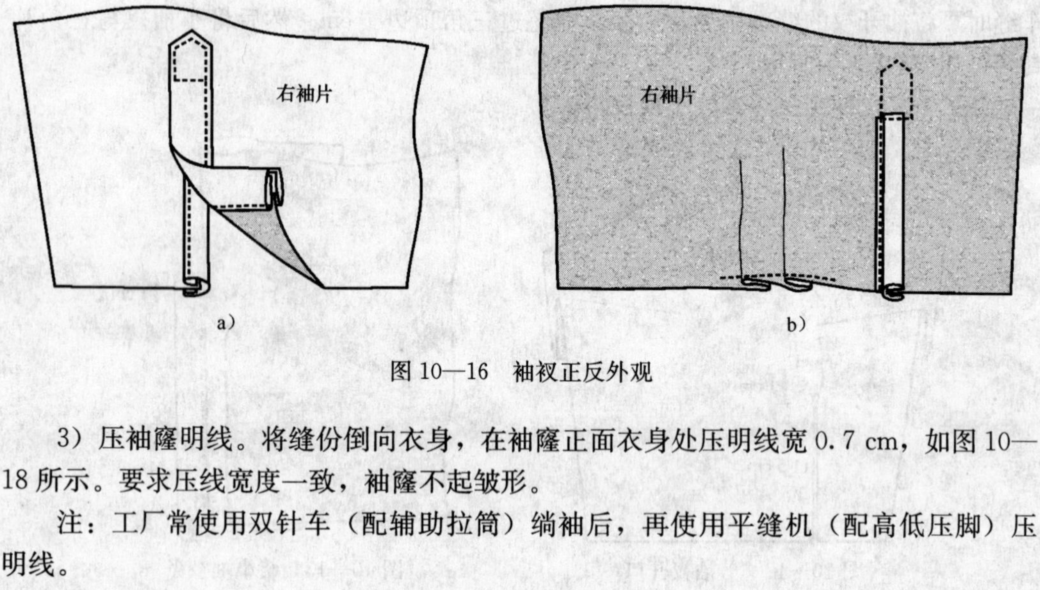


图 10—16　袖衩正反外观



3）压袖窿明线。将缝份倒向衣身，在袖窿正面衣身处压明线宽 0.7 cm，如图 10—18 所示。要求压线宽度一致，袖窿不起皱形。

注：工厂常使用双针车（配辅助拉筒）绱袖后，再使用平缝机（配高低压脚）压明线。

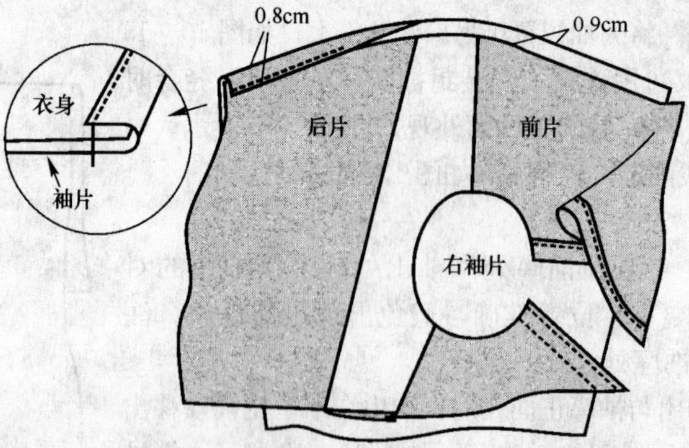


图 10—17　绱袖

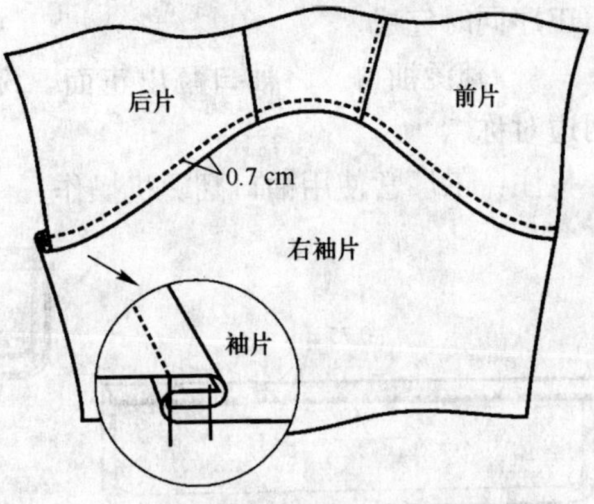


图 10—18　压袖窿明线

此绱袖工序也可用五线锁边机锁缝后，再在衣身袖窿处压明线。如果选用包折法绱袖，衣片袖窿与袖山的缝份放量应加至 1.3 cm，如果选用五线锁边机锁缝，衣片袖窿与袖山的缝份保持 1 cm。

（9）缝合摆缝与袖底缝

1）将前后摆缝、袖底缝正面相对，前袖在下，比后袖移出 0.7 cm，包折后袖与后衣片并压线宽约 0.6 cm，如图 10—19 所示。注意对准袖窿底十字位，并保持折边量均匀，线迹宽窄一致。

2）压摆缝与袖底缝的明线。将缝份倒向前衣片，在后衣片正面缝口处压明线宽 0.5 cm，如图 10—20 所示。要求压线宽度一致，摆缝和袖底缝不起皱形。

注：工厂常用双针四线链缝机车缝该工序。此工序也可用五线锁边机锁缝。

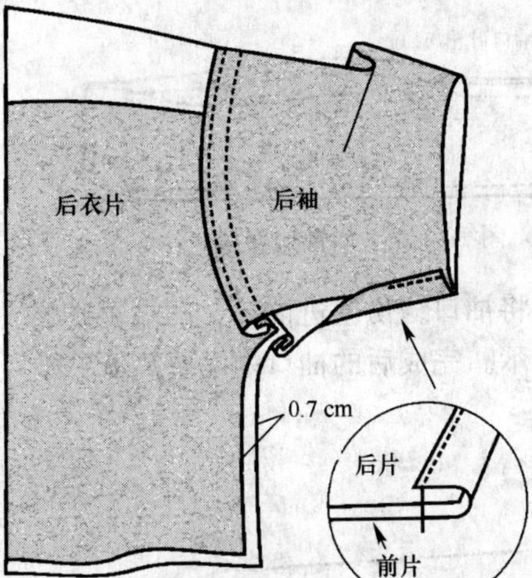


图 10—19　缝合摆缝与袖底缝

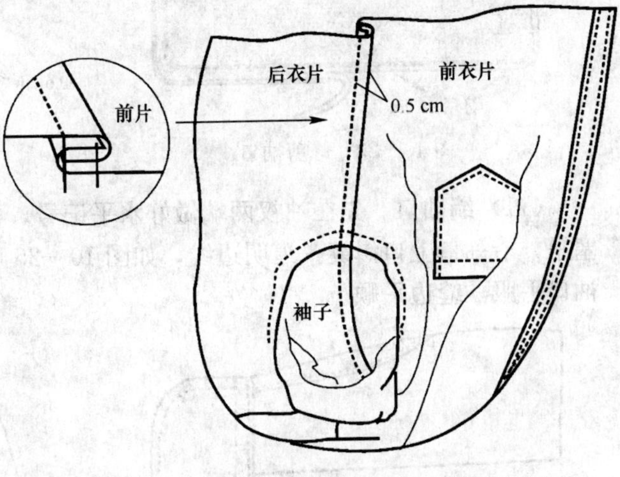


图 10—20　压摆缝与袖底缝明线

（10）做袖口

1）折缝袖口衬。将面袖口折烫好上口缝份，正面朝上缉 0.75 cm 明线，如图 10—21 所示。要求缉线宽窄一致。

2）缉合袖口。将面袖口和底袖口正面相对，底袖口上口向上翻折包覆面袖口，然后沿袖口净样缉合袖口外沿，如图 10—22 所示。要求使用袖口净样模板来缝合，以保证左右袖口的造型和规格统一。

3）修剪袖口。将袖口缝份修剪至 0.4 cm，如图 10—23 所示。

注：工厂为提高产能常使用在平缝机上安装切刀的方法，将缉合袖口和修剪袖口两

道工序同时完成。

4）翻烫袖口。将袖口翻出正面，熨烫平整。注意要将缝边翻足，里外容要正确，两边对称。

注：工厂常使用袖口翻烫机操作。

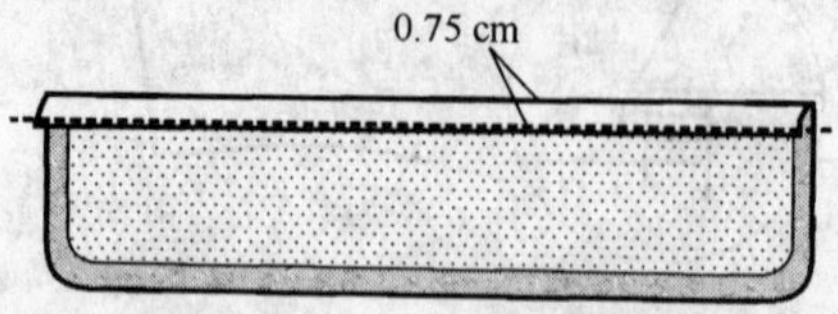


图 10—21　折缝袖口衬

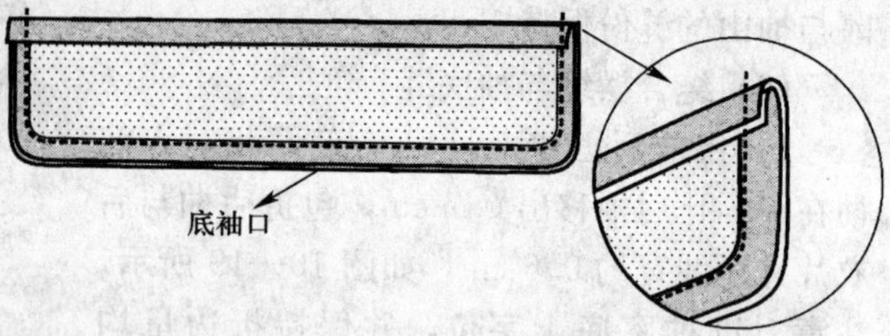


图 10—22　缉合袖口

5）缉袖口明线。从离袖口上口约 0.75 cm 处开始，沿袖口 3 边缉压 0.6 cm 宽的明线，如图 10—24 所示。线迹要均匀、圆顺，两端缝回针加固。

6）烫底袖口上口缝份。将底袖口上口缝份折净，烫好后要比面袖口吐出 0.1 cm，便于绱袖口时能保证压住底袖口上口边，如图 10—24 所示。

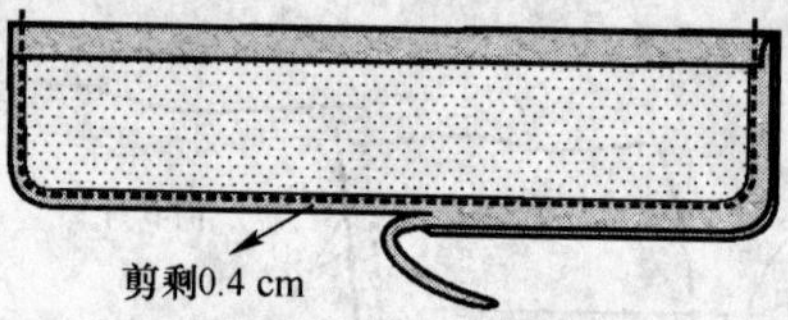


图 10—23　修剪袖口

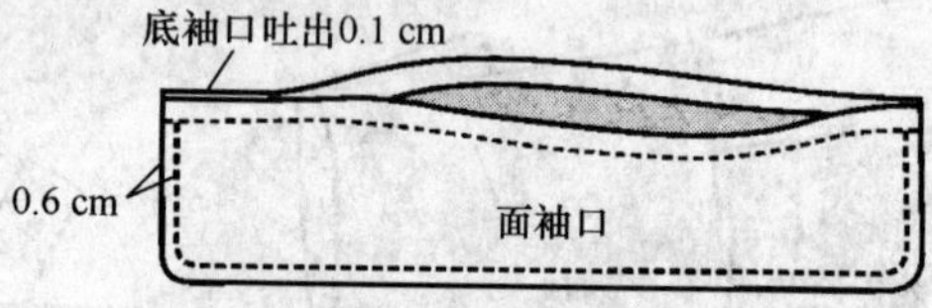


图 10—24　缉袖口明线

单元 10

（11）绱袖口。先在袖衩两端做好水平记号，再将袖口缝份塞进袖口，两端要塞足、塞平，沿袖口上口缉缝一道明边线，如图 10—25 所示。完成后的袖口两端要高低一致，袖口平服，缝边平顺。

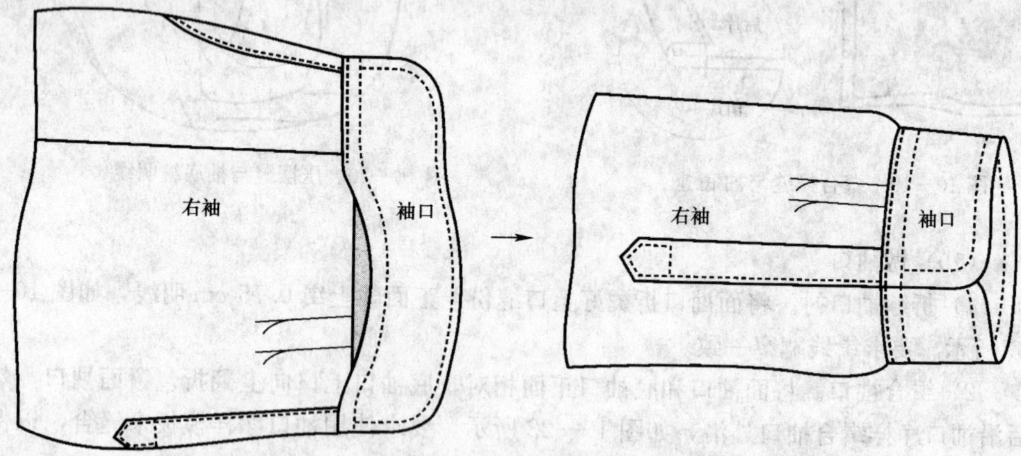


图 10—25　绱袖口

（12）做领

1）车领插片。将领插片缝于底翻领领角的对角线上，插片端点距离领尖净线 0.2 cm，如图 10—26 所示。此工序多用在男装传统衬衫或礼服衬衫，因为领插片可令衣领角更为挺括，且不易折皱变形。

2）缉合翻领。将粘好衬的面翻领和底翻领正面相对，如图 10—27 所示，沿领净线缉合，缝合时要按足领净样模板缉合，领转角保持缉线清晰，同时必须将底领拉紧，面领略松，使其产生从外向里微翻之势（俗称窝势）。如果是条格面料，左右领角的条格要对称。

3）修剪翻领。将翻领缝份剪剩 0.4 cm，如图 10—27 所示。

注：工厂常使用在平缝机上安装切刀的方法，将缉合翻领和修剪翻领两道工序同时完成。

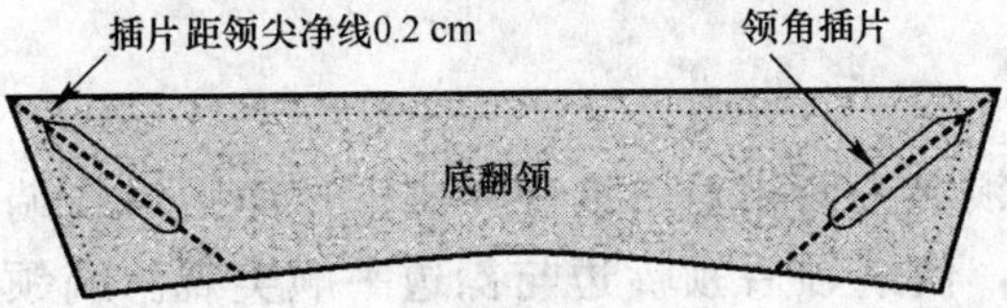

图 10—26　车领插片

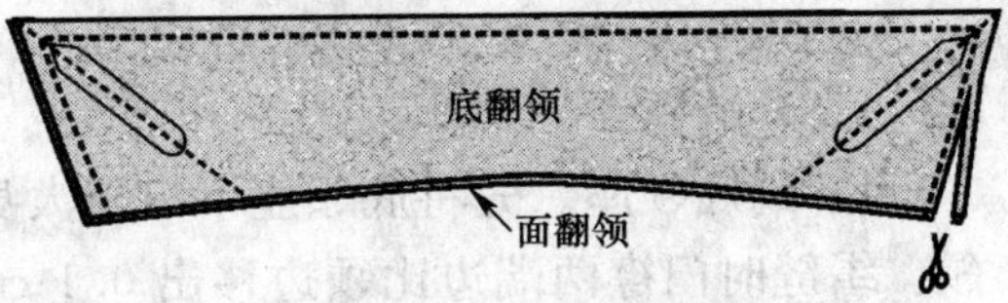

图 10—27　缉合翻领

4）翻正翻领。将翻领翻出正面，可借助锥子将领尖处翻足、翻尖，左右形状翻对称。

5）烫翻领。将底翻领向上，从两头开始往中央烫平、烫贴，底领不倒吐。

注：工厂常用翻烫领机操作以上两个工序。

6）缉翻领明线。根据款式，翻领边缉 0.6 cm 宽明线，如图 10—28 所示。注意缉明线时要将面翻领略向前送，防止领面起链形，并注意缝边不可反吐，线迹匀称。



7）卷缉领座衬。将已扣烫好的面领座下口包覆领衬，缉 0.7 cm 明线，领上口做好中点及合翻领记号，如图 10—29 所示。注意线迹要均匀、平服。

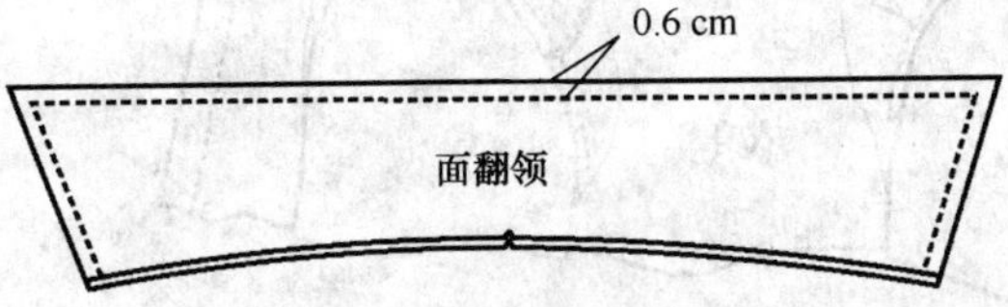

图 10—28　缉翻领明线

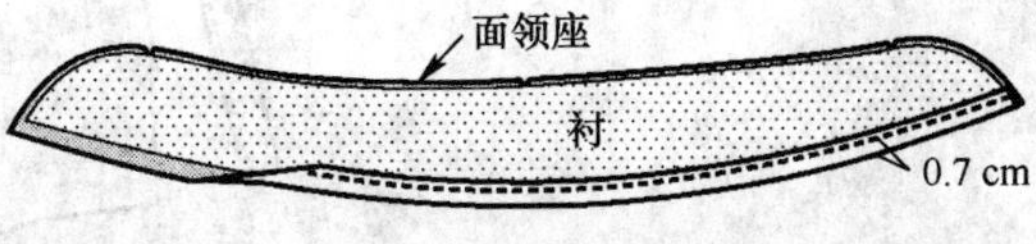

图 10—29　卷缉领座衬

8）合缉翻领和领座。将底领座与面领座正面相对，居中夹入翻领，面翻领与面领座同处一边。使用领座净样模板沿领座边缘缉合，如图 10—30 所示。缉线时各层衣领要对准后中记号，翻领边与领座边缝份对整齐，线迹圆顺、领嘴对称。

9）修领座圆嘴。将领座圆嘴缝份修剪至 0.3 cm。

10）翻烫领座。将领座翻出正面烫贴，缝边不倒吐，并再次检查左右领嘴的对称性及大小形状。

11）缉领座上口线。将面领座向上，翻领口转角处内进 2.5 cm 沿领座上口缉边线至另一边对称的位置，线迹头尾无须回针，如图 10—31 所示。注意缉线顺直，保持宽窄一致。

12）剪切绱领缝份。将底领座的绱领止口修剪均匀，剪至 0.8 cm，便于绱领操作。

13）点绱领记号位。为了保证绱领后的领型端正，必须在底领座下口做后中记号和两肩线位记号，以便与领围相应的位置匹对，如图 10—31 所示。

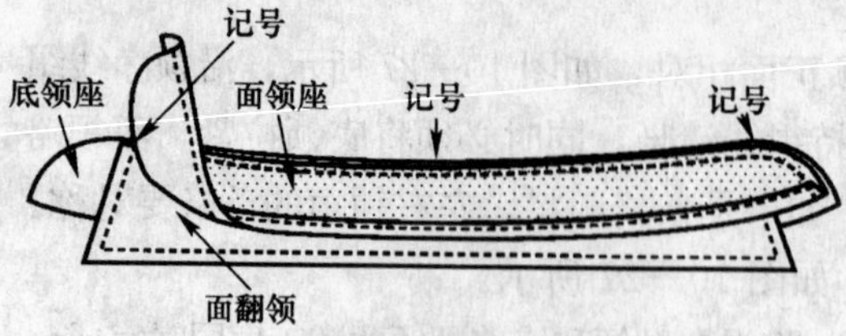


图 10—30　合缉翻领和领座

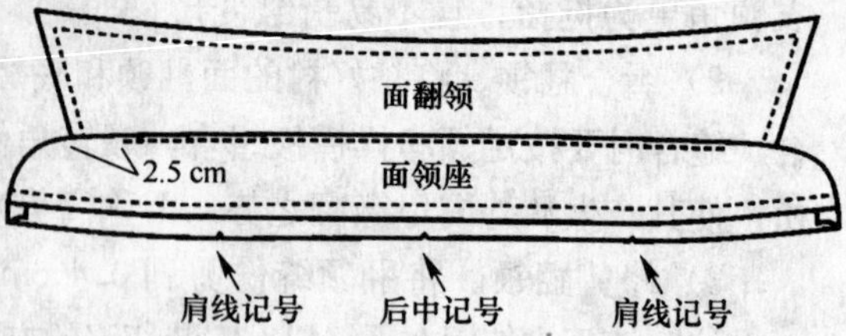


图 10—31　缉领座上口线并做记号

（13）绱领

1）绱底领座。先将底领座下口与大身领窝正面相对，沿底领座下口净线缉线绱领。缉缝时门襟两端边比领边移出 0.1 cm，使绱领后领嘴边与襟边平顺美观。绱领时注意对准相应的记号，保证领子左右对称，如图 10—32 所示，以免出现偏领或歪领的现象。

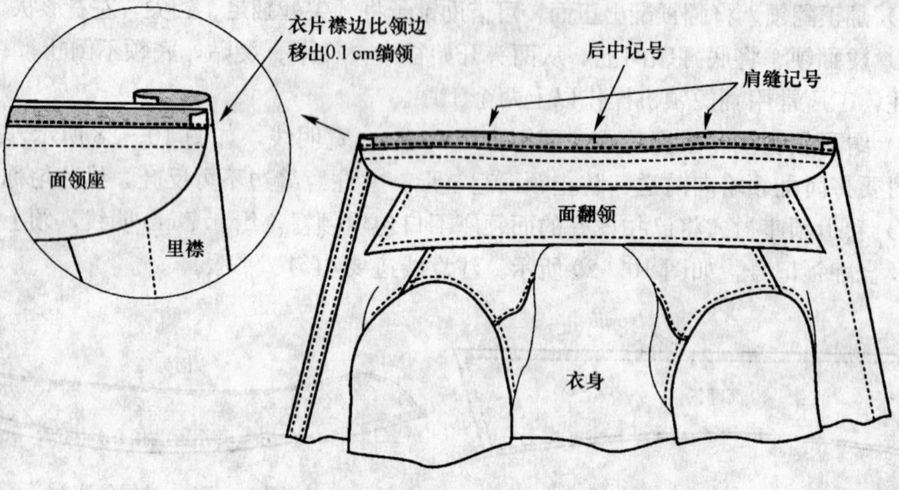


图 10—32　绱底领座

2）面领座压边线。面领座朝上，将领窝缝份倒进领座内整理平整，压线从面领座上口缉线处开始重针 1 cm，沿左边圆嘴、底领下口、右边圆嘴到另一边起针处重针 1 cm 结束，如图 10—33 所示。领子压线后要保持领座平服、边线均匀、领嘴边平顺。

（14）卷缉底边。卷底边前先检查左右门里襟的长度，门襟可比里襟长出 0.2 cm。下摆贴边缝份宽 1.5 cm，卷边后缉线宽度保持 0.6 cm，如图 10—34 所示。因该款衬衣底边呈圆形，缉缝圆弧处应注意操作手势，同时注意卷边宽度要均匀、平服，卷边不起链形。如果用卷边拉筒辅助缝制效果更佳。

（15）锁眼。使用锁眼机在门襟领座处锁横扣眼一个；门襟锁直扣眼六个；左右袖口各锁横扣眼一个，如图 10—35 所示。扣眼的大小必须根据纽扣的大小调节好。

注：工厂常在锁眼机上安装锁眼尺辅助操作，省去锁眼划位的工序。

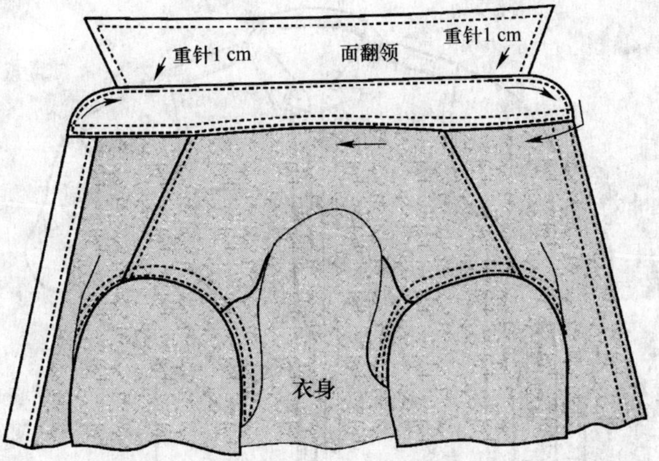


图 10—33　面领座压边线

(16) 钉扣。使用钉扣机在领口、里襟、袖口相对扣眼的位置定出纽位并钉上纽扣，如图 10—35 所示。

注：工厂常在钉扣机上安装钉扣尺辅助操作，省去钉扣划位的工序。

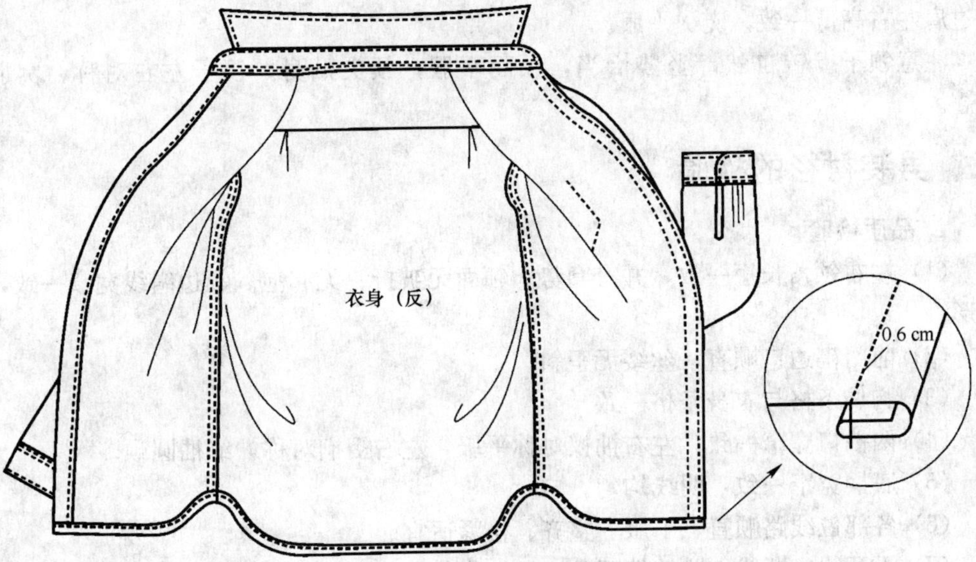


图 10—34　卷绢底边



(17) 整烫。男装衬衫的整烫顺序和工艺要求如下：

1) 烫领子。在翻领正面，沿绢线拉紧伸平，使面领与绢线平服，反面底领不起涌。

2) 烫袖子。先将袖底缝熨烫平服，再将袖子两面烫平，折裥要熨烫顺直，袖口应先烫里，再烫面。

3) 烫大身。将前身左右甩开，把商标和过肩里烫平，再将后身反面烫平，前身胸袋反面线迹烫平。然后将门襟搭拢由上往下将纽扣扣好，将前后身摆平，摆缝拉直，使

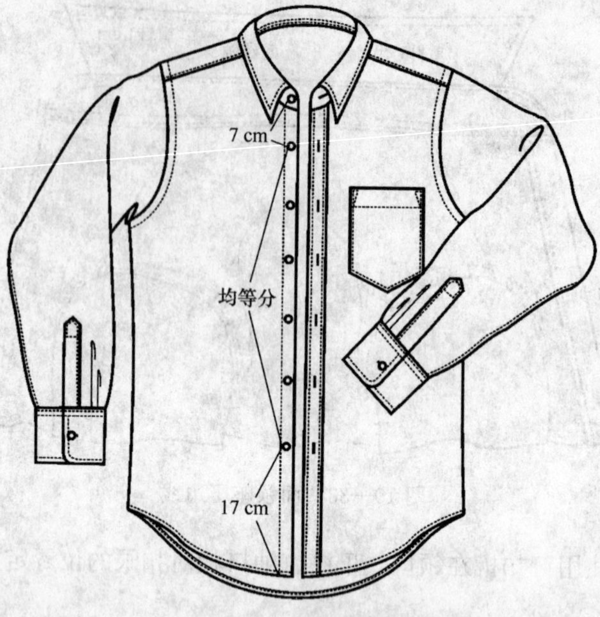


图 10—35　开扣眼钉纽扣

前过肩左右高低一致，熨烫平服。

注意领子折转自然，坐势恰当，领面平服，领尖贴身，领子左右对称、窝服不反翘。



## 三、男装衬衫的检验

**1. 品质检验**

（1）左右领角长短一致，并有窝势。领面无皱折、无起泡。领边缉线宽窄一致，无链形。

（2）前门襟边口顺直，丝缕无歪斜。

（3）胸袋条格与衣身条格一致。

（4）两袖口宽窄一致，左右袖衩对称平服，左右褶裥对称，绱袖圆顺。

（5）底摆宽窄一致，明线均匀。

（6）各部位线路顺直、平服、整齐、松紧适宜。

（7）无开线、断线、跳针等现象（20 cm 内允许跳 1 针）。

**2. 规格检验**

男装衬衫各部位尺寸的测量检验，按合同或规程进行，主要有五个部位，领子、衣长、胸围、袖长、肩宽。规格检验见表 10—1。

**表 10—1**　　**男装衬衫规格检验**　　cm

| 序号 | 部位名称 | 测量方法 | 极限偏差 |
|---|---|---|---|
| 1 | 领子 | 领子摊平，由扣中量至扣眼中 | ±0.5 |

续表

| 序号 | 部位名称 | 测量方法 | 极限偏差 |
| --- | --- | --- | --- |
| 2 | 衣长 | (1) 由后领中量至底边<br>(2) 由衣肩最高点量至前身底边 | ±1.0 |
| 3 | 胸围 | 扣好纽扣，前后身摊平，在袖底缝十字口处横量（周围计算） | ±2.0 |
| 4 | 袖长（长袖） | (1) 由袖山头最高处量至袖口边<br>(2) 由后领中量至袖口边 | ±0.8<br>±1.2 |
| 5 | 袖长（短袖） | (1) 由袖山头最高处量至袖口边<br>(2) 由后领中量至袖口边 | ±0.4<br>±1.0 |
| 6 | 肩宽 | 由肩缝最高点的一端量至另一端 | ±0.8 |

# 第二节　牛仔裤的缝制生产工艺

**培训目标**

- 熟悉牛仔裤的缝制流程
- 掌握牛仔裤部件和组装缝制工艺
- 掌握牛仔裤的检验标准与方法



## 一、牛仔裤款式说明

直裤脚传统的五袋款牛仔裤，通常前面有两个弯形插袋及右前侧有一个表袋，前拉链门襟开口，后面有机头、两个后贴袋，一片直裤腰，五个串带襻。款式如图 10—36 所示。

牛仔裤多选用较粗的棉斜纹面料，缝纫线选用撞色线，缝口缉明线，系结物多以金属材料为主，如铜纽扣、铜拉链等，袋口位、前门襟位常用铆钉加固，这样的设计更能体现其粗犷、休闲和充满活力的穿着风格。

## 二、牛仔裤缝制工艺流程

**1. 缝制流程**

牛仔裤的缝制流程如下：

做表袋→碎料锁边→做前插袋→做门襟→做后贴袋→绱后贴袋→缝合机头→缝合后中缝→缝合内侧缝→锁缝外侧缝→绱裤腰→封裤腰嘴→卷缉裤脚→做串带襻→绱串带襻并打套结→锁眼→钉扣→整烫。

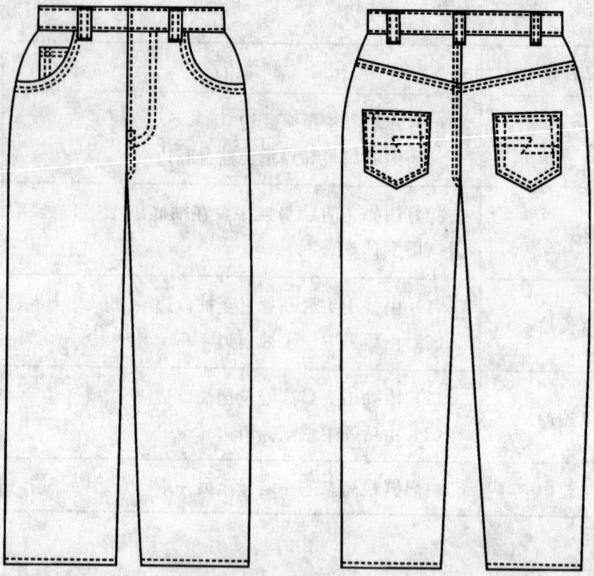

图 10—36　牛仔裤款式

**2. 牛仔裤的排料（见图 10—37）**

门幅：150 cm；用料：裤长＋10 cm。

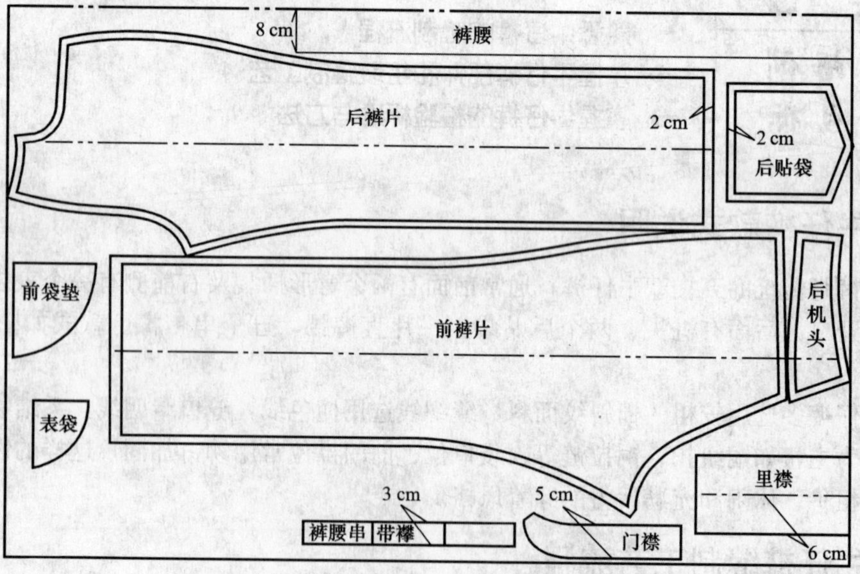


图 10—37　牛仔裤排料图

**3. 缝制生产工艺**

以下按缝制流程，说明牛仔裤各工序的缝制生产工艺与要求。

(1) 做表袋。注意线迹宽度要均匀，表袋的位置要装正确。

1）卷缉表袋口。在表袋口处按 1 cm 宽的缝份卷折两次，然后沿袋口边缉缝双线，两线迹宽 0.7 cm。如图 10—38a 所示。

2）装缝表袋。将做好的表袋放置在前袋垫的袋位点，如图 10—38b 所示，表袋口与裤腰线平行。

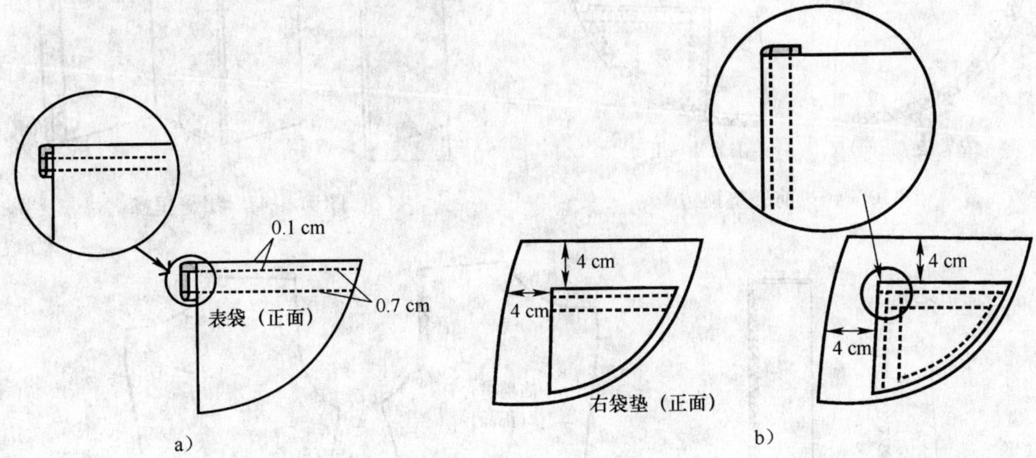


图 10—38　绱装表袋

a）卷绱表袋口　b）装缝表袋

注：工厂常使用双针平缝机配上拉筒附件来完成该工序的操作，如图 10—39 所示。



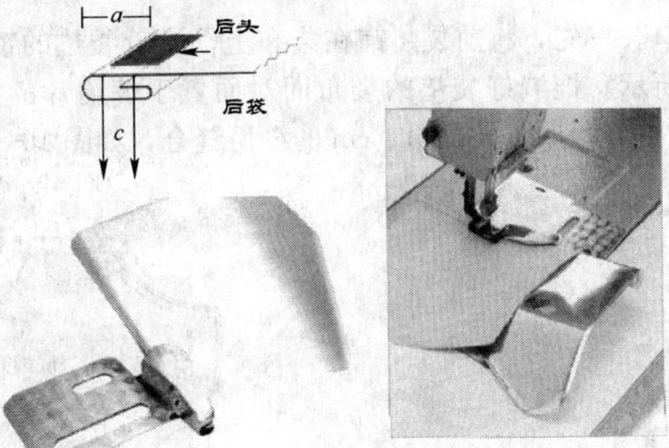


图 10—39　贴袋口附件

(2) 碎料锁边

1）前袋垫锁边。沿着前袋垫的弧线位锁边，如图 10—40 所示。

注意锁边位一定要圆顺，锁边线要平服。

2）里襟、门襟、右前裤片锁边。里襟正面相对折叠后，在里襟的底部绱缝，再将其翻至正面，如图 10—41 所示。然后将里襟的侧边、门襟的外弧边、右前裤片的前中直裆位进行锁边，如图 10—42 所示。

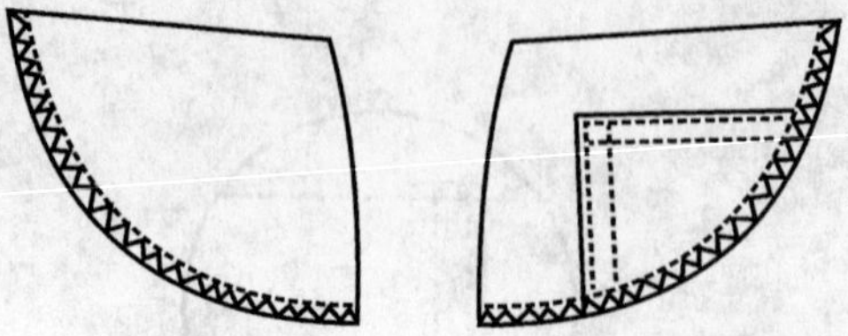


图 10—40　前袋垫锁边

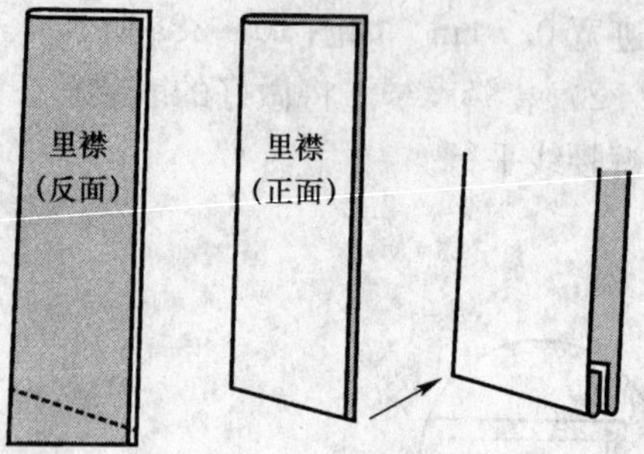


图 10—41　缉缝里襟

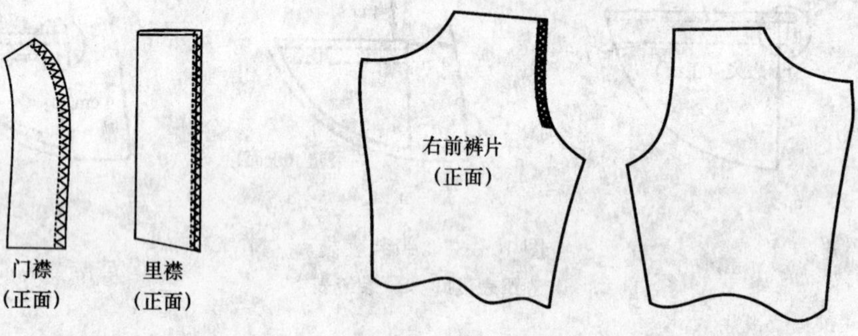


图 10—42　里襟、门襟、裤片锁边



（3）做前插袋

1）缝合弯形袋口。首先，将前袋垫铺在袋布上，沿着袋垫的锁边线缉缝一道线迹固定，如图 10—43 所示。把缃好袋垫的袋布面对面置于裤前片的袋口位，并与腰线、侧缝边缘对齐，然后沿着弯形袋口位用 1 cm 的缝份缝合，如图 10—44 所示。要求缉线圆顺，缝份要均匀。

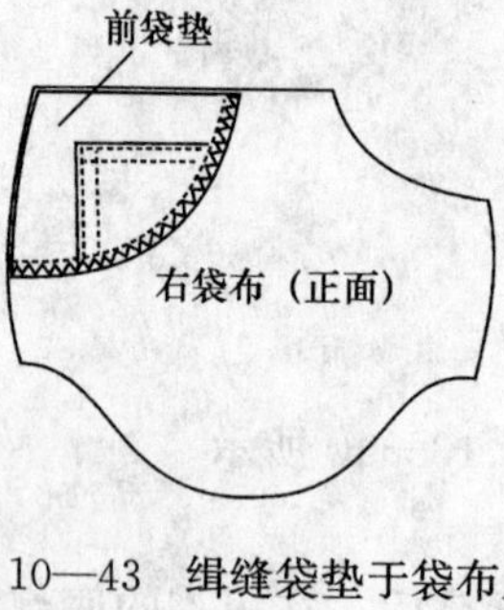


图 10—43　缉缝袋垫于袋布上

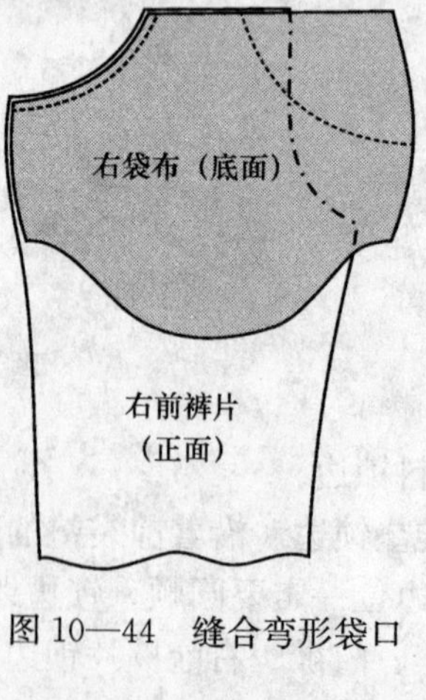


图 10—44　缝合弯形袋口

2）缉袋口双明线。在袋口位剪若干个剪口，如图 10—45 所示，袋口缝份修剩 0.5 cm，以便袋口翻转后弯位更平服、圆顺。注意不要剪断缝线，然后将袋布翻入前裤片的底面。要求折边要贴着线迹，袋布缝份不能外吐。再在袋口边缉两道弧形明线，两线迹宽为 0.7 cm，如图 10—46 所示。

注：工厂常使用配上拉筒辅件的双针缉袋口机（俗称拉弯袋口机）进行操作，如图 10—47 所示。

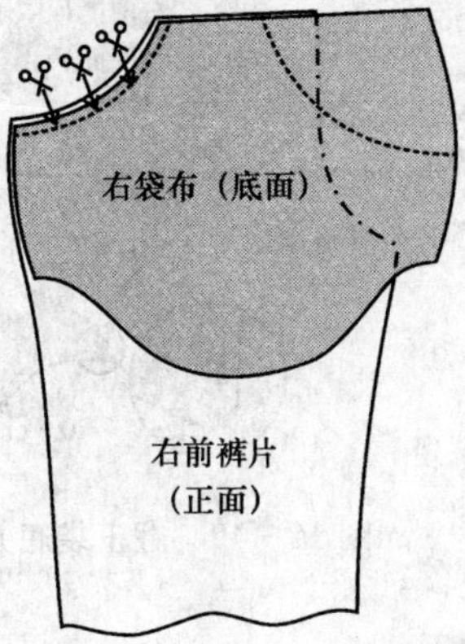


图 10—45　袋口剪刀

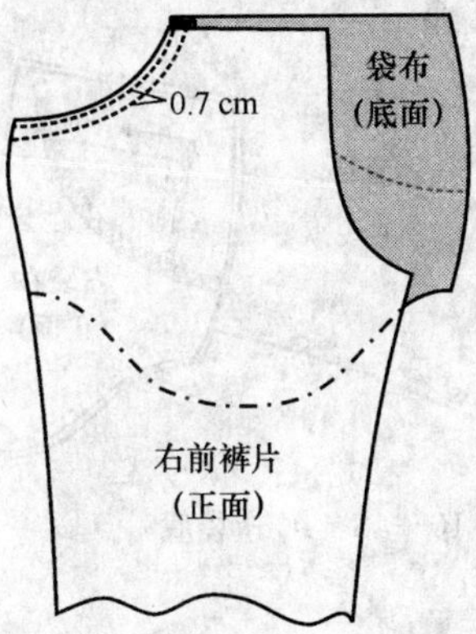


图 10—46　缉袋口双线

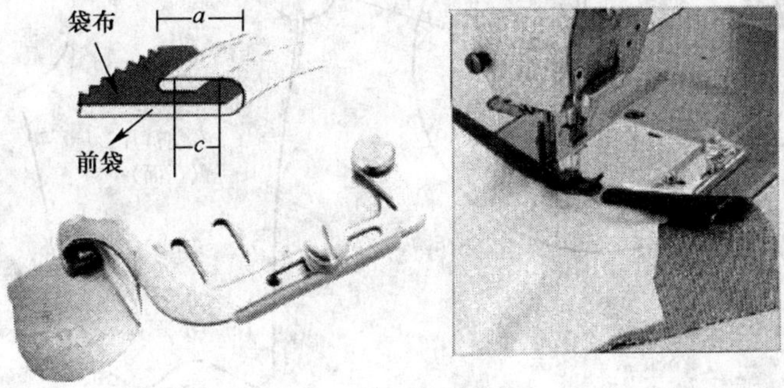


图 10—47　弯袋口拉筒辅件

3）缝合袋底。将袋布反面相对，沿对折线对折，然后沿着袋底用 0.5 cm 的缝份缝合，如图 10—48 所示。

4）翻正袋底压明线。将袋布翻至正面，注意袋底不能藏有多余的缝份，然后沿着袋底缉 0.5 cm 宽的线迹，如图 10—49 所示。

注：牛仔裤整理袋底的方法除了用上述的来去缝，也可用五线锁缝法。

5）定袋位。将袋布、前袋垫与裤身袋口位缉线固定，如图 10—50 所示。

（4）做门襟

1）拉链与门襟缝合。将拉链与门襟正面相对，门襟顶端与拉链布要对齐，按图 10—51 所示尺寸将拉链置于门襟上，然后在靠近门襟锁边线一边的拉链布缉两道缝线。

2）门襟固定于左前片。将门襟与左前裤片面对面放置，然后在门襟底端上 0.7 cm 的位置开始沿着前中用 1 cm 缝份缝合。门襟底端预留 0.7 cm 能防止前裆起皱，使前裆弯位更加平顺，如图 10—52 所示。

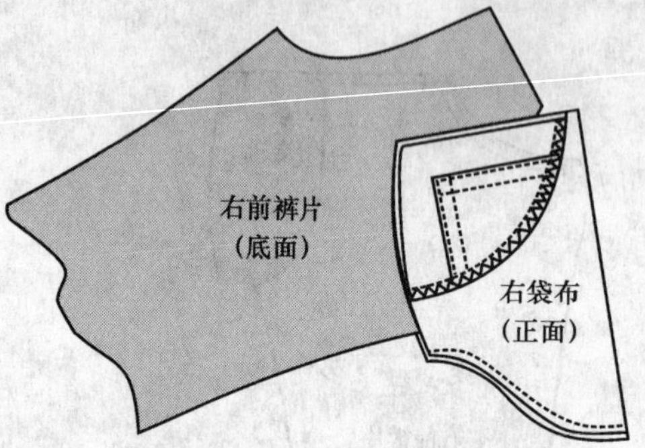


图 10—48 缉缝袋底

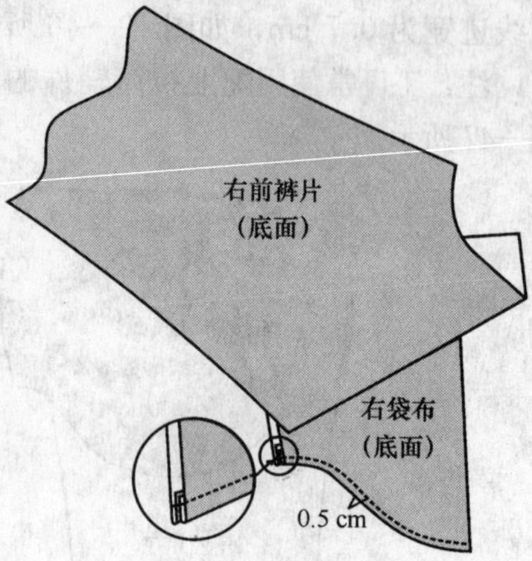


图 10—49 翻正袋底并压明线

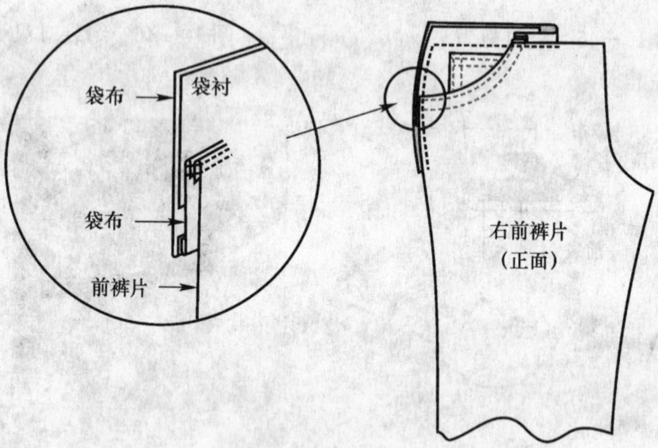


图 10—50 定袋位




图 10—51 拉链与门襟缝合

图 10—52 门襟固定于左前片

单元 10

3）缉门襟边线。将门襟翻入前裤片的底面，在门襟边缉一道边线，如图 10—53 所示。注意缝口内不能藏有缝份及门襟缝份不能外吐。

4）缉门襟弯线。在离门襟边 3 cm 处缉缝内道缝线，外道线迹与内道线迹之间的宽度为 0.7 cm，如图 10—54 所示。缉门襟弯线时必须把拉链尾制下端的另一边拉链布折起，以免被封牢后无法与里襟缝合。注意线迹要圆顺，双线要均匀，内道弯线在拉链尾制下 0.7 cm 处转弯。

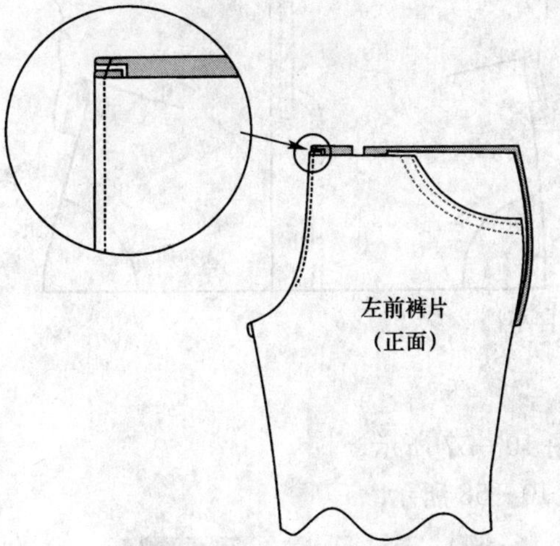


图 10—53　缉门襟边线

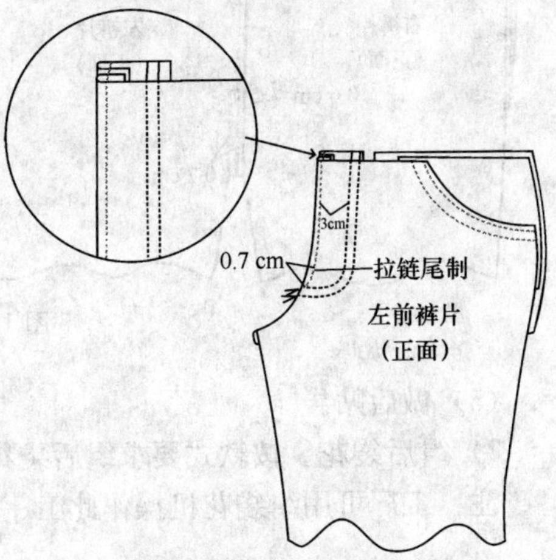


图 10—54　缉门襟弯线



5）拉链与右前裤片、里襟缝合。将右拉链布置于里襟之上，再将右前裤片前中线折 1 cm 缝份置于右拉链布的上面，沿着折边缉线至拉链尾处，再将右前裤片的前小裆向正面翻折 0.5 cm 的缝份，线迹连续缉至底裆。然后再缉第二道缝线，两线迹之间的宽度为 0.3 cm。如图 10—55 所示。

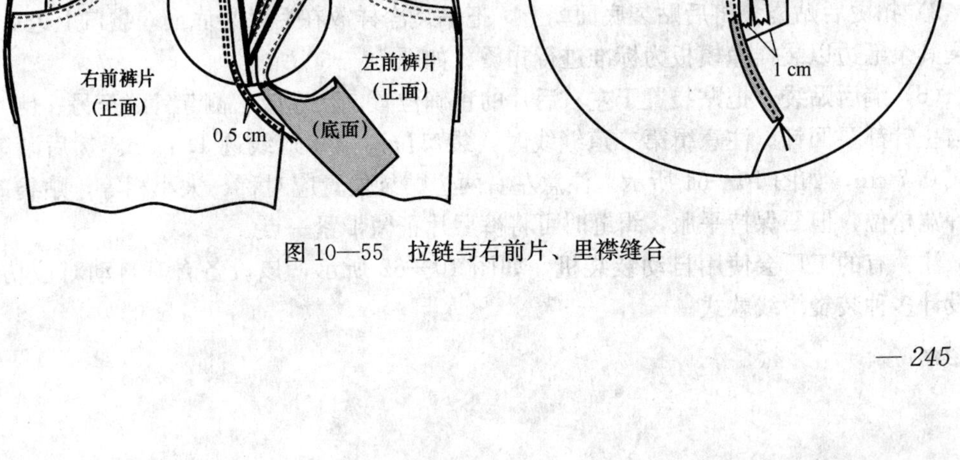


图 10—55　拉链与右前片、里襟缝合

6）合小裆。将左右前裤片的小裆搭缝 1 cm 缝份，然后沿着小裆位缉缝双线至拉链尾制处，两线迹间距为 0.7 cm。如图 10—56 所示。注意搭缝时左右底裆（即内侧缝）要成直线，以免影响人体的活动量。线迹要均匀，缝份要均匀。

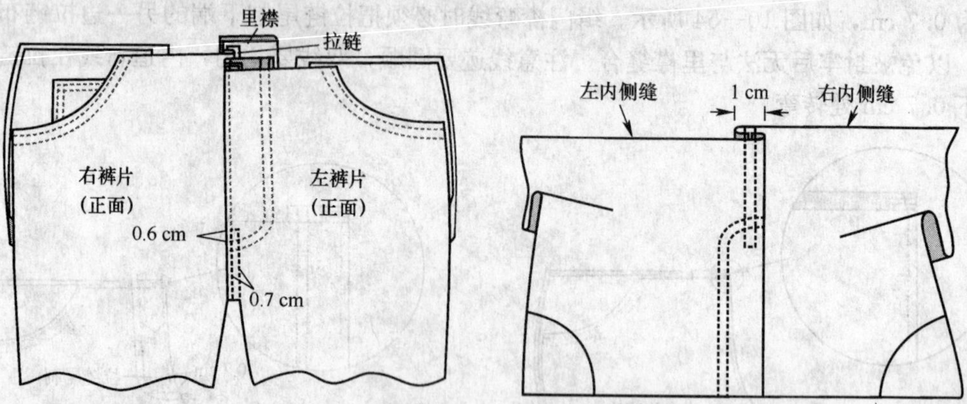


图 10—56　合小裆

（5）做后贴袋

1）缉后袋花。按款式要求缉后袋花，如图 10—57 所示。

注：工厂可用缉袋花机操作此工序，如图 10—58 所示。

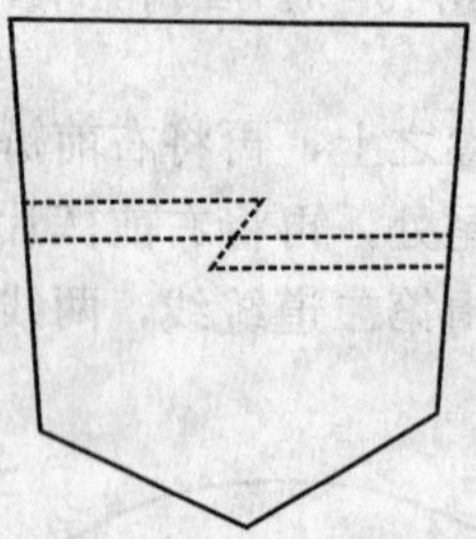

图 10—57　缉后袋花

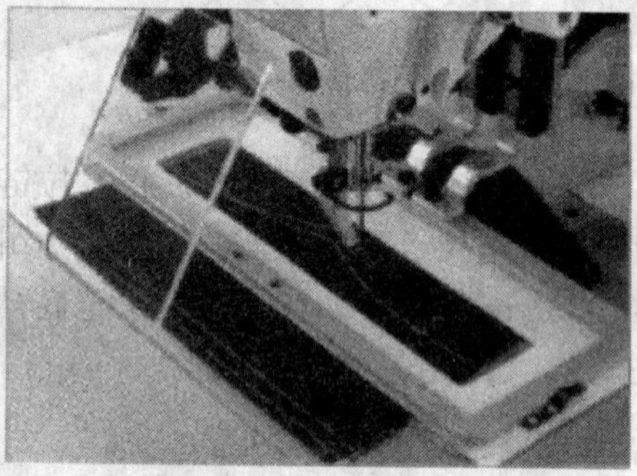

图 10—58　电子花样机



2）卷缉后袋口。将后贴袋袋口双折 1 cm 宽，然后在袋口位缉两道缝线，两线迹宽度为 0.7 cm，如图 10—59 所示。

注：工厂常使用配上卷筒辅件的双针缉袋口机进行操作。

3）扣烫后贴袋。将后贴袋底面朝上，把贴袋净样放在后贴袋底面，袋口上边对齐，贴袋其余毛边以袋样净模板为标准进行扣烫。如图 10—60 所示。

（6）绱后贴袋。把贴袋置于左右后片的正确位置，从左或右侧起针缝至另一侧，起针与止针都要回针。注意缉第二道缝线时，袋口位离第一道线迹 1.3 cm，然后渐渐收窄成 0.7 cm，如图 10—61 所示。注意左右两边贴袋位置应对称、大小相等，贴袋口有少许宽松位，但要保持平服，缉缝时可将裤后片稍微带紧一点。

注：有的工厂会使用自动装袋机，如图 10—62 所示，该设备含有自动对位功能，可设计多种装袋缉线款式。

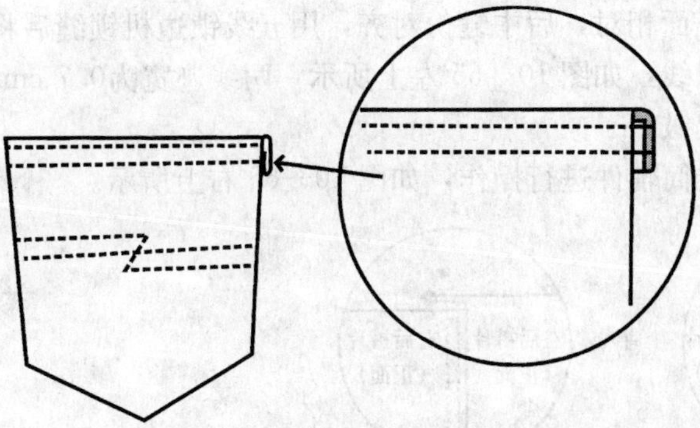

图 10—59　卷缉后袋口

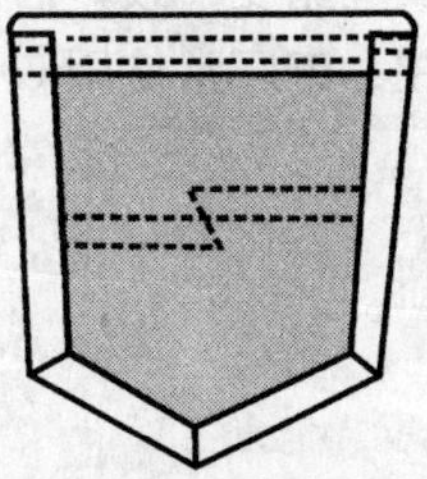

图 10—60　扣烫后贴袋

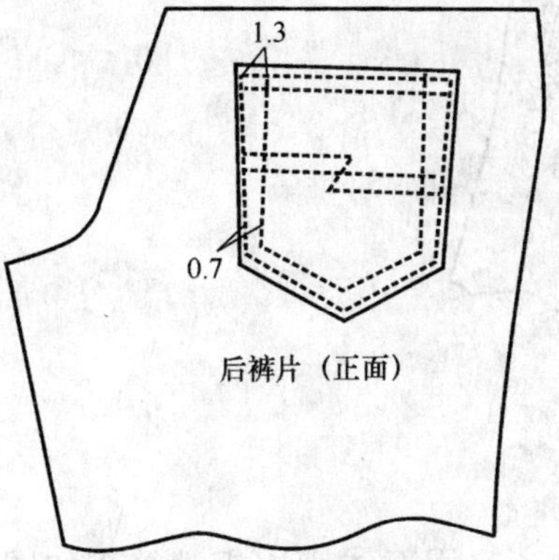


图 10—61　绱后贴袋

图 10—62　自动装袋机



（7）缝合机头。将裤后片与机头面对面用双针链式埋夹机缉缝，或先用五线锁边机锁缝两衣片的毛边位，再翻折后裤片并在裤片上缉缝双行明线，两线宽度为 0.7 cm，如图 10—63 所示。

注：工厂常用卷筒辅件辅助缝合，如图 10—64 所示。

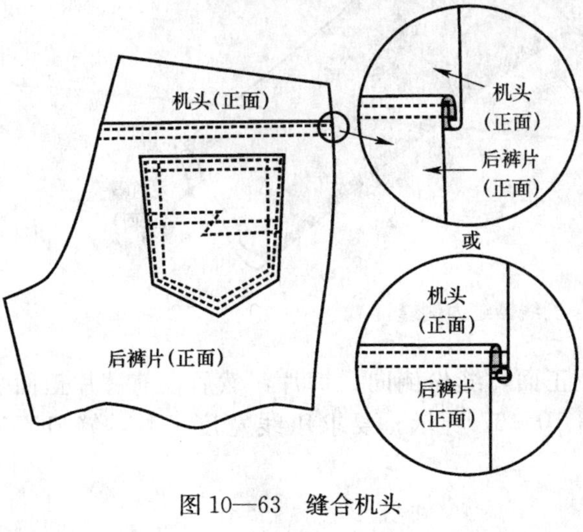


图 10—63　缝合机头

图 10—64　埋夹机卷筒辅件

（8）缝合后中缝。将左右后裤片正面相对，后中缝份对齐，用五线锁边机锁缝后将两后裤片翻至正面，再在后中缝缉缝双线，如图 10—65 左上所示，两线迹宽为0.7 cm。要求线迹宽度一致，后中缝平服，不起皱。

注：工厂常使用双针埋夹机配上卷筒辅件进行操作，如图 10—65 右上所示。

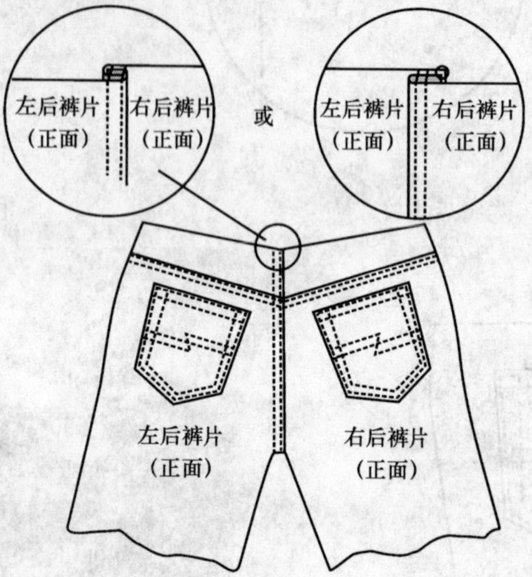


图 10—65　缝合后中缝



（9）缝合内侧缝

1）锁缝内侧缝。将前后裤片的内侧缝正面相对叠齐，用五线锁边机锁缝，如图 10—66 所示。注意不能出现长短裤脚，以免导致裤脚扭斜。

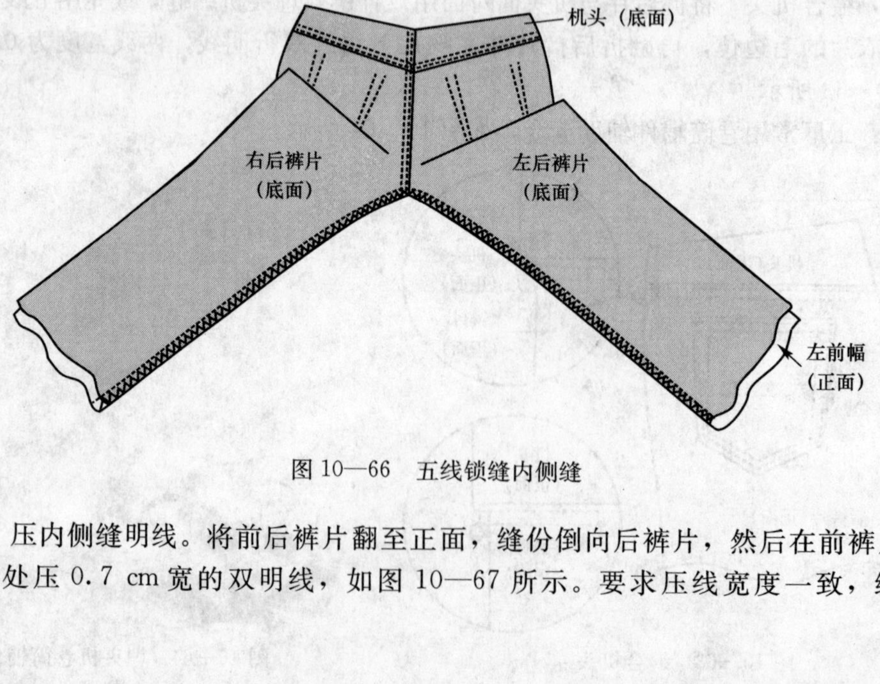


图 10—66　五线锁缝内侧缝

2）压内侧缝明线。将前后裤片翻至正面，缝份倒向后裤片，然后在前裤片正面缝口边处压 0.7 cm 宽的双明线，如图 10—67 所示。要求压线宽度一致，缝口不起皱。

注：此工序可使用双针埋夹机配上卷筒辅件进行操作。

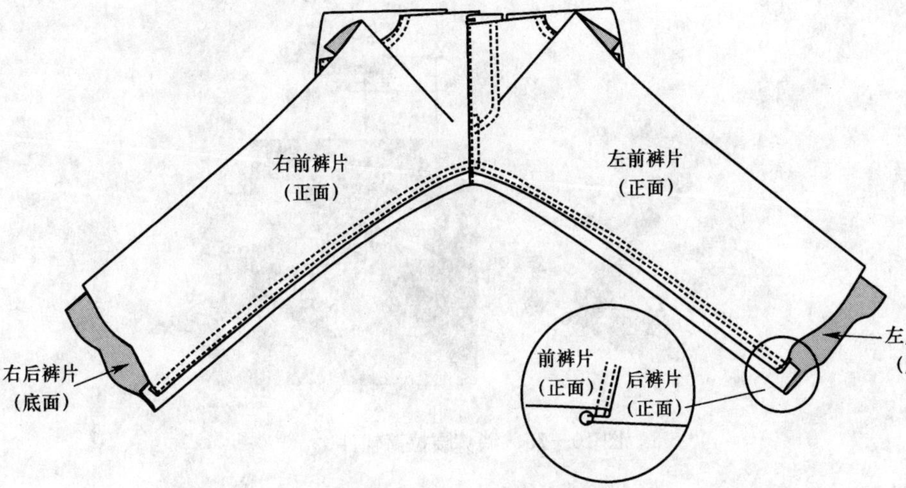


图 10—67　压内侧缝明线

（10）锁缝外侧缝。将前后裤片的外侧缝正面相对叠齐，沿着外侧缝用五线锁边机锁缝，如图 10—68 所示。

注意：锁缝外侧缝时，如果一侧从腰线开始锁缝，另一侧则从裤脚口开始锁缝，很容易因拉力不平衡而导致裤脚歪斜，所以操作此工序时都应从裤腰线起缝，并要注意操作手势的调整，以免出现长短裤脚而导致裤筒歪斜。

如果外侧缝需缉明线，则先缝合外侧缝并缉明线，再缝合内侧缝。

（11）绱裤腰。绱裤腰俗称拉裤头，首先将裤腰的两边缝份扣烫 1 cm，然后用熨夹的方法把裤腰绱到腰线上，如图 10—69 所示。绱裤腰时要注意将裤片放底层，裤腰放面层进行缉缝。要求缉线宽度均匀，底面裤腰的拉力要均匀，裤腰不能有扭纹的现象。

注：工厂常使用绱裤腰机绱裤腰，配上拉筒辅件进行操作，如图 10—70 所示。

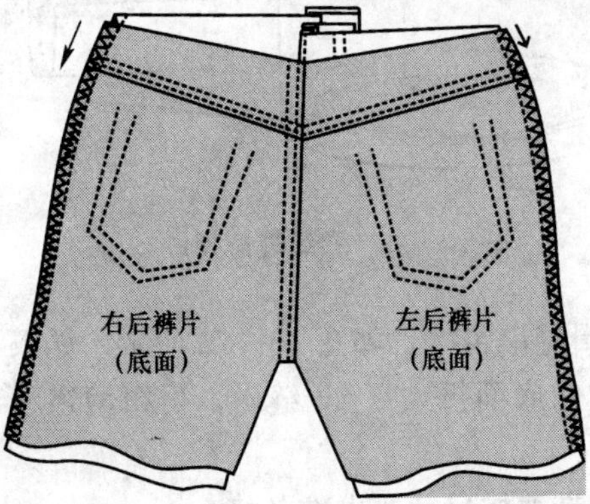


图 10—68　五线锁缝外侧缝

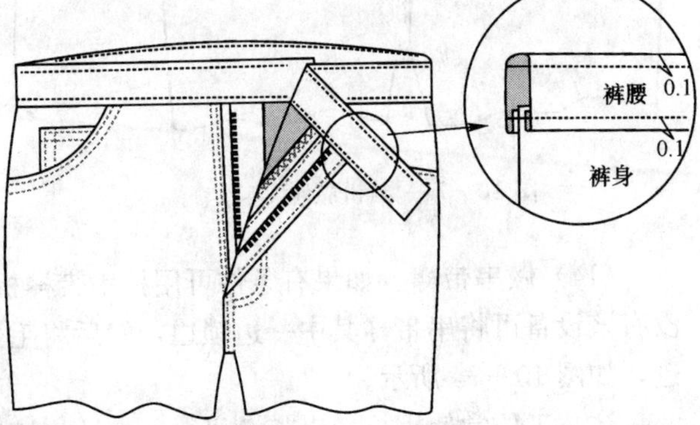


图 10—69　绱裤腰

单元
10

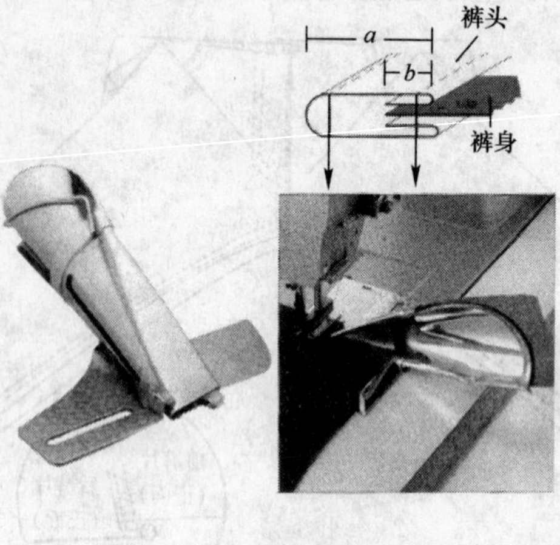


图 10—70　绱裤腰拉筒辅件

（12）封裤腰嘴。先将裤腰嘴两端长出的部分剪剩 1 cm 的缝份，再将剪剩的 1 cm 缝份折入裤腰里面，令两端腰头嘴的折边与门襟边、里襟边呈一齐平的直线，然后压一道明边线将裤腰嘴封牢，如图 10—71 所示。完成后的裤腰左右两端要高低一致，裤腰平服，缝边平顺。

（13）卷缉裤脚。将裤脚口毛边双折环口，然后从内侧缝处开始沿着内折边缉一道边线，如图 10—72 所示。

注：工厂可用配上辅件的自动卷裤脚机操作。



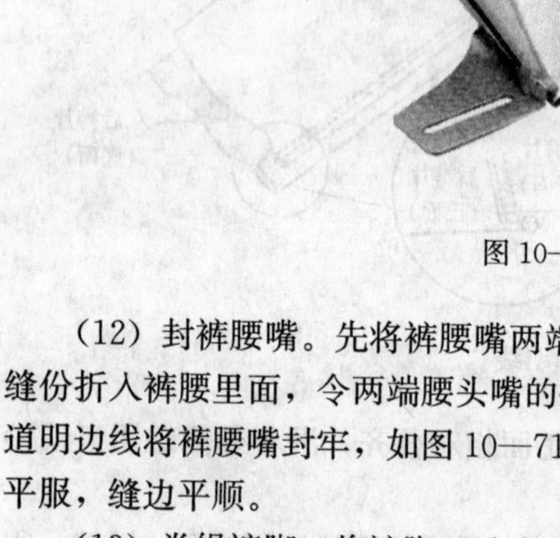

图 10—71　封裤腰嘴

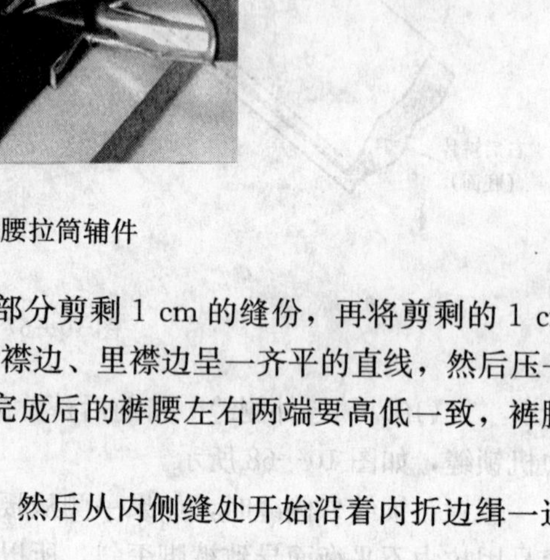


图 10—72　卷缉缝裤脚口

（14）做串带襻。如果有条件可用拉串带襻机缉缝串带襻，如图 10—73 所示。如果没有该设备可将串带襻其中一边锁边，然后将毛边向底面折入 1 cm 缝份，再缉两道线迹，如图 10—74 所示。

注：工厂常使用拉切串带襻机，一次性将裤串带襻按尺寸要求准备好。

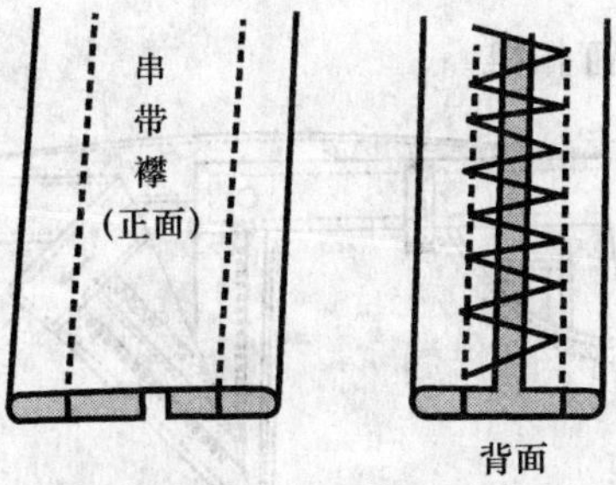


图 10—73　机拉裤串带襻

或

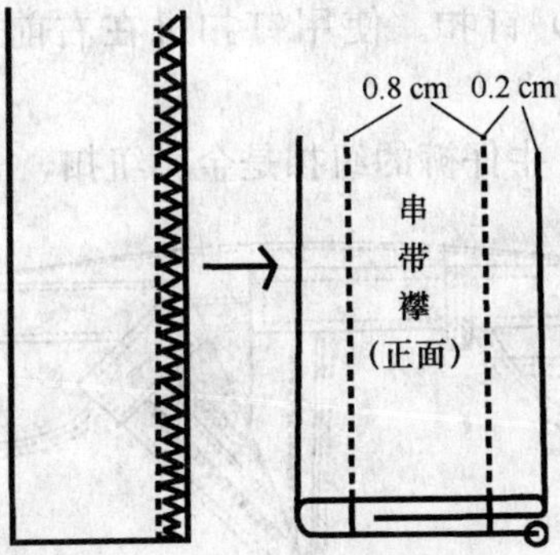


图 10—74　平缝机缉串带襻

（15）绱串带襻并打套结

1）绱串带襻。将 5 个串带襻绱到指定位置，前片两个串带襻分别在前袋口的位置，后中一个，另两个分别是在前片与后中两个串带襻的中间位置，如图 10—75 所示。注：完成后串带襻的长度一般为 5 cm。

2）打套结（俗称打枣）。共需打 20 个套结，5 个串带襻 10 个套结，门襟部位 2 个（门襟弯位的套结主要是用于避免门襟拉开时拉力过大而令拉链受损），两后贴袋口各 2 个，两前袋口位各 2 个。打套结机如图 10—76 所示。



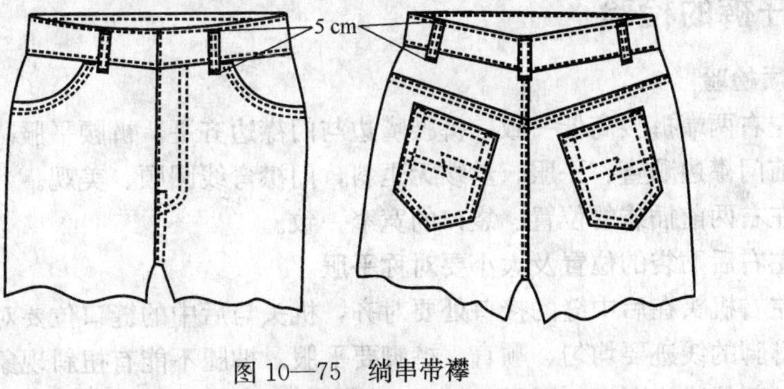


图 10—75　绱串带襻

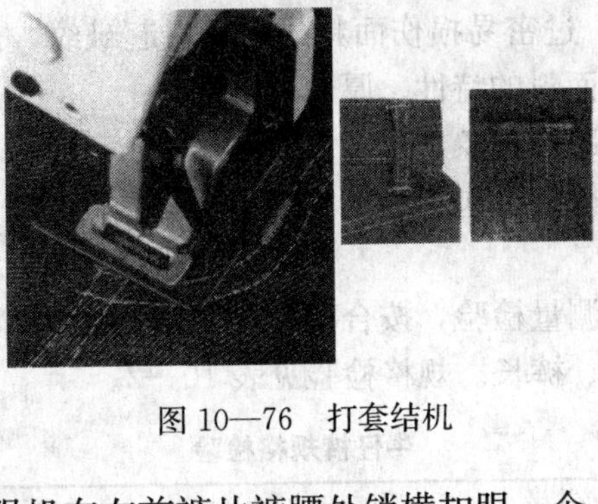

图 10—76　打套结机

（16）锁眼。使用锁眼机在左前裤片裤腰处锁横扣眼一个，如图 10—77 所示。扣眼的长度必须根据纽扣的直径大小调节好。

(17) 钉扣。使用钉扣机在右前片裤腰处相应的扣眼位钉上纽扣，如图 10—78 所示。

注：牛仔裤的纽扣是金属纽扣，需用专用的钉扣机。

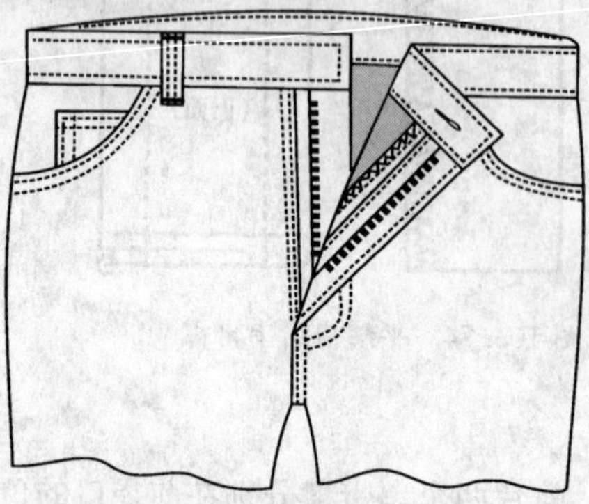

图 10—77　锁扣眼

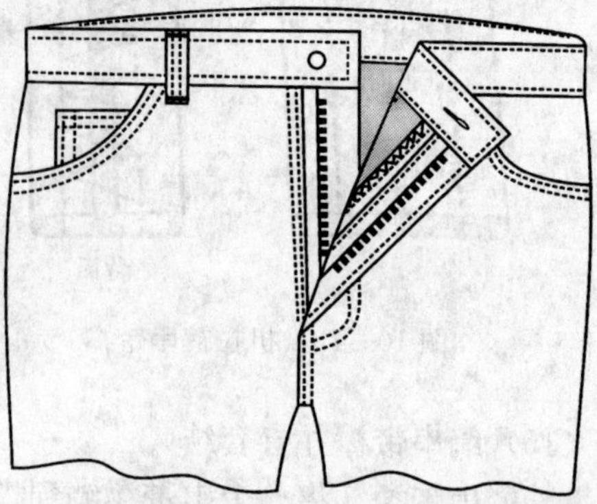

图 10—78　钉扣

(18) 整烫。牛仔裤一般用平熨进行整烫：把裤子的侧缝对折，裤子的前后裤筒、前插袋、后贴袋熨平。如果有夹烫机，把裤子平放在夹烫机的烫台上，开动夹烫机夹烫即可。

注：熨烫后的成品不能有裤脚歪斜的现象。

## 三、牛仔裤的检验



**1. 品质检验**

(1) 左右两端裤腰高低一致，裤腰嘴边与门襟边齐平，裤腰平服。

(2) 前门襟边顺直、平服，丝缕无歪斜，门襟弯线圆顺、美观。

(3) 左右两前插袋的位置、袋口的宽窄一致。

(4) 左右后贴袋的位置及大小要对称平服。

(5) 左右机头在后中缝的接口处要对齐，机头与后中的缝口位要对称、平服。

(6) 裤脚的线迹要均匀、顺直，裤脚要平服。裤腿不能有扭斜现象。

(7) 各部位线迹顺直、平服、整齐、松紧适宜。线迹的密度不宜过密或过疏，一般以每 1 cm 3.5 针迹为宜。过密易损伤面料或使缝口起皱纹，过疏则会影响成衣缝口的牢度。线迹的密度是根据面料的特性、厚薄决定的。

(8) 无开线、断线、跳针现象。

(9) 牛仔裤洗水后的效果，包括颜色、手感要与样板一致；洗水后的花色要均匀。

**2. 规格检验**

牛仔裤各部位尺寸的测量检验，按合同或规程进行测量，主要有六个部位：腰围、臀围、裆深、膝围、脚围、裤长。规格检验见表 10—2。

表 10—2　牛仔裤规格检验　cm

| 序号 | 部位名称 | 测量方法 | 极限偏差 |
|---|---|---|---|
| 1 | 腰围 | 裤腰前中纽扣扣合后直线量度 | ±0.5 |

续表

| 序号 | 部位名称 | 测量方法 | 极限偏差 |
|---|---|---|---|
| 2 | 臀围 | (1) 铺平裤身，水平量度臀围线<br>(2) 铺平裤身，"V" 形量度臀围线 | ±1.0 |
| 3 | 裆深 | 铺平裤身，由裤腰顶直线量至裆底 | ±0.6 |
| 4 | 膝围 | 裤腿放平，在膝围线水平量度 | ±0.5 |
| 5 | 脚围 | 裤脚放平，在裤脚口处水平量度 | ±0.5 |
| 6 | 裤长 | 外长：由腰线位直线量度至裤脚口<br>内长：由底裆量度至裤脚口 | ±0.8<br>±0.5 |

# 第三节 男装西裤的缝制生产工艺

**培训目标**

- → 熟悉男装西裤的缝制流程
- → 掌握男装西裤部件和组装缝制生产工艺
- → 掌握男装西裤的检验标准与方法



## 一、男装西裤款式说明

传统男装西裤通常呈直筒型，前裤片左右两边各有一个斜插袋及一个褶裥，前门襟拉链开口。左右两片直裤腰接驳于后中，裤腰前中钉纽扣，五个串带襻。后裤片左右各有一个省道，右后裤片有一个双嵌线袋。裤脚口锁边后暗线挑脚。款式如图 10—79 所示。

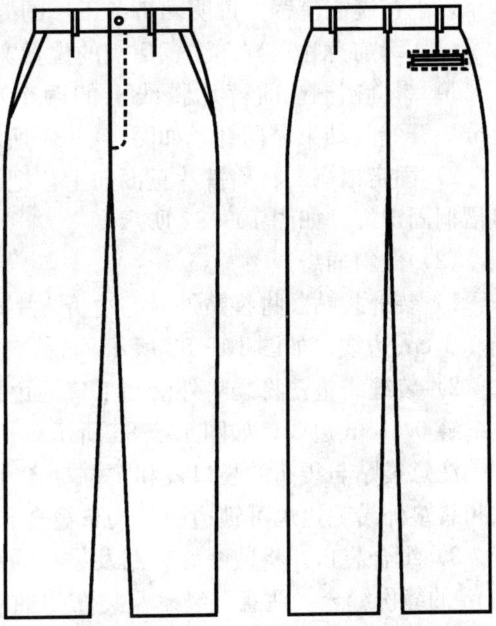

a)　　b)

图 10—79　男装西裤款式

a）前视图　b）后视图

## 二、男装西裤缝制生产工艺流程

**1. 缝制流程**

西裤的缝制流程如下：

缉前裤片褶裥→做斜插袋→锁边→装缝拉链→缉后腰省→做后袋→缝合外侧缝及内侧缝→做裤腰→绱裤腰→缉前门襟弯线→合后中缝→缝裤腰里→缉里襟贴→做串带襻→绱串带襻→挑裤脚→

锁眼→钉扣→整烫。

**2. 男装西裤排料（见图 10—80）**

排料：门幅：150 cm；用料：裤长＋10 cm。

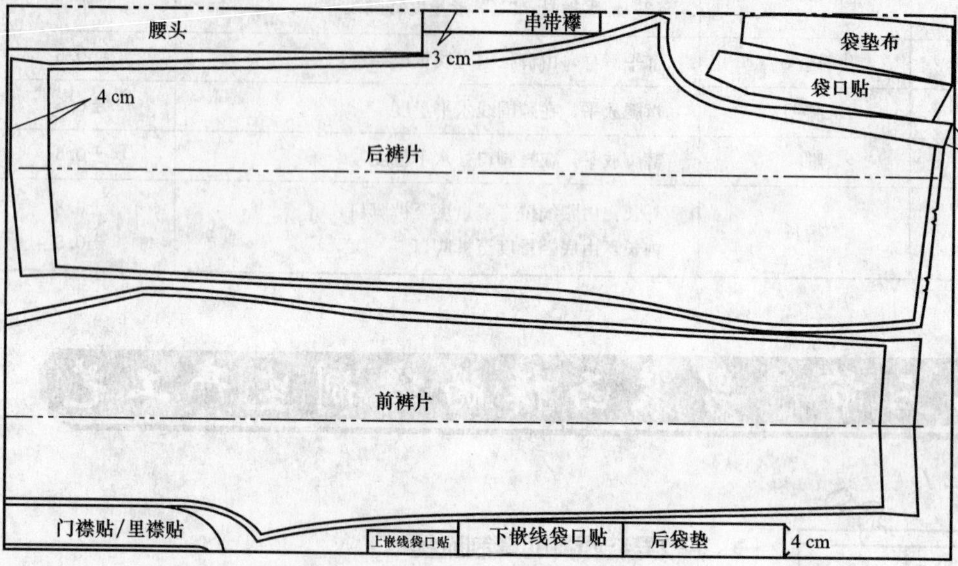


图 10—80　男装西裤排料图



**3. 缝制生产工艺**

以下按缝制流程，说明西裤各工序的缝制生产工艺与要求。

（1）缉前裤片褶裥。注意褶裥的位置宽度要正确。

1）缉缝褶裥。前裤片腰线上的两个剪口面对面对折，然后在剪口处向下缉缝 4 cm，开始与结束需回针，如图 10—81 所示。

2）固定褶裥。将前裤片正面向上，把褶裥的缝份拨向前中，然后在腰线边缘缉线，将褶裥固定好，如图 10—82 所示。

（2）做斜插袋

1）装缝袋贴。将袋贴外沿毛边折入 1 cm，放置在袋布的袋口边，然后沿着折边缉缝 0.1 cm 边线，如图 10—83 所示。

2）装缝袋垫。将袋垫外沿与下口毛边折入 1 cm，放置在袋布侧缝边，然后沿着折边缉缝 0.1 cm 边线，如图 10—84 所示。

注意袋贴与袋布的袋口线和腰位对齐，袋垫与袋布的侧缝和腰线必须对齐。注：袋贴和袋垫外沿毛边也可锁边后与袋布缝合。

3）缉合袋口。将装缝好袋贴及袋垫的袋布放置在前裤片的袋口位，沿着袋口线用 1 cm 的缝份缝合。注意：袋贴及袋布与前裤片面对面，袋口边与腰线位均要对齐，如图 10—85 所示。然后在袋口下端转角处剪一个刀口，注意勿剪断线迹。

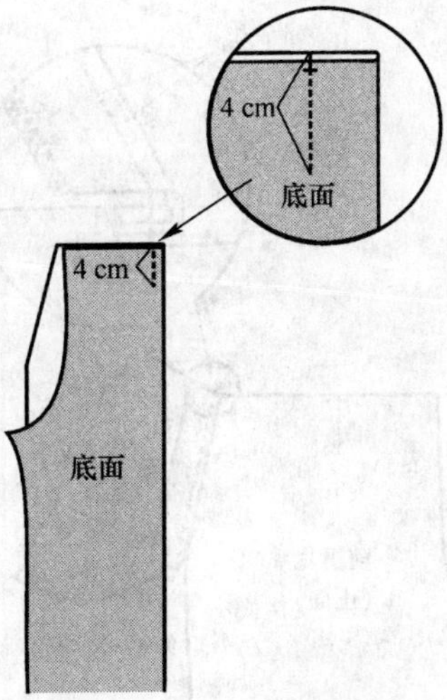


图 10—81　缉缝褶裥

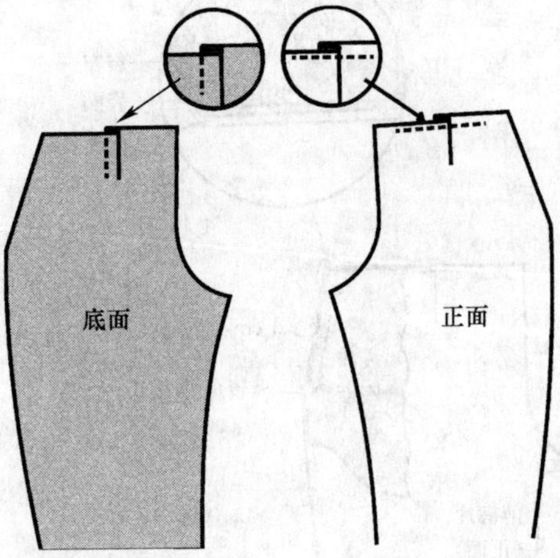


图 10—82　固定褶裥

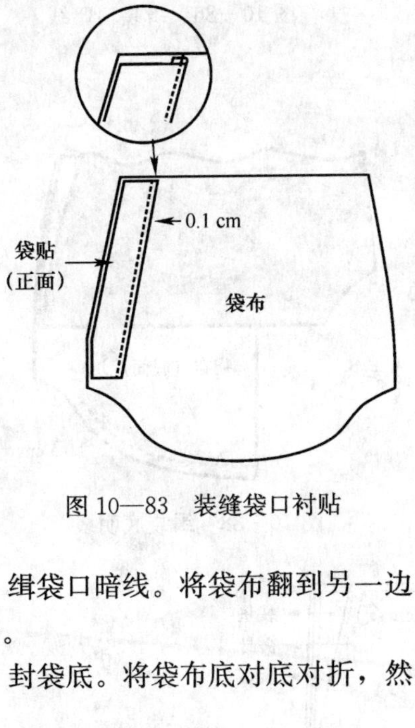


图 10—83　装缝袋口衬贴

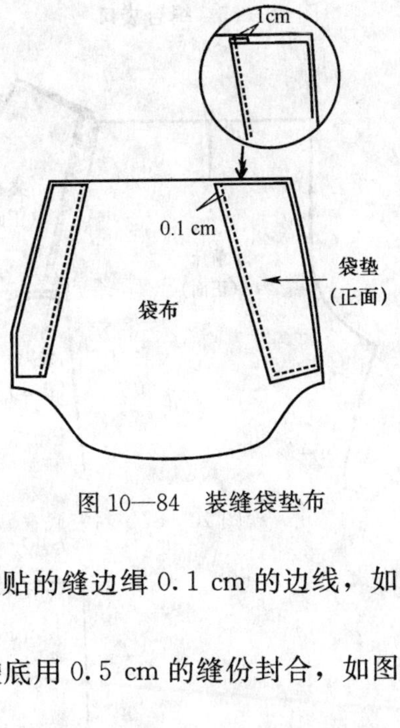


图 10—84　装缝袋垫布



4）缉袋口暗线。将袋布翻到另一边，在袋贴的缝边缉 0.1 cm 的边线，如图 10—86 所示。

5）封袋底。将袋布底对底对折，然后在袋底用 0.5 cm 的缝份封合，如图 10—87 所示。

6）缉袋底明线。将袋布翻入袋内，再在袋底缉 0.5 cm 宽的明线，如图 10—88 所示。

7）定袋口。沿着腰线及外侧边缘缉边线将前插袋袋布固定，如图 10—89 所示。

（3）锁边

1）左、右前裤片锁边。左前裤片锁封外侧缝、裤脚口、内裆及底裆下段，裤腰线及直裆不需锁边，右前裤片除了裤腰线不需要锁边，其他部位都需锁边，如图 10—90 所示。

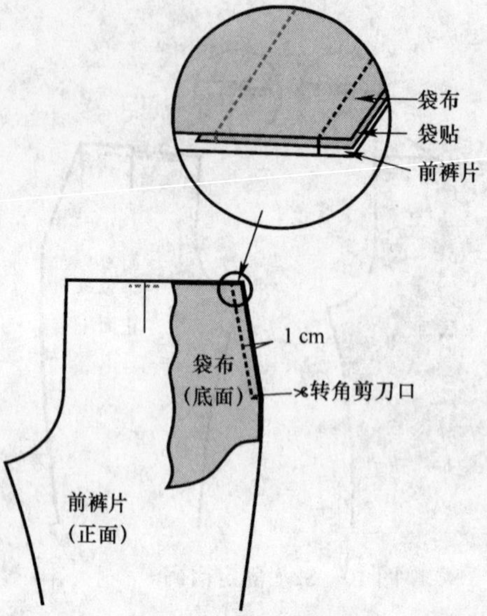


图 10—85　缉合袋口

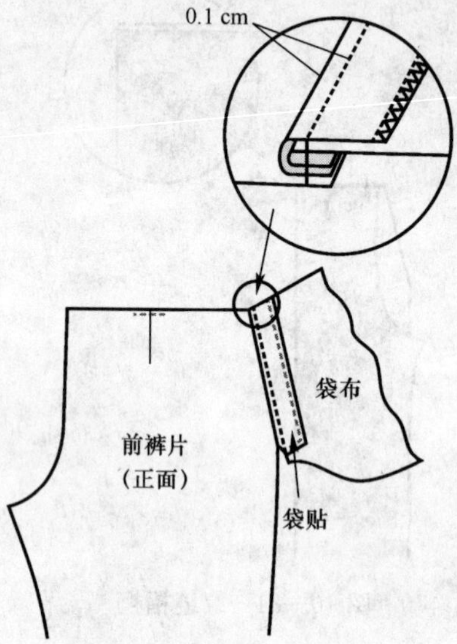


图 10—86　缉袋口暗线



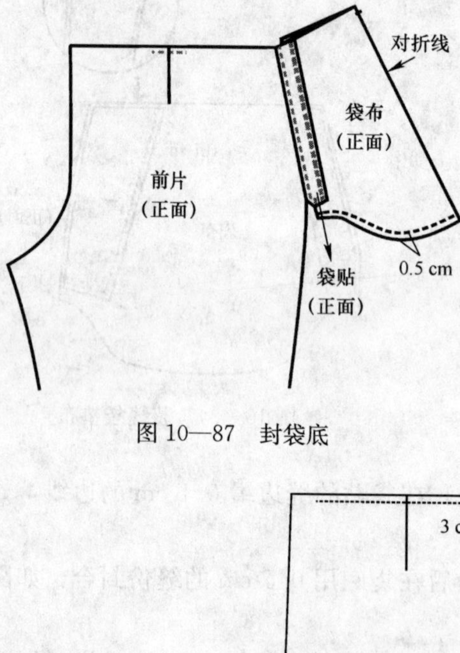


图 10—87　封袋底

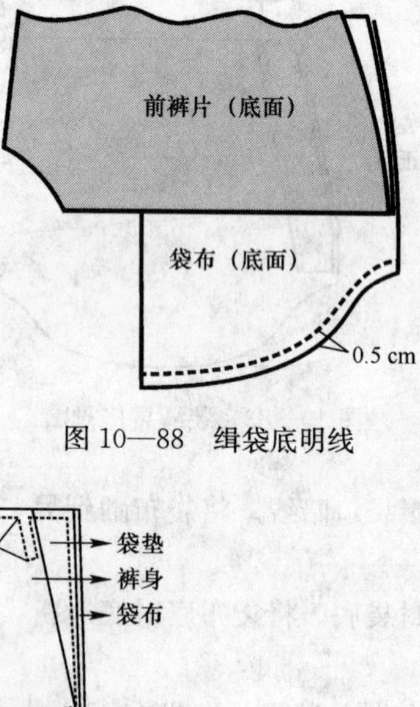


图 10—88　缉袋底明线

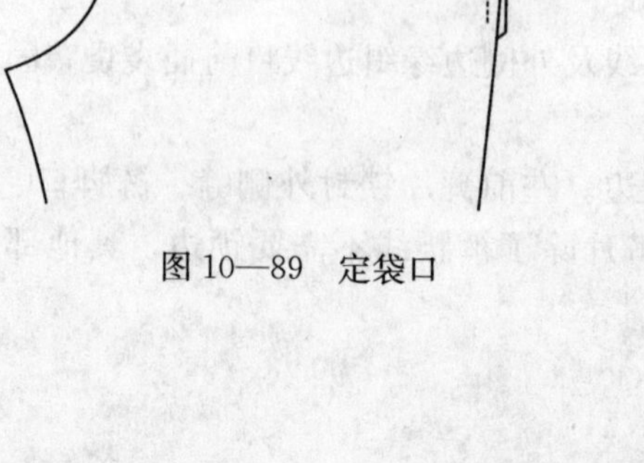


图 10—89　定袋口

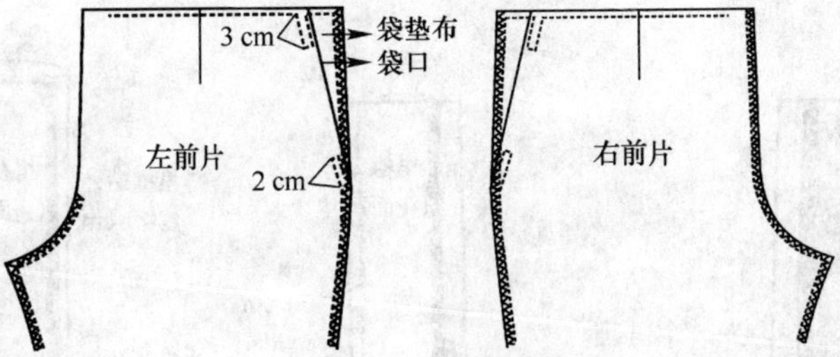


图 10—90　左、右前裤片锁边

2）后裤片锁边。除了裤腰线不需要锁边，其他都需锁边，如图 10—91 所示。

3）门襟及里襟锁边，如图 10—91 所示。

（4）装缝拉链

1）装缝拉链。拉链与门襟正面相对按图 10—92 所示的尺寸摆放，在靠近门襟弯位一边的拉链基布上缉两道缝线，把拉链固定在门襟上。

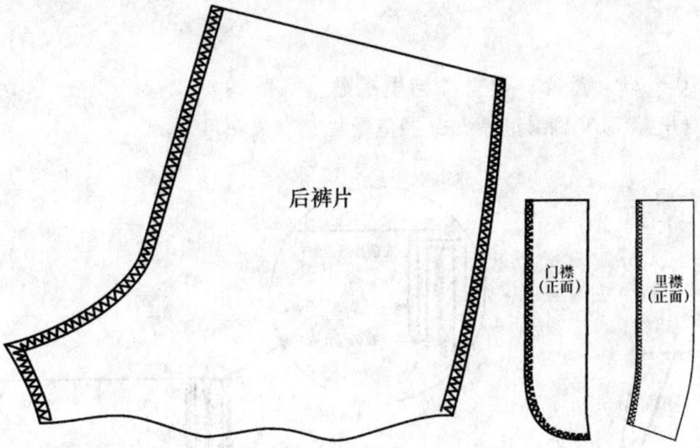


图 10—91　后裤片、门襟、里襟锁边

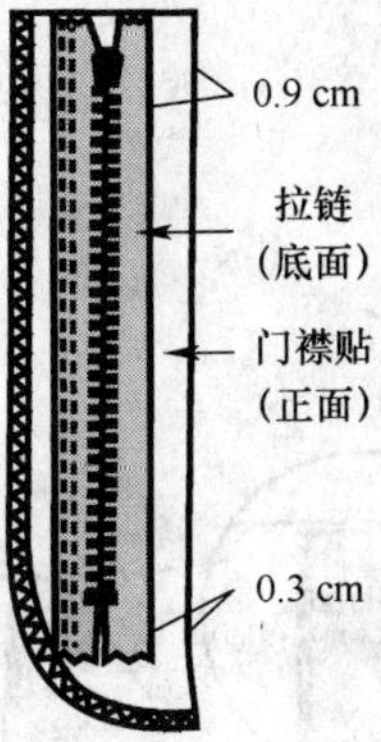


图 10—92　绱拉链

2）缝合里襟与里襟贴。将里襟与里襟贴正面相对缝合外弧线，如图 10—93a 所示。再将里襟翻正并缉 0.1 cm 的边线，如图 10—93b 所示。注意：缝口一定要贴着缝线折入，不能藏有缝份或里襟贴外吐。

3）烫里襟贴。将里襟贴外露的缝份扣烫成与里襟一样外形，具体要求如图 10—93c 所示。里襟贴下段熨烫完毕的尺寸应为 4 cm 宽。

4）缉合门襟。将绱好拉链的门襟与左前裤片的前裆正面相对，用 1 cm 缝份缝合，如图 10—94 所示。注意小裆处留 0.7 cm 的位置不缉缝。

5）缉门襟边线。将门襟翻倒一边，在门襟正面的缝口边缉缝 0.1 cm 边线，如图 10—95 所示。注意在接近小裆处留 0.7 cm 的位置不缉缝（即缝至缉合门襟的起止点位），线迹不能溜针，宽窄要均匀。

6）缝合底裆。将左、右裤前片正面相对叠齐，离底裆 2 cm 处开始沿着裆位弯线用 1 cm 缝份缝合，缝至与拉链尾制同高的位置，如图 10—96 所示。注意：缝底裆时不能缝到门襟上面。

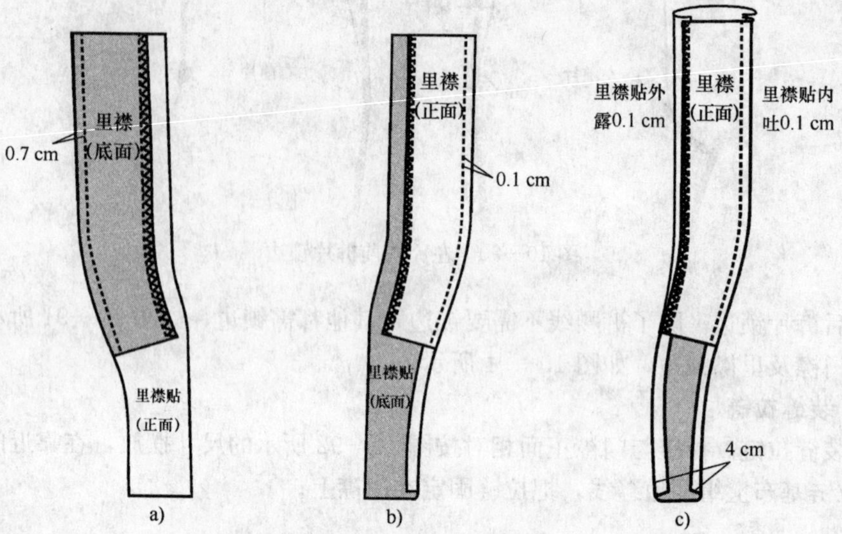


图 10—93　缝合、烫里襟与里襟贴

a）合里襟　b）翻缉里襟　c）烫里襟贴



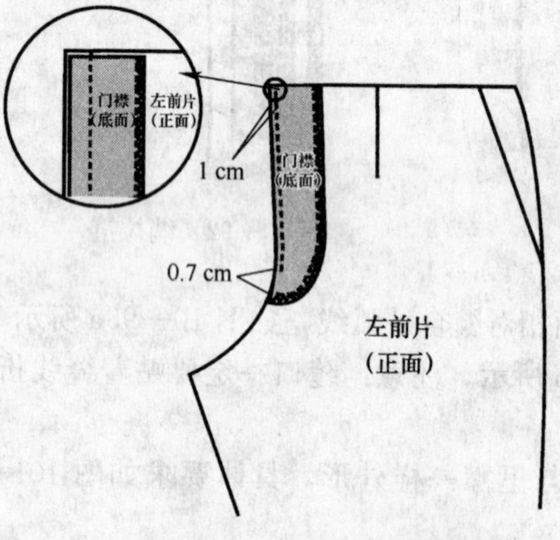


图 10—94　缉合门襟

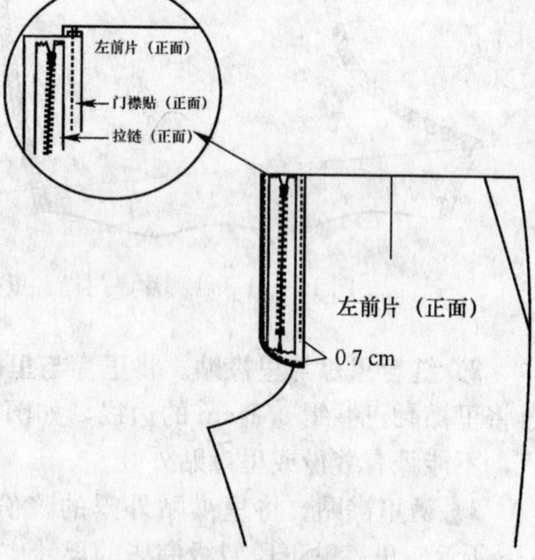


图 10—95　缉门襟边线

7）绱里襟及里襟贴。先将拉链与里襟、里襟贴缝合固定，如图 10—97 所示。然后将右前裤片的前裆折入 1 cm 缝份，如图 10—98 所示，再把已与拉链固定好的里襟及里襟贴放置于右前裤片的底面，前裤片与里襟夹着拉链一起缝合，如图 10—99 所示。

（5）缉后腰省

1）缉缝省缝。将后裤片腰线上的两个刀口面面相对叠齐，从腰线往下缉缝至省尖点后回针，如图 10—100 所示。

2）熨省缝。将省缝拨向后中熨平，如图 10—101 所示。

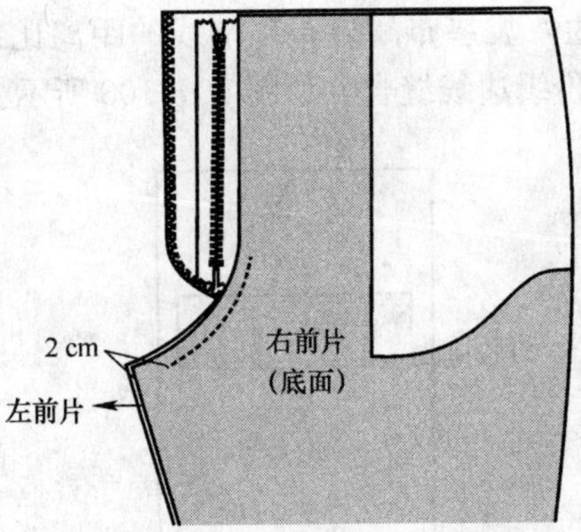


图 10—96　缝合底裆

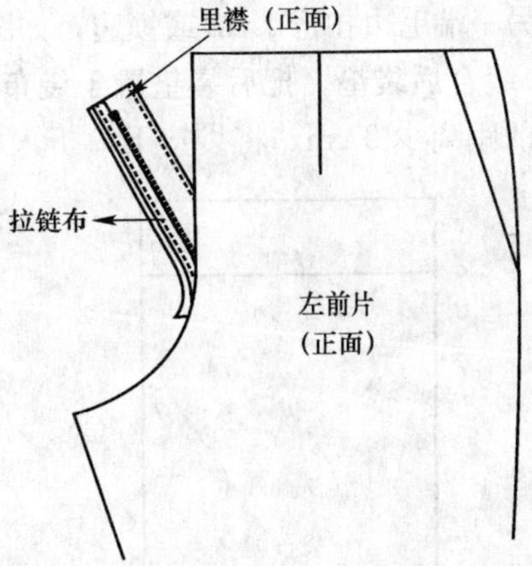


图 10—97　拉链与里襟固定

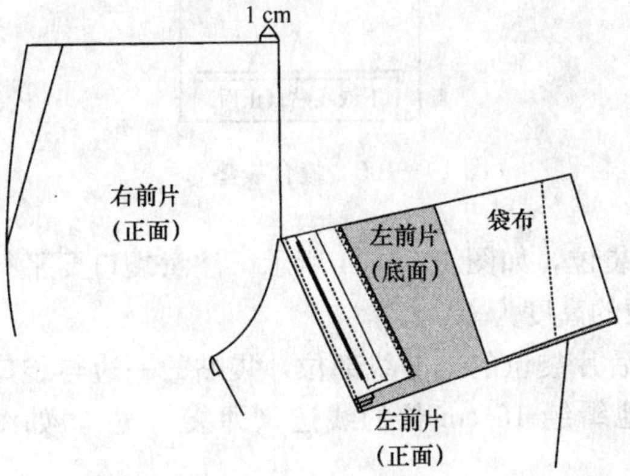


图 10—98　右前裤片前裆折入 1 cm

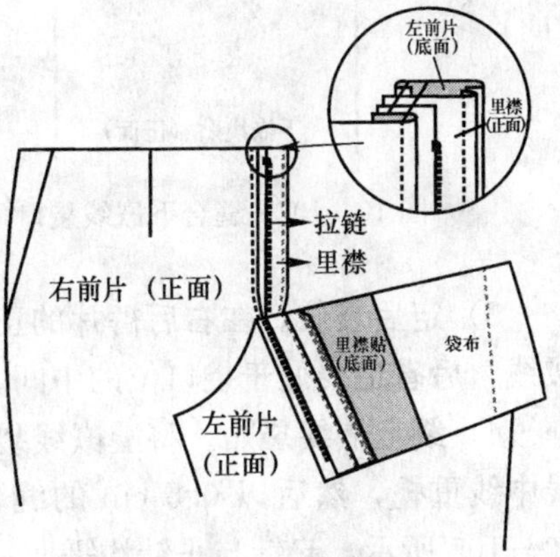


图 10—99　缝合前裤片、里襟与拉链



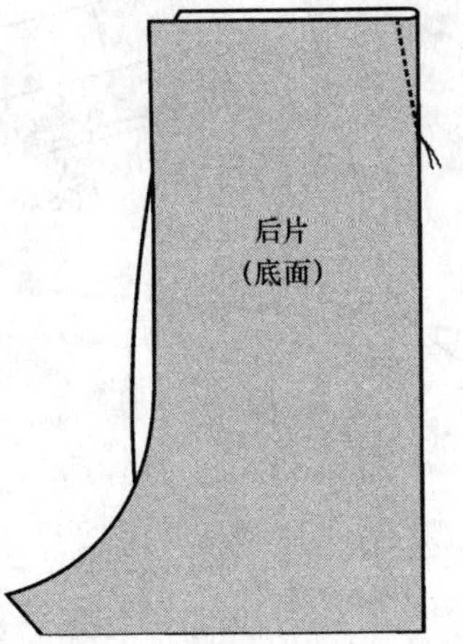


图 10—100　缉后腰省

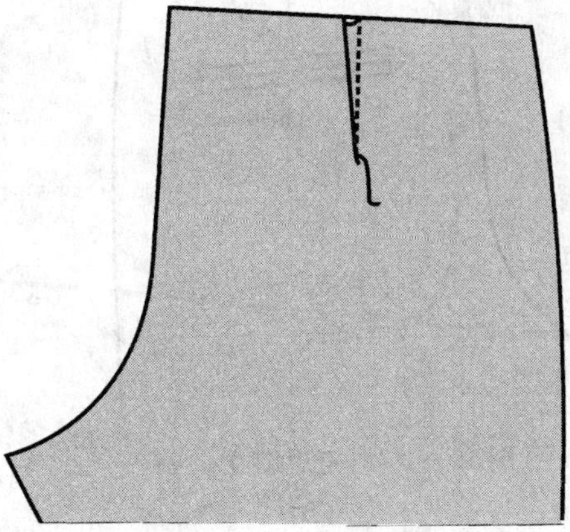

图 10—101　熨省缝

(6) 做后袋

1）缝合下嵌线袋贴。把袋贴置于袋布的一边，正面朝上，袋贴下毛边与袋布边对齐，袋贴的另一端毛边扣折 1 cm 或锁边，如图 10—102 所示，再将袋贴与袋布缝合在一起。

2）缝合后袋垫。把后袋垫置于袋布的另一边，袋垫布离袋布顶端线的距离比袋口离腰线的距离少 2 cm，将袋垫下口折入 1 cm 缝份缉边线缝合，如图 10—103 所示。

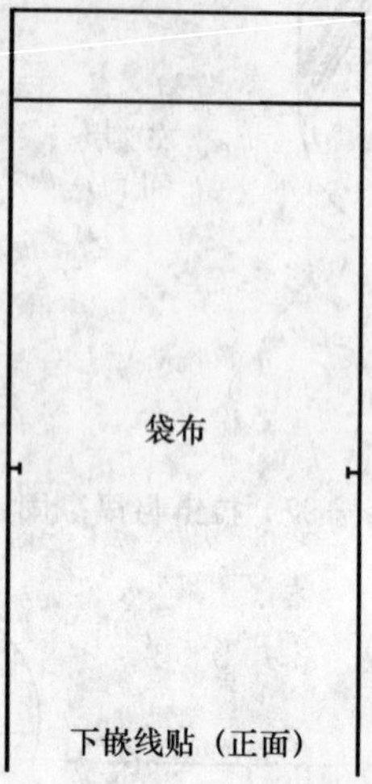

图 10—102　缝合下嵌线袋口贴

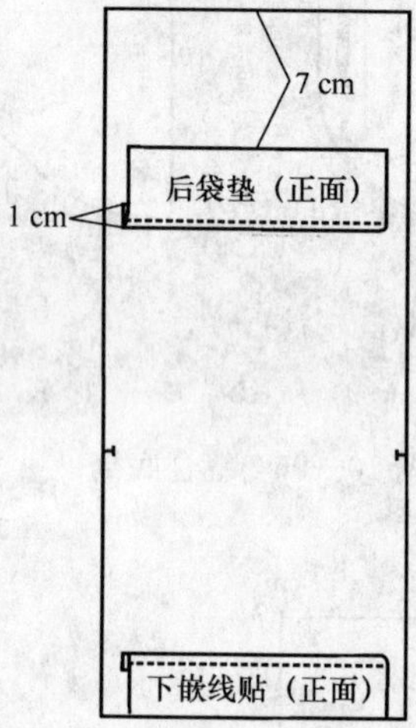

图 10—103　缝合袋垫布

3）定后袋位。在右后裤片的正面标出袋位，如图 10—104 所示。注意袋口要平行腰线，后省道要处于袋口位的中间，双嵌线的高度为 1 cm。



4）绱上嵌线袋贴。将上嵌线袋贴放在后片袋位的上嵌线部位，袋贴的一边与袋口线中线重叠，然后以 0.5 cm 的缝份均匀地缉缝 16 cm 长的线迹（即袋口宽），如图 10—105 所示，起针与止针均需回针。

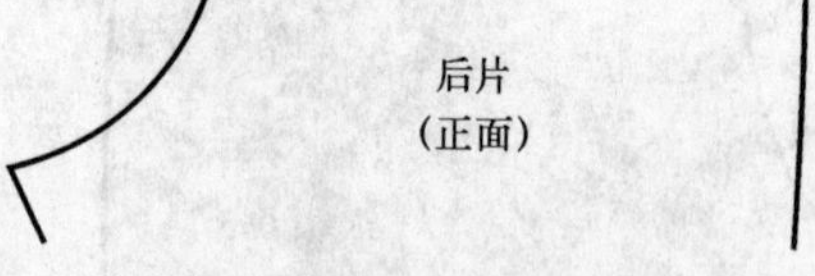

图 10—104　定后袋位

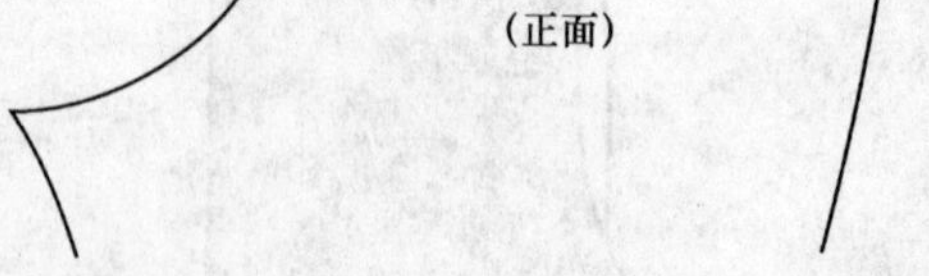

图 10—105　绱上嵌线袋贴

5）绱下嵌线袋贴（含袋布）。将缉缝在袋布上的下嵌线袋贴放置在袋口位的下部，下嵌线袋贴与后裤片面面相对，然后以 0.5 cm 的缝份均匀地缉缝 16 cm 长的线迹（即袋口宽），如图 10—106 所示，起针与止针均需回针。

6）开袋口。在双嵌线袋的中间处剪开袋口，如图 10—107 所示。注意剪到离袋口两端 1 cm 处再斜剪至线迹的端点，不能剪出线迹范围。

注：在工厂可将以上三道工序采用自动开袋机，仅用一道工序即可完成。

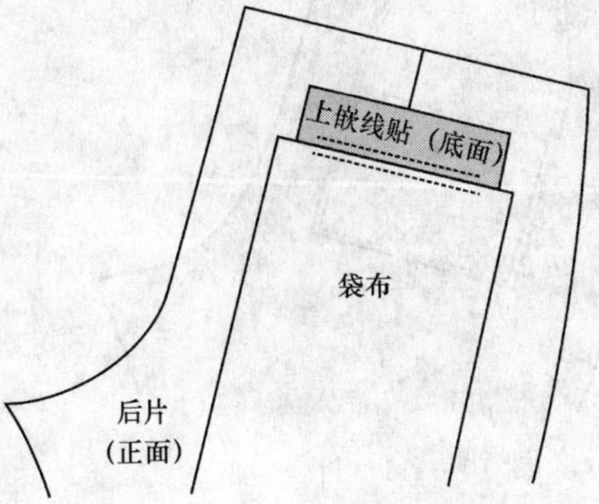


图 10—106　绱下嵌线袋贴

图 10—107　开袋口

7）定下嵌线。开好袋口后，把袋贴和袋布从开口位翻入后裤片的底面，用熨斗熨出上、下嵌线宽各 0.5 cm，然后在下嵌线位缉一道边线，如图 10—108 所示。注意上下双嵌线的宽度一定要均匀。

8）固定袋口三角片。定好下嵌线后，把袋口两端的三角片缉线固定，如图 10—109 所示。注意要紧贴着袋口的剪口位缉缝，以免袋角爆裂。



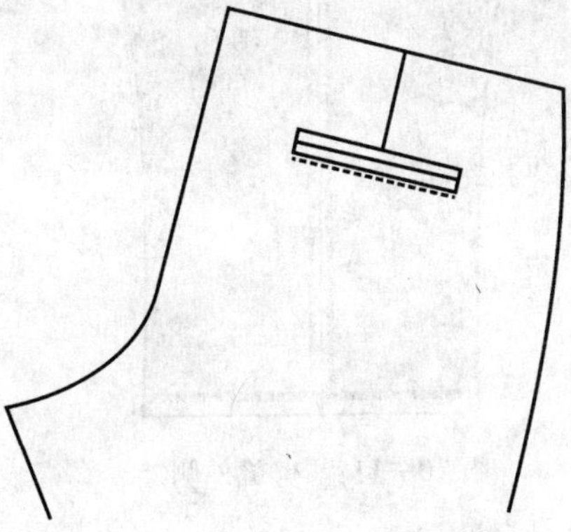

图 10—108　定下嵌线

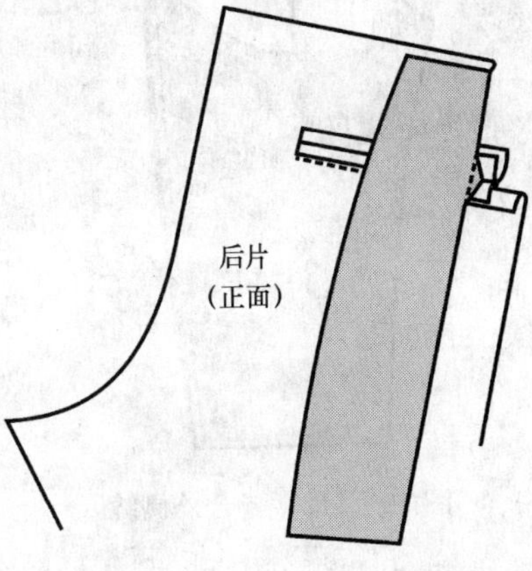


图 10—109　固定袋口三角片

9）定上嵌线。将袋布折叠铺平，袋布的末端与后裤片腰线叠齐，然后在后裤片的正面用边线固定上嵌线位，如图 10—110 所示。注意上下嵌线的宽度一定要均匀、平服，袋口不能张开。

10）封合袋布。把袋布两边的毛边向内折入 1 cm，并沿着袋布折边缉缝 0.1 cm 的边线，如图 10—111 所示。注意近腰线位置的袋布毛边要折成梯形，以免袋布牵扯裤身起皱。

（7）缝合外侧缝及内侧缝

1）缝合外侧缝。将前后裤片正面相对外侧缝叠齐，然后用 1 cm 的缝份缝合前后裤片，如图 10—112 所示。注意不能出现长短裤脚。

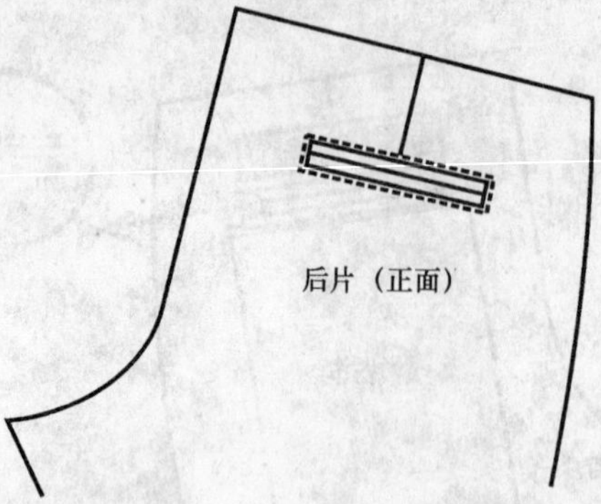


图 10—110　定上嵌线

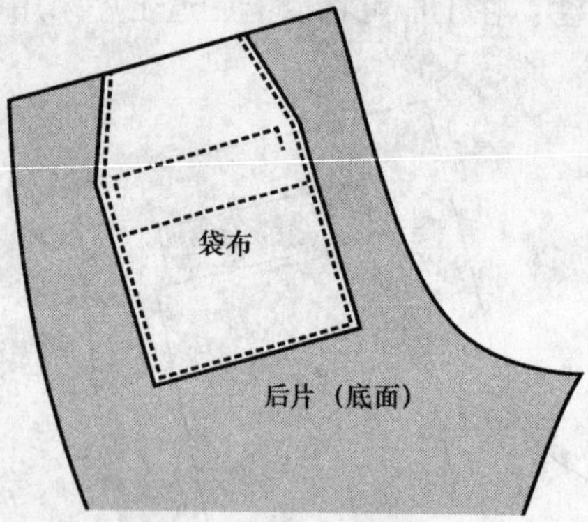


图 10—111　封合袋布

2）劈烫外侧缝。劈烫裤外侧缝缝份，如图 10—113 所示。注意要紧贴线迹劈烫，缝口要平薄服帖。



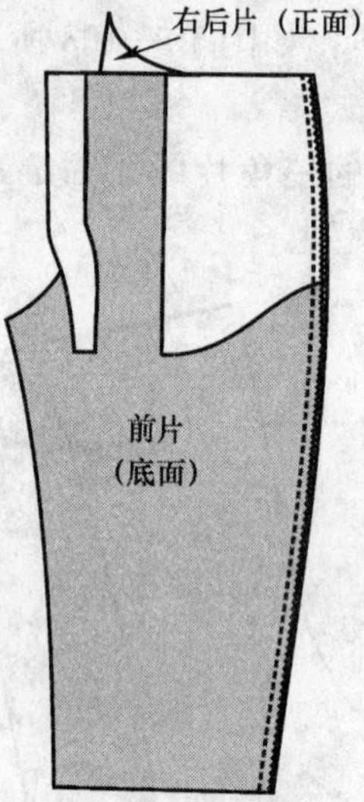


图 10—112　缝合外侧缝

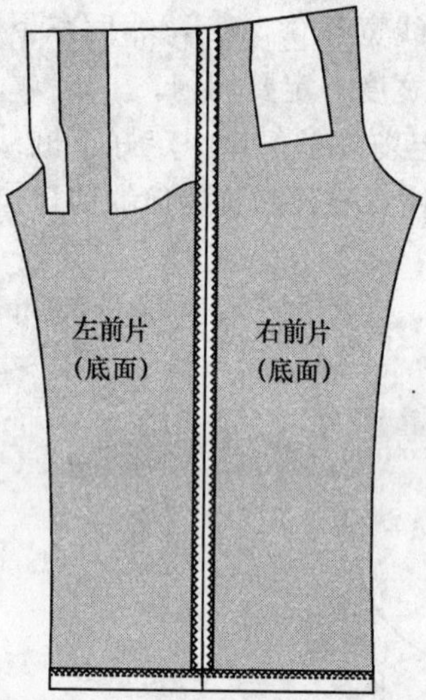


图 10—113　劈烫外侧缝

3）缝合内侧缝。将前后裤片的内侧缝正面相对叠齐，然后用 1 cm 的缝份缝合前后裤片，如图 10—114 所示。注意不能出现长短裤脚。

4）劈烫内侧缝。沿着裤内侧缝劈烫开缝，如图 10—115 所示。注意要紧贴线迹劈烫，缝口要平薄服帖。

(8) 做裤腰

1）面裤腰粘衬。衬料选用有纺粘合衬。注意粘接强度，裤腰烫端正、烫平服，如图 10—116 所示。

2）里裤腰与裤腰衬缝合。衬料选用非粘合树脂衬，里裤腰与非粘合衬重叠 1 cm，然后在重叠位的中间缝一道线迹，如图 10—117 所示。

图 10—114　缝合内侧缝

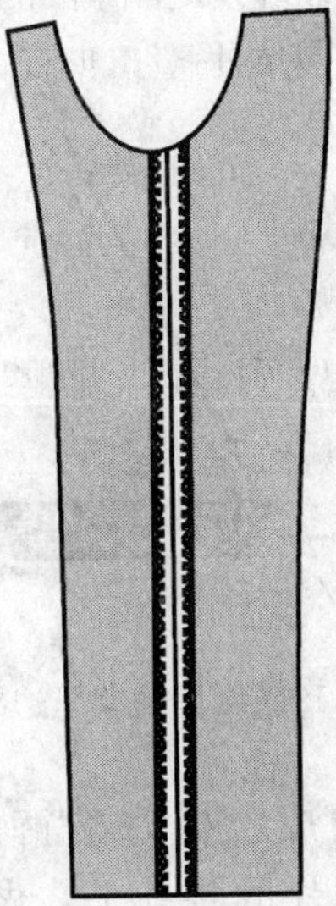

图 10—115　劈烫内侧缝

图 10—116　面裤腰粘衬

a）右面裤腰粘衬　b）左面裤腰粘衬



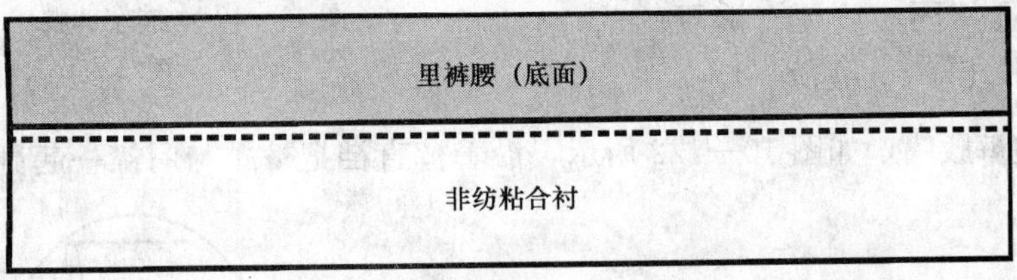


图 10—117　缝合里裤腰与裤腰硬衬

3）缝合面裤腰和里裤腰。将面裤腰里裤腰面对面叠齐，沿着毛边用 1 cm 缝份缝合，如图 10—118 所示。

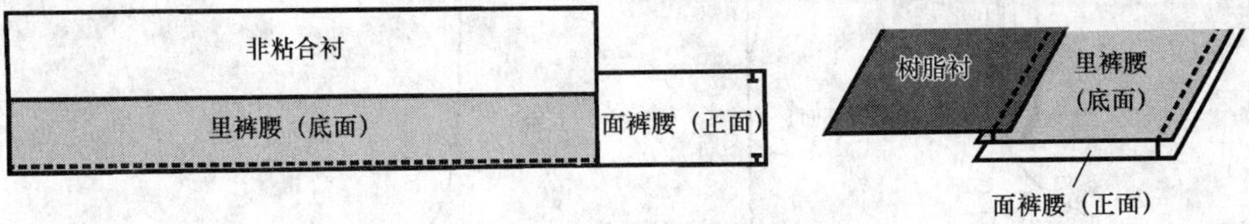


图 10—118　缝合面裤腰和里裤腰

4）绢烫裤腰。将里、面裤腰翻至正面（正面朝上），把树脂衬折入底部，树脂衬比里裤腰宽出 0.5 cm，再在里裤腰的正面缉缝一道 0.1 cm 的线迹，如图 10—119 所示，然后翻折面裤腰并熨烫平整，如图 10—120 所示。

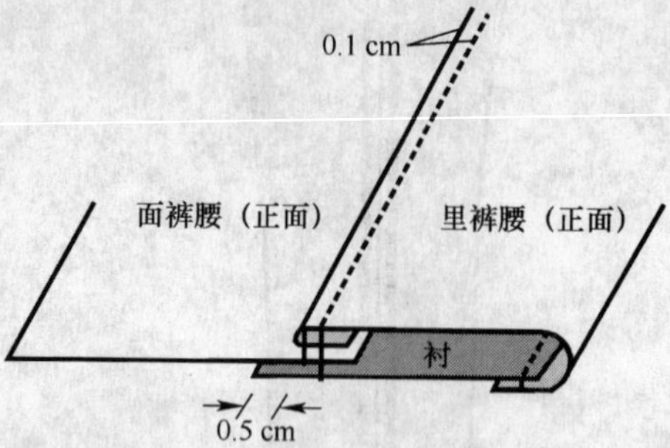

图 10—119　缉里裤腰里边线

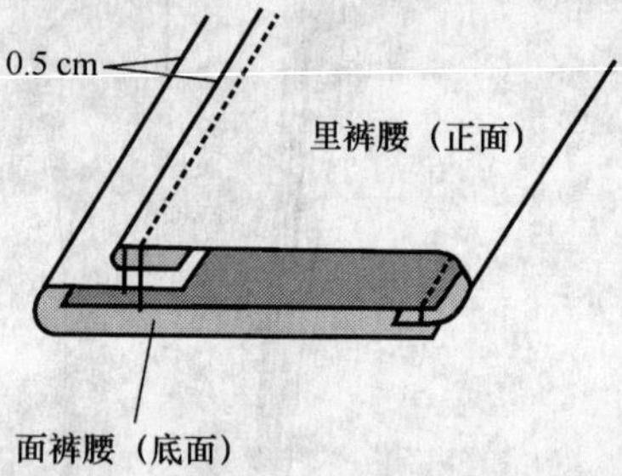

图 10—120　烫裤腰

注：如果有现成已做好的裤腰，直接把裤腰绱到裤片的腰线上，做裤腰的工序可省略。

（9）绱裤腰

1）绱左裤腰。将左裤腰与左裤片的腰线面对面叠齐，裤腰前端比门襟长出 6 cm，后端与后中缝份对齐，然后从门襟开始用 1 cm 缝份沿着裤腰线缝合，如图 10—121 所示。

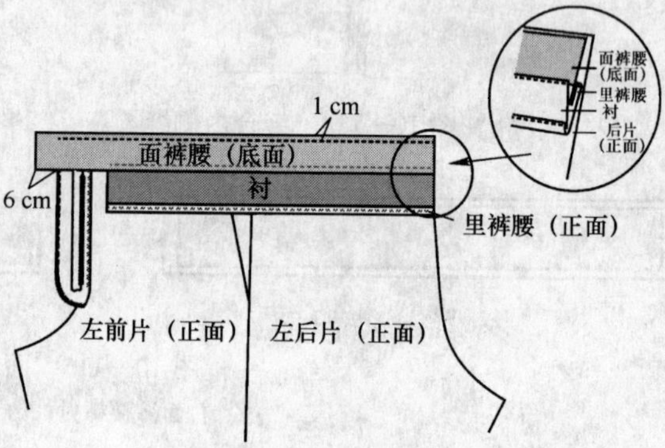

图 10—121　绱左裤腰

绱右裤腰相同，只是右裤腰的前端比里襟边长出 1 cm 缝份。



2）封左裤腰嘴。如图 10—122 所示，沿着裤直裆把裤腰与门襟一起翻折至裤片正

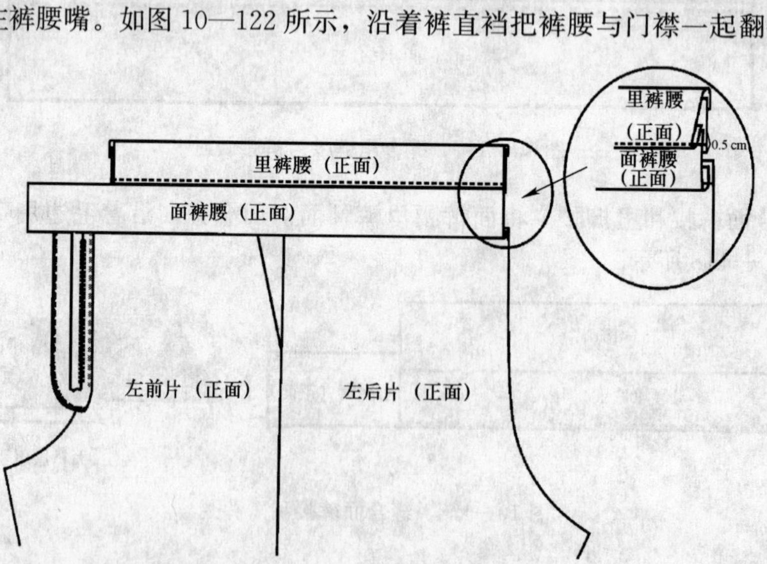

图 10—122　将裤腰翻至正面

面。面裤腰嘴的末端向上翻折 1 cm 缝份，然后沿着面裤腰上边折痕缉一道缝线，如图 10—123 所示。注意应缉在里、面裤腰的缝合线下0.5 cm 处（即烫好裤腰的折痕，也是树脂衬的毛边位置)。然后再将裤腰嘴翻至底面，沿着面裤腰末端的折边缉一道缝线，把面裤腰的末端与里裤腰缝合，如图 10—124 所示。注意裤腰嘴要与门襟边平顺，裤腰嘴不能外突。左裤腰嘴完成后的效果如图 10—125 所示。

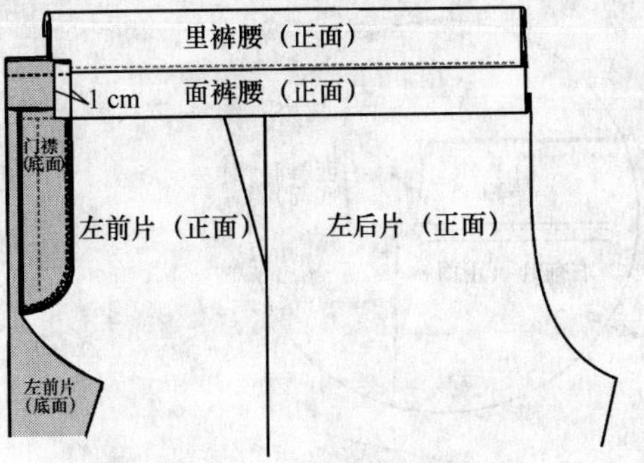


图 10—123 折缝左裤腰嘴

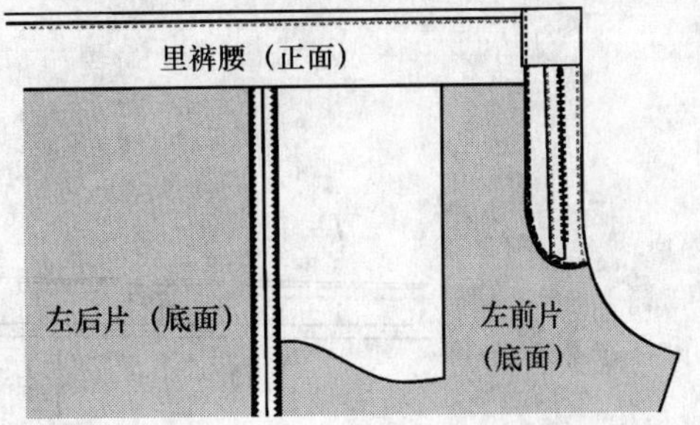


图 10—124 封左裤腰

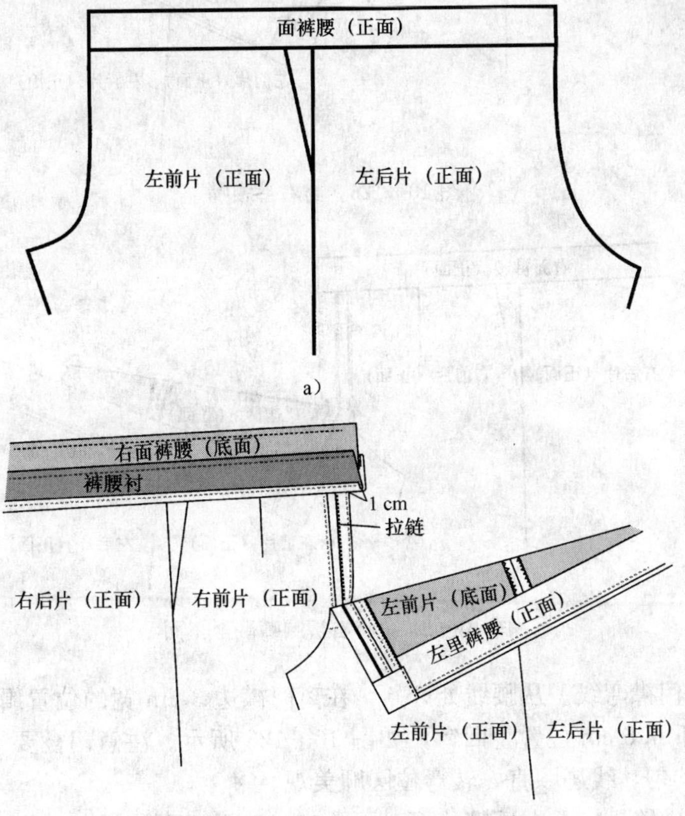


图 10—125 左裤腰嘴完成后的效果

a）左裤腰嘴正面效果 b）左裤腰嘴反面效果

3）封右裤腰嘴。将面裤腰按烫痕（即是树脂衬的毛边位置）翻折至与里裤腰面面相对，然后以 1 cm 的缝份缉封裤腰嘴，如图 10—126 所示。注意缉线时线迹要与里襟边顺直，翻出裤腰嘴正面后，裤腰嘴要与里襟边平顺，不能有外突现象，如图 10—127 所示。

注意：完成后的裤腰左右两端要高低一致，裤腰要平服，缝边要平顺。

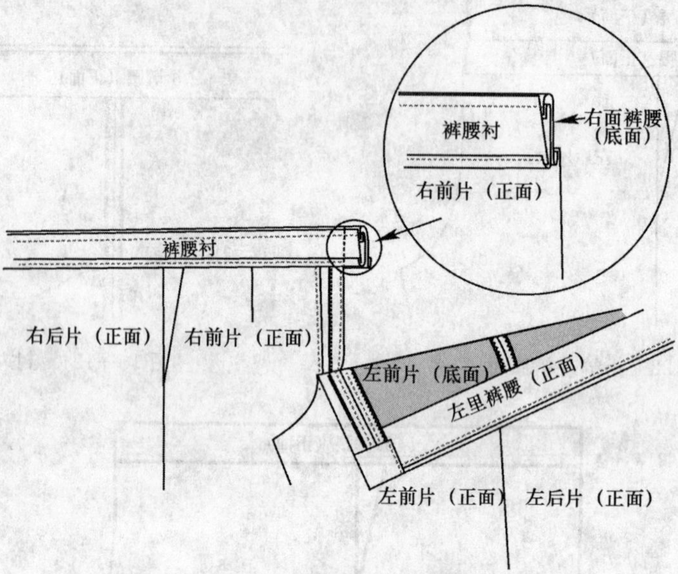


图 10—126　封右裤腰嘴



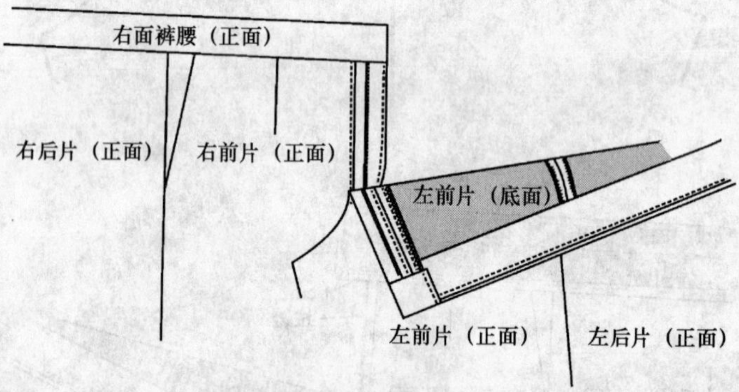


图 10—127　将右裤腰嘴翻至正面

（10）缉前门襟弯线。从腰线处开始，在离门襟边 3 cm 宽的位置缉一道门襟弯线，缝至拉链尾制下 0.6 cm 位置止回针，如图 10—128 所示。注意门襟要平服，线迹与门襟边的宽度要均匀，线迹顺直，转弯位圆顺美观。

（11）合后中缝。将左右后裤片面对面叠齐，左里、面裤腰与右里、面裤腰分别面对面叠齐，然后从前底裆过 2 cm 处开始起针，沿着后中缝合至里裤腰顶边止，如图 10—129 所示。注意后中缝合后里裤腰沿烫折边翻折后要平服。

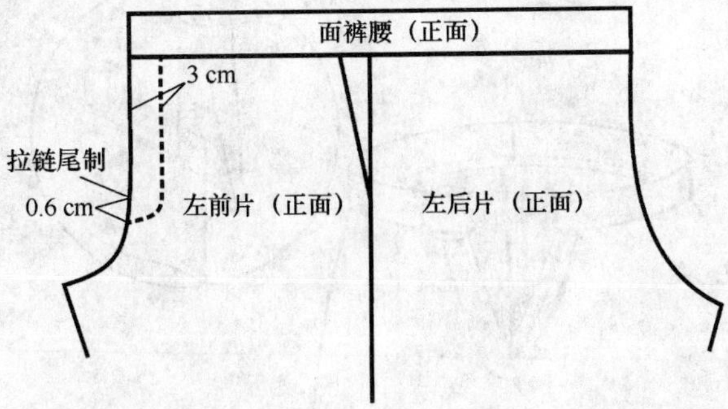


图 10—128　缉门襟弯线

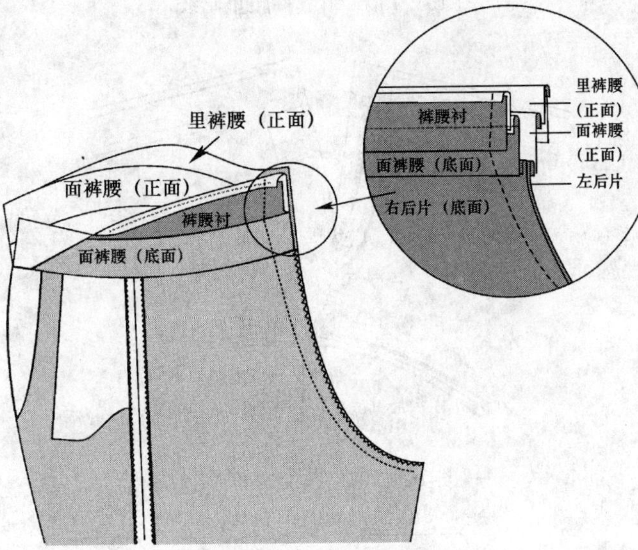


图 10—129　合后中缝



（12）缝裤腰里。先劈烫后中缝，再将面裤腰按树脂衬的毛边翻折，使里、面裤腰底面相对，缝份都藏入裤腰的里面，熨平后沿着裤腰缝口压一道灌缝线，将里裤腰固定，如图 10—130 所示。

（13）缉里襟贴。劈烫前后底裆缝，把里襟贴压盖在前后底裆的缝份上，然后将里襟贴与前后底裆的缝叠齐，用线迹缉牢，如图 10—131 所示。

（14）做串带襻。可用拉串带襻机缉缝串带襻，如图 10—132 所示。也可以将串带襻的裁片面对面对半折，然后用 0.5 cm 缝份沿毛边缉缝，将缝份劈烫后，再将串带襻翻至正面烫平，如图 10—133 所示。每个串带襻的长度为 7 cm。

（15）绱串带襻。共有 5 个串带襻，2 个串带襻分别在前褶裥的位置，后中 1 个，另 2 个分别在前片与后中 2 个串带襻的中间位置，如图 10—134a 所示。绱串带襻的方法是：将串带襻正面朝下（与裤片面对面）放在指定位置，在离裤腰线下 1 cm 处把串带襻固定在裤片上，如图 10—134b 所示，然后将串带襻翻折至正面，在上端缉线，如

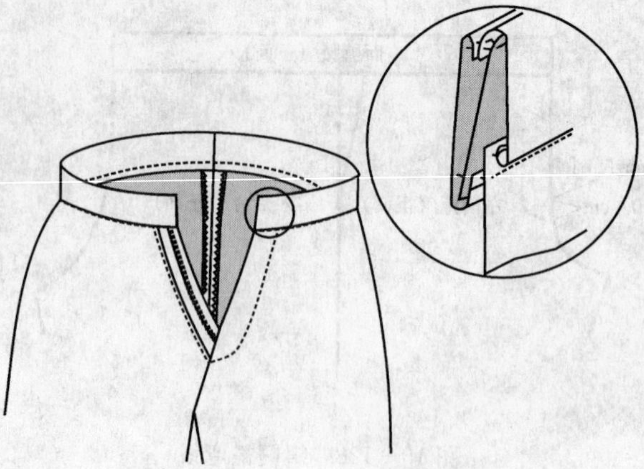

图 10—130　缉缝裤腰里暗线

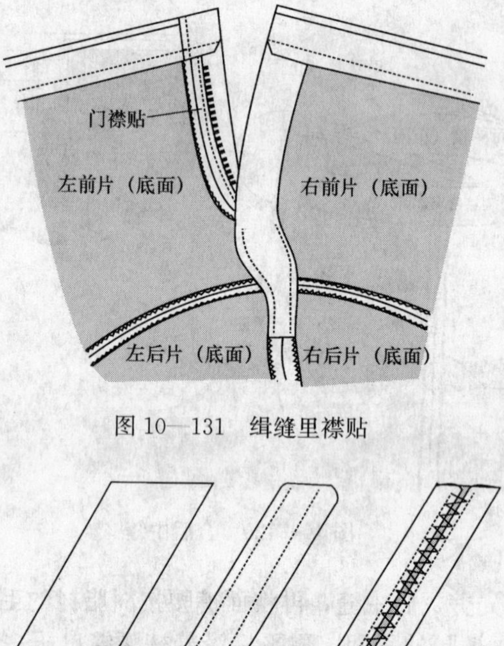


图 10—131　缉缝里襟贴

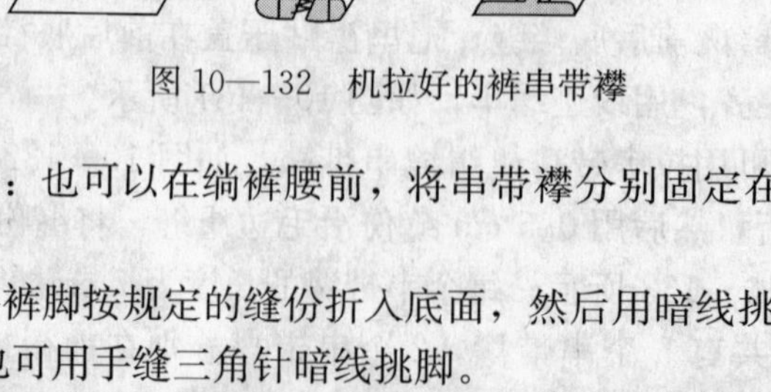

图 10—132　机拉好的裤串带襻



图 10—134c 所示。注：也可以在绱裤腰前，将串带襻分别固定在指定的位置上，然后再绱裤腰。

（16）挑裤脚。将裤脚按规定的缝份折入底面，然后用暗线挑脚机挑缝，如图 10—135 所示。注此工序也可用手缝三角针暗线挑脚。

（17）锁眼。使用锁眼机在左裤腰嘴锁横扣眼一个，如图 10—136 所示。扣眼的大小必须根据纽扣的大小调节好。另外，在后双嵌线袋口的下嵌线中间下 1 cm 处开一个直扣眼。

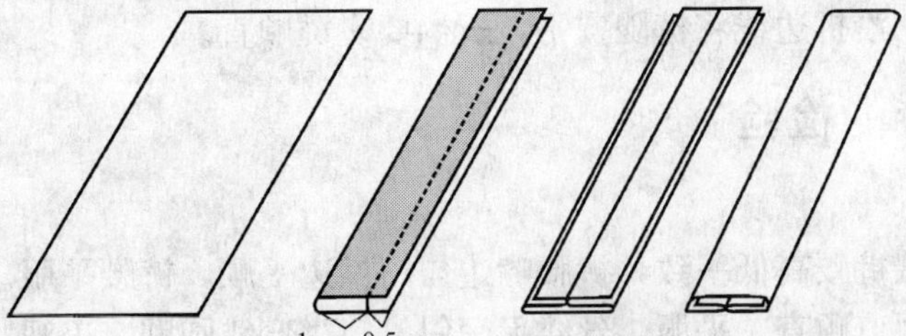


图 10—133　平缝机缉好的裤串带襻

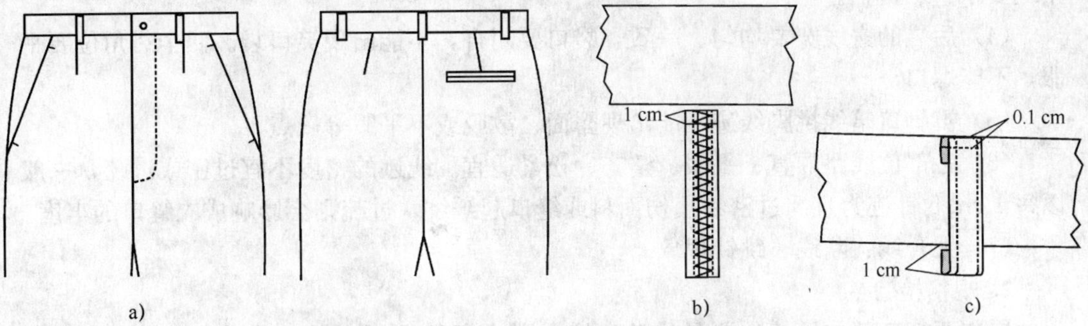


图 10—134　绱裤串带襻

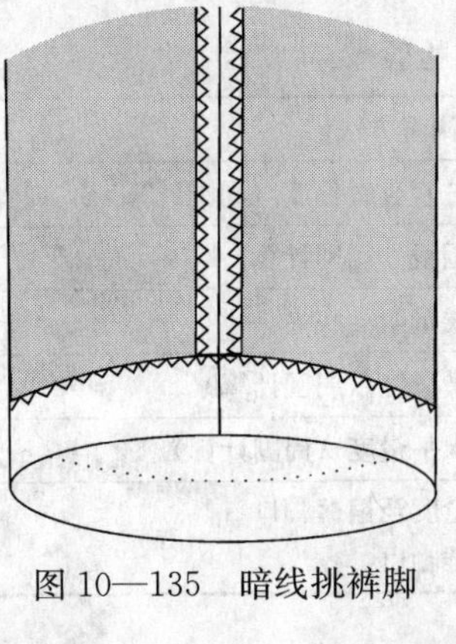

图 10—135　暗线挑裤脚

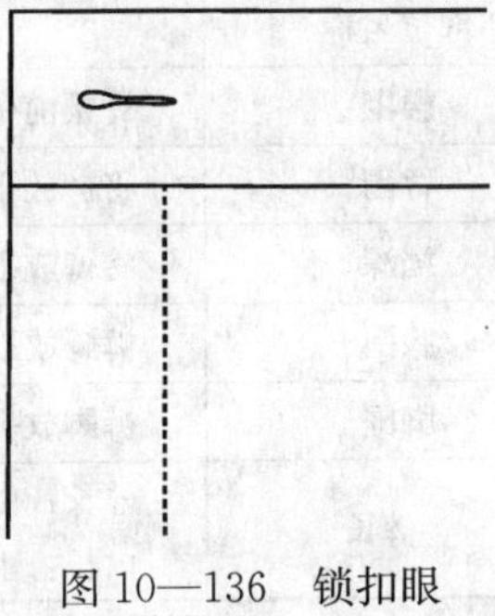

图 10—136　锁扣眼



（18）钉扣。使用钉扣机在右裤腰嘴对应纽眼位置定出纽扣位并钉上纽扣，如图 10—137 所示。再在后裤袋口相对扣眼的位置定出纽扣位并钉上纽扣。裤腰嘴宜用 30 号纽，后裤袋宜用 22～24 号纽（1 号纽直径是 1/40 英寸，并以最阔部分为准）。

（19）整烫。男装西裤的整烫顺序和工艺要求如下：

1）烫裤片的内外侧缝。先将裤子翻至底面，把内、外侧缝的缝份劈烫平服，再将裤子翻至正面烫平内、外侧缝。

2）烫裤身。将前门襟拉链拉合，从左门襟开始把前片门襟、褶裥、前插袋及前裤腰熨平，然后将后嵌线袋、后省道、后中、后裤腰熨平，最后再把里襟、褶裥、前插袋及前裤腰熨平。

3）烫裤中缝。将裤子的内、外侧缝重叠，裤中线正是

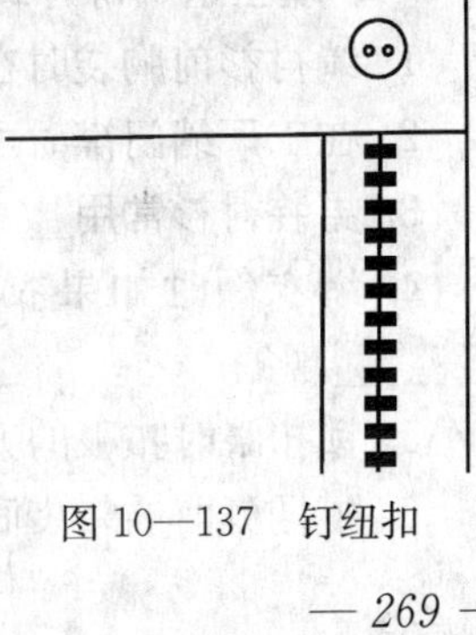

图 10—137　钉纽扣

在前褶裥折边线，沿折边线将裤腿熨平，折裥要熨烫顺直。

## 三、男装西裤的检验

**1. 品质检验**

（1）左右两端裤腰高低一致，裤腰嘴边与门襟边平顺，裤腰平服。

（2）前门襟边口顺直、平服，丝缕无歪斜，门襟弯线圆顺、美观。

（3）左右两前插袋的位置、袋口的宽窄一致。左右褶裥对称朝向两侧，褶裥边与裤中缝要顺直、挺括。

（4）后袋的嵌线宽要均匀、一致，袋口要闭合，不能出现笑口袋。四个袋角位要平服，不能爆口。

（5）裤脚口暗线挑脚线迹不能出现露面、散脱或不平服等疵点。

（6）各部位线路顺直、平服、整齐、松紧适宜。线迹的密度不宜过密或过疏，一般以每 1 cm 5 针迹为宜。过密易损伤面料或缝口起皱纹，过疏则会影响成衣缝口的牢度。

（7）无开线、断线、跳针现象。

**2. 规格检验**

男装西裤各部位尺寸的测量检验，按合同或规程进行测量，主要有 6 个部位：腰围、臀围、裆深、膝围、脚围、裤长。规格检验见表 10—3。



**表 10—3　　男装西裤规格检验**　　cm

| 序号 | 部位名称 | 测量方法 | 极限偏差 |
|---|---|---|---|
| 1 | 腰围 | 裤腰前中纽扣扣合后拉直直线量度（周围计算） | ±1.0 |
| 2 | 臀围 | 将裤放平水平量度臀围线（周围计算） | ±1.0 |
| 3 | 裆深 | 将裤放平由裤腰顶直线量至裆底 | ±1.0 |
| 4 | 膝围 | 裤腿放平在膝围线水平量度（周围计算） | ±0.8 |
| 5 | 脚围 | 裤脚放平在裤脚口处水平量度（周围计算） | ±0.8 |
| 6 | 裤长 | 外长：由腰线位直线量度至褊裤脚口<br>内长：由底裆量度至裤脚口 | ±0.8<br>±0.5 |

# 单元测试题

**一、填空题**（请将正确的答案填在横线空白处）

1. 缃衬衫前胸袋时在袋口位缉三角可达到________效果。

2. 在工厂缃门襟时可用________一次完成此工序。

3. 男装衬衫常用________袖口开口。

4. 缃衣领时如果衣片领窝与领片在后中、两肩缝的记号没有对准，则会出现________现象。

5. 锁扣眼时扣眼的大小是以________来确定的。

6. 牛仔裤前插袋袋底常用________和________两种方法进行整理。

7. 如果缝合牛仔裤的内、外侧缝出现长短脚，则容易引起________现象。
8. 缉前弯形袋口明线之前在缝合袋口的缝份位剪若干个剪口可令袋口更为________。
9. 缝制西裤一般选用缝迹密度为 1 cm ________针较适宜。

**二、简答题**

1. 简述男式衬衫领插片的作用。
2. 绱袖时应注意哪些问题?
3. 绱衬衫领时为什么会出现歪领现象?
4. 牛仔裤用哪些工艺手法来体现其粗犷、休闲的风格?
5. 牛仔裤门襟弯线拐弯位的套结起何作用?
6. 试述牛仔裤出现裤脚歪斜的原因和防范措施。
7. 西裤后嵌线袋的袋垫放置袋布上的位置如何确定?
8. 牛仔裤缉缝小裆时，左右内侧缝为什么要拉成直线?

**三、论述题**

请用图文说明绱衣领时如何避免歪领或偏领的产生。

## 单元测试题答案

**一、填空题**

1. 增强袋口强度　2. 双针双链缝机　3. 大小袖衩条开口　4. 偏领或歪领　5. 纽扣大小（或直径）　6. 来去缝法　五线锁缝法　7. 裤脚扭斜　8. 平服　9. 5 针

**二、简答题**

答案略。

**三、论述题**

答案略。

# 中级服装缝纫工理论知识考核模拟试卷样例（一）

**一、单项选择题**（下列每题的选项中，只有1个是正确的，请将正确答案的代号填在横线空白处；每题1分，共50分）

1. 根据法律的地位、效力、内容和制定程序的不同，法律可以分为________。

A. 民事法与刑事法　　B. 诉讼法与普通法

C. 根本法与民事法　　D. 根本法与普通法

2. 法律是由国家制定或认可，由国家强制力保证实施的反映统治阶级意志的规范体系。法律有别于：________。

A. 道德规范、宗教规范　　B. 宗教规范、社会规范

C. 行为规范、技术规范　　D. 职业规范、社会规范

3. 根据我国《公民道德建设实施纲要》，职业道德的主要内容是：爱岗敬业、诚实守信、办事公道、________、奉献社会。

A. 承担责任　　B. 服务群众

C. 遵纪守法　　D. 宽容大度

4. 缝纫操作前，要严格检查平缝机上的________等安全防护装置是否处于正常状态。

A. 防针罩与线担防护罩　　B. 电动机与线担防护罩

C. 电动机与传动带　　D. 电动机与手轮

5. 职业能力是员工在职业中发展起来，直接影响工作完成效果和效率的工作表现，包括________两种类型。

A. 专业职业能力和道德素质能力　　B. 个人技术能力和综合素质能力

C. 通用职业能力和专业职业能力　　D. 专业职业能力和综合素质能力

6. 以机织物、针织物或非织造布为基布，用于服装、鞋帽等内层起补强、挺括、造型、保形等功能，在服装上起骨架作用，这种专用服装辅料是________。

A. 里布　　B. 衬布　　C. 垫料　　D. 絮料

7. “有合成羊毛”之称，具有质轻、价廉、染色鲜艳、耐晒、不霉不蛀，洗可穿等特点，该织物是________。

A. 涤纶　　B. 腈纶　　C. 维纶　　D. 丙纶

8. 该织物洁白如雪，柔软似棉，常用作天然棉花的代用品，人称“合成棉花”。该织物是________。

A. 涤纶　　B. 丙纶　　C. 维纶　　D. 腈纶

9. 纬纱在筒子里纠缠，卷入或折断，称之为________。

A. 脱纬　　B. 落综档　　C. 砍纬　　D. 断纬

10. 用动物纤维（牦牛毛、山羊毛、人发等）或毛混纱为纬纱，棉或混纱为经纱成基布，再经树脂整理加工而成的衬称为________。

A. 黑炭衬　　B. 棉衬　　C. 树脂衬　　D. 麻衬

11. 直刀式裁剪机刀刃形态有直刀形、波浪形和锯齿形三种。波浪形刀刃最适合裁剪________。

A. 薄料　　B. 厚料　　C. 易熔融面料　　D. 普通面料

12. 铺布，就是按照生产排料图所确定的长度，将匹状面料铺成平面的铺布工作，铺布层数由________确定。

A. 面料的特性　　B. 刀片的长度　　C. 裁刀的种类　　D. 布匹的长度

13. 粘衬机是完成衬布和服装面料粘合过程的专用设备，可以粘合大块裁片的粘衬机是________。

A. 单碟粘衬机　　B. 双碟转盘式粘衬机

C. 三碟转盘式粘衬机　　D. 连续式自动粘衬机

14. 压脚是送布机件之一，但不同的压脚有不同的功能。如果需要在成衣边脚位缉面线时最适合选用________。

A. 缩皱压脚　　B. 卷边压脚　　C. 割线压脚　　D. 钢片压脚

15. 针面烫板由许多长为半英寸的细小钢针密集形成一个平面，常用于熨烫________。

A. 起绒织物　　B. 牛仔面料　　C. 针织面料　　D. 皮革面料

16. 依据纸样规格进行精密编排，以最大的密度或最短的长度将所有纸样排在纸上或面料上，形成一张作裁剪依据的图，这称之为________。

A. 排料　　B. 样板　　C. 款式图　　D. 任务单

17. 排料最重要的目的是________。

A. 节约面料，降低成本　　B. 节约人力

C. 适应生产需要　　D. 节约时间

18. 最能降低工人的劳动强度的裁剪方式是________。

A. 激光系统裁剪　　B. 喷水系统裁剪

C. 冲压裁剪　　D. 自动系统裁剪

19. 利用热力、压力和时间将分布在衬布上的粘胶热熔后流入纱线，经冷却后凝固将衬布和面料粘成一片的热压过程是________。

A. 粘衬　　B. 排料　　C. 熨烫　　D. 铺布

20. 面料铺到要求的长度时剪断，将面料旋转 180°再铺放，铺好后的面料正面相对程合掌状，而且上下层面料的方向是一致的。此铺布法称之为________。

A. 阶梯剪叠法　　B. 断料对合法　　C. 双面双向法　　D. 阶梯折叠法

21. 生产系统构成要素很多，就其性质和作用来分可分为________。

A. 硬性要素和软性要素　　B. 生产要素和质量要素

C. 人力要素和物质要素　　D. 行业要素和企业要素

22. 生产管理系统的________是指在一定结构要素的框架结构基础上，起支撑和控

制系统运行作用的要素。

A. 生产要素　　B. 质量要素　　C. 硬性要素　　D. 软性要素

23. 以工业化标准生产为基础，由客户对某些部位提出特殊要求，结合工业化生产的方法，投入工厂生产线进行生产的生产方式是________。

A. 成衣化　　B. 半成衣化　　C. 订货　　D. 定做

24. 为了能有效防止跳线，服装生产时可以选用________特种机针。

A. 圆头型　　B. 两节型　　C. 隆眼型　　D. 曲背型

25. 在进行规格说明时，________中规定工艺规格按客户的订单要求进行的，同时生产工艺文件要说明各部位的小规格，便于保证符合服装成品尺寸的要求。

A. 工艺表　　B. 规格表　　C. 成品尺寸表　　D. 生产计划表

26. 将填絮料夹在两层面料中间并车缝起来的工艺是________。

A. 绗缝　　B. 明线缝　　C. 拼缝　　D. 包缝

27. 在不同材质的镶嵌滚类型中，________所带来的视觉反差最大。

A. 同色同质　　B. 同色异质　　C. 异色同质　　D. 异色异质

28. 条褶又称为塔克，每一个条褶的宽度为________。

A. 0.05～0.2 cm　　B. 0.3～1 cm　　C. 3～5 cm　　D. 5～10 cm

29. 彩绣泛指使用________进行的刺绣工艺。

A. 彩色棉线　　B. 彩色珠片　　C. 彩色绣线　　D. 彩色颜料

30. 下面属于嵌边工艺的是________。

A. 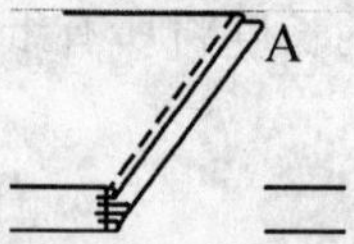

B. 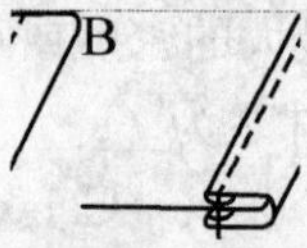

C. 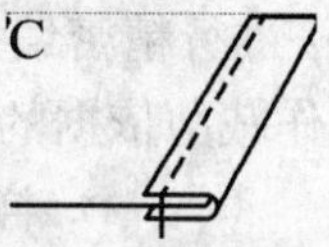

D. 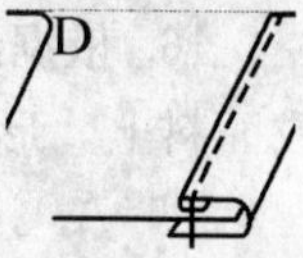


31. 无须施加压力的熨烫技法是________。

A. 蹲烫　　B. 焖烫　　C. 焗烫　　D. 归烫

32. 熨烫丝绒、长毛绒、灯芯绒、平绒等绒面织物时，不宜加________，以免出现倒毛、极光等现象，影响熨烫质量。

A. 热力　　B. 压力　　C. 时间　　D. 湿度

33. 维纶织物在高温湿态作用下会________，所以不宜高温和加湿熨烫。

A. 收缩或熔融　　B. 收缩或焦黄

C. 起极光或熔融　　D. 变色或倒毛

34. 根据不同的服装折叠方法，包装可以分为________。

A. 透气包装、密闭包装和真空包装　　B. 折装包装和挂装包装

C. 内包装和外包装　　D. 销售包装和运输包装

35. 放置于翻领和立领之间，可以固定领围尺寸和外形，并使折装衬衫的衣领能达到立起效果的包装材料是________。

A. 领托　　B. 蝴蝶胶托　　C. 领条　　D. 领撑

36. 服装产品质量的指标有性能、寿命、可靠性、安全性、________等。

A. 物理性和经济性　　B. 生理卫生和经济性

C. 物理性和美学特性　　D. 经济性和美学特性

37. 根据技术标准和规范要求对原辅材料、在制品、半成品、产成品和设备、工装等进行多层次的检验和试验是属于质量检验中的________。

A. 预防职能　　B. 报告职能

C. 把关职能　　D. 服务职能

38. 在服装缝制过程中，对各部件组装之前的检验叫________。

A. 规格检验　　B. 裁剪检验

C. 样板检验　　D. 半成品检验

39. 一般成衣规格公差要求在________之间。

A. ±2%～±5%　　B. ±2%～±6%

C. ±2%～±7%　　D. ±2%～±8%

40. 服装胸围的测量方法是扣好纽位摊平前后幅，一般在袖窿底部或下________处横向量度。

A. 2.5 cm　　B. 3.5 cm　　C. 4.5 cm　　D. 5.5 cm

41. 我国国家号型标准中，“号”指人体的________。

A. 胸围　　B. 腰围　　C. 臀围　　D. 身高

42. 外形轮廓的特殊体型包括扁平体和________。

A. 厚实体　　B. 屈身体　　C. 挺胸体　　D. 后倾体

43. 男衬衫中可以单独穿着的款式为________。

A. 普通衬衫　　B. 礼服衬衫　　C. 休闲衬衫　　D. 标准衬衫

44. 标准男西裤的后片口袋款式为________。

A. 两个双嵌线袋　　B. 一个双嵌线袋

C. 两个单嵌线袋　　D. 一个单嵌线袋

45. 衬衫连身暗钮开襟是在前身中心线加上搭门后，接着加出________翻边宽度。

A. 1个　　B. 2个　　C. 3个　　D. 4个

46. 装缝男装衬衫前胸贴袋时，在贴袋袋口两上端缉缝三角形是为了________。

A. 装饰　　B. 加固　　C. 保持袋形　　D. 使袋口平服

47. 绱衣领时如果衣片的领窝后中、两肩点与领片的后中、两肩点的记号没有对准，则会出现________。

A. 衣领会有扭纹　　B. 偏领　　C. 领嘴突出　　D. 领嘴不对称

48. 缝合裤子的内外侧缝后，如果出现有长短脚，则易导致裤子________。

A. 裤脚吊起　　B. 侧缝不平服

C. 裤脚扭斜　　D. 左右裤腿长短不一

49. 在缉牛仔裤的前弯袋口明线前，需在袋口的缝份位剪若干个剪口，目的是________。

A. 更易翻折袋口边位　　B. 使袋口弯位更平服、圆顺

C. 为了减少缝份的厚度　　D. 使袋布的缝份不易外吐

50. 缝制西裤一般常用的线迹密度约为________。

试卷

A. 1 cm 3 个针步　　B. 1 cm 4 个针步
C. 1 cm 5 个针步　　D. 1 cm 6 个针步

**二、多项选择题**（下列每题的选项中，至少有两项是正确的，请将正确答案的代号填在横线空白处；每题 2 分，共 30 分）

1. 职业道德具有________等基本特性。
A. 行业性　B. 继承性　C. 多样性
D. 纪律性　E. 群体性

2. 综合职业素质的构成包括：________。
A. 思想政治素质　B. 职业道德素质　C. 科学文化素质
D. 专业技能素质　E. 身体心理素质

3. 针织物常见的织造疵点有________。
A. 漏针　B. 破洞　C. 花针
D. 横档　E. 断经

4. 裁剪常用的设备有直刀式裁剪机、圆刀式裁剪机、带状剪、冲床。最适合直线裁剪的裁剪设备是：________。
A. 直刀式裁剪机　B. 圆刀式裁剪机　C. 带状剪
D. 冲床　E. 以上四者都可以

5. 调整缩皱压脚缩皱的分量是可以通过________来实现。
A. 调较缝线的张力　B. 调较针距的疏密　C. 调较压脚的压力
D. 调较送布牙的高低　E. 调快缝纫机的速度

6. 排料图绘制的方法很多，通常使用的方法有________。
A. 直接画排法　B. 缩样排版法　C. 漏花印排法
D. 计算机排版法　E. 比例法

7. 粘衬的四大要素包括________。
A. 温度　B. 时间　C. 冷却
D. 蒸汽　E. 压力

8. 服装生产方式包括________。
A. 量身定做　B. 成衣化　C. 批量生产
D. 半成衣化　E. 外发生产

9. 工艺卡是指导具体工序的________的技术文件。
A. 生产工艺　B. 生产内容　C. 质量标准
D. 工时产量定额　E. 生产数量

10. 抽褶可分为________。
A. 机缝抽褶　B. 手工抽褶　C. 夹线抽褶
D. 捏缝抽褶　E. 线形抽褶

11. 服装折叠的原则包括：________。
A. 减薄厚度　B. 轻巧易取　C. 牢固定位
D. 规格统一　E. 装潢美观

试卷

12. 熨烫的基本原理包括：________。

A. 加热原理　　B. 施压原理　　C. 定时原理

D. 给湿原理　　E. 抽湿冷却原理

13. 服装产品质量的指标有性能、寿命、可靠性、安全性及________。

A. 生理性　　B. 卫生性　　C. 经济性

D. 美学特性　　E. 物理性

14. 常见面料疵点有________、面料打卷、色差、面料表面异物附着。

A. 破洞　　B. 缝口起褶　　C. 污渍

D. 面料反翘　　E. 面料丢失

15. 衬衫常见的前门襟结构变化有________。

A. 平筒开襟　　B. 明筒开襟　　C. 暗筒开襟

D. 双筒开襟　　E. 翻筒开襟

**三、判断题**（下列判断正确的请在括号内打“√”，错误的请在括号内打“×”；每题1分，共20分）

1. 法律是调整人们行为或社会关系的，由国家制定或认可的，由国家强制力保证实施的特殊的道德规范。（　）

2. 不用烫斗时，要将其放在烫台上，注意不能直接放在有衣片的案板上，以免烧坏案板或引起火灾。（　）

3. 丙纶纤维密度小，比水还轻，是服用纤维中最轻的。（　）

4. 棉织物耐酸不耐碱。（　）

5. 圆刀式裁剪机简称圆剪，是刀片以圆心为轴单向高速转动的裁剪机，可裁高度受刀片半径限制。（　）

6. 底线张力的测试：用手捏住线梭上预留的线头，线梭靠自身重量刚好维持平衡。当手轻微抖动时，线梭慢慢下滑一段距离后自动停止，此时说明底线张力太紧。（　）

7. 直刀式裁剪机是裁剪工具。（　）

8. 灯芯绒面料在排料时需要注意面料倒顺方向。（　）

9. 隆眼针在高速缝合时，只是隆起的针眼与面料快速接触，减少了机针与面料的摩擦面，抑制机针升温。（　）

10. 设问技术简称“4W1H”，是指按照目的、时间、地点、人员和方法等五个方面的顺序提问和思考，有助于查找问题的原因，及早发现问题和预防问题的发生。（　）

11. 嵌边是用直纹布条对折后夹嵌于两裁片之间的特殊工艺。（　）

12. 缠绕针与打籽针的手法相近，只是需要多绕几圈，形成长形颗粒结子。（　）

13. 熨烫混纺/交织织物的服装时，应按耐用热性最好的纤维选择熨烫温度。（　）

14. 抽湿可以清除衣片中的水汽，干燥并冷衣料，常见的冷却有自然冷却、制冷冷却和吹风冷却三种方式。（　）

15. 根据纸箱的外形可以分为对掩式纸箱和套盒式纸箱两种，其中对掩式纸箱适合挂装服装的外包装。（　）

16. 牛仔裤臀围尺寸量度方法是裆底上 12 cm 横向量度。 （ ）

17. 服装质量检验的基本职能可以概括为把关职能、预防职能和报告职能三个方面。 （ ）

18. 服装纸样工程技术是一个修正纸样的过程。 （ ）

19. 常规情况下扣眼的大小是以成衣面料的厚薄来确定的。 （ ）

20. 线迹的密度是由机针的粗细决定的。 （ ）

# 中级服装缝纫工理论知识考核模拟试卷样例（一）答案

**一、单项选择题**

1. D　2. A　3. B　4. A　5. C　6. B　7. B　8. C　9. D
10. A　11. C　12. A　13. D　14. D　15. A　16. A　17. A　18. D
19. A　20. B　21. A　22. D　23. B　24. D　25. B　26. A　27. D
28. B　29. C　30. A　31. C　32. B　33. A　34. B　35. C　36. D
37. C　38. D　39. A　40. A　41. D　42. A　43. C　44. B　45. C
46. B　47. B　48. C　49. B　50. C

**二、多项选择题**

1. ABCDE　2. ABCDE　3. ABCD　4. AB　5. ABE　6. ABCD
7. ABCE　8. ABD　9. BCD　10. ACD　11. ACDE　12. ABCDE
13. CD　14. ABCD　15. ABC

**三、判断题**

1. ×　2. ×　3. √　4. ×　5. ×　6. ×　7. √　8. √　9. √　10. ×
11. ×　12. √　13. ×　14. ×　15. √　16. ×　17. √　18. ×　19. ×　20. ×

# 中级服装缝纫工理论知识考核模拟试卷样例（二）

**一、单项选择题**（下列每题的选项中，只有1个是正确的，请将正确答案的代号填在横线空白处；每题1分，共50分）

1. 特别行政区的法律属于法律的________效力。

A. 特殊效力　　B. 时间效力　　C. 对人效力　　D. 空间效力

2. 员工在企业的发展阶段包括________。

A. 磨合期、积累期、发展期、晋升期

B. 磨合期、积累期、提升期、飞跃期

C. 见习期、积累期、提升期、飞跃期

D. 磨合期、稳定期、提升期、飞跃期

3. 职业道德诸内容中，________是为人之本，是从业之要。

A. 爱岗敬业　　B. 诚实守信　　C. 办事公道　　D. 奉献社会

4. 特别法是指只适用于一国的特定地区、特定期间或只对特定的事、特定的人有效的法律，如________等。

A. 民法、刑法、行政法

B. 民事诉讼法、刑事诉讼法

C. 戒严法、兵役法、特别行政区法、教师法

D. 根本法、宪法、成文法

5. 裁剪操作前，必须穿戴好________，以防发生工伤事故。

A. 安全头盔　　B. 防护口罩　　C. 工作服　　D. 钢丝手套

6. 天然纤维中吸湿性最好的是________，穿着舒适，且吸湿后不显潮湿。

A. 棉　　B. 麻　　C. 羊毛　　D. 蚕丝

7. 在所有纤维中，具有高弹性和回复性，面料挺括，不易起皱，保型性好，有“免烫”美誉的纤维是________。

A. 涤纶　　B. 棉　　C. 麻　　D. 丝

8. 经纱在穿过综框时有错误导致的织造疵点称为________。

A. 综框穿错　　B. 粗纱　　C. 断纬　　D. 落综档

9. 织针在垫纱时针舌未开启或闭口针，纱线不能喂入针钩而形成的织造疵点称为________。

A. 花针　　B. 漏针　　C. 横档　　D. 破洞

10. ________以粘带缝的方式简化了服装加工工艺，提高了缝制功效；它的应用已成为服装工业现代化的一个重要标志。

A. 黑炭衬　　B. 麻衬　　C. 粘合衬　　D. 树脂衬

试卷

11. 圆刀式裁剪机最适合裁剪________。

A. 直线裁片　　B. 弯线裁片　　C. 转角裁片　　D. 小块裁片

12. 裁床是铺布和裁剪的工作台，针床是专用于________的铺布和裁剪。

A. 针织布料　　B. 条格布料　　C. 厚重面料　　D. 化纤面料

13. 平缝机是以________送布方式将面料推送向前缝合。

A. 滚筒式　　B. 点压式　　C. 滚轮式　　D. 碟盘式

14. 人像整烫机是通过大量热蒸汽焗烫定型的一种蒸汽烫机，能较好地保持衣料手感和成衣外形，但它无法熨烫________。

A. 省、缝道等细小部位　　B. 有大量褶裥的轻薄料成衣

C. 毛衫针织衫等弹性服装　　D. 含有反襟衣领和袖头隆起的外套

15. 自动裁剪系统上配备真空吸气装置，真空吸气后面料变得很薄很硬，提高一次裁切的数量，但不宜用于________，以免剪切时面料层之间滑动。

A. 腈纶棉　　B. 蓬松棉　　C. 尼龙绸　　D. 太空棉

16. 根据裁剪方案及面料的特点要求，按生产排料图确定的长度和规定的铺布层数，将匹状布料铺放在裁床上，以便画样和开裁，此工序称为________。

A. 裁剪　　B. 排料　　C. 铺布　　D. 放码

17. 裁剪是服装制作的基础，是服装加工的关键工序，在裁剪工序中最主要的工艺技术指标是________。

A. 裁剪误差　　B. 裁剪精度　　C. 裁剪温度　　D. 裁剪方式

18. 粘衬时当热力由上往下传递时，通常将面料正面朝下放在下层，衬布摆在上层，粘胶面扣倒在面料的底层，这种粘衬工艺称为________。

A. 反向粘衬　　B. 夹层式粘衬　　C. 正向粘衬　　D. 二次粘衬

19. ________适用于具有方向性的面料铺布，如起毛起绒织物，这样能保证面料方向的一致性；需对格的面料也采用此法。

A. 单面单向铺布法　　B. 阶梯剪叠法

C. 阶梯折叠法　　D. 双面双向法

20. 需要同时粘对称性的裁片如袋盖、袖口等时，可使用________。

A. 正面粘衬　　B. 反向粘衬　　C. 夹层式粘衬　　D. 二次粘衬

21. 生产管理系统构成要素中，以生产工艺和生产设备为核心的属于________。

A. 生产要素　　B. 质量要素　　C. 硬性要素　　D. 软性要素

22. 生产管理系统软性要素中的________，是生产系统保证产品质量运行有效性的保证。

A. 生产管理　　B. 技术管理　　C. 人力管理　　D. 质量管理

23. 生产工艺文件的制作中，当工艺说明用文字无法表达清晰时，采用分解剖析图能更直观地表达款式工艺。这种图是指________。

A. 生产结构图　　B. 工艺剖析图　　C. 生产工序图　　D. 工艺分解图

24. 为避免由于高速机车使机针产生高热而熔断缝纫线，选用表面镀有铬、镍等金属膜或经过铁弗伦胶膜等特殊处理的机针、特殊的抗热两节针或________，均能迅速散

试卷

发机针产生的热能，确保缝合顺畅。

A. 隆眼针　B. 曲背针　C. 圆头针　D. 钢针

25. 服装缝制起皱的原因包括：送布不均、________和面料结构过于紧密所导致。

A. 线迹张力过紧　B. 缩水率过大

C. 熨烫技术不佳　D. 包装用夹子不足

26. 抽褶是将缝纫线在面料上抽出________的褶裥，以形成一种具有浮雕图案效果的装饰工艺。

A. 平面感　B. 立体感　C. 形态感　D. 装饰感

27. 荡条是将________带条连续缝装在面料中间部位，起到非常强烈的线条型效果的装饰工艺。

A. 同色　B. 异色　C. 同质　D. 异质

28. 男士西装拱针缝属于传统手工缉明线的制作工艺，通常应用于高档男士西装的________部位，体现高贵精致的做工。

A. 衣摆和口袋　B. 袖头和衣领

C. 后叉和袖口　D. 翻驳领和门襟

29. 根据图案的设计在面料上修剪出空洞，并以锁边针或包针包裹边缘，形成具有镂空质感刺绣图案的绣花工艺称为________。

A. 彩绣　B. 十字绣　C. 雕绣　D. 贴布绣

30. 下面刺绣针法中属于点形针法的是________。

A. 辫子针　B. 回针　C. 锁边针　D. 缠绕针

31. 不能直接喷水熨烫的面料包括________。

A. 真丝料和羊毛料　B. 棉料和涤纶料

C. 棉料、维纶和粘胶人造棉　D. 柞丝料、维纶和粘胶人造棉

32. 产前熨烫包括裁剪前熨烫、裁剪后熨烫、测试熨烫和________。

A. 缝道熨烫　B. 开缝熨烫　C. 省道熨烫　D. 粘衬熨烫

33. 纸箱是成衣包装中最常见的外包装容器，主要分有瓦楞纸箱和________纸箱两种结构。

A. 对掩纸箱　B. 蜂窝纸箱　C. 套盒纸箱　D. 内嵌纸箱

34. 如果熨烫的混纺织物中有热敏性材料，需要降低温度熨烫时，通过________方式可以确保塑型成功。

A. 延长压烫时间　B. 缩短熨烫时间

C. 增加压烫力度　D. 减少压烫力度

35. 熨烫针织服装时，通常套上________固定成衣尺寸，以防衣料变形。

A. 灯箱　B. 刻度尺　C. 模板　D. 胶袋

36. 服务质量包括：及时满足人们换季服装的要求，满足消费者的穿脱、携带、馈赠、洗涤、放置的便利性，________。

A. 产品工艺的合格性　B. 生产效率的快捷性

C. 售后服务的周到性　D. 生产质量的控制性

37. 一般棉及棉型面料、化纤面料可选________进行抽验，而高档的毛料及丝绸面料则须全数检验。

A. 5%　　B. 10%　　C. 20%　　D. 30%

38. 服装成衣尺寸、颜色与质量标准有差距，但在可接受范围内的是属于________。

A. 严重疵点　　B. 普通疵点　　C. 轻微疵点　　D. 包装疵点

39. 进料时检查面料组织结构、布匹的长度与封度、面料的成分、经纬纱线密度、染整加工、颜色等是属于________。

A. 面料规格与技术指标　　B. 面料组织结构与技术指标

C. 面料标准与技术指标　　D. 面料成分与技术指标

40. 服装经使用后会出现的问题，如面料甲醛超标是属于________。

A. 严重疵点　　B. 普通疵点　　C. 轻微疵点　　D. 包装疵点

41. 体型分类中男子 A 体型的胸围与腰围之间的差数大小为________。

A. 22～17 cm　　B. 16～12 cm　　C. 11～7 cm　　D. 6～2 cm

42. 外形轮廓的特殊体型包括厚实体和________。

A. 扁平体　　B. 屈身体　　C. 挺胸体　　D. 后倾体

43. 标准男西裤的前身口袋款式为________。

A. 弯型插袋　　B. 斜插袋　　C. 侧缝插袋　　D. 嵌线插袋

44. 男西裤工业纸样中需要用里料裁剪的是________。

A. 袋贴　　B. 里襟　　C. 里襟贴　　D. 袋垫布

45. 女装牛仔裤较贴体，一般臀围加________放松量。

A. 2 cm　　B. 4 cm　　C. 6 cm　　D. 8 cm

46. 扣眼的大小是以________来确定的。

A. 面料的厚薄　　B. 面料的特性　　C. 纽扣的直径　　D. 成衣的款式

47. 男装衬衫的门襟一般设在________。

A. 成衣有左边　　B. 成衣的右边

C. 左、右都可以　　D. 根据成衣的款式而定

48. 纽扣的大小是以纽号为单位，直径为 1/2 英寸的圆形纽扣，其尺码应为________。

A. 40 号　　B. 30 号　　C. 20 号　　D. 10 号

49. 缝合成衣线迹的密度是由________决定的。

A. 成衣的款式　　B. 机针的粗细　　C. 成衣的品质　　D. 面料的特性

50. 缝制牛仔裤一般常用的线迹密度约为________。

A. 1 cm 4 个针步　　B. 1 cm 5 个针步　　C. 1 cm 6 个针步　　D. 1cm 7 个针步

**二、多项选择题**（下列每题的选项中，至少有两项是正确的，请将正确答案的代号填在横线空白处；每题 2 分，共 30 分）

1. 要达到爱岗敬业的职业道德要求，必须________。

A. 树立“献身事业”的人生目标　　B. 坚持“诚实守信”的处事原则

C. 培养“干一行，爱一行”的工作精神　　D. 发扬“奉献社会”的无私精神

E. 确定“站一天岗，尽十分力”的工作作风

2. 机织物常见的织造疵点包括有________等。

A. 脱纬　　B. 破洞　　C. 断纬
D. 结头　　E. 断经

3. 衬布按不同的基布种类可以分为________。

A. 梭织衬　　B. 针织衬　　C. 非织衬
D. 马尾衬　　E. 树脂衬

4. 裁剪小块裁片如领片、袋盖时，应选用________等适合的裁剪设备。

A. 直刀式裁剪机　　B. 圆刀式裁剪机　　C. 带状剪
D. 冲床　　E. 激光裁剪系统

5. 压脚是送布机件之一，不同的压脚有不同的功能。如果需要在成衣边脚位缉面线时最适合选用________。

A. 钢片压脚　　B. 高低压脚　　C. 卷边压脚
D. 傍位压脚　　E. 缩皱压脚

6. 铺布，就是按照生产排料图所确定的长度，将匹状面料铺成平面的工作，铺布层数由________所确定。

A. 面料的特性　　B. 刀片的长度　　C. 成衣款式
D. 裁刀的种类　　E. 铺布的方式

7. 排料的原则有________。

A. 先大后小　　B. 紧密套排　　C. 缺口合并
D. 化整为零　　E. 调剂平衡

8. 生产通知单的格式企业可自己拟定，内容一般包括________及各规格数量、原料名称及使用、包装办法和交货日期等。

A. 服装名称　　B. 数量　　C. 款式代号
D. 规格　　E. 生产方式

9. 生产管理系统的硬性要素是指构成生产系统物质形式的那些硬件及其组合关系，主要包括生产技术、生产设施及________。

A. 生产工艺　　B. 生产能力　　C. 生产内容
D. 企业内外协作关系　　E. 生产质量

10. 绗缝工艺在服装上常用于________等服装。

A. 牛仔裤　　B. 羽绒服　　C. 棉服
D. 皮夹克　　E. 泳装

11. 按照刺绣针法的线迹形态，可以分为________。

A. 线形针法　　B. 点形针法　　C. 面形针法
D. 环形折法　　E. 链形针法

12. 服装包装的过程包括________等几个步骤。

A. 折衫　　B. 入袋　　C. 装箱
D. 贴箱唛　　E. 打包装带

13. 成衣的严重疵点是指严重影响成衣________的质量问题。

A. 整体外观　　B. 性能　　C. 颜色

D. 走纱　　E. 污渍

14. 进面料时需要检查各种技术指标，具体项目包括________、布匹的长度与封度、染整加工、颜色等。

A. 面料组织结构　　B. 经纬纱线密度　　C. 面料的重量

D. 面料的成分　　E. 面料性能

15. 衬衫的领型变化主要有________。

A. 立领　　B. 翻立领　　C. 翻折领

D. 翼领　　E. 平领

**三、判断题**（下列判断正确的请在括号内打“√”，错误的请在括号内打“×”；每题1分，共20分）

1. 社会规范是一系列调整人与人之间关系的行为准则的总和，包括道德规范、宗教规范和法律规范等。（　）

2. 一个人的职业道德品质能反映其整体道德素质，提高职业道德水平是职业技能提升的重要途径。（　）

3. 锦纶织物的优点是耐磨性好，强度高。（　）

4. 丝织物耐酸不耐碱。（　）

5. 铺布，就是按照生产排料图所确定的长度，将匹状面料铺成平面的工作，铺布层数由面料种类和成衣种类确定。（　）

6. 压脚压力的调整是根据面料的厚薄来进行的。通常面料薄时，加大压脚的压力，面料厚则相反。（　）

7. 对于耐热性差、熔点低、要求较高的服装面料，裁剪时应考虑快速操作裁剪设备。（　）

8. 裁刀刃两侧所夹的角一般在20°～25°。（　）

9. 服装生产流程图中，表示缝制工序和通用设备的常用符号是“●”。（　）

10. 因缝纫线问题引发断线的预防措施是选用Z捻T/C混纺缝纫线和包芯线。（　）

11. 滚边又称包边，是用填充过线绳的斜纹布条包覆衣服边缘的特殊工艺。（　）

12. 回针法是以横向运针的方法在面料上插下再挑上，不断重复，以形成间隔均匀的线迹。（　）

13. 服装包装入箱的步骤包括：挂牌、入袋、装箱、贴箱唛和打包装带。（　）

14. 毛料伸缩性能好，易反弹，难定型，一般要加湿施压熨烫，熨烫完毕一定要抽湿和施压冷却处理，直至蒸汽全干为止，才能获得良好的保型效果，以免毛料反弹。（　）

15. 规格检验中一般成衣规格公差要求在±2%～±8%之间。（　）

16. 服装的疵点界定为严重疵点和轻微疵点。（　）

17. 在测量人体时应以左体为准。（　）

试卷

18. 纸样工程技术可以有效地利用面料、节省面料。（　　）

19. 装缝男装衬衫前胸贴袋时，在贴袋袋口两上端缉缝三角形是为了使袋口平服。（　　）

20. 做门襟时，工厂通常会使用双针双链缝机并配拉筒器及碟盘送布装置。（　　）

# 中级服装缝纫工理论知识考核模拟试卷样例（二）答案

**一、单项选择题**

1. D　2. B　3. B　4. C　5. D　6. C　7. A　8. A　9. B
10. C　11. A　12. B　13. B　14. A　15. C　16. C　17. B　18. C
19. A　20. C　21. C　22. D　23. D　24. A　25. A　26. B　27. B
28. D　29. C　30. D　31. D　32. D　33. B　34. A　35. C　36. C
37. B　38. B　39. A　40. A　41. B　42. A　43. B　44. C　45. B
46. C　47. A　48. C　49. D　50. A

**二、多项选择题**

1. ACE　2. ABCDE　3. ABC　4. CD　5. ABD　6. AC
7. ABCDE　8. BD　9. ABCD　10. BCD　11. ABCE　12. ABCDE
13. AB　14. ABD　15. BD

**三、判断题**

1. √　2. ×　3. √　4. √　5. ×　6. ×　7. ×　8. ×　9. √　10. ×
11. √　12. ×　13. √　14. √　15. ×　16. ×　17. ×　18. √　19. ×　20. ×

# 中级服装缝纫工操作技能考核模拟试卷样例

第 1 题　缝制一条传统的男装西装长裤。(80 分)

要求：西裤的前幅左右各有一褶裥，左右两边各有一斜插袋，前门襟拉链开口（里襟有过桥或老鼠尾)。后幅左右两边各有一省（三尖省或死褶)，后幅右片有一明线双唇袋（双嵌线袋)，装缝左右两片直裤腰，裤腰前中处钉纽扣，共有五个裤串带襻。裤脚口锁边后暗线挑脚。

第 2 题　绘制服装款式图。(5 分)

第 3 题　配出主要部件纸样。(8 分)

第 4 题　写出此款西裤的工艺流程。(7 分)

# 中级服装缝纫工操作技能考核模拟试卷样例答案

第 1 题　缝制一条传统的男装西装长裤（具体见评分标准）

第 2 题　绘制服装款式图

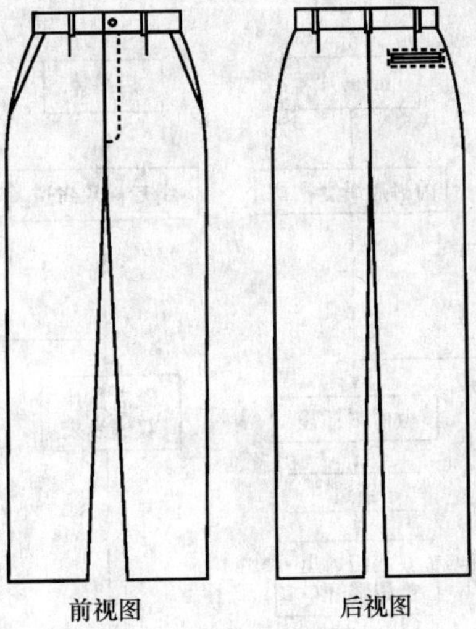


第 3 题　配出主要部件纸样

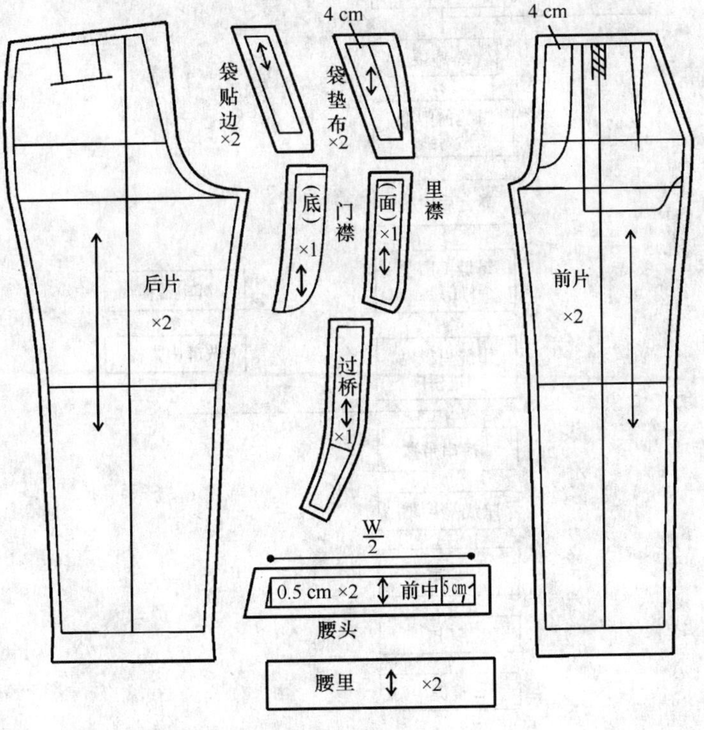

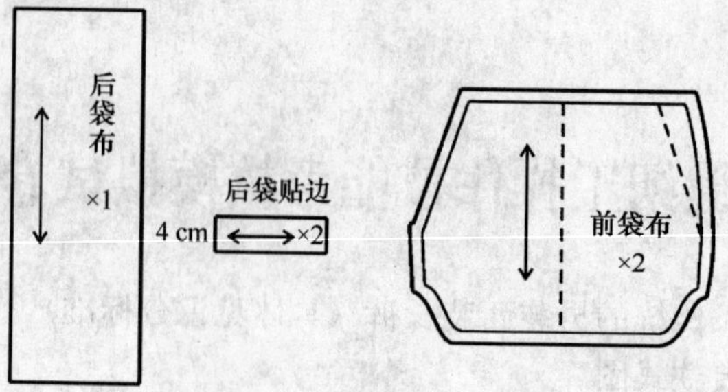
后袋布
×1
后袋贴边
4 cm
×2
前袋布
×2

第 4 题　工艺流程

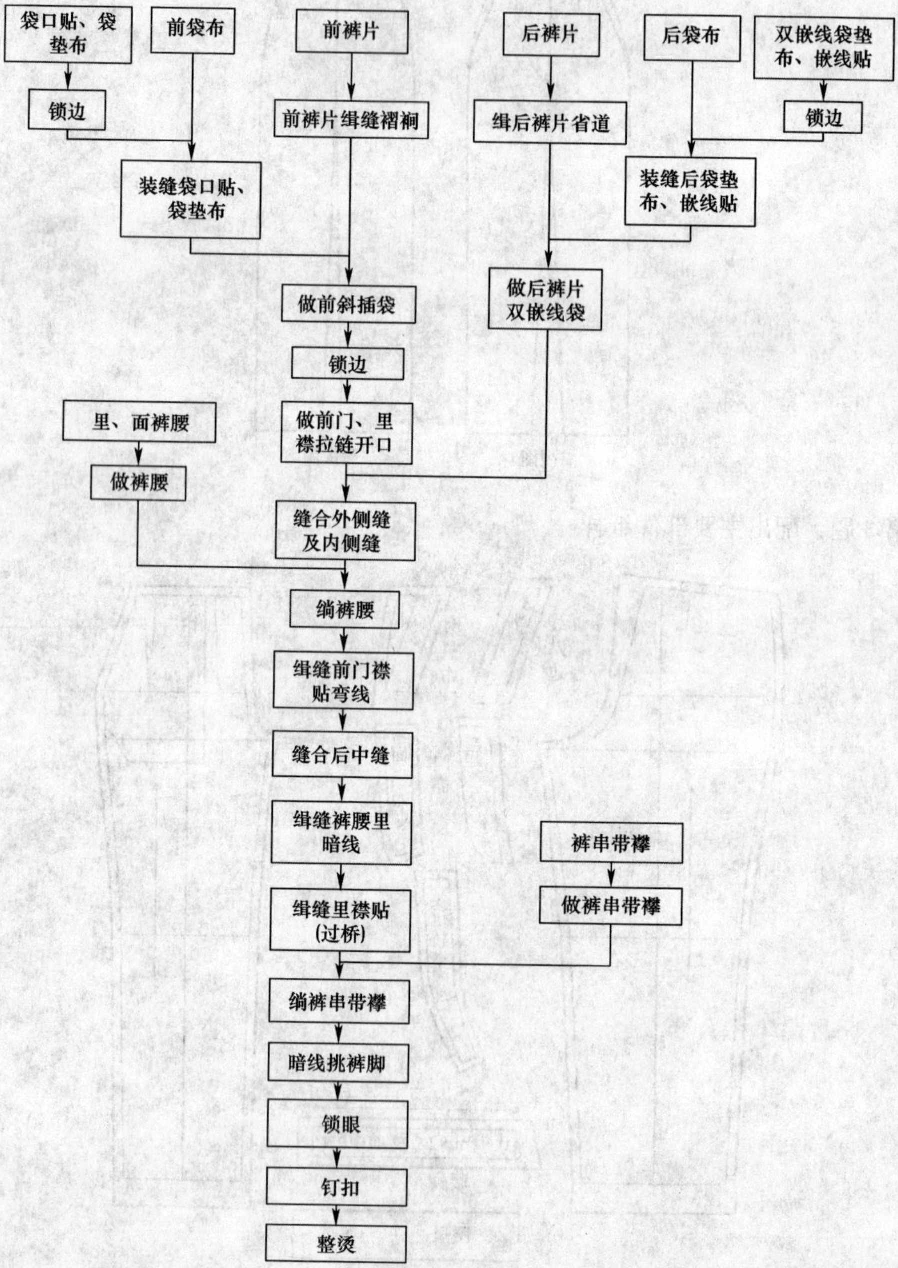
袋口贴、袋垫布
锁边
前袋布
装缝袋口贴、袋垫布
前裤片
前裤片缉缝褶裥
做前斜插袋
锁边
做前门、里襟拉链开口
后裤片
缉后裤片省道
后袋布
双嵌线袋垫布、嵌线贴
锁边
装缝后袋垫布、嵌线贴
做后裤片双嵌线袋
里、面裤腰
做裤腰
缝合外侧缝及内侧缝
绱裤腰
缉缝前门襟贴弯线
缝合后中缝
缉缝裤腰里暗线
缉缝里襟贴（过桥）
裤串带襻
做裤串带襻
绱裤串带襻
暗线挑裤脚
锁眼
钉扣
整烫

# 中级服装缝纫工操作技能考核模拟试卷样例评分标准

| 考试内容 | 细节内容 | | 评分标准 | 扣分 |
|---|---|---|---|---|
| 成品实践操作（80分）。见实践考试样品 | 一般缝纫疵点 | 跳线/断线 | 1～2针扣3分，2～4针扣5分，5针以上扣10分 | |
| | | 散口/披口/爆口 | 任何散口、披口或爆口现象均扣10分 | |
| | | 缉线不圆滑/顺直 | 扣5～10分（具体标准由教师自己衡量） | |
| | | 针步密度 | 少于8针扣8分，一般根据部件或产品特定标准（8～14针） | |
| | | 线步起珠 | 面起珠扣20分，底起珠扣10分 | |
| | | 车缝起皱 | 每一处扣6分 | |
| | | 污渍 | 扣5～10分（具体标准由教师自己衡量） | |
| | | 线头未清 | 扣5分 | |
| | | 缉线溜针 | 每一处扣5分 | |
| | | 驳线 | 1处扣3分，2～4处扣6分，5处以上扣15分 | |
| | 前插袋 | 袋口反光 | 扣5～10分 | |
| | | 袋口缉线不直、不均匀及不平服 | 扣5～10分 | |
| | | 两袋口尺寸不对称 | 扣5分 | |
| | | 左右两边褶位不对称 | 扣5分 | |
| | | 袋底爆口 | 扣5分 | |
| | 门襟拉链 | 裤腰嘴反光/不顺滑 | 扣5分 | |
| | | 拉链拉合后不平服 | 扣5～10分 | |
| | | 拉链拉合后露出拉链牙 | 扣5～10分 | |
| | | 缉门襟弯线外观不美 | 扣5分 | |
| | | 门襟贴、里襟贴缝份不平服 | 扣5～10分 | |
| | 后双嵌线袋 | 后双嵌线袋嵌线的宽度不均匀 | 扣5～10分，（具体标准由教师自己衡量） | |
| | | 袋口合不拢 | 扣5～10分，（具体标准由教师自己衡量） | |
| | | 袋口扣合不平服 | 扣5～10分 | |
| | | 袋角边爆口 | 扣5～10分 | |
| | | 袋布太紧令后裤面不平服 | 扣5～10分，（具体标准由教师自己衡量） | |
| | | 袋布缝份未处理好 | 扣5～10分 | |
| | | 左右褶车偏/不对称 | 扣5分 | |

续表

| 考试内容 | 细节内容 | | 评分标准 | 扣分 |
|---|---|---|---|---|
| 成品实践操作（80分）。见实践考试样品 | 裤腰 | 高低裤腰 | 扣5～10分 | |
| | | 裤腰嘴突嘴 | 扣5～10分 | |
| | | 裤腰不平服/扭裤腰 | 扣10分 | |
| | | 裤腰宽窄不均匀 | 扣5～10分 | |
| | | 裤腰顶边反光 | 扣5～10分 | |
| | 成品外观 | 裤腿扭斜/吊脚/缝道起皱 | 扣10～15分 | |
| | | 长短脚 | 扣5～10分 | |
| | | 底浪十高位不对 | 扣5～10分 | |
| | | 裤腰后浪十高位不对 | 扣5～10分 | |
| | | 裤耳位置不对称 | 扣5～10分 | |
| | | 打套结位置不正确 | 扣5分 | |
| | | 挑脚效果不良 | 扣5分 | |
| | | 扣眼、纽扣位置不符要求 | 扣5～10分 | |
| | | 整烫工艺不良 | 扣5～10分 | |
| | 尺寸 | 腰围、臀围、外长、内长等 | 超过±1 cm，扣10～20分 | |
| | | 腿围、膝围、脚围等 | 超过±0.5 cm，扣10分 | |
| | | 其他细节尺寸（如口袋） | 超过0.3 cm，扣5～10分 | |
| 综合能力考试 | 绘制服装款式图（5分） | | 结构比例合理，线条流畅、清晰。优5分，一般3分，差1分 | |
| | 配出主要部件纸样（8分） | | 纸样要正确，线条要流畅。优8分，一般5分，差3分 | |
| | 工艺流程（7分） | | 编排工艺流程要正确、合理。优7分，一般5分，差2分 | |